2015年農林業センサス

総合分析報告書

農林水産省 編

農林統計協会

はじめに

本報告書は、農林水産省統計部からの委託業務「2015年農林業センサス総合分析業務」として、以下の11名を検討委員とし、2015年農林業センサス結果について、過去の農林業センサス結果や他の統計、検討委員がフィールドワークで培った見識等も含めて、農林業の生産構造や就業構造の現状、農山村の実態を総合的・多角的に分析した結果を取りまとめたものである。

本報告書の中の構造変化や推計等の要因分析等の解釈は、異なる角度から見ることで変わり得るものであり、本報告書は一つの示唆を与える素材としてご活用いただきたい。

この業務の実施に当たっては、ご協力をいただいた委員並びに関係各位に感謝申し上げる次第である。

座長	安藤　光義	東京大学大学院農学生命科学研究科教授
委員	小松　知未	北海道大学大学院農学研究院農業経営学研究室講師
委員	澤田　　守	(独)農研機構中央農業総合研究センター主任研究員
委員	鈴村源太郎	東京農業大学国際食料情報学部教授
委員	竹田　麻里	東京大学大学院農学生命科学研究科助教
委員	玉里恵美子	高知大学地域協働学部教授
委員	新田　義修	岩手県立大学総合政策学部准教授
委員	橋口　卓也	明治大学大学院准教授
委員	藤栄　　剛	明治大学農学部食料環境政策学科准教授
委員	藤掛　一郎	宮崎大学農学部教授
委員	森田　　明	宮城大学食産業学部フードビジネス学科准教授

一般財団法人　農林統計協会

（2015年農林業センサス総合分析書）

第1章　2015年農林業センサス分析の課題と概要

1．はじめに

2010 年センサスでは農業労働力の高齢化と減少の一層の進行がみられた一方、経営耕地面積の減少ペースの鈍化と借入耕地面積の急増（特に都府県の田）という新たな動きを確認することができた。農業労働力については女性の減少幅が大きかったものの、青壮年層の減少の勢いが止まった点は比較的明るい材料であった。また、農地流動化の進展に組織経営体の躍進が大きく貢献していた。この背景には 2007 年の品目横断的経営安定対策の実施を受けた集落営農組織の急増があったことを忘れてはならない。

2015 年センサスの分析ではこうした傾向が継続しているのかどうか、政策という点では戸別所得補償制度が農業構造の変動にどのような影響を与えることになったのかが 1 つの焦点となる。また、組織経営体の躍進は本物かどうか、その後の法人化の進展度はどうか、女性の農業労働力の減少に変化はみられるのか、新規就農促進政策は効果をあげているのかといった点も論点となるだろう。農業集落の行方も大きなポイントである。共同での取り組みを行っている農業集落の数は純増した。これを各種の施策が効果を発揮した結果だと考えてよいのかどうかが問われている。国勢調査とのリンケージを図り、人口動態を含めた農村社会の動向も把握する必要がある。林業では自伐の動きが広がったが、その後の展開はどうなっているかも注目される。さらに、東日本大震災からの復興がどこまで進んでいるのかについて地域差に配慮しながら丁寧に分析することも 2015 年センサスに与えられた課題である。

こうした課題に応えるために、農林業構造分析（第 2 章）、農業集落・農村地域分析（第 3 章）、東日本大震災の被災地域の農業構造（第 4 章）という 3 部構成で 2015 年センサスの分析を行った。第 2 章は「農業経営体・組織経営体の展開と構造」、「農業労働力・農業就業構造の変化と経営継承」、「農業構造の変化と農地流動化」、「林業経営体の動向」の 4 節から、第 3 章は「農村地域・集落の構造と動向」、「農村政策と農業集落・農村地域」、「高知県の人口動態と農村地域経済」の 3 節から、第 4 章は北から「岩手県の動向」、「宮城県の動向」、「福島県の動向」の 3 節から構成されている。

以下では各節のポイントと思われる点を簡単に記していくが、その前に 2005 年、2010 年、2015 年の主要な数字を一覧した表 1-1 をみていただきたい。2005 年に農業経営体という概念が導入されてから 2015 年は 3 回目のセンサスであり、10 年間という比較的長期の趨勢をみることができるようになった。そこで最初に農業構造変動の大まかな方向性を確認しておきたいと思う。当初、2005 年から 2010 年にかけての農業経営体数の減少は、品目横断的経営安定対策を受けた集落営農組織の急増による販売農家の減少を反映したもので、今後の構造変動を先取りした結果だと考えており、2010 年から 2015 年にかけて戸別所得補償制度が実施されたこともあり、農業経営体や販売農家の減少の勢いは弱まるのではないかと予想していたのだが、見事に外れてしまった。農業経営体数は 18.0%の減少、販売農家も 18.5%の減少で、2005 年から 2010 年にかけての数字よりも大きい。組織経営体の増加率が低下することは予想の範囲であったが、その実数は 3 万 1 千経営体から 3 万 3 千経営体へと増加は続いている。

表 1-1　2005 年から 2015 年にかけての農業構造の変動

		農業経営体						販売農家		
		農業経営体数			土地面積		借入耕地面積割合	戸数	労働力	
		計	組織経営体	法人経営	経営耕地面積	借入耕地面積			農業就業人口	基幹的農業従事者
		千経営体	千経営体	千経営体	千 ha	千 ha	%	千戸	千人	千人
実数	2005 年	2,009	28	14	3,693	824	22.3	1,963	3,353	2,241
	2010 年	1,679	31	17	3,632	1,063	29.3	1,631	2,606	2,051
	2015 年	1,377	33	23	3,451	1,164	33.7	1,330	2,097	1,754
増減率(%)	05-10 年	-16.4	10.4	23.1	-1.7	28.9	7.0	-16.9	-22.3	-8.4
	10-15 年	-18.0	6.4	33.4	-5.0	9.5	4.4	-18.5	-19.5	-14.5

また、法人経営は2010年から2015年にかけて１万７千経営体から２万３千経営体へと33.4％も増加している点は注目される。しかし、経営耕地面積の減少率は2005年から2010年にかけては1.7％にとどまったものの2010年から2015年にかけては5.0％と再び加速した点、さらに借入耕地面積の伸び率も2005年から2010年にかけては28.9％だったのが2010年から2015年にかけては9.5％へと大きく鈍化している点をどう考えたらよいのか。統計の制約から農業労働力の詳細は販売農家についてしか把握できないというという限定付きだが、農業就業人口の減少幅は若干縮小したものの、基幹的農業従事者のそれは二桁に増加した点はどうみたらよいのか。その一方で表には示していないが、地域資源を保全している農業集落の割合は増加したという事実も存在している。以上のような趨勢を前提に各論をみていこう。

２．農業経営体の展開

―法人経営の躍進、集落営農組織の重要性、地域差の拡大―

第２章第１節「農業経営体・組織経営体の展開と構造」では法人の増加傾向が分析されている。「法人計の増加率は05-10年間の13.0％に対して10-15年間は倍近くの25.3％に達している。内訳としては農事組合法人が53.1％増と大きく伸びているほか、新会社法以降設立が盛んな合同会社が188.6％増であり、株式会社も26.3％の伸びである」としており、さらに「組織経営体のみを抽出した」数値をみると「法人計の増加率は農業経営体全体の法人計増加率よりも05-10年間で10.1ポイント、10-15年間で8.1ポイントそれぞれ高い（05-10年間：23.1％、10-15年間：33.4％）」とし、組織経営体の法人化が進んでいるとする。

農業構造変動という点では「経営耕地面積規模別に（農業経営体数の変化率）みると小規模層の退出と大規模層への農地集積が近年の全国的な動き」だが、「都府県における05-10年間の変化率は、20～30haが90.0％、30～50haが143.9％、50～100haが153.8％、100ha以上が96.9％と20ha以上層において軒並み極めて高い増加率を示していた。しかし、10-15年間における変化率は20～35％と05-10年間のそれに比べるとかなり落ち着いて」おり、「経営安定対策

表 1-2　農業経営体の組織形態別経営体数の推移

（単位：経営体）

			2005 年	2010 年	05-10 増減率	2015 年	10-15 増減率
農業経営体	農業経営体計		2,009,380	1,679,084	▲ 16.4	1,377,266	▲ 18.0
	法人計		19,136	21,627	13.0	27,101	25.3
	農事組合法人		2,610	4,049	55.1	6,199	53.1
	会社	株式会社	10,903	12,743	16.9	16,094	26.3
		合名・合資会社	79	127	60.8	150	18.1
		合同会社	-	114	-	329	188.6
	各種団体	農協	4,508	3,362	▲ 25.4	2,644	▲ 21.4
		森林組合	17	33	94.1	27	▲ 18.2
		その他の各種団体	528	674	27.7	767	13.8
	その他の法人		491	525	6.9	891	69.7
	地方公共団体・財産区		505	337	▲ 33.3	228	▲ 32.3
	非法人		1,989,739	1,657,120	▲ 16.7	1,349,937	▲ 18.5
	うち組織経営体		13,723	13,602	▲ 0.9	9,973	▲ 26.7
	うち家族経営体		1,976,016	1,643,518	▲ 16.8	1,339,964	▲ 18.5
うち組織経営体	組織経営体計		28,097	31,008	10.4	32,979	6.4
	法人計		13,869	17,069	23.1	22,778	33.4
	農事組合法人		2,038	3,566	75.0	5,711	60.2
	会社	株式会社	6,232	8,764	40.6	12,366	41.1
		合名・合資会社	55	63	14.5	111	76.2
		合同会社	—	82	-	261	218.3
	各種団体	農協	4,508	3,362	▲ 25.4	2,644	▲ 21.4
		森林組合	17	33	94.1	27	▲ 18.2
		その他の各種団体	528	674	27.7	767	13.8
	その他の法人		491	525	6.9	891	69.7
	地方公共団体・財産区		505	337	▲ 33.3	228	▲ 32.3
	非法人（組織経営体のみ）		13,723	13,602	▲ 0.9	9,973	▲ 26.7

資料：表 2-1-1
注：2005 年の「株式会社」は「株式会社」と「有限会社」の合計数値。

（当時の品目横断的経営安定対策）による組織化と農地集積に向けた政策的誘導が短期的に大きな構造再編インパクトを与えた結果」が 2010 年センサスだったことが確認されている。構造変動に地域差が存在していることについても詳細な分析が行われているが、この点については「4　農地流動化の進展」のところで触れることにしたい。

集落営農組織については、今回のセンサスで「史上初めての試みとして農業センサスと集落営農実態調査とのマッチングが実施された」点が注目される。「集落営農組織サンプル中には、法人組織経営体のサンプルが存在している（4,004件）」が、組織経営体の内容について分析を行い、「水田農業の担い手として2015年時点で既に集落営農組織がかなりのシェアを占めて」いる一方、「集落営農形態をとらない法人組織経営体が野菜、花き、果樹、畜産などその他の作目におけるシェアの相当部分を担っている」という違いがあり、水田農業については集落営農組織が果たす役割が大きいことが明らかにされている[1]。

さらに同じ組織経営体でも法人組織経営体と集落営農組織のどちらにどの程度、経営耕地面積が担われているかを集落営農実態調査との個票接続データを用いて分析し、地域差を析出した点は大いに注目される（図1-1）。「Ⅰ群に位置

図1-1　法人組織経営体と集落営農組織の都道府県別経営耕地面積割合（2015年）

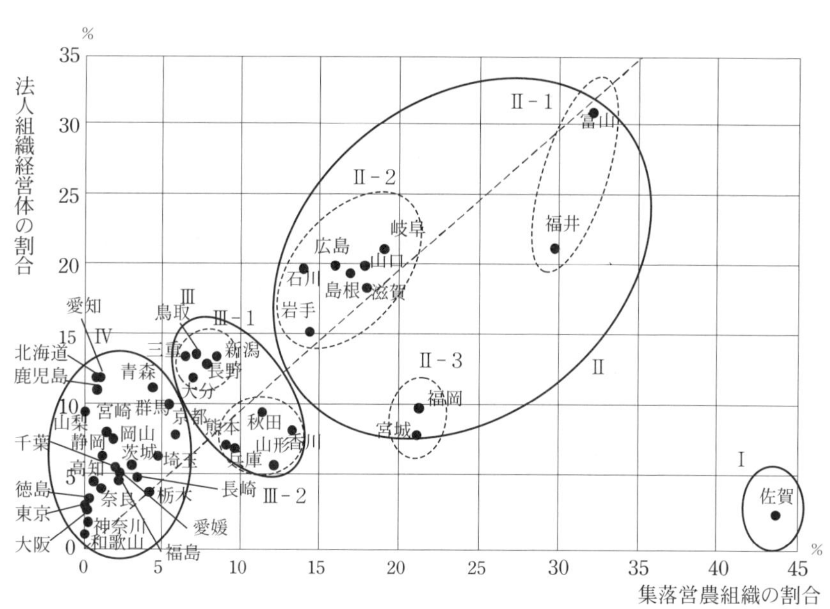

資料：図2-1-7
注：1）沖縄県を除く。
2）図中の囲みはクラスター分析結果に基づく（破線囲みはサブクラスター）。

するのが、2010年センサスにおいて農家の急減と組織経営体の突出した増加が確認された佐賀」であり、「任意組織の集落営農がカントリーエレベータ単位などに即して県下一律に作られた」が、「その後もそれら組織がほとんど法人化されずに残存している」。「Ⅱ群は集落営農組織の設立とともに、組織の法人化も同時に進んだ地域」である。そのなかでもⅡ-1群の富山、福井は「経営安定対策導入以前から集落営農の先進地とされてきた地域であり、同対策を機に稲作を中心としたオペレーター型の組織化がさらに加速化した地域」である。これにⅡ-2群の岐阜、山口、広島、島根、滋賀、石川、岩手が続く。Ⅱ-3群の福岡、宮城は「集落営農の設立が進んだ割には法人化の進展が緩慢な地域」であり、Ⅳ群は組織化の未進展地域であり、北海道、愛知、鹿児島、山梨は集落営農組織ではない法人組織経営体が展開をみせているという地域差が描かれている。政策の影響を受けながら形成されてきたこうした集落営農組織の動向が構造変動の地域差をもたらす背景にあるのである。

3．農業労働力の動向
―若手農業専従経営者の増加、雇用型経営の伸長―

第2章第2節「農業労働力・農業就業構造の変化と経営継承」では、農家人口、農業就業人口、農業経営者数など農業労働力に関する指標が昭和一桁生まれ世代のリタイアによって「双峰型の分布」から「団塊の世代」を中心とする「単峰型の分布」に転換したことを指摘したうえで、「「団塊ジュニア世代」を含めて次のピークは存在しない」状況にあり、将来的には農地資源の維持管理がどこまで可能なのかということが問われてくると警鐘を鳴らす。「同居農業後継者を確保している販売農家が3分の1にも達していない」こと、「専業農家の場合、同居農業後継者の有配偶率はすべての年齢層において40％を下回る低い水準」にあることも危機的状況を示す数値である。

その一方、①「年齢階層別にコーホート変化数をみると、2005～2010年、2010～2015年と2期にわたり、65歳未満の幅広い年齢層で「自営農業が主」の世帯員数が増加」しており、「20代後半から50代前半の基幹的農業従事者の農業従事状況をみると、農業従事日数250日以上の割合が60％を超えており、自営農業に専業的に従事している割合が高」く、「20代から50代にかけての「自営農業が主」の増加は、専業的な農業従事者の増加につながっている」こと、②

図1-2　年齢別の農業経営者数（全国）

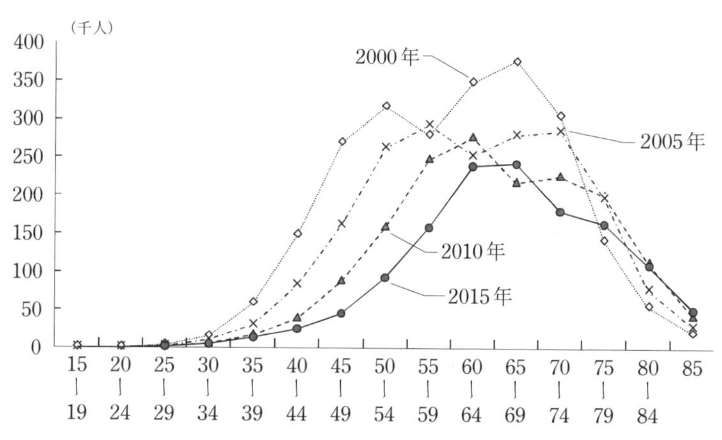

資料：図2-2-8
注：2000年の「75～79歳」、「80～84歳」、「85歳以上」については推定値である。

図1-3　自営農業従事日数250日以上の農業経営者の割合（農業経営者年齢別）

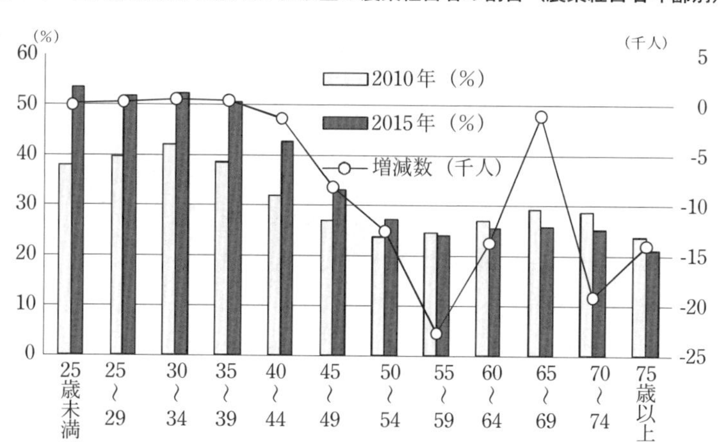

資料：図2-2-9

「30 歳未満の経営者は、2010 年から 2015 年にかけて 9％の増加（200 人増加）」となり、「昭和一桁世代の退出によって若年層に世代交代されたこと、青年就農給付金制度等によって若年層への就農支援が拡大したことなどが影響」し、「わずかとはいえ増加に転じたことは注目に値」すること、③40 歳未満の農業経営者数の推移をみると「2000～2005 年、2005～2010 年の減少率は 43～44％に達しているのに対して、2010～2015 年の減少率は 13％と減少率が低下する傾向」にあると同時に、「40 歳未満の年齢層においては、わずかではあるが農業従事日数 250 日以上の農業経営者も増加しており、専業的な農業経営者の割合が高まる傾向にある」ことが明らかにされている。そして、「昭和一桁世代からの世代交代が進む中で、若年層の一部では農業に専業的に従事する傾向にあり、農業を職業として選択しているものが多いのではないか」としている。今後も青年就農給付金制度をはじめとする新規就農者の支援を充実させ、彼らの経営を軌道に乗せていくためのフォローアップが重要な政策課題となっているのである。

農業投下労働規模別の農業経営体の推移では、2010～2015 年にかけて「最も減少率が大きいのは「3.0～4.0 単位」の 28％減であり、農業投下労働規模が 0.5 から 4.0 単位までの一定程度の農業労働力を保有している経営体において減少

図 1-4　常雇者の年齢別の割合（農業投下労働規模別）

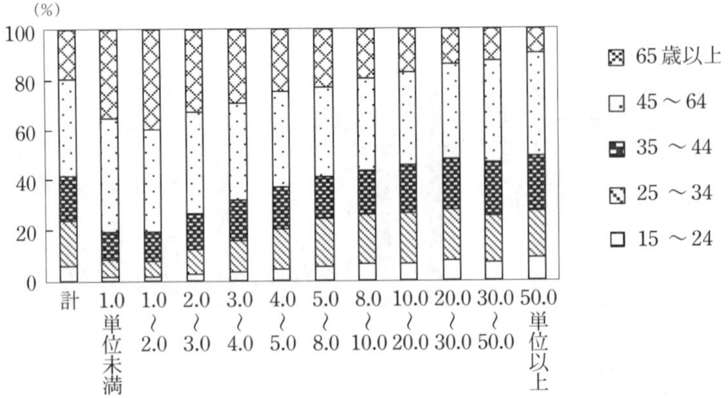

資料：図 2-2-16

率が高くなっている」点が、一定規模以上の農業経営体の減少を意味するものとして注目される。戸別所得補償制度は農業構造を固定しなかったとみるか、中規模層の下支えにはならずそうした影響はなかったとみるかの見解にとって一定の判断材料となるからである[2)]。

最後になるが常雇の動向も注目される。2015年センサスは常雇の年齢を初めて把握した。「常雇数は男性が11.3万人、女性が10.8万人」で、女性は「中高齢者が多い」のに対して男性は「若年層が多くの割合を占める」という違いがあり、「農業投下労働が少ない規模では65歳以上の高齢者の割合が高く、農業投下労働規模が大きくなるにつれて、65 歳以上の高齢者の割合が減少し、35歳未満の常雇者の割合が高まる傾向」が指摘されている。これに「農業経営体が増加しているのは投下労働規模が「8.0～10.0単位」以上の経営」という点を重ねて考えると、「中間管理者層の育成」をはじめ「雇用型農業経営において常雇者をどのように育成していくか」が経営政策の課題ということになるだろう。

4. 農地流動化の進展
―地域格差の拡大、大規模層への集積シェアの高まり―

第2章第3節「農業構造の変化と農地流動化」では、農地流動化の分析を通じて農業構造の変化を明らかにしている。「1990 年以降、借入耕地面積率は一貫して上昇傾向」にあり、「2010年から2015年にかけてもこれまでと同様に上昇傾向にあり、農地の流動化は確実に進展している」が、「2005年から2010年への変化に比べ、2010年から2015年にかけて、借入耕地面積の増加率は大幅に低下しており、農地流動化のスピードは低下している」としている。この構造変動の速度についての認識は第2章第1節での内容と一致している。

また、「近年の農地流動化を主導するアクターは家族経営体から組織経営体へと移り変わりつつある」という視点から、組織経営体の耕地面積シェアをみると「2005年から2010年の間のシェアの増加には及ばないものの、2010年から2015 年にかけても引き続き組織経営体の耕地面積シェアは全ての地域で高まっている」が、東北、北陸、北九州のように 10 ポイント以上増加している地域がある一方、南関東や四国では過去 10 年間で約 5 ポイントの増加にとどまっており、「組織経営体の展開に地域間格差が生まれつつある」とする。また、大規模経営体への農地集積の進展度についても同様に地域間格差が拡大している。「東北、北陸では 5ha 以上層の経営耕地面積シェアが 40%超から 50%超へと 10 ポイント程度増加しており、都府県を上回るスピードで大規模経営体への農地集積が確実に進展している」が、「四国での 5ha 以上層への経営耕地面積シェアは 16%であり、農地集積に関する地域間格差は拡大している」と分析している。もう 1 点、注目したいのは、東山や四国など一部地域ブロックを除くと「5ha 以上層から 30ha 以上層にかけて、集積率の増加率は 25.4%から 36.7%へと経営規模の拡大に伴い高まっており、大規模層ほど農地集積が進展している」(都府県について) という指摘である。これを地域レベルに置き換えると、絞り込まれた少数の担い手への農地集積が進行しており、そうした大規模経営の安定的な継続＝地域の農地の維持・保全、という関係になってきているからである。

農地流動化の状況を視覚的に示したものとしては図 1-5 と図 1-6 が目を引く。

図 1-5 では「土地持ち非農家の農地所有面積割合と借入耕地面積率との間に正の相関関係を確認でき、農地流動化における土地持ち非農家による農地貸付の重要性が示唆される」という結論が導き出されている。この図の右上に位置する県では農地供給層の形成が構造再編に着実に結び付けられていることを意味する。左下に位置する都道府県は、購入による規模拡大を基本とする北海道を除けば、地目的に樹園地が多いという制約から大規模経営の形成が進みにくい影響のあらわれだと考えられる。

図 1-6 は「農地の出し手である小規模層と受け手である大規模層の双方が農地市場に存在し、農地流動化の条件が整っている地域では、農地貸借が容易」に進むという仮説から、経営耕地面積に関するジニ係数と借入耕地面積率の関係をみたものだが、確かに前者が高い都府県では後者も高くなっていることがよく分かる。農地供給を増やすだけでなく、農地の受け手を支援する政策も必要だということである[3)]。

図 1-5　土地持ち非農家の農地所有面積割合と借入耕地面積率

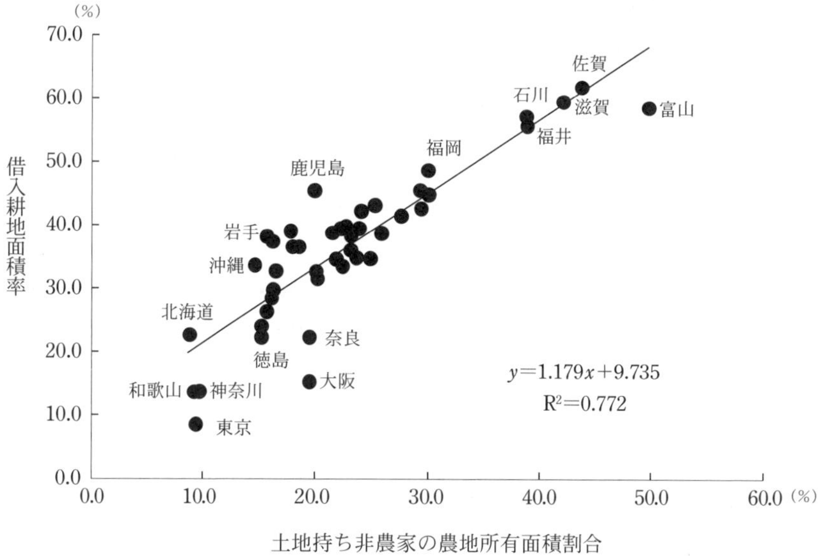

資料：図 2-3-14

図 1-6　経営耕地面積に関するジニ係数(2010)と借入耕地面積率(2015)（都府県）

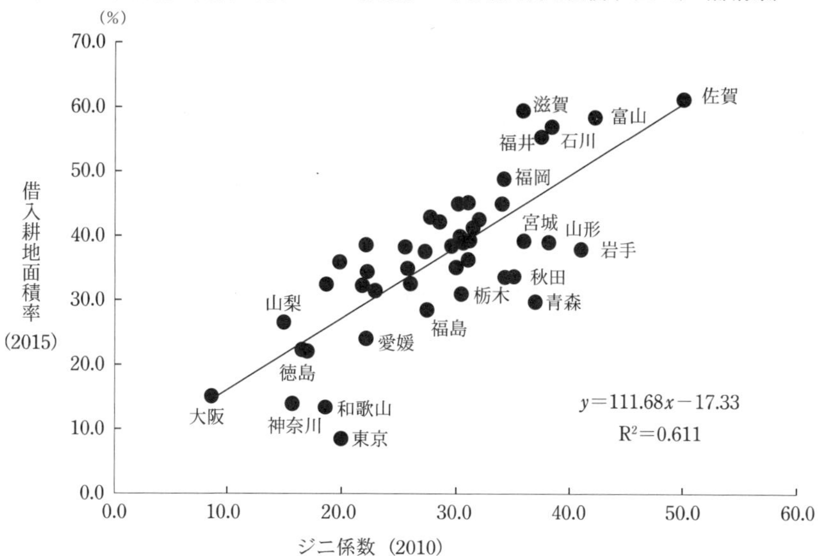

出所：図 2-3-16

5．林業経営体の動向
―受託・立木買いの増加、会社と森林組合のシェア増大―

第2章第4節「林業経営体の動向」は、「林業経営体数自体は2005年の約20万経営体から、2010年の約14万経営体、2015年の約9万経営体へと大きく減少した」一方、「素材生産量は、2005年の約14百万㎥から2010年の約16百万㎥、2015年の約20百万㎥へと大きく増加した」という一大変動の構造を分析したものである。ただし、「2005年調査より活動実績のある林業経営体の調査となった」ため、「面積的には活動実績のある経営体は民有林全体の中の限られた一部であり、その割合は2005年には32.8％とほぼ3分の1であったが、2015年には24.8％とほぼ4分の1まで減って」おり、「センサスが民有林の一部分の山林経営しか対象」になっていない点に注意する必要がある。センサスだけでは総資源量の把握は難しくなっているということである。これは農地についても同様である[4)]。

2010年から2015年にかけての林業経営体の減少は「その他」、次いで家族経営体が大きい点はこれまでと同じだが、生産森林組合を含む森林組合がはっきりとした減少に転じ、会社はほとんど減少しなかったという点で大きな変化がみられた。また、受託・立木買い経営体（第2章 第4節 1の(2)で説明）の数も微増（1.9％増）から減少（24.2％減）となったが、会社は15.5％増加、森林組合は2.3％減とわずかな減少にとどまった。経営受委託に関する調査は2015年センサスから始まったが、ここでも受託者としては森林組合が最も多く（477,146ha）、

表1-3 受託・立木買い経営体のタイプ別経営体数と変化率

（単位：経営体、％）

	計	家族	会社	森組・生森	地公・財区	その他
2005年	6,673	3,490	1,331	863	30	959
2010年	6,802	4,518	1,051	703	43	487
2015年	5,159	2,891	1,214	687	27	340
2005-2010	1.9	29.5	-21.0	-18.5	43.3	-49.2
2010-2015	-24.2	-36	15.5	-2.3	-37.2	-30.2

資料：表2-4-4

次が会社となっている（406,287ha）。

保有山林における生産量と受託・立木買いによる生産量を合わせた素材生産量は2010年から2015年にかけては27.3％増加して19,888千㎥となった。この増加率は2005年から2010年にかけての13.0％の2倍以上になっている。しかし、2010年から2015年にかけての状況は一変し、増加したのは受託・立木買いでの生産であり（42.4％増）、保有山林での生産は減少した（7.7％減）。受託・立木買いによる生産量の増加は森林組合（2,064千㎥）、会社（1,626千㎥）の伸びによるところが大きい。「家族による経営体が保有山林における生産を減らしたが、会社、森組・生森を中心に受託・立木買いによる生産が大きく伸びたことで、全体の素材生産量は押し上げられた」のである。これは2010年センサ

表1-4　保有山林における素材生産量と受託・立木買いによる素材生産量とその変化

（単位：㎥、％）

	計	家族	会社	森組・生森	地公・財区	その他
2005年						
保有山林	3,901,994	2,012,352	1,086,868	241,670	189,368	371,736
受託立木買い	9,921,676	1,501,304	4,633,315	2,531,582	4,081	1,221,394
計	13,823,670	3,513,656	5,750,183	2,773,252	193,449	1,593,130
2010年						
保有山林	4,704,809	2,484,953	978,053	212,181	543,850	485,772
受託立木買い	10,915,882	2,139,016	5,068,267	3,059,734	39,427	609,438
計	15,620,691	4,623,969	6,046,320	3,271,915	583,277	1,095,210
2015年						
保有山林	4,342,650	1,766,229	1,294,564	288,536	548,467	444,854
受託立木買い	15,545,439	2,340,936	6,694,431	5,123,268	50,133	1,336,671
計	19,888,089	4,107,165	7,988,995	5,411,804	598,600	1,781,525
2005-2010						
保有山林	20.6	23.5	-10.0	-12.2	187.2	30.7
受託立木買い	10.0	42.5	8.7	20.9	866.1	-50.1
計	13.0	31.6	5.2	18.0	201.5	-31.3
2010-2015						
保有山林	-7.7	-28.9	32.4	36.0	0.8	-8.4
受託立木買い	42.4	9.4	32.1	67.4	27.2	119.3
計	27.3	-11.2	32.1	65.4	2.6	62.7

資料：表2-4-12

スでクローズアップされた家族経営体による保有山林での自伐が全国的に停滞に転じたことを意味する可能性がある。

また、「受託・立木買い経営体は経営体数こそ減少したものの、それは主に零細規模経営体の脱落によるものであり、経営体の規模拡大が進み、素材生産量や料金収入額は順調に増加」するとともに、「受託・立木買い経営体が林業経営体の総従事日数の3分の2近くを占めるまでになり、受託・立木買い経営体とそこに組織される雇用労働力の役割が大きくなった」という変化も注目される。

6. 農業集落の状況

―地域資源保全取組の増加、厳しい状況にある山間農業地域―

農業集落の活動については各種の施策が成果をあげているのか、いくつかの指標については向上を確認することができた。第3章第1節「農村地域・集落の構造と動向」は、そうした農業集落の全体的な状況を描き出している。総戸数9戸以下、総農家戸数5戸以下の占める農業集落の割合は増加したものの、集落機能のある農業集落数は2010年から2015年にかけて133,660集落から134,329集落へと純増した。2015年センサスの数字を2010年センサスと同一調査項目で判定した場合は133,071集落となり、僅かながらの減少にとどまっている。また、集落機能のある農業集落の割合は全ての農業地域類型で増加するという結果となった。集落機能の回復と維持が図られているのである。

しかし、懸念されるのが山間農業地域の農業集落である。2015年センサスは「2005年以降では初めて、農業集落にとっての各種生活関連施設の近接性及び遠隔性が明らかに」した。そこでは「地域住民にとっての「拠り所」としても位置付けられる一方で、特に少子・高齢化が著しい地域で（その統廃合が－引用者－）焦点になる」小学校までの所要時間別の農業集落数を山間農業地域について整理した結果が示され、「交通手段として徒歩、自動車、バス・鉄道の3者が拮抗」していると同時に、それぞれにおいて「30分以上の通学圏にある集落が一定数ある」ことが指摘されている。この教育条件の不利性は田園回帰の阻害要因となる可能性がある。

図 1-7　山間農業地域の小学校までの所要時間別の農業集落数

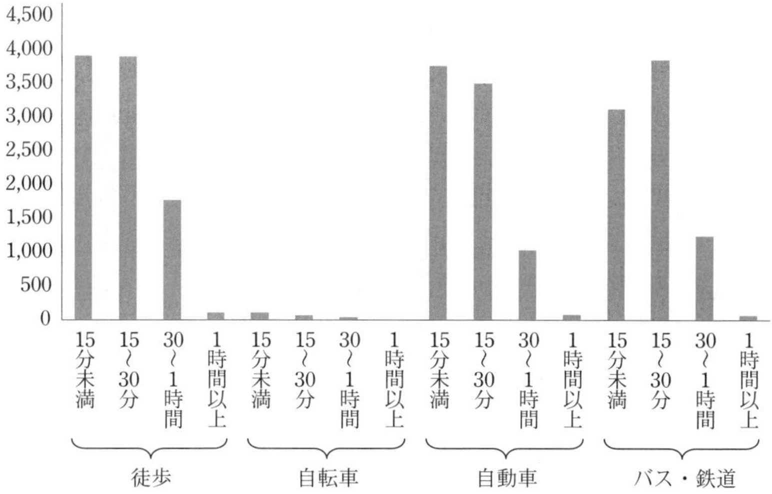

資料：図 3-1-13

同じく山間農業地域について、スーパーマーケット・コンビニエンスストアまでの所要時間をみると 30 分未満の農業集落が大半を占めるが、交通手段は自動車に依存しており、交通弱者である高齢者は「買い物難民」に陥りやすい状況が明らかとなった。これらは地域資源管理政策に加えて農村政策が必要であることを示唆している[5)]。その一方で、「6 次産業化への取組」、「定住を促進する取組」は山間農業地域の農業集落が最も高い割合となった点も注目される。

寄り合いの開催は「回数が多い集落群と少ない集落群の両極に分かれている印象」があるが、全体としては「寄り合い回数の多い農業集落数が増加している傾向」にある。寄り合いの議題で伸びが著しいのは「環境美化・自然環境の保全」と「農業集落内の福祉・厚生」であり、後者が現在の農業集落が抱えている最大の課題なのである。

地域資源を保全している農業集落割合の変化を、2005 年、2010 年、2015 年の順にみると（図 1-8)、「農地 19.0→34.6→46.1％、森林 7.1→19.0→22.8％、ため池・湖沼 36.6→56.6→60.8％、河川・水路 21.1→43.6→52.7％、農業用用排水

図 1-8　地域資源を保全している農業集落割合の変化

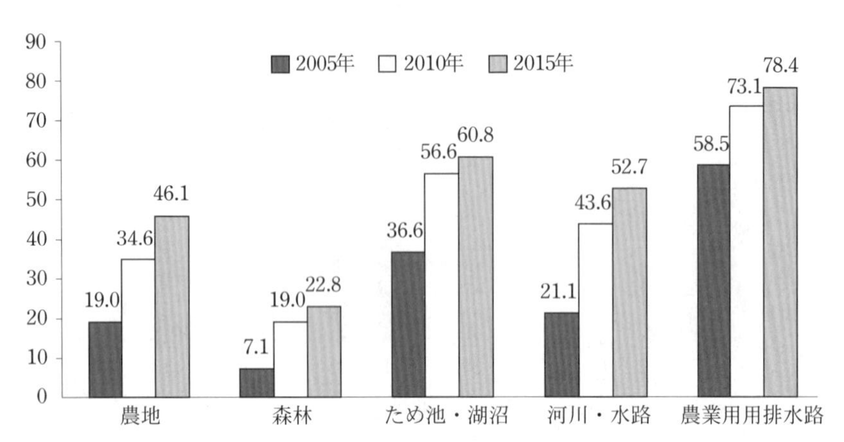

資料：図 3-1-7
注：2005 年の「保全している集落」は、保全主体が地方公共団体のものを除いた。

路 58.5→73.1→78.4％となっており、いずれも上昇」しており、中山間地域等直接支払制度や「農地・水・環境保全向上対策（現在の「日本型直接支払制度」における「多面的機能交付金」）実施の効果などを反映した」結果となった。また、この地域資源の保全は「農地については 3 割強、農業用排水路は 4 割強の集落、他の集落と共同で、それぞれの地域資源を保全している」ことが明らかにされている。こうした数字は政策効果のあらわれとして考えることができるだろう。

農業地域類型別に主業農家の有無と集落営農の有無によって農業集落を分類した結果も注目される（表 1-5）。「主業農家も存在せず、また集落営農の展開もみられない」集落が 52,241 集落、全体の 37.8％を占めており、平地農業地域では「2 割弱に止まっている」のに対し、山間農業地域では「5 割を超えており」、これを経営耕地面積でみると全体の割合は 12.4％に下がるが、山間農業地域では 23.3％と 4 分の 1 近くに及んでいる。これらの数字は山間農業地域の事態の深刻さを示している。

表1-5　主業農家の有無、集落営農の有無別の農業集落数（全集落）

主業農家		有り				無し				総計
集落営農		有り	割合(%)	無し	割合(%)	有り	割合(%)	無し	割合(%)	
農業集落数	都市	2,204	7.3	13,329	44.1	1,390	4.6	13,317	44.0	30,240
	平地	6,989	19.9	19,611	55.9	2,542	7.2	5,927	16.9	35,069
	中間	5,239	11.3	19,434	41.8	3,258	7.0	18,581	39.9	46,512
	山間	2,161	8.2	7,846	29.7	2,012	7.6	14,416	54.5	26,435
	計	16,593	12.0	60,220	43.6	9,202	6.7	52,241	37.8	138,256
耕地面積	都市	87,659	13.7	407,843	63.7	25,258	3.9	119,067	18.6	639,827
	平地	463,603	23.1	1,353,898	67.5	69,929	3.5	118,513	5.9	2,005,943
	中間	240,635	18.4	809,632	61.8	62,113	4.7	198,538	15.1	1,310,918
	山間	77,788	15.8	271,664	55.2	27,907	5.7	114,863	23.3	492,222
	計	869,685	19.5	2,843,037	63.9	185,207	4.2	550,981	12.4	4,448,910

資料：表3-1-21

7．農村政策の効果の検証
―地域資源保全等の効果を統計的因果関係として確認―

第3章第2節「農村政策と農業集落・農村地域」は、「中山間地域等直接支払や多面的機能支払の実施状況を2010年農業集落コードとリンクさせた「地域の農業を見て・知って・活かすデータベース（以下、「地域農業DB」）が2016年6月に公表され、集落単位で政策の参加状況を把握し、農業集落カードに所収される集落の様々な属性と関連付けて分析することが可能となった」ことを受けて、「集落単位の集計票等を活用し、農村地域資源政策の効果をDID（差の差分法）推定によって検証した」ものであり、政策効果の統計的な検証にチャレンジした意欲的な分析である[6)]。

DIDの基本的な考え方は「「政策に参加したグループが政策に参加する前からどれだけ変化したか」という政策参加前後での変化量から、「政策に参加したグループが仮に政策に参加していなかった場合にどれだけ変化したか」という単純な時間的変化（以下、時間効果）を差し引くことによって、政策の効果を特定する」ものである。「政策に参加するグループの時間効果のグループ平均値は、政策に不参加のグループの時間効果のグループ平均値と等しい」と仮定し、「政策に参加したグループの政策実施前後の変化の平均値（参加グループの中での時間を通じた差）から、政策に不参加のグループの政策前後の時間効果の平均値（不参加グループの中での時間を通じた差）を差し引いたもの（「差の差」）を、政策に参加したグループ全体の平均的な政策効果とする」ものである。

具体的な結果は本文の表3-2-8と表3-2-10にある通りだが、そのうち意味のある結果を示したのが表1-6と表1-7である。「表の左の各種項目が被説明変数であり、政策の効果を受けて変化する項目」であり、「上段が係数、下段が係数の *t* 値」で、「係数の符号が正であれば、政策がある場合に被説明変数を増加させる方向に働くことを」、「*t* 値が大きいほど（*が多いほど）、係数の統計的有意性が高い（意味を持つ）ことを」示す。

DID推定の分析結果によれば、中山間地域等直接支払制度は、①販売農家に限ってみると経営耕地面積の維持については明確な結果を得ることはできなかったが（4～6）、地域資源の保全活動に対しては政策効果がみられること、②経営規模の拡大と農地流動化を促進する傾向がみられること、③専業農家、同居農業後継者、生産年齢農家人口の確保に効果がみられることが明らかとなった。

多面的機能支払制度は、①地域資源の保全と地域活動の維持に効果があり、農地保全効果が組織経営体や農業経営体全体としてみられること、②販売農家、農業経営体の双方とも農地流動化と規模拡大が進んでおり、特に田でそれが顕著なこと、③組織経営体の設立に効果があること、④専業農家、同居農業後継者、生産年齢農家人口の確保に効果がみられること、⑤2000年センサスとの比較のため参考値にとどまるが集落活性化効果の存在が推察されることが明らかとなった。「農村資源管理政策は意図する直接的な効果である農村地域資源の維持に加えて、農業生産に限らない集落活動の活性化という地域政策としての効果や、農地流動化・経営規模の拡大、労働力確保、組織経営体の育成といった産業政策の車の両輪としての後押し効果をもたらしている可能性がある」というのが結論である。中山間地域等直接支払制度の効果は販売農家の経営耕地のみの結果なので、同制度によって集落営農の設立が進んでいることを考えると農地維持の効果はもう少し大きいように思うが、こうした一連の分析を一層深めるとともに、現地実態調査を通じて政策効果が発揮される具体的なメカニズムを確定することが今後の課題である。

表1-6　中山間地域等直接支払制度の政策効果

			中山間地域等直接支払の対象地域全域			参考）多面支払い協定あり除く
			政策の効果	観測数	R-square	政策の効果
地域の資源保全と活性化効果	1	農業用用排水路がある場合に、集落で保全する集落	0.095 (16.89) ***	66,557	0.1546	0.124 (15.00) ***
	2	寄合の議題：農業生産関連	0.064 (10.6) ***	70,356	0.1186	0.076 (8.55) ***
	3	寄合の議題：農道・農業用用排水路（ため池）の保全	0.062 (11.06) ***	70,356	0.1112	0.094 (11.33) ***
	4	耕作放棄地率（%）	-0.083 -0.58	68,033	0.0788	-0.121 -0.65
	5	総経営耕地面積（属地）(a)	0.045 -0.21	70,267	0.0365	0.522 (1.78) *
	6	販売農家の経営耕地面積（属地）(a)	-91.658 (3.82) ***	70,130	0.1465	-101.333 (4.22) ***
	7	実行組合がある	0.058 (11.61) ***	70,356	0.1631	0.066 (8.93) ***
	8	寄合回数	1.155 (10.08) ***	70,356	0.1502	1.1 (7.81) ***
	9	寄合の議題：共有施設管理	0.027 (3.83) ***	70,356	0.3505	0.052 (5.37) ***
農業構造改善効果	10	3ha 以上の経営耕地面積比率（販売農家）(%)	1.06 (3.98) ***	68,088	0.3298	1.019 (3.24) ***
	11	5ha 以上の経営耕地面積比率（販売農家）(%)	0.382 (1.65) *	68,088	0.3668	0.241 -0.9
	12	経営耕地に占める借入耕地率（販売農家）(%)	0.694 (3.39) ***	68,088	0.2068	0.328 -1.3
	13	経営耕地田に占める借入耕地田率（販売農家）(%)	1.089 (4.67) ***	63,835	0.1982	0.811 (2.81) ***
労働力確保の効果	14	専業農家数	0.241 (7.56) ***	70,130	0.071	0.271 (7.02) ***
	15	65歳未満農家人口比率（販売農家）(%)	1.075 (4.98) ***	68,135	0.3723	1.123 (4.12) ***
	16	販売農家の同居後継者確保率（%）	2.114 (6.64) ***	68,135	0.4465	1.994 (5.04) ***

資料：表3-2-8から抜粋

表 1-7　多面的機能支払制度の政策効果

			多面的機能支払の対象地域（中山間対象地域除く）			参考：全域
			政策の効果	観測数	R-square	政策の効果
地域の資源保全・活性化効果	1	農地がある集落のうち、集落で保全する集落	0.187 (49.54) ***	151,242	0.408	0.148 (46.38) ***
	2	農業用用排水路のある場合、集落で保全する集落	0.075 (18.23) ***	139,449	0.25	0.062 (19.27) ***
	3	寄合いのある集落	0.012 (4.85) ***	160,962	0.103	0.012 (6.88) ***
	4	耕作放棄地率(農業経営体)(%)	-0.61 (6.6) ***	143,979	0.035	-0.649 (8.44) ***
	5	組織経営体の経営耕地面積(a)	214.9 (11.95) ***	150,842	0.041	190.8 (12.43) ***
	6	農業経営体の経営耕地面積(a)	65.2 (3.39) ***	150,842	0.013	40.3 (2.4) **
構造改善効果	7	10ha 以上の経営耕地面積比率(販売農家)（%）	1.395 (10.39) ***	141,174	0.082	1.083 (10.95) ***
	8	経営耕地に占める借入耕地率(販売農家)（%）	1.068 (7.19) ***	141,174	0.123	0.885 (7.7) ***
	9	経営耕地田に占める借入耕地田率(販売農家)（%）	1.32 (7.81) ***	130,652	0.114	1.056 (8.06) ***
	10	10ha 以上経営体の経営耕地面積比率(農業経営体)（%）	3.601 (20.32) ***	144,467	0.178	3.41 (25.06) ***
	11	経営耕地に占める借入耕地率(農業経営体)（%）	2.579 (14.73) ***	144,467	0.188	2.623 (19.08) ***
	12	経営耕地田に占める借入耕地田率(農業経営体)（%）	3.023 (15.6) ***	133,475	0.182	2.954 (19.4) ***
経営組織化の効果	13	総経営体に占める組織経営体比率(%)	0.394 (5.36) ***	142,468	0.06	0.467 (8.3) ***
	14	法人組織数	0.051 (11.74) ***	148,384	0.032	0.051 (15.26) ***
労働力確保効果	15	専業農家数	0.155 (7.44) ***	148,384	0.043	0.146 (8.83) ***
	16	65 歳未満農家人口比率(%)	0.753 (4.97) ***	141,372	0.224	0.863 (7.19) ***
	17	同居後継者確保率(%)	1.284 (5.14) ***	141,372	0.254	1.08 (5.58) ***
集落活性化効果（参考）	18	実行組合がある	0.057 (17.03) ***	146,458	0.132	0.053 (19.29) ***
	19	寄合回数	1.76 (19.58) ***	146,458	0.135	1.772 (25.36) ***
	20	寄合の議題：共有施設管理	0.029 (5.5) ***	146,458	0.269	0.036 (8.62) ***
	21	寄合の議題：集落行事	0.032 (8.01) ***	146,458	0.05	0.029 (9.75) ***
	22	寄合の議題：高齢者の福祉	0.034 (6.07) ***	146,458	0.139	0.04 (9.27) ***
	23	地域活性化のために各種イベントを行う	0.036 (6.88) ***	146,458	0.326	0.039 (9.37) ***

資料：表 3-2-10 から抜粋

8．山間農業地域での対策
—集落機能の低下対策としての集落活動支援センター—

センサスは全国レベルの分析だけでなく、都道府県や市町村などの地方自治体の方々に利用していただき、自分たちの地域が置かれている状況を統計的に確認し、それに基づいた政策・施策の立案、さらにその政策・施策の効果の検証をしていただければと思う。第3章第3節「高知県の人口動態と農村地域経済」は農林業センサス以外の統計も用いた分析であり、地方自治体の方々にとってのガイドとなるだろう。

最初に「統計でみる都道府県のすがた 2016」（総務省統計局）を用いた主成分分析によって、「平地労働力確保」因子（Factor 1）、「高齢世帯規模縮小」因子（Factor 2）、「年少人口増加傾向」因子（Factor 3）を析出し、高知県は「農山村型高齢化深化地域」に分類され、「日本で最も地理的条件も労働力確保の面でも厳しい地域特性」を持ち、「高齢者のみの世帯が多い」という特徴が明らかにされている。2015 年農林業センサスについても同様の主成分分析を行い、「高主業農家」因子（Factor 1）、「集落機能低下」因子（Factor 2）、「規模零細」因子（Factor 3）を析出し、高知県は「主業農家確保地域」に分類され、「販売農家のうち主業農家が比較的多くみられ、個々の農家の規模は全国的にみて平均程度であるが、集落機能については最も低下している」ことが明らかにされている。第3章第1節において指摘された山間農業地域の危機的状況が典型的にあらわれているのが高知県なのである。

実際、農業集落の詳細をみると「高知県の平均総戸数は全国の約半分であり、集落規模が小さ」く、農家戸数も5戸以下の集落がもっと多く全体の33％を占めている。この集落の小規模化は山間農業地域ほど顕著であり、その山間農業地域に農業集落の 48.3％が存在しているのである。そのため高知県では 2012年度から集落活動センターを設置して対策を講じてきた。集落活動センターとは「地域住民が主体となって、旧小学校や集会所等を拠点に、地域外の人材等を活用しながら、近隣の集落との連携を図り、生活、福祉、産業、防災などの活動について、それぞれの地域の課題やニーズに応じて総合的に地域ぐるみで

図 1-9　寄り合いの議題（複数回答）

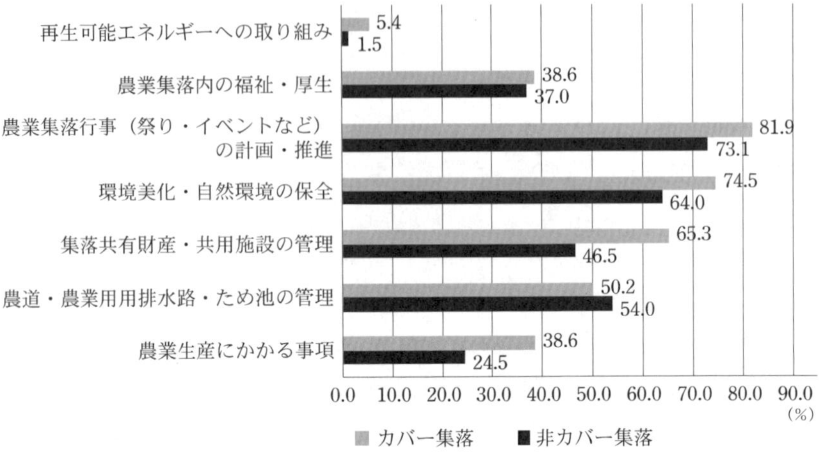

	カバー集落	非カバー集落
再生可能エネルギーへの取り組み	5.4	1.5
農業集落内の福祉・厚生	38.6	37.0
農業集落行事（祭り・イベントなど）の計画・推進	81.9	73.1
環境美化・自然環境の保全	74.5	64.0
集落共有財産・共用施設の管理	65.3	46.5
農道・農業用用排水路・ため池の管理	50.2	54.0
農業生産にかかる事項	38.6	24.5

0.0　10.0　20.0　30.0　40.0　50.0　60.0　70.0　80.0　90.0
（%）

資料：図 3-3-10

取り組む仕組み」である。この集落活動センターがカバーしている農業集落とそうではない農業集落を比較すると、前者の販売農家率が若干高くなっている点を除けば、農業生産活動という点では目立った効果はないようだが、寄り合いの議題をみると「農業集落行事（祭り・イベントなど）の計画推進」、「環境美化・自然環境の保全」、「集落共有財産・共用施設の管理」、「農業生産にかかる事項」では集落活動センターがカバーしている農業集落の割合が大きく上回っている(図 1-9)。詳細は本文に記されているように集落活動センターの活動は、集落営農の育成など農業構造改善に直接リンクするものではないが、「最も低下している集落機能」という高知県の弱点を補完・強化するための的確な施策となっていると考えられる。

9．東日本大震災からの復興
―各県・各地域で状況は大きく異なる―

東日本大震災からの復興の状況を検証することも 2015 年センサス分析に与えられた大きな課題の１つである。この課題には北から県別に第４章第１節「岩手県の動向」、第４章第２節「宮城県の動向」、第４章第３節「福島県の動向」として分析を行った。各県の農業構造と被災状況がクロスすることで複雑な地域差が生まれている。

（岩手県―農地、農家が減少するなかでの構造再編の動き―）

岩手県の分析では、「花巻市、北上市、一関市などの内陸部と宮古市、釜石市、大船渡市などの沿岸地域」の２地域に大きく分類したうえで、東日本大震災による被災市町村を「被災市町村」、そのなかで津波被害を受けた地域を「津波被災市町村」とし、それ以外の内陸部の被災地域を「その他」として分類を行っている。内陸地域の農業構造は、大規模で専業的な農家が多く、主業農家や男子生産年齢人口のいる専業農家の割合が岩手県平均よりも高く、法人経営や農事組合法人の数も多く、経営耕地面積 5ha 以上の農業経営体の占める割合は沿岸地域よりも高くなっている。これに対して沿岸地域は「急勾配のリアス式海岸近くに位置する中山間地域が多いため、自給的な農業を主体」としており、「水産業が地域産業の主体」であり、「漁業と農業の複合経営である場合が多い」という違いがある。内陸地域と津波で被災した地域を含む沿岸地域とは、災害前から農業構造に大きな違いがあった。被災前後の変化をみる場合、こうした地域差を最初に頭に入れておく必要がある。

被災後は総農家数がかなり減少し、自給的農家が主体の構造に変化はみられず、津波被災市町村では主業農家の割合は微減だが、法人経営と農事組合法人の数は増加した。また、沿岸地域の津波被災市町村では経営耕地面積が大幅に減少し、耕作放棄地割合も増加し、経営耕地面積 5ha 以上の農業経営体の割合も低いままにとどまっている。ただし、常雇の数は大きく増加している。津波の被害によって経営耕地面積は減少したが、残された農地では農事組合法人な

表 1-8　被災区分別の販売農家戸数・平均世帯員数・後継者の有無の変化（岩手県）

（単位：人、％）

		販売農家戸数	シェア（%）	経営主男女計の平均年齢	主業農家65歳未満（戸）	シェア（%）	平均世帯員数（人）	同居農業後継者いる	他出農業後継者がいる	他出農業後継者がいない
2010年	[1] 内陸	49,721	90	63	8,177	91	4.1	48.1	19.8	32
	[2] 沿岸	5,626	10	65	802	9	3.8	43.0	25.7	31
	[3] 被災市町村	34,294	62	64	4,588	51	4.1	48.3	20.1	32
	[4] 津波被災市町村	5,566	10	66	790	9	3.8	43.1	25.8	31
	[5] その他	28,728	52	63	3,798	42	4.2	49.3	19.0	32
	岩手県	55,347	100	64	8,979	100	4.1	47.5	20.4	32
2015年	[1] 内陸	41,153	91	65	6,255	91	3.9	36.7	19.6	44
	[2] 沿岸	4,101	9	67	603	9	3.5	31.7	23.1	45
	[3] 被災市町村	28,012	62	66	3,502	51	3.8	36.2	19.6	44
	[4] 津波被災市町村	4,060	9	67	591	9	3.5	31.7	23.2	45
	[5] その他	23,952	53	65	2,911	42	3.9	37.0	19.1	44
	岩手県	45,254	100	66	6,858	100	3.8	36.2	19.9	44
増減率（%）・ポイント差	[1] 内陸	-17.2		2.1	-23.5		-6.8	-23.6	-1.1	11.6
	[2] 沿岸	-27.1		1.5	-24.8		-7.4	-26.4	-10.1	14.0
	[3] 被災市町村	-18.3		1.7	-23.7		-6.8	-25.0	-2.2	12.5
	[4] 津波被災市町村	-27.1		1.5	-25.2		-7.3	-26.4	-10.2	14.0
	[5] その他	-16.6		1.8	-23.4		-6.9	-25.0	0.4	12.3
	岩手県	-18.2		1.9	-23.6		-6.7	-23.8	-2.4	11.8

資料：表 4-1-5。
注：1）割合を示した項目の増減率の欄は、当該項目の実数の増減率を示す。
　　2）経営主男女計の平均は、[1]～[5]で該当する市町村の平均年齢を単純平均した。

ど少数の担い手の存在の持つ意味が高まっている[7)]。

だが、平均世帯員数は全ての分類地域で減少して4人を切り、同居農業後継者のいる割合も10ポイント以上低下しており、沿岸地域と津波被災市町村では他出農業後継者がいる販売農家数が10%以上の減少となった。震災を機に離村が増加している。また、被災地域では農業集落数はほぼ維持されているが、農業経営体、総農家、販売農家、自給的農家がいずれもその数を大きく減らしており、農業を支える頭数の回復には至っていない。残された農家による集落ぐるみ型の集落営農組織の設立を支援していく必要があるということだろう。

（宮城県―津波被災地域での30ha以上層の躍進―）

宮城県の沿岸部は津波で大きな被害を受け、「死者・行方不明者併せて1万人以上の犠牲者」を出すとともに、「海岸に沿って設置されていた排水機場への壊滅的な打撃」によって生産基盤である農地も甚大な被害を受けた。しかし、「そうした状況から、かなりの程度の復興が成し遂げられ」、「転用見込みを考慮しなければ、2015年農林業センサスの調査時点では88%と9割近くの農地が利用可能なものとして復旧」した。その結果、宮城県では大きな構造変動を確認することができる。

岩手県と同様、農業集落の分類が分析の出発点となる。宮城県の場合は、A地域：津波被災集落、B地域：津波被災集落の存在する旧市町村で、津波被害のない集落、C地域：A・B以外の地域の集落の大きく3つに分類し、さらにA地域とB地域については東松島市と松島町の間を境界としてリアス式海岸の多い地域（北部）と平地の多い地域（南部）の2つに分けた。

農家人口は県全体では約3割の減少だが、A地域では51.3%の減で、北部A地域で減少傾向がより強くあらわれている。年齢別にみると若年層の減少幅が大きく、特に19歳以下の減少率が60.0%と最大で、高齢になるにしたがい減少幅は小さくなるとともに、50〜64歳を除くと男性よりも女性の減少幅が大きい。その結果、被災地域では若年層は流出し、年齢構成の高齢化が加速することになる。

しかし、被災地域では農業構造に大きな変化が生じている。法人経営と組織経営体の実数は被災地域であっても増加している。北部A地域では法人経営は21から35へ、組織経営体は72から104へ、南部A地域では前者は28から41、後者が63から60、B地域では前者は8から23、後者は54から355と大きく増加した。被災地域では法人化と地域農業の組織化が急速に進んでいる。経営耕地面積規模別の階層変動では 1.0ha 未満層の激減が注目される。A 地域では「1.0ha 未満層で 54.3％の減と、経営体の半数がなくなっている」のに対し、「10ha 以上層からは著しい増加に転じる」という傾向が顕著で、1経営体当たりの借入耕地面積も急増している。このように構造変動は進んだが、経営耕地面積の減少率は宮城県全体の6.1％に対し、A地域では22.8％と約4分の1が失われている点も忘れてはならない。経営耕地面積を大きく減らしたなかでの構造変動なのである。

津波被害による農業機械の流失・損失も構造変動に大きな影響を与えている。A 地域、特に南部 A 地域で農業機械の保有台数が大きく減少している。「津波被害によって沿岸部の農家等が所有する農業機械が流されたり、塩害によって使用できなくなったり」した結果、農業経営体数が半減したと考えられる。また、東日本大震災農業生産対策交付金による機械購入も10ha以上層の急増を後押しした要因だが、多額の補助金を受けているだけに設立された組織経営体が今後、順調に発展していくかどうかが気になるところである。この検証が2020年センサスの宿題として残されている。

（福島県―農地資源・人的資源が等倍に縮小―）

福島県は津波被害に加えて原子力災害の影響もあるため被災地域の区分は複雑である。第4章第3節では、①津波被害地域：津波被害を受けた集落（②の避難地域を除く）、②避難地域：2015年2月時点で帰還困難区域・居住制限区域・避難指示解除準備区域に指定されているエリア、③帰還地域：2011年9月30日に緊急時避難準備区域が解除された地域と2015年2月時点で避難指示解除準備区域の指定が解除されたエリア、④稲作付休止地域：2014年産まで作付制限等が指示され、2015年産においては地域的な稲作付自粛方針を公表したエリア、⑤稲作付再開地域：2012年産に限り稲作付制限が指示され作付けを休止したエリアを含む旧市町村、⑥その他の地域：上記を除く地域、の6つに区分を行い、震災前後の農業構造の変化について詳細な分析を行っている。

被災前の特徴は次の通りであった。①津波被害地域は平坦な水田地帯が広がり、基幹的農業従事者は高齢化していたが、借地による規模拡大が進んでいた。②避難地域は中間農業地域を主とする田畑作地帯であり、5ha 以上層の割合が県平均を上回り、基幹的農業従事者の高齢化の度合いも県平均より低かった。③帰還地域は山間農業地域が主で、農業労働力の高齢化と世帯規模の縮小が進み、小規模な高齢農家によって農業が支えられていた。④稲作付休止地域は水田集落が100％を占め、基幹的農業従事者の高齢化は6地域のなかで最も低く、5ha 以上層の形成とそこへの農地集積が進んでいた。⑤稲作付再開地域は果樹地帯を含む多様な農業地域からなり、主業農家割合が高く、1 世帯あたりの基幹的農業従事者も多かった。

福島県の「被災前後の農業構造の変化を端的に表現すると、地域差を伴いながら農地資源（経営耕地面積）・人的資源（農業経営体数、農家人口、基幹的農業従事者）が等倍で縮小している」ということになる。①津波被害地域では上記の 4 つの「各指標が 3〜4 割減となって」おり、被災 3 県の人口・労働力の減少率は「概ね近い値を示している」が「農地集積の動向は大きく異な」り、宮城県でみられたような構造変動は起きていない（図 1-10、図 1-11）。②避難地域は「避難指示により地域での営農が行えない状況であるため、農業センサス上の値は全てブランクとなって」おり、現状は不明である。4 つの指標について「最も変化が大きいのが③帰還地域」で、4 つの指標が全て半減しており、特に「人口減少が著しい」状況にある。④稲作付休止地域では経営耕地面積の減少度合いは小さいが、「水稲作の休止により農家人口減少以上に農業労働力が減少している」。経営耕地面積の田の大半は不作付地である点も注意する必要がある。これは補助事業を活用した農地保全管理作業を反映した数字である。⑤稲作付再開地域では4つの指標は「いずれも20〜30％程度減少して」おり、過去の減少トレンドを上回る減少となった。

農業経営体の動向をみても、法人経営は県全体として増加しているが、「被災地域で増加しているのは⑤稲作付再開地域のみ」であり、組織経営体は県全体

図 1-10　経営耕地面積と農業経営体数の増減率（2015/2010）

図 1-11　農家人口と基幹的農業従事者数の増減率（2015/2010）

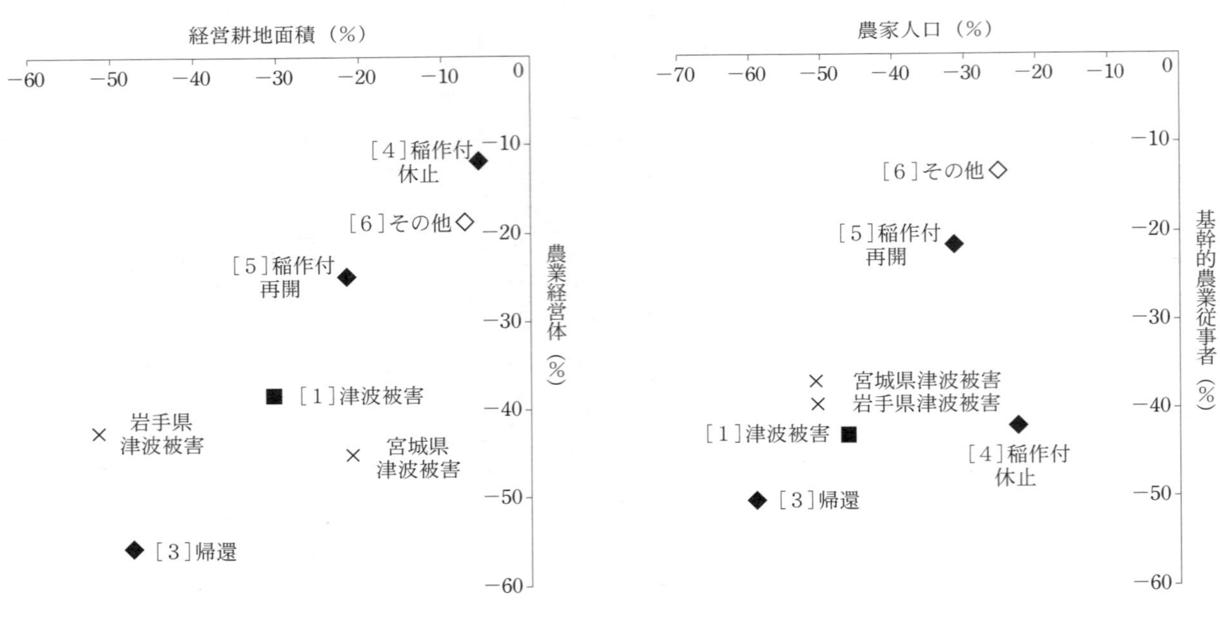

資料：図 4-3-2

資料：図 4-3-3

表1-9　東日本大震災による被災県における農業構造の変化

			戸数・経営体数				面積			人口		
			総農家数(戸)	農業経営体数(経営体)	法人数(経営体)	経営耕地面積5ha以上割合(%)	経営耕地総面積(ha)	借入耕地面積割合(%)	経営耕地面積5ha以上割合(%)	農家人口(人)	基幹的農業従事者(人)	農家人口65歳以上割合(%)
県全体	岩手県	2010年	76,377	57,001	620	6.4	126,686	31.9	46.4	227,474	66,676	34.4
		2015年	66,099	46,993	817	8.0	121,863	38.3	54.6	173,476	59,162	38.0
	宮城県	2010年	65,633	50,741	347	7.3	115,079	32.5	41.5	215,500	45,893	32.0
		2015年	52,350	38,872	532	10.1	108,025	39.6	52.4	152,162	41,790	35.3
	福島県	2010年	96,598	71,654	585	4.5	121,488	23.1	25.0	310,611	81,778	31.9
		2015年	75,338	53,157	658	6.1	100,279	28.6	32.5	212,372	65,076	35.6
津波被災地域	岩手県	2010年	2,808	1,072	19	2.4	1,800	60.5	60.7	4,045	1,203	36.6
		2015年	1,872	617	17	3.2	875	49.0	49.0	2,004	729	42.6
	宮城県	2010年	11,216	7,816	54	5.9	15,634	30.1	34.7	33,253	7,936	32.5
		2015年	6,638	4,284	87	10.8	12,344	44.0	53.5	16,448	5,014	35.9
	福島県	2010年	5,108	3,780	31	6.1	7,576	30.5	32.4	16,524	3,432	32.0
		2015年	2,292	1,566	16	7.9	3,661	38.2	43.7	6,080	1,378	37.7
実数増減率・割合ポイント差	県全体①	岩手県	-13.5	-17.6	31.8	1.6	-3.8	6.3	8.2	-23.7	-11.3	3.6
		宮城県	-20.2	-23.4	53.3	2.9	-6.1	7.1	11.0	-29.4	-8.9	3.3
		福島県	-22.0	-25.8	12.5	1.7	-17.5	5.5	7.5	-31.6	-20.4	3.7
	津波被災地域②	岩手県	-33.3	-42.4	-10.5	0.8	-51.4	-11.5	-11.7	-50.5	-39.4	6.0
		宮城県	-40.8	-45.2	61.1	4.9	-21.0	13.9	18.8	-50.5	-36.8	3.4
		福島県	-55.1	-58.6	-48.4	1.9	-51.7	7.7	11.3	-63.2	-59.8	5.7
	比較②-①	岩手県	-19.9	-24.9	-42.3	-0.8	-47.6	-17.8	-19.9	-26.7	-28.1	2.4
		宮城県	-20.6	-21.8	7.8	2.0	-14.9	6.8	7.9	-21.1	-27.9	0.1
		福島県	-33.1	-32.8	-60.9	0.2	-34.2	2.2	3.8	-31.6	-39.4	2.0

注：「津波被災地域」は、津波被災エリアを含む農業集落一覧（農林水産省作成）をもとに集落単位で集計を行った結果を示す。小松知美氏作成。

として減少し、「この減少は被災地域に集中しており」、被災後の構造変動の動きは弱い。経営耕地面積 10ha 以上の農業経営体については、被災を受けていない⑥その他の地域では増加しているが、被災地域では減少している。借地率は「いずれの地域もやや増加している」が、これは分母となる「経営耕地面積自体が大きく減少しているため」である。

販売金額 1,000 万円以上の農業経営体も増加はみられず、風評被害の影響もあって全体として消費者への直接販売が減退していた。なお本文では、農業生産・販売における品目別の放射性物質の影響を概括した上で、販売金額 1 位部門別の農業経営体数の変化について分析も行っており、農業経営体数の減少率には、営農類型による序列がみられることが確認されている。

10. おわりに
—構造変動進展の地域格差の拡大、農外資本出資の進展—

以上のとりまとめは編者によるバイアスや思い込み、場合によっては誤読があるかもしれない。正確な内容については本書の各論文を参照していただければと思う。

最後になるが、構造変動の到達点と農外資本の農業への参入状況をみておく。

前者については、北海道と東京、神奈川、大阪、沖縄を除く府県について、経営耕地面積5ha以上の農業経営体および経営耕地20ha以上の農業経営体に集積されている経営耕地面積の割合を、平地農業地域、中間農業地域、山間農業地域の別に示した図を作成した。図 1-12 は 5ha 以上層への経営耕地面積の集積率だが、府県によって大きな差があると同時に、同一府県でも山間農業地域で酪農経営が展開しているところを除くと、平地農業地域≫中間農業地域≧山間農業地域という序列が存在している。広島と山口は中間農業地域と山間農業地域が平地農業地域を上回っているが、これは県が熱心に集落営農組織の設立に取り組んできた結果だと考えられる。この点はともかく、担い手への農地集積の進展度の地域格差は非常に大きなものとなっているのである。

20ha以上層への経営耕地面積の集積率を示した図1-13でも同様の状況を確

図1-12　経営耕地面積5ha以上農業経営体への経営耕地面積の集積率

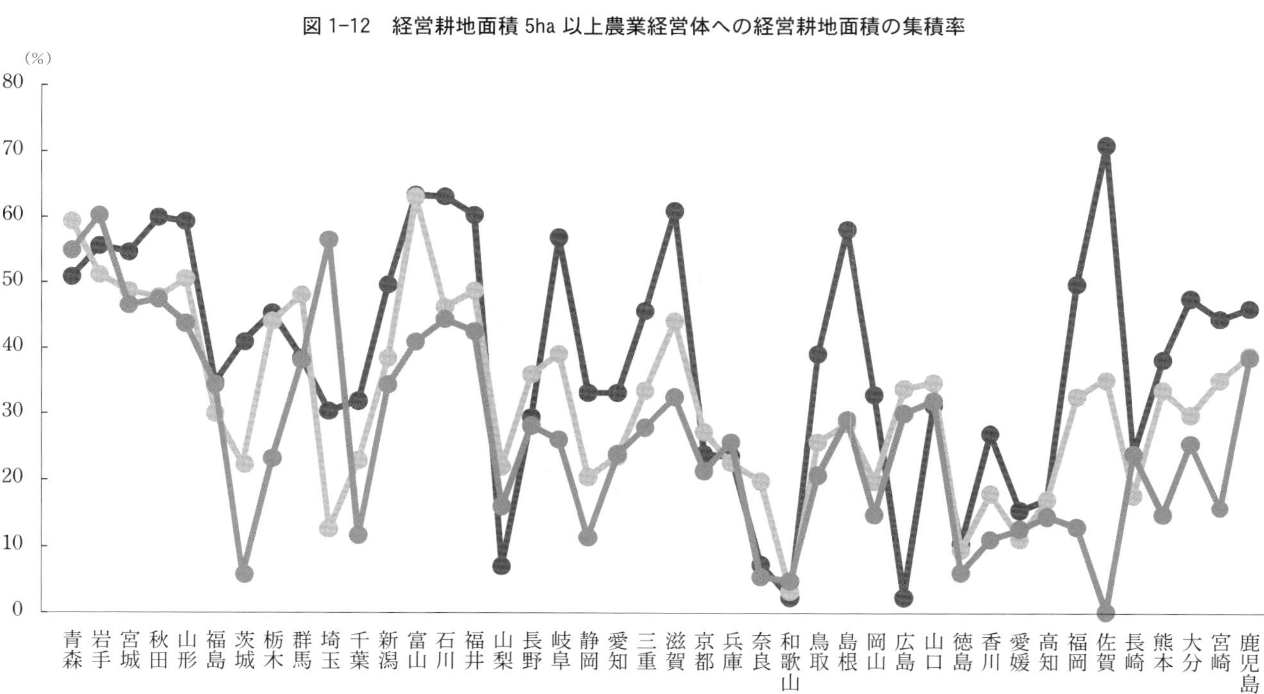

図 1-13　経営耕地面積 20ha 以上農業経営体への経営耕地面積の集積率

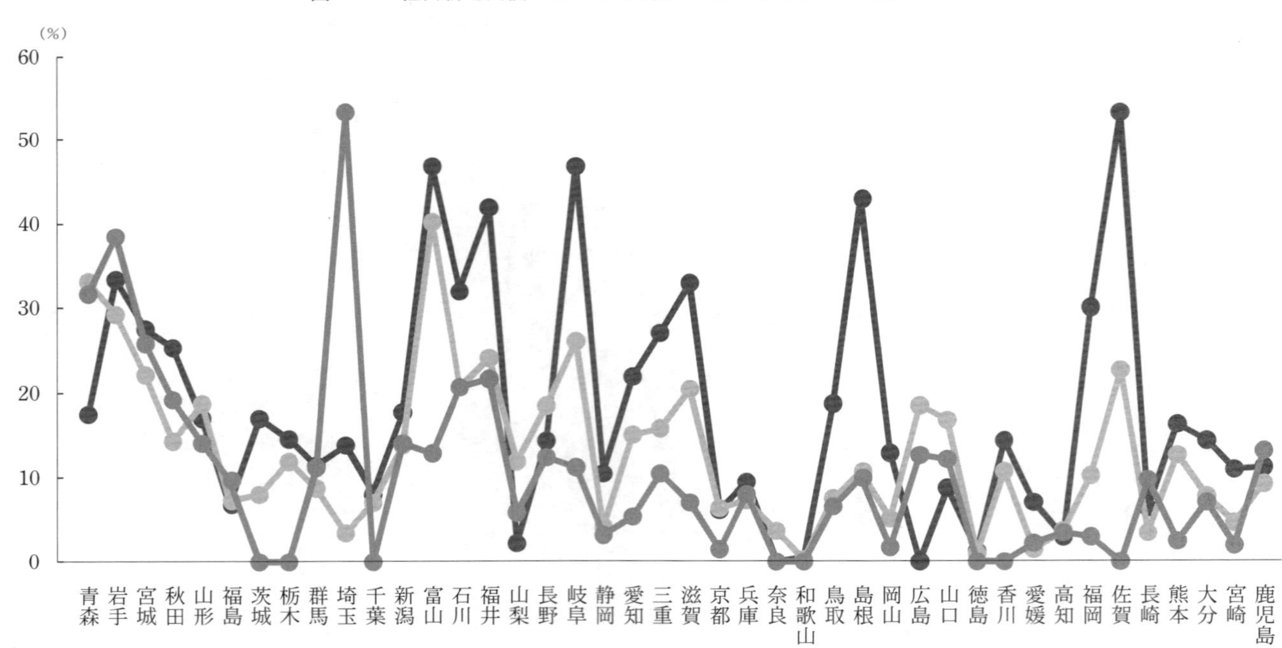

認することができる。日本農業の中核である東北の平地農業地域であっても岩手を除けば20ha以上層への集積率は30％を切っており、富山、石川、福井、島根、福岡、佐賀ほどの構造変動は実現していないことを第一に指摘しておきたい。5ha以上層への農地集積は進んでいるが、「新しい食料・農業・農村政策の方向」で土地利用型の個別経営体の到達目標とされた20ha規模層の形成による構造再編はまだ道半ばなのである。また、到達目標のハードルを5ha規模から20ha規模に上げた図1-13の方が地域差はより明瞭にあらわれ、このレベルでの構造再編の達成は非常に難しい地域が多いこともはっきりしてくる。農地集積の進展が遅れている地域、特に中山間地域をどのような方向に持っていく

表1-10　農外資本の出資を受けた農業経営体の変化と経営内容

（単位：経営体）

	実経営体数			農業生産関連事業実施割合(%)		
	2010年	2015年	増加率(%)	2010年(%)	2015年(%)	増加ポイント
合計	1,164	1,592	36.8	46.9	54.3	7.4
建設業・運輸業	275	432	57.1	52.0	57.2	5.2
飲食料品関連の製造業・サービス業	222	256	15.3	48.6	53.9	5.3
飲食料品関連の卸売・小売業	162	216	33.3	50.6	45.8	-4.8
その他	602	854	41.9	45.5	57.0	11.5
	農産物販売金額規模別経営体数割合（2015年）(%)					
	1000万円以上	3000万円以上	5000万円以上	1億円以上	3億円以上	5億円以上
合計	58.7	37.3	29.0	18.5	9.2	6.0
建設業・運輸業	45.1	20.6	13.7	6.0	1.4	0.9
飲食料品関連の製造業・サービス業	64.5	42.6	36.3	25.4	14.8	10.2
飲食料品関連の卸売・小売業	75.0	51.9	41.7	24.1	15.7	11.1
その他	61.9	42.6	33.7	23.1	11.4	7.5

かについては再検討をする必要があると考える。

後者については、農外資本の出資を受けた農業経営体をみることにしたい。表1-10からわかるように、2010年から2015年にかけて農外資本の出資を受けた農業経営体は1,164から1,592へと数は少ないが、36.8％の増加をみせた。特に著しいのが「建設業・運輸業」からの出資であり、275経営体から432経営体へと57.1％の増加となった。建設業の農業参入は公共事業縮小下での一過性の現象ではなく、現在も続いている。

農業生産関連事業の実施割合は、「飲食料品関連の卸売・小売業」から出資を受けた農業経営体の数字は下がっているが、全体的に過半を超えている。その事業内容の表示は割愛したが、「消費者への直接販売」が最大で他を大きく引き離しており、次が「農産物の加工」となっている。農外資本の出資を受けているからといって大がかりな農業生産関連事業を手掛けているわけではないのである。ただし、農産物販売金額の大きな経営体が占める割合の高さは注目される。最も低い「建設業・運輸業」でも農産物販売金額1,000万円以上の経営体は45.1％と半分近くにのぼる。「飲食料品関連の製造業・サービス業」と「飲食料品関連の卸売・小売業」は農産物販売金額の大きい農業経営体の占める割合が高く、1億円以上が4分の1前後、5億円以上の経営体も1割強となっており、出資元との密接な関係の存在を伺わせる結果となった。

次に農産物販売先のうち最も多いものの割合を2010年と2015年について示した表1-11をみてみる。「農協」を販売先の第1位とする割合は21.0％のまま変化はみられず、「建設業・運輸業」から出資を受けた農業経営体は22.8％から26.9％へと若干だが比率が上昇していた。「農協」の割合を減らしたのは「飲食料品関連の卸売・小売業」の出資を受けた農業経営体だけで、農外資本の出資を受けていても農協は重要な販売先なのである。「農協以外の集出荷団体」は全体で10.0％とそれほど高くはないが、「飲食料品関連の卸売・小売業」が16.9％と大きくなっている点が目を引く。出資元の企業が集出荷団体を組織している可能性がある。

「小売業者」については「飲食料品関連の卸売・小売業」からの出資を受けた農業経営体が29.1％と3割近くを占めている点が特徴的である。これは出資

表 1-11　農外資本の出資を受けた農業経営体の第 1 位の農産物販売先割合

（単位：%）

	農　協		農協以外の集出荷団体		卸売市場		小売業者	
	2010 年	2015 年	2010 年	2015 年	2010 年	2015 年	2010 年	2015 年
合計	21.0	21.0	12.7	10.0	12.4	12.1	13.9	16.7
建設業・運輸業	22.8	26.9	13.8	7.9	14.6	12.7	11.4	13.9
飲食料品関連の製造業・サービス業	12.6	13.7	12.6	7.2	8.4	8.0	9.8	11.6
飲食料品関連の卸売・小売業	12.9	8.0	9.0	16.9	13.5	11.7	20.0	29.1
その他	24.8	22.4	13.3	10.0	11.8	13.2	14.7	16.5

	食品製造業・外食産業		消費者に直接販売		その他	
	2010 年	2015 年	2010 年	2015 年	2010 年	2015 年
合計	13.1	15.4	15.8	14.5	11.1	10.2
建設業・運輸業	5.3	10.1	24.0	19.9	8.1	8.6
飲食料品関連の製造業・サービス業	33.6	39.0	13.1	10.0	9.8	10.4
飲食料品関連の卸売・小売業	19.4	19.2	15.5	4.7	9.7	10.3
その他	7.4	11.8	14.9	15.7	13.1	10.4

元の企業ないしは関連企業への販売であると推測される。同様に「食品製造業・外食産業」も「飲食料品関連の製造業・サービス業」からの出資を受けた農業経営体が 39.0％と約 4 割に達している。出資元が「飲食料品関連の製造業・サービス業」と「飲食料品関連の卸売・小売業」の場合、農業経営体との間に強固な関係が構築されているとみられる。また、「小売業者」を第 1 位の販売先とする農業経営体の割合については出資元の企業にかかわらず全ての場合で、そして、「食品製造業・外食産業」を第 1 位の販売先とする農業経営体の割合については出資元が「飲食料品関連の卸売・小売業」を除けば、ともに 2010 年から 2015 年にかけて増加しており、全般的に業務需要との結びつきが強くなっ

ている。これに対して「消費者に直接販売」は「その他」を除くといずれも割合を低下させているが、それはこの裏返しかもしれない。

農外資本の出資を受けた農業経営体の数はまだ少ないが急速に増加している。全般的に農産物販売金額の大きな農業経営体が多く、特に飲食料品関連の製造業・サービス業および飲食料品関連の卸売・小売業から出資を受けた農業経営体の販売金額が大きくなる傾向にある。また、建設業・運輸業が出資した農業経営体にとっては農協が重要な販売先となっている一方、飲食料品関連の製造業・サービス業から出資を受けた農業経営体は食品製造業・外食産業が、飲食料品関連の卸売・小売業から出資を受けた農業経営体は小売業者が最大の取引先となっており、企業との間に強固な結びつきが構築されていると推察される。今後もこうした動きが拡大していくのは間違いないが、それがどこまで日本農業を覆うことになるかはわからない。

注

1) 第 3 章第 1 節でも、主業農家も集落営農もない農業集落の割合は、全集落よりも水田集落（農業集落調査における耕地面積のうち田割合が 70％以上の農業集落）の方が若干低くなっており、集落営農があるとする割合も高くなっていることが指摘されている。水田については集落営農組織の設立が一定程度の効果をあげていると考えてよい。

2) 戸別所得補償制度について生源寺眞一氏は「マニフェストが強調した小規模経営や兼業農家を支える効果に関しては強い疑問が残る。むしろ、作付面積の広い専業・準専業の農家や法人経営の収益性を支える結果となっていたと考えられる」としている（生源寺眞一「米関連政策を振り返る―「米政策改革大綱」以降を中心に」日本農業研究所『日本農業研究シリーズ No.22　米の流通、取引をめぐる新たな動き（続）』(2015)、12 頁）。この見解を裏づける結果となったということである。ただし、結果的に担い手層を支援する政策となったとはいえ、中小規模層に支払われた助成金の意味をどのように考えるかという論点は残っている。

3) 農地中間管理機構の初年度の実績でトップとなった富山県でのヒアリングでは「担い手の高齢化が進んできて、このあとどうするか、この先 10 年間、頼ることのできる担い手をどのように育てていくかが問われている。担い手の平均年齢は 70 歳で、集落営農も後継者がいない」という話であった（安藤光義・深谷成夫「農地中間管理機構の現状と展望」『農業法研究』第51号（2016）、79頁）。

4) 2015年センサスを分析した橋詰登氏は「自給的農家も減少に転じる中、土地持ち非農家が僅かな増加にとどまったことから、農地所有世帯の減少率が急激に上昇したこと」を明らかにしている（橋詰登「センサスに見る農業構造の特徴と地域性―「2015年農林業センサス結果の概要（確定値）」の分析から―」『農林水産政策研究所レビューNo.73』(2016)、2頁）。これは土地持ち非農家の不在地主化が加速しており、山林だけでなく農地についても総資源量の把握がセンサスでは難しくなってきたことを意味する。

5) そうしたニーズに応えるため内閣官房まち・ひと・しごと創生本部と総務省は中山間地域などで住民の暮らしを支える事業に取り組む「地域運営組織」の政策化について検討を行っている。

6) 中谷朋昭「農地・水・環境保全向上対策の評価と多面的機能支払への展望―政策目標と政策効果―」『農業経済研究』第88巻第1号（2016）は、農地・水・環境保全向上対策について同様の視点から分析を行うとともに、そうした手法について手際よい解説を行っている。

7) 被災3県の状況をまとめた総括表は、津波被災地域の集計が市町村単位ではなく農業集落単位となっているため、ここの記述と一致しないところがある。津波被災農業集落を集計した結果によると、岩手県は法人経営体の数が減少しているだけでなく、経営耕地面積5ha以上の農業経営体への農地集積率も減少しており（表1-9）、農業構造の再編は進んでいないという結果となっている点に注意する必要がある。

第２章　農林業構造分析

第１節　農業経営体・組織経営体の展開と構造

1．農業経営体の展開と構造

（1）農業経営体概念の確認とその特徴

農業センサスにおいて「農業経営体」[1)] の概念が初めて定義されたのは2005年のセンサス構造の大幅改訂があった際のことである。それまでの農業センサスは、調査客体名簿や調査票自体が「農家調査」、「農家以外の農業事業体調査」、「農業サービス事業体調査」、「農業集落調査」の大きく 4 つに分かれていた。これらのうち経営主体ないし農業サービスの実施主体であるいわゆる経営体を調査対象としたのが前3者であり、最後の農山村地域調査は農業集落を対象とした調査であった。農業集落を対象とする農山村地域調査は客体や調査方法が全く違うことから、別個の調査とするよりほかなかったが、経営体調査である前3者は共通する部分が一定程度存在するため、農林統計業務の合理化の流れも相まって統合されることになったのである。

そもそも「農家調査」、「農家以外の農業事業体調査」、「農業サービス事業体調査」がそれぞれ別々に調査されていた大きな理由は、それぞれの調査項目が異なっていたからである。農家調査と農家以外の農業事業体調査は、調査客体の事業規模や組織構造が大きく異なり、農業サービス事業体調査は事業体の目的自体が異なることから農業経営に関わる調査項目が基本的に取られていなかった。とはいえ、当時の時代背景としては、農家から農家以外の農業事業体への組織化の動きやサービス事業体が農業経営に乗り出す事例が出現するなど、農業構造再編の流れを受けて調査客体の組織的構造が時機を捉えて流動的に変更されるようになってきていた。こうした農業現場の動きがそれまで別々に調査されてきた客体相互の移動を加速させる結果をもたらしたため、農林業経営体調査にこれまでの事業体調査を一本化するメリットが顕在化してきたといえる。

また、こうした農林業経営体調査への一本化の動きは、本節で取り扱う「組織経営体」の把握も容易にした。組織経営体はいまや我が国の農業構造を牽引する主体として広く認知され始めているが、その定義は「農業経営体のうち、世帯以外の形態で事業を行うもの」であり、「農業経営体」から 1 世帯で事業を行う「家族経営体」を減じたものに等しい。この中には、旧農家以外の農業事業体、旧農業サービス事業体の大部分が含まれ、それぞれ近接した境界領域を有していたこれらの事業体がまとめて把握可能になったことは 2005 年センサス改訂の大きな特徴であった。今回の 2015 年センサス分析では、2005 年改定から 10 年を経るに至り、ようやく新たな概念として登場した農業経営体や組織経営体ベースでの経年変化が本格的に分析可能となったといえる。

ここで図 2-1-1 に農業経営体、組織経営体の概念と経営体数を 2000 年センサスまでの旧表章との関係においてまとめた。図によれば、農業経営体はほぼ販売農家（1,329,591 経営体）、農業サービス事業体（7,251 経営体）、農家以外の農業事業体（26,684 経営体）の総数と重なる。例外的に一部重ならないのは、農家以外の農業事業体のうち販売を目的としない「学校、試験場等」（701 経営体〔図中※アに相当〕）が農業経営体に含まれない点と、「販売農家」に定義上含まれず販売金額 50 万円以上に相当するとみられる規模以上の農業を行っている世帯（14,441 経営体〔図中※ウに相当〕）が加わる点である。

一方、組織経営体は農家以外の農業事業体（26,684 経営体）と農業サービス事業体（7,251 経営体）を合わせた数にほぼ重なるが、前述の農家以外の農業事業体のうち販売を目的としない「学校、試験場等」（701 経営体〔図中※アに相当〕）と旧農業サービス事業体のうち受託して農作業を行う事業を 1 世帯で行ってい

図 2-1-1　農業経営体、組織経営体と旧センサス各表章との関係

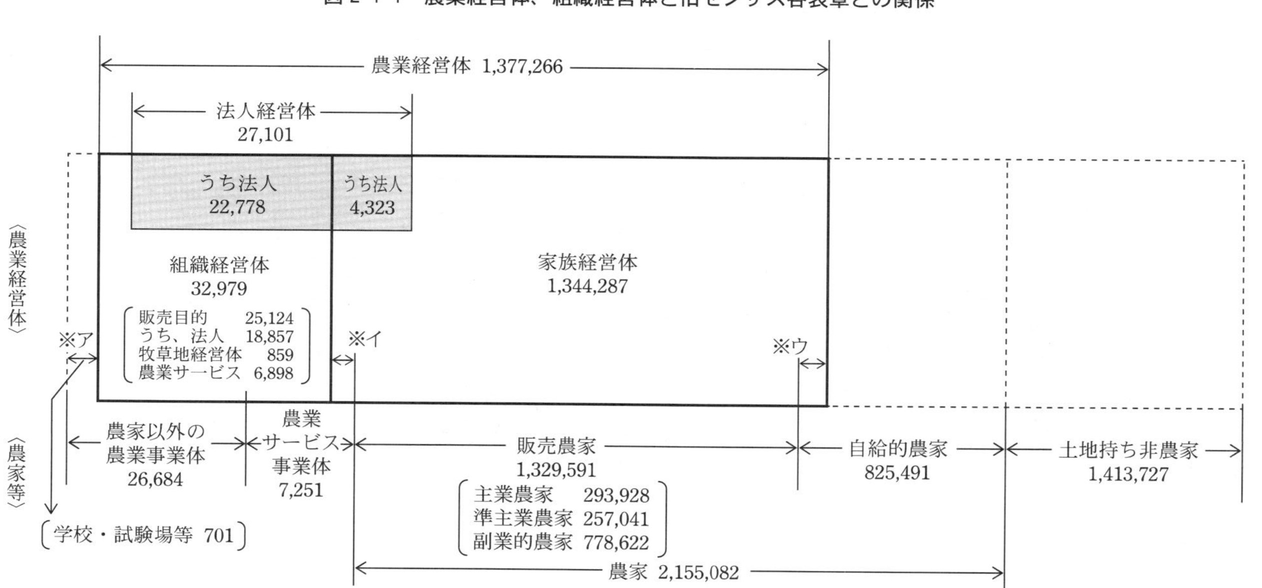

注：1）図中「※ア」は、「農家以外の農業事業体」のうち、「農業経営体」の基準を満たさないもの（学校・試験場等の営利目的以外で農業を行うものなど）
2）図中「イ」は、「販売農家」ではないものの、受託して農作業を行う世帯
3）図中「ウ」は、「販売農家」ではないものの、販売金額50万円以上に相当するとみられる規模以上（肥育牛飼養頭数1頭以上、露地野菜作付面積15a以上など）の農業を行う世帯

る経営体（255 経営体〔図中※イに相当〕）が除かれる。なお、法人経営体（27,101 経営体）はその大半が組織経営体に含まれる（22,778 経営体）が、旧来からある販売農家の中の一戸一法人などを中心に 4,323 経営体は家族経営体にカウントされている。

（2）農業経営体・組織経営体の総数の動向

ところで、農業経営体はグラフで見ると販売農家の減少とほぼ同一のトレンドを辿っている（図 2-1-2）。販売農家の概念が初めて定義されたのは 1985 年のことであり、当時は 3,315 千経営体を数えたが、センサス調査を重ねるごとに毎回約 30〜37 万経営体が減少し続けており、2005 年には 1,963 千経営体、2010 年には 1,631 千経営体、2015 年には 1,330 千経営体となっている。農業経営体はこの販売農家の数値に約 5 万弱の経営体が上乗せされた数値で推移しており、2005 年が 2,009 千経営体、2010 年が 1,679 千経営体、2015 年が 1,377 千経営体である。この上乗せ分は、前掲図 2-1-1 で既に説明した組織経営体や自給的農家等の一部に相当する。このように、これまでも歴年のセンサス分析で語られてきた経営体数ベースの農業構造の脆弱化はその傾向を変えることなく着実に進行しており、農業の担い手確保のため、個々の経営体の大規模化や質的高度化、経営管理の改善などの必要性は待ったなしの状況である。

続く図 2-1-3 は、販売目的の農家以外の農業事業体および農業サービス事業体の動向に、組織経営体の動きを重ね合わせたものである。販売目的の農家以外の農業事業体は、統計を取り始めた 1970 年から 2000 年まで若干の増減を伴いながらも 7,000〜8,000 経営体の水準でほぼ横ばいに推移していたが、2005 年以降急激にその数を伸ばし始めた。その数は 2005 年には 13,742 経営体、2010 年には 19,937 経営体、2015 年には 25,124 経営体と 5 年ごとの増加数はそれぞれ 5,000〜6,000 経営体に上っている。これらの数値は、先に見た販売農家数の減少数に比べれば微々たるものであるが、本節でこのあと分析をする農地の集積や生産力の集中の側面から言えば、農業構造の明るい側面を背負って立つ担い手群が旧農家以外の農業事業体区分として把握されたものといって良い。

図 2-1-2　総農家数・販売農家数の推移と農業経営体数

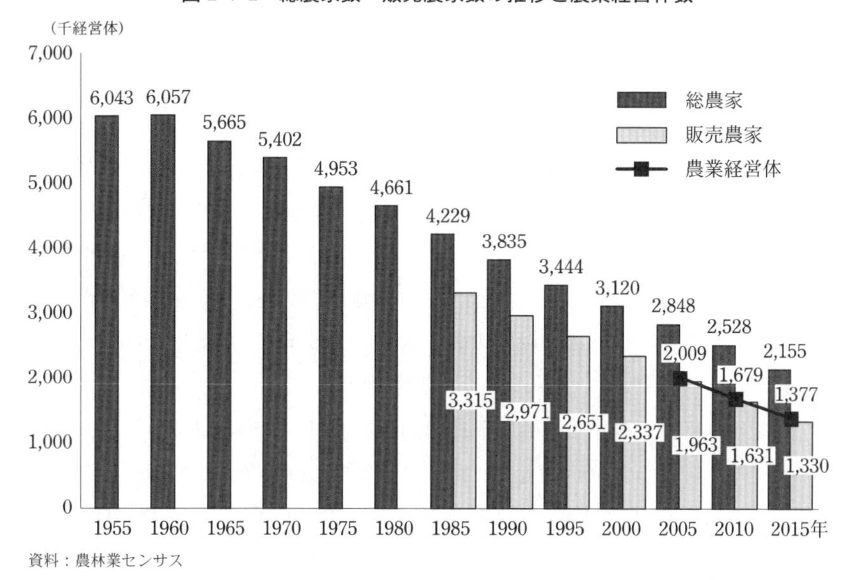

資料：農林業センサス

図 2-1-3　組織経営体と旧農家以外の農業事業体、農業サービス事業体との関係

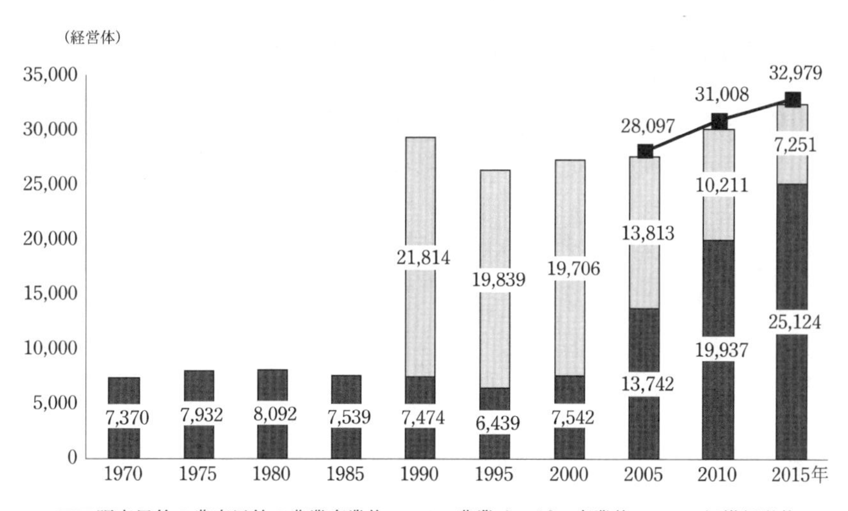

資料：農林業センサス

一方、農業サービス事業体は 1990 年の統計開始以降一貫して減少を続けており、最近では、2005 年の 13,813 経営体に対して、2010 年は 10,211 経営体、2015 年は 7,251 経営体と各年次とも約 3,000 経営体ほどの減少となっている。この理由について確定的なことはいえないが、コントラクターとして農作業の受託を専門としていた経営体や機械銀行等の組織が、組織としての経営基盤を確立していく中で、わずかでも利用権設定を行い借地経営を行えば旧農家以外の農業事業体調査の対象となることはあり得るため、筆者が行ったいくつかの実態調査の結果を踏まえれば、もっぱら農作業受託のみを行う組織が借地経営に乗り出したことによる農家以外の農業事業体への移行が広範に起こった可能性はある。

これに対して、組織経営体数は前述の通り農家以外の農業事業体と農業サービス事業体を合算した数値に近く、グラフの上では両事業体数の合計に沿ったトレンドを示している。2005 年は 28,097 経営体、2010 年は 31,008 経営体、2015 年は 32,979 経営体であり、2005-15 年間の増加率は 17.4％であった。この増加は、内実的には繰り返すまでもなく同期間の農家以外の農業事業体の増加率（82.8％）に支えられている。

（3）農業経営体および組織経営体の組織形態別推移

農業経営体および組織経営体の増減数を組織形態別に見たのが表 2-1-1 である。まず、農業経営体の動向だが、農業経営体計の減少率は 05-10 年間の 16.4％から 10-15 年間の 18.0％へとやや高まっている。これは同時期に 16.7％から 18.5％へと減少率を高めた非法人の家族経営体の減少によってもたらされていることが分かる。一方、法人については増加傾向が顕著であり、法人計の増加率は 05-10 年間の 13.0％に対して 10-15 年間は倍近くの 25.3％に達している。内訳としては農事組合法人が 53.1％増と大きく伸びているほか、新会社法以降設立が盛んな合同会社が 188.6％増であり、株式会社も 26.3％の伸びである。一方、各種団体の方では近年合併などが進む農協や統廃合が進む森林組合がそれぞれ 21.4％減、18.2％減となっている。

これらの数値から組織経営体のみを抽出した組織形態別の内訳は表の下段に

表 2-1-1　農業経営体の組織形態別経営体数の推移

（単位：経営体）

				2005 年	2010 年	05-10 増減率	2015 年	10-15 増減率
農業経営体	農業経営体計			2,009,380	1,679,084	▲ 16.4	1,377,266	▲ 18.0
	法人計			19,136	21,627	13.0	27,101	25.3
		農事組合法人		2,610	4,049	55.1	6,199	53.1
		会社	株式会社	10,903	12,743	16.9	16,094	26.3
			合名・合資会社	79	127	60.8	150	18.1
			合同会社	-	114	-	329	188.6
		各種団体	農協	4,508	3,362	▲ 25.4	2,644	▲ 21.4
			森林組合	17	33	94.1	27	▲ 18.2
			その他の各種団体	528	674	27.7	767	13.8
		その他の法人		491	525	6.9	891	69.7
	地方公共団体・財産区			505	337	▲ 33.3	228	▲ 32.3
	非法人			1,989,739	1,657,120	▲ 16.7	1,349,937	▲ 18.5
		うち組織経営体		13,723	13,602	▲ 0.9	9,973	▲ 26.7
		うち家族経営体		1,976,016	1,643,518	▲ 16.8	1,339,964	▲ 18.5
うち組織経営体	組織経営体計			28,097	31,008	10.4	32,979	6.4
	法人計			13,869	17,069	23.1	22,778	33.4
		農事組合法人		2,038	3,566	75.0	5,711	60.2
		会社	株式会社	6,232	8,764	40.6	12,366	41.1
			合名・合資会社	55	63	14.5	111	76.2
			合同会社	—	82	-	261	218.3
		各種団体	農協	4,508	3,362	▲ 25.4	2,644	▲ 21.4
			森林組合	17	33	94.1	27	▲ 18.2
			その他の各種団体	528	674	27.7	767	13.8
		その他の法人		491	525	6.9	891	69.7
	地方公共団体・財産区			505	337	▲ 33.3	228	▲ 32.3
	非法人（組織経営体のみ）			13,723	13,602	▲ 0.9	9,973	▲ 26.7

資料：農林業センサス
注：2005 年の「株式会社」は「株式会社」と「有限会社」の合計数値。

示した。組織経営体計は 2005 年の 28,097 経営体から 2015 年には 32,979 経営体まで増加している。中でも法人計の増加率は農業経営体全体の法人計増加率よりも 05-10 年間で 10.1 ポイント、10-15 年間で 8.1 ポイントそれぞれ高い（05-10 年間：23.1％、10-15 年間：33.4％）など、組織経営体の増加が顕著であったことが確認できる。法人種別ごとの増加率については農業経営体全体と大きく傾向は変わらないが、05-10 年間に比較したときの 10-15 年間の特徴は、農事組合法人の増加率の大幅な減退（05-10 年間：75.0％、10-15 年間：60.2％）と株式会社（05-10 年間：40.6％、10-15 年間：41.1％）をはじめとした会社法人の増加率の伸長だといえよう。

（4）農産物販売額１位の部門別経営体数の推移

次に、2010 年から 2015 年の農産物販売額 1 位の部門別経営体数の変化についてみよう（表 2-1-2）。農業経営体全体としては、全作目において経営体数が減少しており、農業経営体計の減少率は 17.3％である。「雑穀・いも類・豆類」（▲9.2％）、「その他作物」（▲4.4％）以外はすべて二桁の減少率となっているが、中でも減少率が高いのは工芸農作物（▲28.8％）、養豚（▲27.6％）、酪農（▲20.0％）である。

しかし、これを組織経営体についてみると、様相は大きく変わる。組織経営体は全体として増加傾向にあることは前掲図 2-1-3 で既に示したが、農産物の販売のあった組織経営体に限った増加率では 26.0％に達する。特に部門別では露地野菜（74.6％）、施設野菜（52.1％）、果樹類（44.4％）の増加率が突出してい

表 2-1-2　農産物販売額１位の部門別経営体数の推移

（単位：経営体）

	2010 年		2015 年		10-15 増減率（%）	
	農業経営体	うち組織経営体	農業経営体	うち組織経営体	農業経営体	うち組織経営体
計	1,506,576	19,544	1,245,232	24,629	▲ 17.3	26.0
稲作	889,387	7,619	714,870	9,581	▲ 19.6	25.8
麦類作	5,917	1,030	5,106	816	▲ 13.7	▲ 20.8
雑穀・いも類・豆類	33,184	1,344	30,127	1,702	▲ 9.2	26.6
工芸農作物	50,118	532	35,700	658	*▲ 28.8*	23.7
露地野菜	146,207	1,075	131,307	1,877	▲ 10.2	74.6
施設野菜	83,096	1,091	71,093	1,659	▲ 14.4	52.1
果樹類	173,465	840	152,949	1,213	▲ 11.8	44.4
花き・花木	40,072	1,179	33,007	1,315	▲ 17.6	11.5
その他の作物	12,415	1,081	11,874	1,457	▲ 4.4	34.8
酪農	20,164	677	16,126	803	*▲ 20.0*	18.6
肉用牛	41,077	860	33,994	1,027	▲ 17.2	19.4
養豚	4,504	951	3,263	1,072	*▲ 27.6*	12.7
養鶏	4,775	1,020	4,017	1,176	▲ 15.9	15.3
その他の畜産	2,195	245	1,799	273	▲ 18.0	11.4

資料：農林業センサス
注：「その他畜産」には「養蚕」を含む。

る。減少しているのは麦類作（▲20.8%）のみであるが、この間、集落営農組織が多く設立される中で、転作のみを行っていた受託組織が米を取り込んで集落営農組織になる事例等が多く見受けられること、及び前掲図 2-1-3 で示した全般的な農業サービス事業体の減少傾向などが影響していると考えられる。同様のことは麦類だけでなく、転作大豆の受託組織が集落営農化する場合にも想定されるが、ここでの豆類のカテゴリはいも類や雑穀と合算されてしまっているため、いも類などの組織経営体の増加率との関係で、影響が相殺されてしまっている可能性は考えられる。

2. 大規模農業経営体による農地集積の現状

（1）経営耕地面積規模別経営体数の増減数

前項で農業経営体と組織経営体の経営体数ベースの大まかな動きは掴んだが、次に、農業経営体と組織経営体それぞれについて、経営耕地面積の規模に着目した分析を進めてみたい。

まず、農業経営体、組織経営体双方について経営耕地面積規模別の増減を確認し、その増減分岐点を析出したのが表 2-1-3 である。同表では 05-10 年間と 10-15 年間の規模別増減数を示したが、これまでのセンサス分析でも再三指摘されてきたように、全般の傾向としては下層規模階層の相対的縮小と上層規模階層の相対的拡大による構造再編がここ数十年にわたって進行しており、今次センサスにおいてもその傾向は明瞭に確認できる。たとえば、橋詰[8]によれば、2000 年当時の増減分岐階層（モード層）は都府県平均で 3ha、北海道で 50ha だが、05-10 年間および 10-15 年間のモード層を表 2-1-3 で確認すると、都府県平均は 05-10 年間において 5ha に、北海道は 10-15 年間において 100ha にそれぞれ達したことが確認できる。

05-10 年間と 10-15 年間のシフト変化を地域別に詳しくみると、3ha から 5ha にモード層がシフトしたのは東海、中国、四国であり、5ha から 10ha にシフトをしたのが東北である。モード層が 3ha に留まっているのは近畿のみであるが、

表 2-1-3　経営耕地面積規模別経営体数の増減数

			0.3ha 未満	0.3～0.5ha	0.5～1.0	1.0～2.0	2.0～3.0
農業経営体	10～15 年	全国	▲ 4,913	▲ 65,968	▲ 120,430	▲ 83,508	▲ 21,340
		北海道	▲ 137	▲ 323	▲ 359	▲ 491	▲ 435
		都府県	▲ 4,776	▲ 65,645	▲ 120,071	▲ 83,017	▲ 20,905
		東北	▲ 1,610	▲ 10,246	▲ 20,790	▲ 21,590	▲ 7,999
		北陸	▲ 377	▲ 4,251	▲ 9,264	▲ 8,794	▲ 2,667
		関東・東山	▲ 884	▲ 12,941	▲ 25,367	▲ 19,235	▲ 4,802
		東海	▲ 6	▲ 8,602	▲ 14,124	▲ 7,277	▲ 1,014
		近畿	▲ 173	▲ 8,306	▲ 11,866	▲ 4,992	▲ 573
		中国	▲ 450	▲ 7,822	▲ 14,260	▲ 6,225	▲ 599
		四国	▲ 283	▲ 4,883	▲ 8,397	▲ 3,569	▲ 581
		九州	▲ 913	▲ 8,397	▲ 15,850	▲ 11,198	▲ 2,593
	05～10 年	全国	▲ 7,494	▲ 90,761	▲ 119,727	▲ 85,694	▲ 25,492
		北海道	▲ 474	▲ 313	▲ 367	▲ 436	▲ 616
		都府県	▲ 7,020	▲ 90,448	▲ 119,360	▲ 85,258	▲ 24,876
		東北	297	▲ 10,515	▲ 20,012	▲ 21,619	▲ 10,251
		北陸	▲ 367	▲ 7,714	▲ 13,549	▲ 12,678	▲ 3,311
		関東・東山	▲ 2,446	▲ 19,794	▲ 24,043	▲ 16,115	▲ 3,815
		東海	▲ 816	▲ 10,810	▲ 12,421	▲ 6,113	▲ 628
		近畿	▲ 611	▲ 10,466	▲ 9,801	▲ 3,220	▲ 227
		中国	▲ 1,299	▲ 11,236	▲ 11,786	▲ 5,860	▲ 670
		四国	▲ 919	▲ 6,579	▲ 7,810	▲ 2,327	▲ 270
		九州	▲ 409	▲ 12,721	▲ 19,139	▲ 17,047	▲ 5,609
組織経営体	10～15 年	全国	▲ 2,314	92	252	446	315
		北海道	19	2	3	5	10
		都府県	▲ 2,333	90	249	441	305
		東北	▲ 871	2	45	76	57
		北陸	▲ 277	12	18	24	14
		関東・東山	▲ 246	61	45	97	33
		東海	▲ 112	▲ 37	▲ 33	22	19
		近畿	▲ 320	▲ 3	5	40	37
		中国	▲ 93	16	23	60	40
		四国	▲ 37	5	42	22	15
		九州	▲ 379	20	76	97	85
	05～10 年	全国	▲ 3,994	138	394	394	227
		北海道	▲ 188	▲ 1	▲ 2	6	8
		都府県	▲ 3,806	139	396	388	219
		東北	▲ 1,003	17	16	21	34
		北陸	▲ 530	14	▲ 2	3	8
		関東・東山	▲ 553	▲ 29	92	76	43
		東海	▲ 176	69	105	68	35
		近畿	▲ 308	40	71	45	21
		中国	▲ 272	-	39	28	6
		四国	▲ 125	10	14	24	5
		九州	▲ 834	26	61	120	55

資料：農林業センサス
注：沖縄県を除く。

表 2-1-3　経営耕地面積規模別経営体数の増減数（つづき）

（単位：経営体）

3.0～5.0	5.0～10.0	10.0～20.0	20.0～50.0	50.0～100.0	100ha 以上	計
▲ 8,942	41	1,714	894	264	370	▲ 301,818
▲ 687	▲ 1,411	▲ 1,424	▲ 721	▲ 108	261	▲ 5,835
▲ 8,255	1,452	3,138	1,615	372	109	▲ 295,983
▲ 4,589	▲ 363	904	420	138	23	▲ 65,702
▲ 1,013	249	388	272	62	16	▲ 25,379
▲ 1,475	578	653	371	65	22	▲ 63,015
▲ 122	180	112	85	44	12	▲ 30,712
15	195	247	116	29	5	▲ 25,303
▲ 93	111	216	101	22	10	▲ 28,989
▲ 48	129	100	12	7	7	▲ 17,506
▲ 850	445	511	238	8	13	▲ 38,586
▲ 9,183	1,557	2,126	3,056	960	356	▲ 330,296
▲ 1,479	▲ 2,888	▲ 1,633	▲ 317	254	202	▲ 8,067
▲ 7,704	4,445	3,759	3,373	706	154	▲ 322,229
▲ 5,393	274	1,008	1,045	301	64	▲ 64,801
▲ 760	784	485	628	79	13	▲ 36,390
▲ 85	1,301	812	439	92	15	▲ 63,639
292	301	158	192	45	17	▲ 29,783
168	377	164	116	14	4	▲ 23,482
84	330	231	192	13	3	▲ 29,998
188	197	77	62	12	▲ 2	▲ 17,371
▲ 2,155	833	815	698	147	40	▲ 54,547
493	670	879	640	323	175	1,971
36	18	66	▲ 12	43	75	265
457	652	813	652	280	100	1,706
58	106	134	27	93	23	▲ 250
29	33	100	152	48	17	170
86	83	83	114	43	15	414
59	47	65	46	34	8	118
53	96	161	81	25	6	181
54	94	130	79	22	10	435
18	21	40	2	5	7	140
97	158	88	149	11	13	415
368	776	1,077	2,587	739	205	2,911
-	22	2	79	88	56	70
368	754	1,075	2,508	651	149	2,841
36	68	130	744	298	61	422
▲ 2	41	175	534	79	14	334
90	117	127	258	74	15	310
27	41	39	85	26	15	334
46	101	77	83	10	3	189
59	108	150	148	14	3	283
29	57	29	48	12	▲ 2	101
80	223	351	606	138	40	866

その近畿も、データを細かくみれば 5～10ha の増加経営体数が大幅に減少していることが分かる。このように経営耕地面積規模別分布におけるモード層の上昇傾向は、程度の差こそあれ、全国的な傾向であることが確認できるのである。

図 2-1-4　経営耕地面積規模別にみる増減率の変化

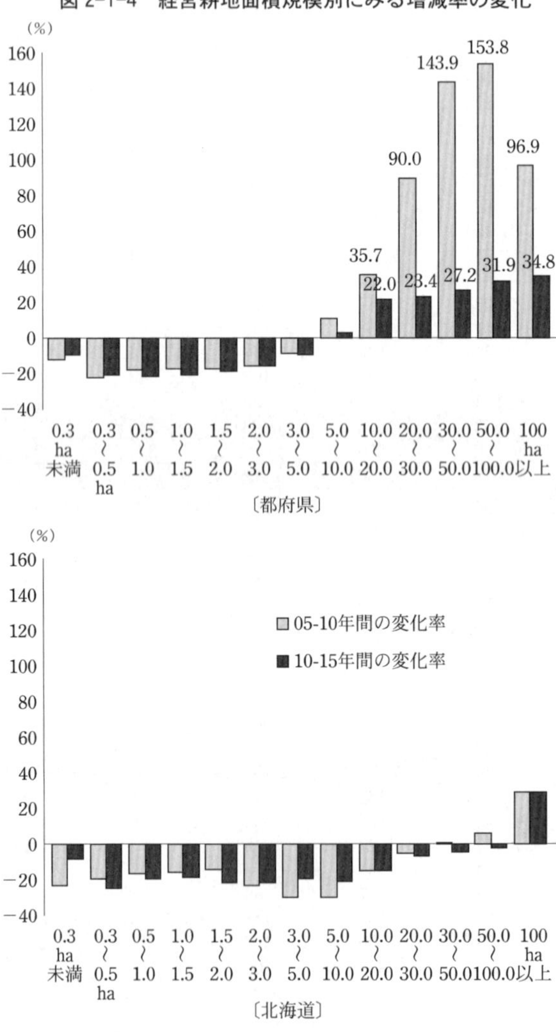

資料：農林業センサス

以上の分析から、経営耕地面積規模別にみる小規模層の退出と大規模層への農地集積が近年の全国的な動きであることはわかったが、5 年間の限界的なシフト率の高さを示すため、05-10 年間、10-15 年間それぞれの変化率を図 2-1-4 を示した。これによると都府県における 05-10 年間の変化率は、20～30ha が 90.0％、30～50ha が 143.9％、50～100ha が 153.8％、100ha 以上が 96.9％と 20ha 以上層において軒並み極めて高い増加率を示していた。しかし、10-15 年間における変化率は 20～35％と 05-10 年間のそれに比べるとかなり落ち着いていることが分かる。これは経営安定対策（当時の品目横断的経営安定対策）による組織化と農地集積に向けた政策的誘導が短期的に大きな構造再編インパクトを与えた結果とみることができよう。なお、北海道の経営耕地規模別増減率の動向は、上述の都府県に比べれば安定的である。ただし、特に注目したいのは前掲表 2-1-3 に示したモード層の 50ha から 100ha へのシフトを裏付けるように、10-15 年の変化率において「30-50ha」と「50-100ha」層の変化率が負に転じた点である。

（2）大規模農業経営体の割合とその変化

さて、これまでみてきたように、農業経営の規模が加速度的に拡大する動きは全国的にみられるが、この動きが旧来より存在していた販売農家を中心とした経営規模の東西格差をより拡大する方向で動いている点を分析しよう。

この点を確認するため、10ha 以上農業経営体の地域ブロック別割合を示したのが図 2-1-5 である。同図によれば、10ha 以上農業経営体の割合はすべての地域ブロックで増加傾向にあり、都府県平均で 2.06％に達している。中でも 10-15 年間に大きく伸びたのは、いずれも東日本の北陸（1.33 ポイント増）、東北（1.27 ポイント増）、北関東（0.90 ポイント増）であり、2015 年の 10ha 以上割合はそれぞれ 3.86％、3.78％、2.50％となった。これに対して、九州を除く東山以西の中日本、西日本の 10ha 以上割合は依然低く、2015 年の数値をみても東山（0.94％）、東海（1.33％）、近畿（1.05％）、山陰（1.43％）、山陽（1.09％）、四国（0.49％）は全て 1％前後である。10-15 年間の増加率でみても、東山（0.30 ポイント増）、四国（0.21 ポイント増）の増加ポイント数の低さは目立つ。

図 2-1-5　10ha 以上農業経営体の地域ブロック別割合（経営体数ベース）

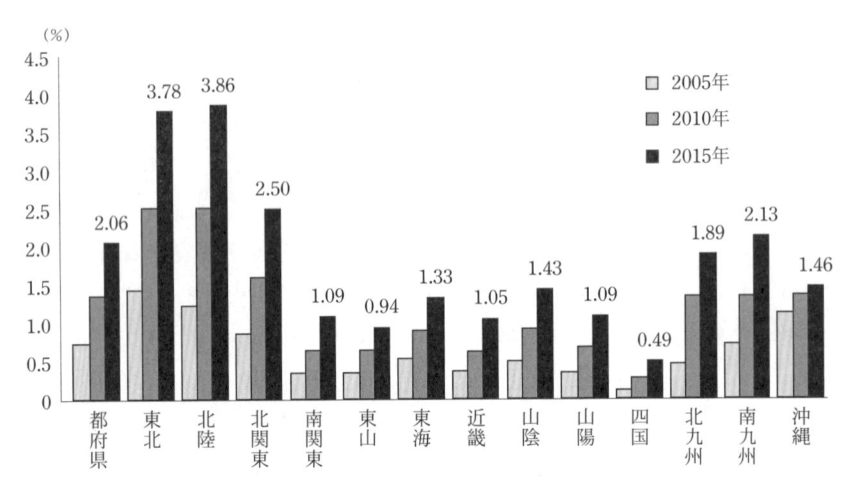

資料：農林業センサス
注：北海道を除く。

以上のように、経営体数ベースの 10ha 以上経営体の割合は都府県平均で 2.06％、高い地域でも 4％以内であり（図示は省略したが、北海道は 62.1％）、農業経営体全体に占める数の上では少数であることは変わりない。しかし、次の農地集積力の分析から確認できるように、これら大規模経営体は、その経営規模と生産性の高さによって農業経営体の平均的姿からは隔絶した生産力を持つに至っている。

表 2-1-4 では、前述の 10ha 以上農業経営体に加え、30ha 以上農業経営体の経営耕地面積ベースのシェアを示した。10ha 以上の面積シェアは全国の農業経営体の経営耕地面積 3,451 千 ha[2] の 5 割近く（47.6％）に及んでおり、30ha 以上のそれも 3 割（30.2％）である。中でも北海道は経営耕地面積が 1,050 千 ha と広大である中で、10ha 以上の割合は 94.6％に達し、道内の農地は既にほぼ全面的に 10ha 以上の経営体によって担われているといってもよい状況である。他方の都府県についても、そのシェアはかつてないほど高まっており、前掲図 2-1-5 において 10ha 以上農業経営体の経営体数ベースの割合が 2.06％に過ぎなかった都府県においても、「10ha 以上農業経営体の面積シェア」が 27.0％、「30ha

表 2-1-4　大規模経営体の経営耕地面積シェア（2015年）

（単位：ha、％）

区分	経営耕地面積計（農業経営体計）	10ha以上農業経営体の割合	うち法人割合	30ha以上農業経営体の割合	うち法人割合
全国	3,451,444	47.6	25.7	30.2	32.1
北海道	1,050,451	94.6	19.0	70.9	23.3
都府県	2,400,993	27.0	36.0	12.5	54.0
東北	663,112	34.2	27.4	16.3	46.5
北陸	264,742	36.3	51.3	17.2	75.3
関東・東山	498,171	21.3	30.7	8.7	52.1
東海	168,414	27.9	43.8	16.1	59.8
近畿	154,925	19.1	43.4	7.2	66.7
中国	155,262	21.9	64.3	8.7	86.1
四国	85,912	10.0	42.8	4.1	44.1
九州・沖縄	410,455	24.7	30.6	11.5	37.4

資料：農林業センサス

以上農業経営体の面積シェア」についても12.5％にまで高まっている。

これらを地域ブロック別にみると、10ha以上農業経営体の割合、30ha以上農業経営体の割合がともに高いのは北陸（36.3％、17.2％）と東北（34.2％、16.3％）である。また、10ha以上の割合に比べ相対的に30ha以上の割合が高く、より大規模層への集積が進展していると考えられるのが東海（27.9％、16.1％）である。また表では、それぞれの地域の大規模経営体のうち法人割合も併せて示しているが、特に30ha以上の農業経営体において法人割合が5割を超える地域（表2-1-4の網掛け数値）が数多く見られる。最も法人割合が高いのは中国（86.1％）であり、次いで北陸（75.3％）、近畿（66.7％）、東海（59.8％）などが高く、近年集落営農などの設立によって組織化が進んだ地域と重なる。他方、北海道は30ha以上農業経営体においても都府県の他地域に比べ法人割合が低くなっており（23.3％）、非法人の担い手が健在であることを物語っている。

続いて、これら10ha以上農業経営体、30ha以上農業経営体の面積シェアが過去10年間でどのように高まってきたかを確認していくこととしよう。表2-1-5では、都府県各地域の数値について都府県平均より2割以上高い値についてアンダーラインを付した。上段の10ha以上農業経営体についてみると、10ha

表 2-1-5　大規模農業経営体の経営耕地面積シェアの推移

(単位：%、ポイント)

区分		2005 年	2010 年	05-10 増加ポイント数	2015 年	10-15 増加ポイント数
10ha 以上経営	全国	34.1	41.7	7.6	47.6	5.9
	北海道	90.6	93.2	2.7	94.6	1.3
	都府県	11.0	20.2	9.2	27.0	6.8
	東北	15.2	26.5	11.3	34.2	7.7
	北陸	15.8	27.8	12.0	36.3	8.5
	関東・東山	8.6	14.9	6.4	21.3	6.4
	東海	12.9	20.9	7.9	27.9	7.0
	近畿	7.6	12.3	4.6	19.1	6.8
	中国	8.5	15.0	6.5	21.9	7.0
	四国	2.3	6.0	3.7	10.0	3.9
	九州・沖縄	7.9	19.6	11.7	24.7	5.1
30ha 以上経営	全国	20.7	26.2	5.5	30.2	4.1
	北海道	61.8	67.1	5.3	70.9	3.8
	都府県	3.9	9.1	5.2	12.5	3.3
	東北	5.2	12.4	7.2	16.3	3.9
	北陸	6.0	12.3	6.3	17.2	4.9
	関東・東山	2.8	5.9	3.1	8.7	2.7
	東海	6.2	11.4	5.2	16.1	4.6
	近畿	2.0	3.8	1.8	7.2	3.3
	中国	3.0	5.5	2.5	8.7	3.1
	四国	0.8	2.6	1.8	4.1	1.5
	九州・沖縄	2.6	9.5	6.9	11.5	2.0

資料：農林業センサス
注：都府県については都府県平均より 2 割以上高い地域にアンダーラインを付した。

以上の割合が高い地域はいずれの時点も北陸と東北である。2005 年、2010 年、2015 年の推移は、北陸が「15.8%→27.8%→36.3%」、東北が「15.2%→26.5%→34.2%」となっている。この 2 地域は増加率も概ね高位を保っており、05-10 年間は北陸 12.0 ポイント増、東北 11.3 ポイント増、10-15 年間は北陸が 8.5 ポイント増である。このほか 05-10 年間においては九州・沖縄も 11.7 ポイント増の面積シェアの増加がみられた。

下段の 30ha 以上農業経営体については、北陸、東北および九州の傾向が上述の 10ha 以上の場合とほぼ同様であるものの、面積シェアの大きい地域として東海が加わる。東海は 2005 年時点で既に 30ha 以上農業経営体の面積シェアが都府県トップ（6.2%）であり、その後面積シェアが急増した東北、北陸にトップの座を譲ったものの、高位シェアを維持している。なお、このことは後掲図2-1-9において示される農業経営体の大規模経営への農地集積に関する地域別分析結果と重なる。

3．組織経営体による経営資源集積と経営実績

（1）投下労働単位5.0単位以上の経営体割合

これまで農業経営体に関する分析を組織経営体との比較の中で示し、それぞれの位置づけを明確にしてきたが、次に組織経営体の内部構造の実態を明らかにするため組織経営体の経営資源集積と販売金額等の経営実績についていくつかの分析をすることとしよう。

まず、近年の組織経営体への労働力集積がどの程度進んできたかを示すために投下労働単位[3] 5.0単位以上の経営体割合の推移を表2-1-6に示した。投下労働単位が5.0単位とは、概ね8時間勤務の常勤労働者換算で5名相当の労働力が確保できていることを意味し、農業経営体の中では、労働力需要が高くかつそれを一定程度充足できている大規模経営とみることができる。表によれば投

表2-1-6　投下労働単位5.0単位以上の経営体割合

（単位：%）

区分	農業経営体			組織経営体			法人組織経営体		
	2010年	2015年	10-15ポイント差	2010年	2015年	10-15ポイント差	2010年	2015年	10-15ポイント差
全国	3.2	3.8	0.5	35.2	45.0	9.8	48.4	55.7	7.3
北海道	14.7	15.6	0.9	49.0	54.6	5.7	58.6	62.4	3.9
東北	2.2	2.6	0.4	30.1	37.1	7.0	45.9	51.5	5.6
北陸	1.5	2.3	0.7	28.3	39.5	11.2	40.7	51.4	10.7
関東・東山	3.6	4.2	0.6	43.4	53.6	10.2	52.5	59.2	6.7
東海	3.8	4.5	0.7	32.4	50.3	17.9	46.7	57.0	10.3
近畿	1.7	2.1	0.4	22.9	33.2	10.3	42.4	52.6	10.2
中国	1.2	1.6	0.4	30.9	41.2	10.3	44.0	52.1	8.1
四国	3.0	3.3	0.3	42.5	50.9	8.4	49.6	55.0	11.4
九州	4.7	5.3	0.6	40.0	49.0	9.0	50.6	52.7	2.1

資料：農林業センサス
注：沖縄県は除く。

下労働単位 5.0 単位以上の農業経営体の割合は 2015 年において全国平均で 3.8%しか存在せず、5 年前との比較でも 0.5 ポイントの増加にとどまる。地域別には北海道の割合が特に高く 15.6%となっているほかは、九州の 5.3%、東海の 4.5%が最も高く、最低は中国の 1.6%である。増加率が高い地域としては北海道が 0.9 ポイントのほか、北陸、東海がともに 0.7 ポイントである。

これに対して組織経営体の労働力集積がいかに進展しているかは表を見れば明らかである。全国平均で組織経営体における投下労働単位 5.0 単位以上の経営体割合は 45.0%、組織経営体のうち法人（以下、法人組織経営体）を抽出したデータでは 55.7%が示されているとおり、組織経営体の半数程度が労働力集積の進んだ経営体によって占められていることが分かる。地域別に見ると、組織経営体全体では、北海道の 54.6%と関東・東山の 53.6%がほぼ拮抗しており、これらに四国（50.9%）、東海（50.3%）が続く。増加率に着目すると東海（17.9 ポイント増）と北陸（11.2 ポイント増）が著しく、過去 5 年間で労働力集積が一気に進行したことが分かる。

法人組織経営体については、北海道（62.4%）を筆頭に関東・東山（59.2%）東海（57.0%）が並んでいるが、2015 年において全ての地域で 5.0 単位以上の経営割合が 5 割を超えた点も特筆に値する。増加率で見ると、10-15 年間に 10 ポイントを超えて増加した地域は四国（11.4 ポイント増）北陸（10.7 ポイント増）、近畿（10.2 ポイント増）、である。以上のことは、法人組織経営体にとって、労働単位 5.0 単位相当の労働力の確保がもはや必然になりつつあることを示している可能性があり、筆者がこれまで現地実態調査などにおいて受けてきた印象とも重なる。

（2）総資源量に占める組織経営体の位置づけ

続く表 2-1-7 では、生産資源の集積が組織経営体にどの程度まで集中しているかを確認するため、農業経営体が経営を行っている経営耕地面積、借入耕地面積、作付面積、畜産飼養頭羽数などの資源総量を分母、組織経営体が経営する資源量を分子として、シェアを確認したが、その特徴は北海道と都府県で大きく異なっている。

表 2-1-7　資源総量に占める組織経営体のシェア

（単位：%、ポイント）

		北海道					都府県				
		2005年	2010年	05-10増加ポイント数	2015年	10-15増加ポイント数	2005年	2010年	05-10増加ポイント数	2015年	10-15増加ポイント数
経営体数		4.0	4.8	0.8	6.2	1.3	1.3	1.8	0.4	2.3	0.5
農地	経営耕地総面積	9.9	11.9	2.0	14.3	2.4	5.2	12.1	6.9	16.0	3.9
	田面積	2.9	5.9	2.9	7.5	1.6	4.1	13.1	9.0	17.5	4.4
	うち稲を作った田	2.2	4.4	2.2	6.0	1.6	2.7	10.8	8.1	14.6	3.8
	畑面積	11.7	13.5	1.7	15.9	2.5	10.3	12.1	1.8	14.7	2.6
	樹園地面積	10.1	14.7	4.6	19.5	4.8	2.9	3.8	0.9	5.7	1.9
	借入耕地面積	16.6	19.9	3.2	24.7	4.9	16.0	30.9	14.9	34.7	3.8
	うち田の借入耕地面積	8.0	15.3	7.3	17.9	2.6	15.4	34.0	18.6	37.4	3.5
作目別作付面積	水稲	2.0	4.4	2.3	5.8	1.5	2.8	11.5	8.7	15.0	3.5
	麦類	3.2	4.9	1.7	5.9	1.0	15.2	49.1	34.0	52.9	3.8
	豆・いも・雑穀	3.4	5.5	2.2	7.4	1.9	18.1	36.8	18.7	42.9	6.1
	工芸農作物	3.1	4.0	0.9	6.6	2.6	4.1	5.7	1.6	9.7	4.0
	野菜	5.5	7.4	1.9	9.6	2.3	3.0	5.6	2.6	9.4	3.8
	花き・花木	11.1	8.4	-2.7	16.5	8.1	7.1	9.5	2.4	12.0	2.5
	種苗・その他	18.5	24.6	6.1	41.3	16.7	24.7	33.9	9.1	30.2	-3.7
畜種別飼養頭羽数	乳用牛	6.9	11.5	4.5	16.5	5.0	8.4	13.8	5.4	20.9	7.1
	肉用牛	37.6	48.2	10.6	53.3	5.1	19.2	24.2	4.9	32.5	8.3
	養豚	65.2	65.6	0.4	79.9	14.3	54.5	64.8	10.3	73.1	8.3
	採卵鶏	84.1	94.5	10.4	96.4	2.0	71.4	79.4	8.0	87.3	7.8
	ブロイラー	93.6	97.0	3.4	97.2	0.2	42.9	54.7	11.8	62.2	7.5
雇用労働力	常雇実人数	56.0	56.3	0.4	50.1	-6.3	52.3	53.3	1.1	55.3	2.0
	臨時雇延べ人数	21.5	15.4	-6.1	26.5	11.0	13.3	15.1	1.9	24.8	9.7

資料：農林業センサス

注：1）農業経営体が保有する資源量に対する割合である。

2）ブロイラーは出荷羽数である。

北海道では乳用牛以外の畜産飼養頭羽数における組織経営体への集積が進んでおり、2015年にはブロイラーが97.2%、採卵鶏が96.4%、養豚が79.9%と組織経営体が大半のシェアを占めていると言ってよい。シェアの拡大率も肉用牛と採卵鶏が05-10年間にそれぞれ10.6ポイント増、10.4ポイント増だったのをはじめ、10-15年間にも養豚が14.3ポイント増を示している。作目別作付面積では、「種苗・その他」(41.3%)、「花き・花木」(16.5%) での組織経営体の割合が高い。また、農地について北海道は、これまで売買による流動化を主体としてきたが、経営耕地面積に対する借地耕地面積の割合が2015年には22.7%にまで増える中、組織経営体のシェアは5ポイント近く増え24.7%になっている。

一方、都府県における組織経営体のシェアは、田の借入耕地面積に占める割合が37.4%に達しているほか、借入耕地面積全体でも34.7%を占めている。作付面積シェアにおいては、水田転作作物が中心と思われる「麦類」(52.9%)、「豆・いも・雑穀」(42.9%) のシェアが特に高い。また、過去10年間の増加ポイント数についても、農地の田面積と作目別作付面積の「麦類」および「豆・いも・雑穀」は高くなっている。このうち、田面積は05-10年間の増加ポイント数が9.0ポイント増、10-15年間が4.4ポイント増であり、作目別作付面積については、麦の05-10年間の34.0ポイント増が突出しているほか、豆・いも・雑穀についても05-10年間が18.7ポイント増、10-15年間が6.1ポイント増といった結果である。このように、同表から読み取れる大きな特徴の一つが、増加ポイント数についていずれも10-15年間よりも05-10年間の方が高い傾向である。これらの理由としては、05-10 年間を中心に設立が進んだ集落営農組織の影響が大きいと思われるが、この点については次表の分析の関連で詳述したい。

表2-1-8は、組織経営体の占めるシェアを100%とした時に、その内訳としての法人組織経営体と集落営農組織が占めるシェアを示したものである。

なお、ここで注意が必要なのはセンサス分析における集落営農組織の位置づけである。2015年センサスでは、史上初めての試みとして農業センサスと集落営農実態調査とのマッチングが実施された。ただし、今回のマッチングは、センサスの調査票に集落営農組織であるかどうかを直接尋ねる設問が設けられたわけではないことから、センサス統計実施後の名寄せによる事後集計である。

表 2-1-8　組織経営体の資源総量に占める法人組織経営体と集落営農組織のシェア

（単位：%、ポイント）

区分		法人組織経営体					集落営農組織2015年	うち非法人の割合
		2005年	2010年	05-10増加ポイント数	2015年	10-15増加ポイント数		
経営体数		49.4	55.0	5.7	69.1	14.0	30.8	60.6
農地	経営耕地総面積	61.6	56.5	▲ 5.1	70.7	14.1	43.8	50.5
	田面積	53.8	43.4	▲ 10.3	61.6	18.1	69.7	51.8
	うち稲を作った田	64.6	43.3	▲ 21.4	63.2	20.0	69.9	49.8
	畑面積	65.0	73.5	8.5	83.6	10.1	5.4	26.7
	樹園地面積	81.2	90.3	9.1	95.1	4.8	3.0	7.2
	借入耕地面積	64.2	52.3	▲ 11.9	68.4	16.0	55.4	50.9
	うち田の借入耕地面積	51.6	42.0	▲ 9.7	60.7	18.7	71.7	51.9
作目別作付面積	水稲	65.4	43.0	▲ 22.4	62.1	19.2	70.7	50.9
	麦類	42.1	33.4	▲ 8.7	51.9	18.5	75.8	61.2
	豆・いも・雑穀	45.2	46.0	0.8	62.5	16.5	63.4	54.8
	工芸農作物	82.0	95.0	13.0	97.4	2.4	7.1	12.7
	野菜	91.3	93.8	2.4	96.5	2.7	7.3	21.5
	花き・花木	90.4	93.7	3.3	96.5	2.8	2.9	31.5
	種苗・その他	70.1	66.2	▲ 3.9	74.5	8.2	28.1	37.4
畜種別飼養頭羽数	乳用牛	96.7	96.5	▲ 0.1	97.8	1.3	1.5	10.0
	肉用牛	96.0	96.3	0.3	98.4	2.0	0.2	24.8
	養豚	98.5	99.3	0.8	99.7	0.4	0.2	2.3
	採卵鶏	98.0	99.4	1.4	99.7	0.3	0.1	0.0
	ブロイラー	99.0	99.4	0.4	99.8	0.4	0.0	-
雇用労働力	常雇実人数	91.7	92.5	0.7	95.1	2.7	7.6	31.4
	臨時雇延べ人数	88.1	85.6	▲ 2.4	89.4	3.8	16.1	31.1

資料：農林業センサス
注：1）組織経営体のうち法人と集落営農組織には4004件の重複がある。
　　2）ブロイラーは出荷羽数である。

そのため、集落営農組織の全数が把握されたとは言いがたいデータであり、この点で解釈には留意が必要である。

また、集落営農組織サンプル中には、法人組織経営体のサンプルが存在している（4004件）ことから、このデータを用いた分析に当たっては両者がお互いに排他的な関係にはないことを十分踏まえておく必要がある。

以上の前提に立った上で、表2-1-8を読み解こう。まず、法人組織経営体は、

2005年の49.4%から2015年には69.1%に達しており、経営体数ベースの割合自体が着実に増えているが、それと同時に農地、作目別作付面積、畜産飼養頭羽数、雇用労働力の各側面で極めて大きなシェアを占めていることが分かる。

農地については組織経営体が経営する樹園地面積の95.1%、畑面積の83.6%を法人組織経営体が占め、経営耕地総面積全体では70.7%、借入耕地面積でも68.4%を法人組織経営体が占める。作目別作付面積においては、工芸農作物が97.4%、野菜と花き・花木がそれぞれ96.5%である。畜産の畜種別飼養頭羽数については、組織経営体のうちほぼすべてが法人組織経営体によるシェアだと言ってもよい。雇用労働力にあっては、常雇の割合が95.1%、臨時雇においても89.4%の高いシェアを示している。

ただ、経年で法人組織経営体のデータを俯瞰すると、05-10年間の農地および作目別作付面積においてやや特異な動きが見られる。05-10年間にあっては、特に田の経営耕地面積が▲10.3ポイント（中でも稲を作った田については▲21.4ポイント）であり、借入耕地についても、田の借入耕地面積（▲9.7ポイント）をはじめとして借入耕地面積全体で▲11.9ポイントの減少となっている。さらに、この関連で作目別作付面積を見ると、同期間には水稲が▲22.4ポイント、麦類が▲8.7ポイントのそれぞれ減少で、豆・いも・雑穀についても0.8ポイントとほとんど増加していない。しかしながら、これらの減少はすべて一時的なもので、10-15年間にはこれらの減少分を相殺するかのような急激なシェアの増加が見受けられるのである。

この減少の要因の一つの解となり得る可能性があるのが、表の右欄に示した集落営農組織のシェアである。表中にアンダーラインを付した集落営農組織のシェアが高い項目は、先に説明した05-10年間に法人組織経営体のシェアの減少を記録した項目とほぼ重なることに気づく。すなわち、05-10年間の法人組織経営体シェアの減少は、その主な要因が当時経営安定対策の影響で設立が急ピッチで進んだ任意組織の集落営農組織の一時的な影響である可能性が指摘できるのである。これら集落営農組織は5年後に法人化を課されていたため、どれくらいの法人化が達成されたかという政策的帰結はともかく、10-15年間に増加を示している法人組織経営体の数値と矛盾はしない。

なお、表2-1-8における2015年の「法人組織経営体」と「集落営農組織」の数値を比較しながら分析すると、水田農業における担い手としての両者の補完関係[4]が浮き彫りになる。集落営農組織はほとんどが水田作物を中心とした営農組織を有しているため、「田の経営耕地面積」(69.7%)、「稲を作った田の経営耕地面積」(69.9%)「田の借入耕地面積」(71.7%) がともに約7割に達しており、その部分においては、法人組織経営体のシェアが「田の経営耕地面積」(61.6%)、「稲を作った田の経営耕地面積」(63.2%)「田の借入耕地面積」(60.7%) などと相対的に小さくなっている。また、作目別作付面積においては、集落営農組織が主として取り扱う水稲 (70.7%)、麦 (75.8%)、豆・いも・雑穀 (63.4%) の割合が高く、逆に、法人組織経営体のシェアは水稲 (62.1%)、麦 (51.9%)、豆・いも・雑穀 (62.5%) と低めの傾向である。

さらに、集落営農組織のうち非法人のデータに着目すると、上記で集落営農組織計の割合が高かった「田面積」、「田の借入耕地面積」、作目別にみる「水稲」、「麦」、「豆・いも・雑穀」等についてはいずれも非法人の割合が50%以上と高いことが特徴である。

これらの数値から見えてくるのは、一つは水田農業の担い手として 2015 年時点で既に集落営農組織がかなりのシェアを占めているということであり、もう一つは、集落営農形態を取らない法人組織経営体が野菜、花き、果樹、畜産などその他の作目におけるシェアの相当部分を担っているということである。

(3) 農業経営体・組織経営体の販売金額規模別分布

さて、これまで農業経営体の中における組織経営体の位置づけと、組織経営体の中における法人組織経営体と集落営農組織との違いについて述べてきたが、これら組織形態ごとの経営実績の分布はどの程度違うのであろうか。図 2-1-6 及び図 2-1-7 は組織形態ごとに販売金額規模別経営体数の累積度数分布を示している。

図 2-1-6 は農業経営体と組織経営体の分布を北海道と都府県に分けて描いている。

まず、農業経営体のグラフに着目しよう。都府県の農業経営体は 50 万円未満の累積割合が約4割（38.8%）、200万円までの累積割合が約7割（69.8%）であり、副業的農家を中心とした小規模販売額層の厚さがうかがえる。それに対して、北海道の農業経営体は700万円までの累積割合が約3割（28.9%）と低い代わりに2,000万円～5,000万円までの北海道としての中規模層が700万円以下の割合と同割合（28.9%）だけ存在している。

一方、組織経営体はどうであろうか。都府県の組織経営体は全般に北海道の農業経営体に近い累積値を取るが、北海道の農業経営体の場合と比べると都府県の組織経営体の方が100～500万円層で4ポイント程度累積値が高く、3,000万円～1億円層では12～14ポイント程度低いなど下層がより厚い構造になっている。他方で、北海道の組織経営体は高販売額階層にかなりシフトした構造となっており2,000万円以上層が約7割を占める。

図2-1-7は農業経営体計および組織経営体計に加えて、組織経営体についてはその内訳を法人組織経営体（集落営農組織を除く）と集落営農組織に分けて比較できるようにそれぞれを図示した。

法人組織経営体（集落営農組織を除く）は組織経営体計に比べ低販売額階層が相対的に少なく、グラフはやや右下に膨らむ形となっている。3,000～5,000万円（11.0%）、5,000万円～1億円（14.6%）、1～3億円（15.2%）がそれぞれ10%を超えており、高販売額階層の累積は1億円以上が全体の4分の3（25.7%）であり、5億円以上が5.8%であるなどかなり厚い分布になっている。

一方、集落営農組織の分布は組織経営体計よりも低販売額階層が厚い構造であり、10%を超えている階層は1,000～1,500万円（11.8%）、1,500～2,000万円（10.1%）、2,000～3,000万円（12.7%）、3,000万円～5,000万円（10.3%）である。集落営農組織の累積値をみると1,000万円未満で48.4%であり、1億円以上は1.6%しか存在しない。このように同じ組織経営体の中でも両者の販売額階層分布は、その事業実態に即して大きく異なっていることが明らかとなった。

図 2-1-6　農業経営体と組織経営体の地域別販売金額規模別分布（2015 年）

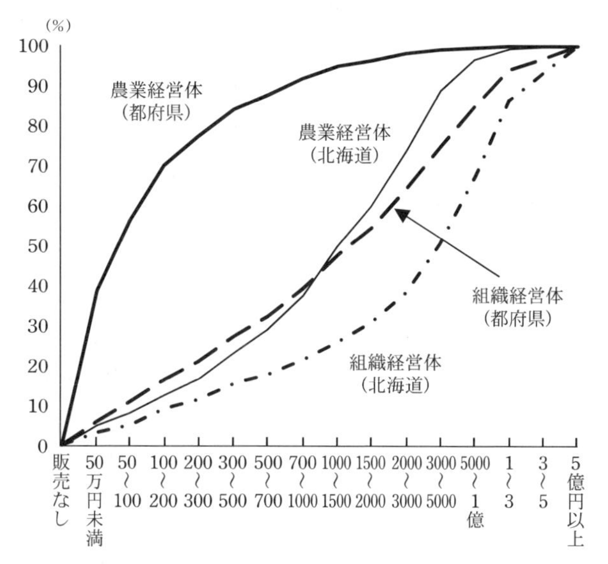

資料：農林業センサス

図 2-1-7　農業経営体と組織経営体の組織形態別販売金額規模別分布（2015 年）

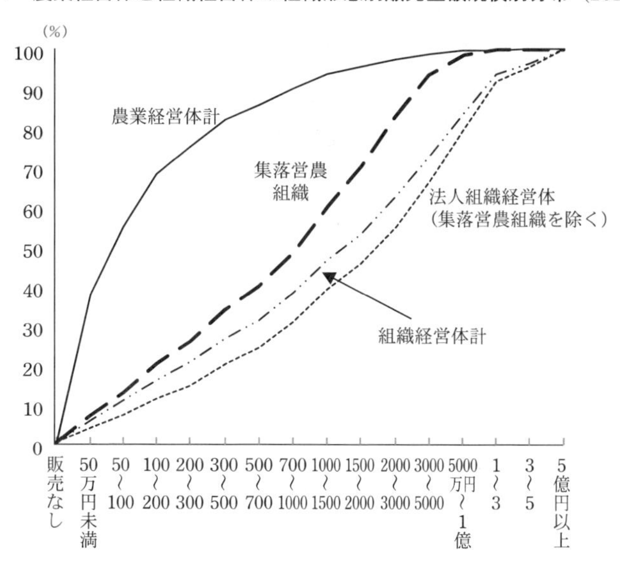

資料：農林業センサス

4．近年の組織経営体による農地集積の到達点

（1）組織経営体の経営耕地面積の増加ポイント数

さて、ここからは再び組織経営体の土地利用の集積状況に着目し、経営耕地面積のシェアや借地増加量に占める組織経営体の位置づけを分析することとしたい。

まず、組織経営体の経営耕地面積の増加ポイント数を経年データで確認したのが表 2-1-9 である。同表では、経営耕地面積に対する組織経営体の動向と旧農家以外の農業事業体のデータを並べて地域別の傾向の違いを示している。ただし、前掲図 2-1-1 に示した旧統計表章概念との異同の整理でも明らかなように、旧農家以外の農業事業体のデータと組織経営体のデータは接続していないことに注意は必要である。

表によれば、2000-05 年間に旧農家以外の農業事業体の田における農地集積が一部地域において顕著に高まったことが確認できるが、このことは当時 2000-05 年のセンサス動向特徴の一つとされた（鈴村[6]）。具体的には、北陸（5.4 ポイント増）、山陰（5.1 ポイント増）、東海（4.8 ポイント増）、近畿（3.2 ポイント増）において 3 ポイントを超える増加が示され、加えて、経営耕地面積全体の増加ポイント数もそれらに引き上げられる形でほぼ同様の地域が高い値を示していた。しかし、当時は組織経営体への農地集積が全国的な動向となっていたとまでは言いがたく、都府県平均の増加は 1.6 ポイント増、北海道を含む全国のそれは 1.4 ポイント増と依然低調であった。

だが、この傾向に大きな転機をもたらしたのが 05-10 年の動き、すなわち経営安定対策（品目横断的経営安定対策）の導入であった。同期間には都府県の田の増加ポイント数が 9.0 ポイントに及び、地域別には北九州が 20.2 ポイント増、東山 11.3 ポイント増、東北 10.6 ポイント増、北陸 10.3 ポイント増となった。既に多くの論考によって語られているように、2000-05 年間に増加の兆しをほとんど見せていなかった北九州、東北等において、同対策の政策誘導に触発された構造変動としての集落営農組織化の急進展を迎えたのである[5)]。

表 2-1-9　組織経営体の経営耕地面積割合の増減ポイント数

（単位：ポイント）

	2000-05 年（農家以外事業体ベース）				05-10 年（組織経営体ベース）				10-15 年（組織経営体ベース）			
	経営耕地全体	田	畑	樹園地	経営耕地全体	田	畑	樹園地	経営耕地全体	田	畑	樹園地
全国	1.4	2.4	0.1	0.7	5.5	8.3	1.8	1.0	3.4	4.1	2.6	2.0
北海道	0.8	1.5	0.6	▲ 5.5	2.0	2.9	1.7	4.6	2.4	1.6	2.5	4.8
都府県	1.6	2.5	▲ 0.7	0.8	6.9	9.0	1.8	0.9	3.9	4.4	2.6	1.9
東北	0.1	1.7	▲ 3.8	0.4	8.4	10.6	1.5	0.2	3.3	3.5	3.5	1.4
北陸	5.0	5.4	0.6	2.1	9.7	10.3	1.6	0.7	5.4	5.4	5.8	2.0
北関東	1.2	1.4	1.8	▲ 5.8	3.9	4.6	2.5	0.5	2.1	2.0	2.2	1.0
南関東	1.3	1.4	1.0	1.5	2.1	2.3	1.9	1.1	2.8	3.5	2.0	▲ 0.7
東山	1.6	3.0	0.6	0.5	5.9	11.3	0.6	0.5	3.0	3.3	3.1	2.0
東海	3.5	4.8	0.4	1.7	4.6	5.5	4.8	1.0	4.7	6.7	▲ 0.4	1.7
近畿	2.8	3.2	1.0	0.8	3.6	4.2	2.0	0.7	5.8	6.7	2.3	1.3
山陰	4.8	5.1	4.7	1.8	6.0	7.1	1.4	4.7	5.8	6.4	4.1	▲ 0.1
山陽	2.3	2.7	0.5	1.1	5.5	6.5	1.4	▲ 0.9	6.4	6.9	4.1	2.1
四国	1.2	1.1	3.3	0.7	3.3	4.7	0.1	0.6	2.8	3.6	▲ 0.1	1.8
北九州	▲ 0.8	0.8	▲ 6.3	0.2	14.7	20.2	0.4	1.3	3.6	3.9	2.0	1.5
南九州	2.5	0.8	3.1	5.2	2.1	1.7	2.0	3.7	3.9	2.7	4.2	6.7

資料：農林業センサス

注：1）2000-05 年の数値は「農家以外事業体（販売目的＋牧草地経営体）／（販売農家＋農家以外事業体（販売目的＋牧草地経営体））」のデータのため、その後の組織経営体ベースの数値とは直接接続しない。

2）都府県データについては、都府県平均に比べ3割以上高い値（2000-05 年と 05-10 年の畑、樹園地は2％超）にアンダーラインを付した。

では、直近の10-15年間の動きは、先にみた05-10年間の政策誘導された特異な動向の延長とみることができるのだろうか。その答えの一端がこの表2-1-9から読み取れる。一見して10-15年間の動向は、むしろ経営安定対策実施前の旧農家以外の農業事業体ベースで捉えられた2000-05年間の動きとたいへん近く、05-10年間の動きとは異質であることが分かる。田についてみると、2000-05年間に増加ポイント数が高かった北陸（5.4ポイント増）、東海（4.8ポイント増）、近畿（3.2ポイント増）、山陰（5.1ポイント増）、山陽（2.7ポイント増）は10-15年間においても高く、北陸5.4ポイント増、東海6.7ポイント増、近畿6.7ポイント増、山陰6.4ポイント増、山陽6.9ポイント増などとなっている。2000-05年間と10-15年間を比較すると、00-05年間に増加ポイント数が低かった東北や北九州の増加率が急速に高まったことを除けば、全国的な数値の高まりということで説明できそうなのが両期間に共通する数値変化の特徴である。

こうしたことから、経営安定対策を契機とする急速な集落営農組織の成立をもたらした05-10年間の動きは、それまで組織化の動きの鈍かった東北、北九州など特定地域における組織経営体の経営耕地の増大を促すことで、その後の全国レベルの組織経営体に対する経営耕地面積の集積傾向を方向付けたという点で評価できるが、その間の変化自体が直近の10-15年間にまで継続しているとは言えなさそうである。すなわち、05-10年の特異な動きの成果は一段落したとみるべきであり、経営安定対策に刺激された東北、北九州などを含めて、今後は局地的ではない全国的な組織経営体による面積集積が当分の間継続して進行していくのではないかと考えられる。

以上、組織経営体の経営耕地面積割合の拡大状況について確認してきたところだが、先述の今次センサスで始めて農林水産省統計部が実施した集落営農実態調査との個票接続データを用いて、経営耕地面積がどういった組織形態によって担われているか分析をしてみたい。各都道府県の経営耕地面積のうち、法人組織経営体と集落営農組織のどちらにどの程度担われているかを分析したのが図2-1-8である。

図ではX軸が集落営農組織の割合、Y軸が法人組織経営体の割合であり、右下に位置する都道府県ほど経営耕地面積が集落営農組織に特化して担われており、左上に位置する都道府県ほど集落営農以外の法人に特化して担われていることとなる。ただし、ここで注意を要するのは前述した法人組織経営体と集落営農組織のデータの重複の存在である。この重複のため、任意組織の集落営農組織が急増すると当該県は右下に位置付くが、それらが法人化を果たした際には、図中の位置づけは右上に移動するものと想定される。

図の作成に当たっては、各都道府県のデータをクラスター分析に投じ、4つのクラスター（図中Ⅰ～Ⅳ）を析出した。また、第2クラスター、第3クラスターについてはそれぞれ3つ、2つのサブクラスターも併せて検出した。以下、これらクラスター分析によって分類された分類群ごとの検討を進めたい。また、集落営農組織率と法人組織経営体率の高低を判断するため左下の原点から右上に45度線を付した。

まず、図の右下に離れたⅠ群に位置するのが、2010年センサスにおいて農家の急減と組織経営体の突出した増加が確認された佐賀（集落営農組織の割合43.6%、法人組織経営体の割合 2.6%：以下座標形式で表記）である。佐賀では当時、任意組織の集落営農がカントリーエレベータ単位などに即して県下一律に作られたと言われており（農林水産政策研究所[7]）、その後もそれら組織がほとんど法人化されずに残存していることが図から確認できる。そのため、2015年センサスにおいても他県に比べて極めて特異な位置に存在し続けていると考えられる。

これに対して、右上のⅡ群は集落営農組織の設立とともに、組織の法人化も同時に進んだ地域である。中でもⅡ-1群の富山（31.9%、31.1%）、福井（29.6%、21.4%）は、集落営農組織の割合と法人組織経営体の割合がともに最も高く、経営安定対策導入以前から集落営農の先進地とされてきた地域であり、同対策を機に稲作を中心としたオペレータ型の組織化がさらに加速した地域である。そして、Ⅱ-2群に位置する岐阜（18.9%、21.4%）、山口（17.6%、20.2%）、広島（15.8%、20.2%）、島根（16.8%、19.6%）、滋賀（17.8%、18.6%）、石川（13.8%、20.0%）、岩手（14.3%、15.5%）は、Ⅱ-1地域に次ぐ組織化進展地域であり、法人化の程度も高い。これに対して、Ⅱ-3群に位置する福岡（21.1%，10.1%）、宮城（21.0%、8.1%）は、集落営農組織率は高いがⅡ群の中では法人組織経営体の割合が低く、

図 2-1-8　法人組織経営体と集落営農組織の都道府県別経営耕地面積割合（2015 年）

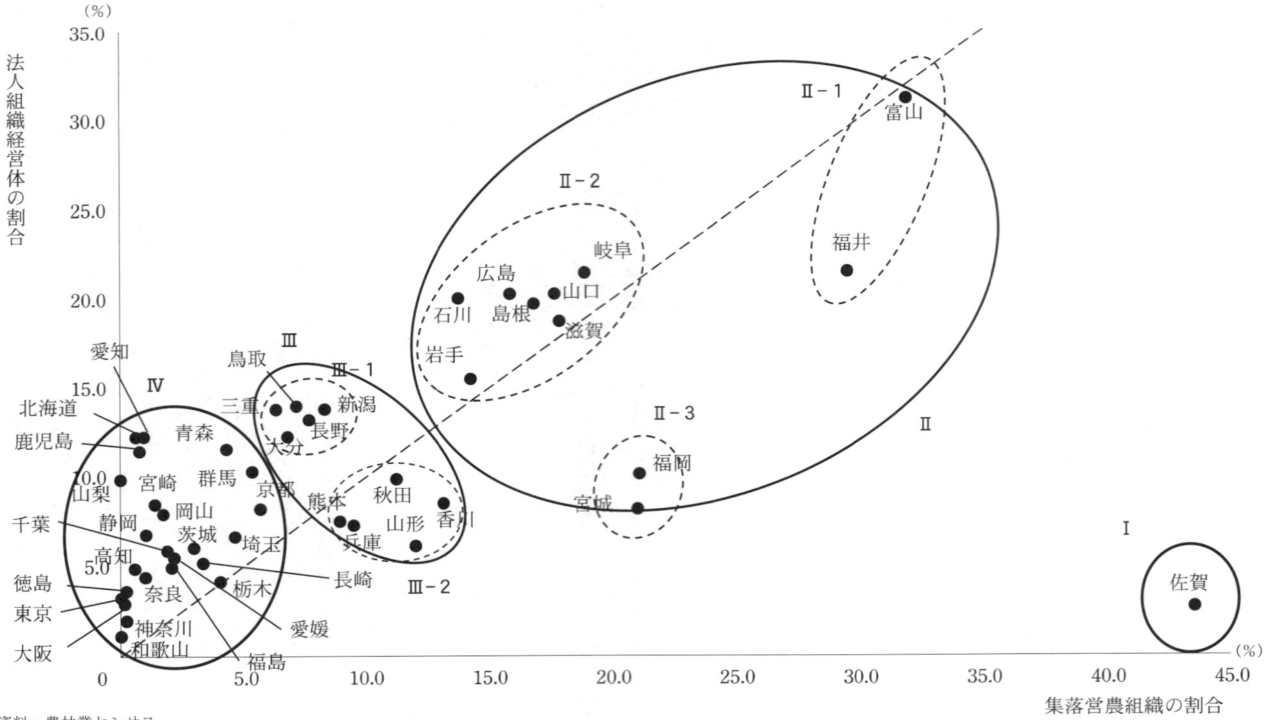

資料：農林業センサス
注：1）沖縄県を除く。
　　2）図中の囲みはクラスター分析結果に基づく（破線囲みはサブクラスター）。

集落営農の設立が進んだ割には法人化の進展が緩慢な地域である。宮城についでは経営安定対策に加入することを目的としたにわか作りの枝番管理組織が多く設立されたことが報告されてきた地域であり、このことが他県に比べ法人化の進みにくい要因である可能性がある。

Ⅲ群は、Ⅱ群とⅣ群との間に位置し、組織化の進展度がⅡ群に次ぐ地域といえ、法人組織経営体割合、集落営農組織割合とも 5〜15％の地域である。この中にはポジションの違う2群があり、法人化率が12％以上のⅢ-1群と集落営農組織率が8％以上のⅢ-2群に分けることができる。このほかⅣ群は組織化の未進展地域ということがいえ、これら都道府県では集落営農組織割合、法人組織経営体割合がともに低くなっている。中でも、Ⅳ群の左上に位置する北海道、愛知、鹿児島、山梨の各県は、集落営農組織の成立がほとんど見られない代わりに、集落営農組織外の法人組織経営体の展開が確認できる。

（2）経営耕地面積規模別面積の累積度数分布の推移（農業経営体）

では、経営耕地面積割合の推移と地域別の組織形態別の内実を掴んだところで、経営耕地面積に関する累積度数分布を地域別あるいは組織形態別に確認するとともにその推移を確認しよう（図2-1-9）。まず、農業経営体と組織経営体の分布の違いであるが、農業経営体の全国平均をみると、累積度数50％を超えるのは概ね「5〜10ha」規模であることが分かる。これに対して組織経営体は大きく右下にシフトしたグラフ形状となっており、都府県において累積度数50％を超える規模は「30〜50ha」、北海道では「100ha以上」となる。このように組織経営体は、経営耕地面積の累積データで見ても、大規模経営への集積が大きく進展している状況が確認できる。

農業経営体、組織経営体それぞれの年次変動をみると、農業経営体については5年ごとの大規模経営への農地集積が着実に進行しており、3〜5haまでの累積度数は2005年が56.7％、2010年が48.6％、2015年が42.1％という数値が示すとおり約7〜8％ずつ減少していることが分かる。一方、組織経営体は図で見る限り近年の右方シフトが停滞しているように感じられる。都府県の組織経営体について10〜20haの累積度数を確認すると2005年の29.8％から2010年に

図 2-1-9　経営耕地面積規模別面積の組織形態別年次別累積度数分布の推移

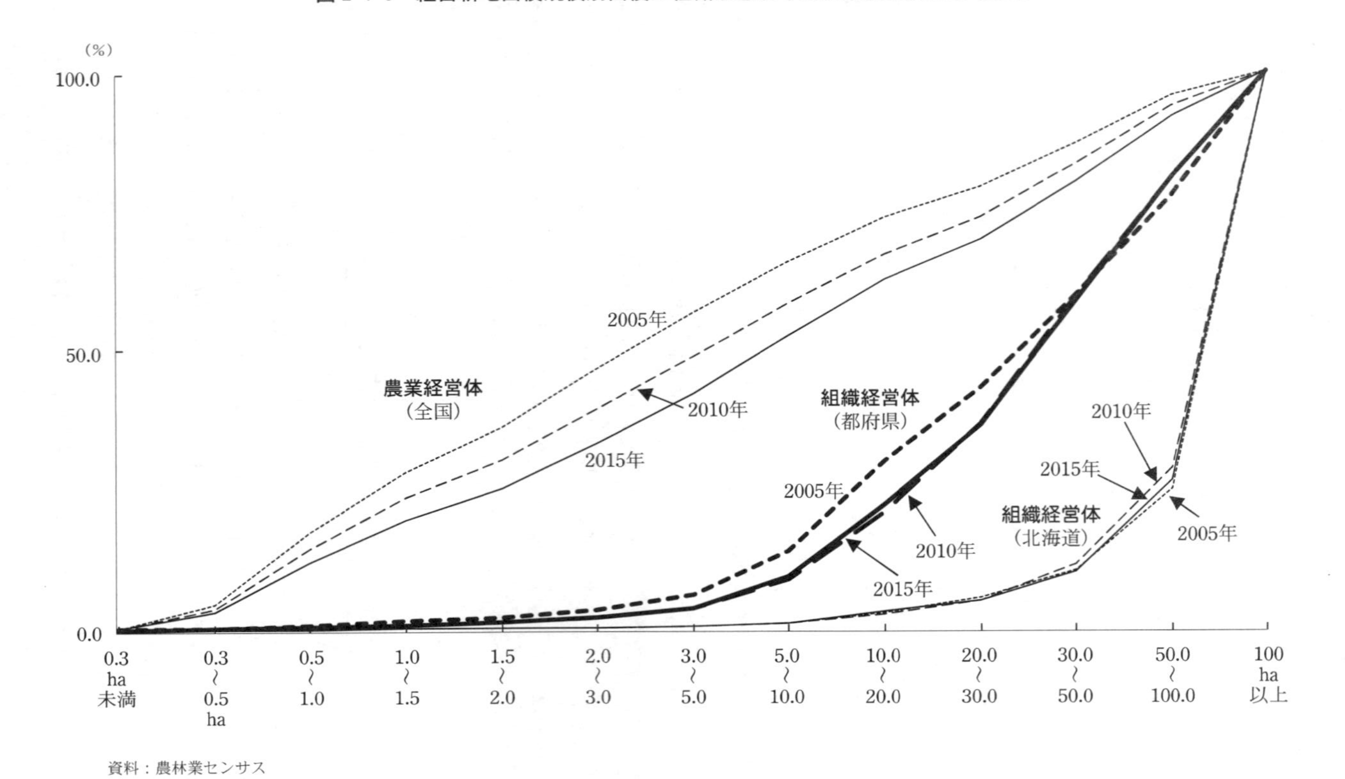

資料：農林業センサス

は20.9％まで8.9ポイント低下したが、2015年には22.0％とむしろ若干増加してしまっていることが分かる。北海道については過去10年間の変化は一層小さく、最も変化のあった50～100haでは2005年の24.9％から2010年には28.6％と3.7ポイント増加したものの、2015年には26.5％に減少している。

このように経営耕地面積の累積度数分布からみる分析では、農業経営体の経営耕地集積は順調に進んでいるものの、組織経営体においては2010～2015年間の追加的な大規模経営への集積は図に明確に表れるほどの動きとはなっていないことが分かる。

続いて、図2-1-10において2015年の経営耕地面積の累積度数分布を地域別に分析しよう。この図は前掲図2-1-9と同様に、累積度数分布曲線が左上を通るほど当該地域の経営規模が小さいことを示し、右下を通るほど大規模経営に農地が集積されていることを示す。なお、この図では特徴的な分布を示した6つの地域のみを示している。

農業経営体の地域別分布では、東北および北陸が交差をしながら農業経営体の分布曲線の右端をかたどっていることが分かる。1.5～2.0haまでの累積では東北が22.9％、北陸が25.4％であるのに対し、10.0～20.0haでは東北78.3％、北陸75.1％であり、30.0～50.0haでは再び逆転し、東北89.1％、北陸92.3％となっている。この傾向から東北と北陸を比べると、東北の方が10-20ha層の中大規模層がやや厚いことが分かる。

一方、四国はこれと対照的に小規模階層の割合が最も高い。作目として施設野菜や果樹の割合が高いためか、1.0～1.5haまでの累積が全ての地域ブロックの中で唯一5割を超え（53.2％）、2.0～3.0haまでの累積が74.6％と4分の3に達するなど小規模経営体の累積割合の高さは際立っている。なお、四国と類似の曲線を描いているのが近畿であり、四国との対比のため数値を示すと1.0～1.5haまでの累積が47.1％、2.0～3.0haまでが64.8％である。これに図示を省略した山陽、山陰（曲線は近畿に類似）とも合わせて西日本の農業経営体の小規模零細性がここでも確認でき、全般として農地集積規模に関する東高西低の状況は保持されているとみることができる。

南九州は農業経営体の中で中規模階層において傾きが急になる特異な曲線を

図 2-1-10　経営耕地面積規模別面積の地域別累積度数分布（2015 年）

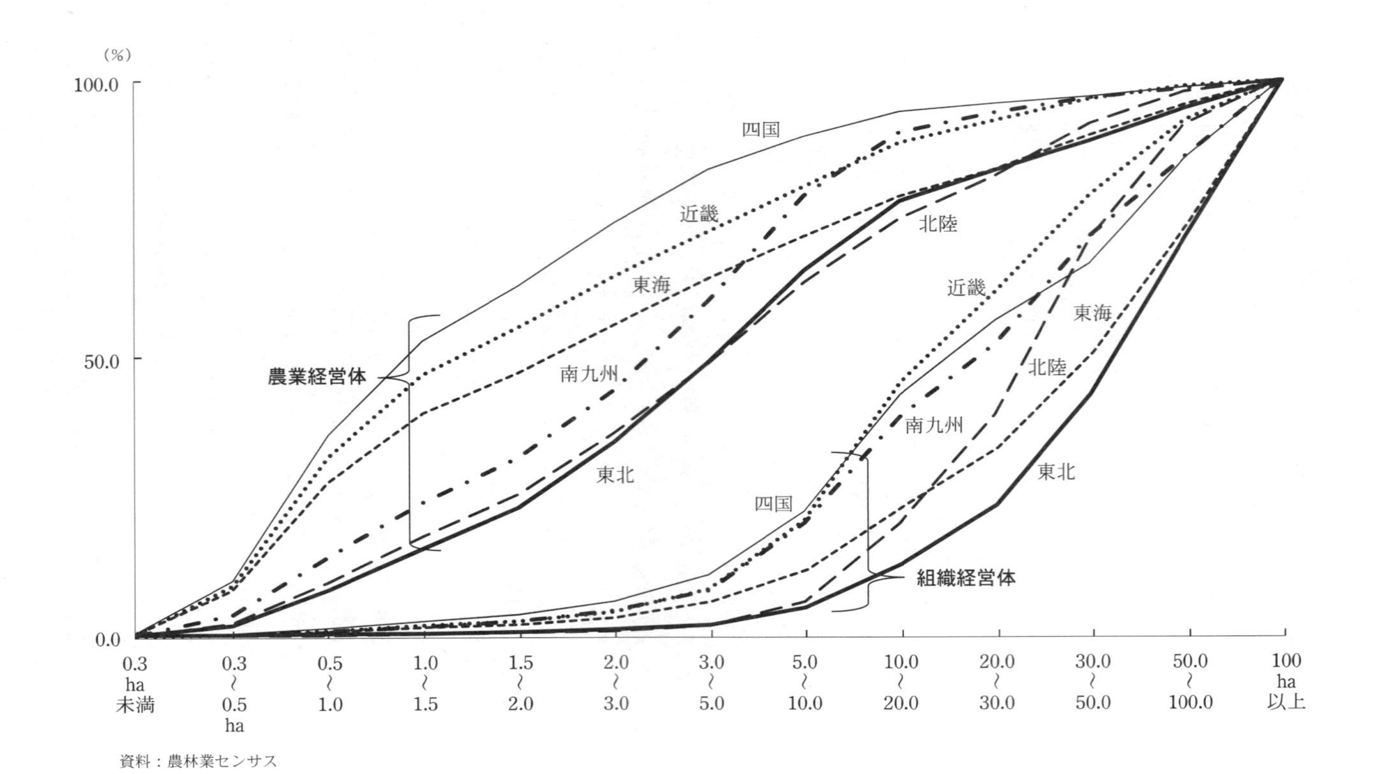

資料：農林業センサス

描いていることが分かる。これは5.0〜10.0ha（単階層割合19.2%）、3.0〜5.0ha（同16.0%）の割合が高いためであり、露地畑作が盛んな同地方の特徴と捉えることができる。東海は、1.0〜1.5haまでの累積割合が高い（40.1%）割に、20.0〜30.0haにおける累積割合（83.9%）は東北のそれ（82.8%）に匹敵する水準となっており、相対的に小規模階層と大規模階層の二極化が進み、中規模階層が薄い中抜けの状態になっていることが読み取れる。

一方、組織経営体の累積度数分布をみると、前述の通りそれぞれの曲線が大きく右下に寄っていることのほか、概ね地域別の規模別集積分布線の順番は農業経営体と類似している。東北は農業経営体の場合と同様に大規模階層の割合が高く、50ha以上の割合が56.8%に及ぶなど、前述の北海道に次ぐ大規模経営の集積が確認できる。東海も組織経営体においては東北に近い曲線を描いており、特に50.0〜100.0ha、100.0ha以上の単階層割合がそれぞれ23.1%、26.1%と双方で約5割（49.2%）に達する。一方、先の農業経営体の分析において農地集積の高さが確認された北陸については、30.0〜50.0ha規模の集積面積が特に多く（32.0%）、S字に近い曲線形状が確認できる。これは同規模の集落営農組織が北陸地域で多く成立し、この階層が集中的に農地集積を進めているためと考えられる。

他方、組織経営体について大規模経営体の農地集積が相対的に進展していない地域は近畿、四国である。特に近畿は、先の農業経営体の分析では四国よりも大規模への集積が進んでいたが、こと組織経営体においては、全ての地域ブロックの中で最も大規模経営への農地集積の進展度が低く、10〜20haまでの累積割合が45.5%、20〜30haまでのそれが61.9%と他の地域よりも高い。近畿では組織経営体についても小規模層に農地面積のかなりの部分が担われていることが分かる。

（3）借入耕地面積割合の増減ポイント数

これまで組織経営体の農地集積について経営耕地面積ベースの分析を進めてきたが、最後に借入耕地面積に着目した分析を行いたい。表2-1-10は経営耕地面積に占める借入耕地面積割合のトレンドをみたものである。

表 2-1-10　借入耕地面積割合の推移

（単位：%、ポイント、ha）

	農業経営体						組織経営体					
	借入耕地面積割合					借入耕地面積	借入耕地面積割合					借入耕地面積
	2005 年	2010 年	05-10 増減ポイント	2015 年	10-15 増減ポイント	2015 年	2005 年	2010 年	05-10 増減ポイント	2015 年	10-15 増減ポイント	2015 年
全国	22.3	29.3	6.9	33.7	4.5	1,164,135	54.9	69.3	14.4	71.3	1.9	380,577
北海道	19.7	21.7	2.0	22.7	1.1	238,584	33.2	36.2	3.0	39.4	3.2	58,990
都府県	23.4	32.4	9.0	38.5	6.1	925,551	71.6	82.9	11.3	83.7	0.8	321,587
東北	19.5	29.6	10.1	34.9	5.3	231,541	63.8	79.1	15.3	78.2	▲ 0.9	91,391
北陸	32.3	42.9	10.6	49.3	6.5	130,647	91.7	89.9	▲ 1.9	88.8	▲ 1.1	58,702
北関東	22.7	29.6	6.9	36.1	6.6	94,512	63.7	75.5	11.7	79.1	3.6	17,876
南関東	19.7	25.1	5.4	31.5	6.4	47,897	71.8	76.9	5.2	80.3	3.3	8,654
東山	22.0	31.1	9.1	37.1	6.0	31,272	63.5	83.5	20.0	87.9	4.4	10,952
東海	25.8	33.6	7.8	41.9	8.3	70,495	87.1	82.9	▲ 4.1	90.0	7.1	23,682
近畿	25.4	31.7	6.3	38.2	6.5	59,218	87.2	90.1	2.9	89.9	▲ 0.1	19,720
山陰	25.1	33.7	8.6	40.6	6.9	20,464	83.8	88.9	5.2	86.3	▲ 2.7	8,702
山陽	21.9	29.9	8.0	38.0	8.0	39,815	70.9	84.0	13.1	88.4	4.3	15,241
四国	17.0	23.2	6.2	27.3	4.1	23,429	65.7	81.0	15.3	69.1	▲ 12.0	4,854
北九州	24.0	38.9	14.9	44.2	5.3	115,648	39.4	86.9	47.5	89.8	2.9	51,552
南九州	30.4	36.9	6.5	42.1	5.2	52,242	54.4	70.0	15.6	70.7	0.7	9,378

資料：農林業センサス
注：1）沖縄県を除く。
　　2）表中アンダーラインは都府県平均を3割以上上回った地域の数値。

農業経営体は、2005年に22.3％であった全国の借入耕地面積割合が2010年には6.9ポイント増加し29.3％に、また、2015年にはさらに4.5ポイント増加し33.7％となっている。地域別にみると、借入耕地面積割合、増加率ともに北海道よりも都府県の方が高く、都府県計では2015年に38.5％に達している。都府県の中では、北陸の借入耕地面積割合が期間中を通じて最も高く、2005年に32.3％であった借入耕地面積割合は05-10年間に10.6ポイント、10-15年間に6.5ポイントそれぞれ増加し、2015年には約5割（49.3％）に達した。なお、2005年の借地展開は、上述した北陸のほか南九州など特定の地域で3割を超える状況だったが、この2015年には北陸、南九州以外にも北九州（44.2％）、東海（41.9％）、山陰（40.6％）といった4割を超える地域が複数出現している。2割台に留まっているのは四国（27.3％）のみとなっており、もはや農業経営体の借地展開は全国的なトレンドとなったといっても良いだろう。ただし、10-15年間の借入耕地面積割合の増加率自体は05-10年間に比べ鈍っている。これは経営耕地面積の分析で前述の通り、経営安定対策の影響が05-10年間に顕著に表れたとみるのが妥当ではないかと思われる。

では次に組織経営体についてみよう。2005年段階の組織経営体の借入耕地面積割合は農業経営体全体に比べて既に大変高く、都府県平均で71.6％に達していた。中でも既に集落営農組織の一定の成立がみられていた北陸（91.7％）、近畿（87.2％）、東海（87.1％）、山陰（83.8％）では借入耕地面積割合は軒並み高率であった。しかし、05-10年間にはむしろ2005年に割合の低かった北九州（47.5ポイント増）、東山（20.0ポイント増）、南九州（15.6ポイント増）、東北（15.3ポイント増）、四国（15.3ポイント増）等で急速な借地割合の増加が見られた。結果として、2005年において都府県の地域ブロック間で最大52.4ポイント（最高91.7％（北陸）～最低39.4％（北九州））の開きがあった地域間格差は、2010年において20.2ポイント（最高90.1％（近畿）～70.0％（南九州））にまで縮小した。これは同時期の組織経営体の規模拡大が借地流動化に大きく依存していたことを如実に示している。

しかし、2015年センサスの結果はこの傾向がその後も単純に強化されたわけではないことを示している。経営安定対策によって借地展開が究極まで先鋭化した05-10年間の動きとは裏腹に、いずれの地域ブロックも借入耕地面積割合が9割を超えることはなく、既に2010年段階で9割近くに達していた地域を中心に同割合の減少が見られた。この傾向は四国（▲12.0ポイント）、山陰（▲2.7ポイント）において顕著であった。

この理由については、現時点では推測に過ぎないが、次のことが可能性として想定できる。次節では、今時センサスにおいて労働力としての昭和一けた世代のリタイアが農業からの最終的な退出局面を迎え、これが一部離農に結びついていることを描き出しているが、四国、山陰といった農業構造の脆弱性が以前より指摘されてきた地域での組織経営体における借入耕地面積割合の減少は、こうした離農農家等による利用権の解約が始まっていることを示しているのかも知れない。

なお、2015年の農業経営体のデータを見る上で注目すべきもう一つの点は北海道の動向である。北海道における面積規模の拡大は、これまで多くが売買による所有権移転が中心であるとみられてきたが、しかし、2015年センサスを詳しくみると、都府県の借地面積割合の増減ポイント数が総じて頭打ちかまたは減少傾向になる中で、北海道の組織経営体の増加ポイント数が相対的に高止まる様相を見せている点は新たな傾向である。

（4）依然高位の状態が継続する組織経営体の増加借地寄与率

組織経営体に関する農地集積の分析の最後に、田の借入耕地面積の増分に占める組織経営体の割合について分析しよう。前項の分析で組織経営体の経営耕地面積の大部分が借入耕地面積であることが分かったが、表2-1-11によれば、5年間の田の借入耕地面積の増分についても増加寄与率の大半を組織経営体が担っていることが示されている。

まず、組織化の動きが著しかった05-10年間について先に分析をすると、都府県の田の借入耕地面積の増分の75.7％、北海道を含む全国値でも74.5％が組織経営体の寄与分であり、対して田の借入耕地面積10ha未満の家族経営体の寄与率は都府県で8.2％、全国で7.4％に過ぎず、田の借入耕地面積10ha以上家族経営体の寄与率も都府県16.1％、全国18.0％とその割合は低かった。

表 2-1-11　田の増加借地寄与率

（単位：ha、%）

	05-10 年の借地増加面積	05-10 年の増加借地寄与率			10-15 年の借地増加面積	10-15 年の増加借地寄与率		
		10ha 未満家族経営体	10ha 以上家族経営体	組織経営体		10ha 未満家族経営体	10ha 以上家族経営体	組織経営体
全国	208,715	7.4	18.0	74.5	79,711	▲ 12.5	43.9	68.6
北海道	9,447	▲ 9.0	59.2	49.7	▲ 4,748	▲ 100.7	▲ 10.6	11.3
都府県	199,268	8.2	16.1	75.7	84,460	▲ 6.1	42.0	64.1
東北	68,972	10.0	12.3	77.8	20,257	▲ 1.5	57.2	44.4
北陸	27,466	5.0	12.6	82.3	13,209	▲ 15.1	39.9	75.1
北関東	14,967	23.0	27.4	49.6	9,416	▲ 3.5	72.5	31.0
南関東	6,740	37.1	33.1	29.8	5,525	10.1	42.7	47.2
東山	6,173	4.2	19.5	76.3	1,724	5.1	41.1	53.8
東海	11,545	4.7	45.2	50.0	7,282	▲ 18.5	34.6	83.9
近畿	8,754	13.1	28.4	58.6	6,558	▲ 23.6	18.1	105.6
山陰	3,654	13.0	12.0	75.1	2,251	▲ 5.7	26.0	79.7
山陽	7,493	13.4	13.1	73.4	5,308	▲ 18.3	19.9	98.5
四国	4,581	24.4	16.0	59.6	987	▲ 24.9	58.7	66.2
北九州	36,030	▲ 11.1	6.1	105.0	9,535	5.1	20.6	74.3
南九州	2,881	55.7	17.8	26.5	2,424	25.0	33.9	41.0

注：1）沖縄県を除く。
　　2）増加借地寄与率の値が 70%を超えた数値にアンダーラインを付した。
　　3）10-15 年間の北海道の借地寄与率については、同期間の借地面積自体が減少していることから、符号を変えて表示した。

同時期のデータを地域別にみたときに組織経営体の寄与率が高かったのは北九州（105.0%）、北陸（82.3%）、東北（77.8%）などであり、特に北九州では借地増分のほぼすべてが組織経営体の増分であったことが分かる。なお、この北九州 (36,030ha)、北陸 (27,466ha)、東北 (68,972ha) はいずれも借地増加面積が多く、この 3 つの地域で都府県の借地流動化面積 19 万 9 千 ha の 66%を占めていることからも、これらの地域の組織経営体の当時の役割の大きさが確認できる。しかし、地域によっては家族経営体が高い割合を示している地域もあり、その良い例が東海、南九州、南関東である。東海は組織経営体の借地増加寄与率が 50.0%のところ 10ha 以上の家族経営体が 45.2%の増加寄与率を示している。また、南九州は組織経営体が 26.5%、10ha 以上の家族経営体が 17.8%と割合が低いのに対して、10ha 未満の中・小規模農家が 55.7%と過半を占めている。特に南九州は畜産、野菜を中心とした畑作物、果樹などが多く、作目によっては面積の規模感が稲作等の水田農業と違うことも影響しているかもしれない。これに対して南関東は、都市近郊農業を含んでいることから組織経営体の設立が他の地域に比べて進んでおらず、野菜も多いことから平均規模も小さく、結果として10ha未満の増加寄与率が37.1％と高くなっていると考えられる。

次に、10-15年間の動向について確認しよう。10-15年間の動きは、上述の05-10年間のそれとは 10ha 未満の家族経営体の位置づけが一見して大きく異なっている。都府県平均では組織経営体の寄与率が64.1％であり、05-10年間より10ポイント近く減少しているものの依然高水準である。しかし、家族経営体については10ha以上の家族経営体の寄与率が42.0％（都府県）と非常に高くなっているのに対し、10ha未満の家族経営体が▲6.1％（都府県）であり、全国平均でも▲12.5％である。全国的に経営安定対策の影響を強く受けた05-10年間に比べ借地流動化の面積規模は落ち着きつつあるが、新規流動化面積については大規模組織経営への集積が一層進む中で小規模階層が借入面積を大きく減らしている実態が明らかになった。

これを地域別に詳しくみると、組織経営体の増加寄与率が極めて高く8割を超える地域は近畿（105.6％）、山陽（98.5％）、東海（83.9％）であり、7割を超える地域は山陰（79.7％）、北陸（75.1％）、北九州（74.3％）である。これら地域では借地展開を組織経営体がほぼ担っているといって良い。一方、この6地域では、北九州を除き10ha未満の家族経営体の割合がいずれもマイナスとなっており、近畿▲23.6％、東海▲18.5％、山陽▲18.3％、北陸▲15.1％、山陰▲5.7％のように最近5カ年の10ha未満の家族経営体の借入余力はほぼ喪失したように見受けられる。なお、10ha以上の家族経営体の増加借地寄与率が組織経営体よりも高いのは従来より中規模個別経営が健在な北関東（72.5％）と東北（57.2％）のみとなっている。

以上の分析によって、田の借入耕地面積の増加寄与率に関する組織経営体への顕著な集中傾向が確認され、特に10-15年間においては西日本を中心に10ha未満家族経営体の負の寄与率を伴いながら組織経営体が借入耕地を拡大している様子が明らかになった。そもそも、前項までの経営耕地面積の集積に関する分析では、組織経営体における10-15年間の集積が05-10年間のそれに比べ鈍化したことが分かっており、表2-1-11における10-15年間の借入耕地面積の増加量は、そうした結果に従うように05-10年間より大幅に減少していた。しかしながら、借地増加面積に占める組織経営体の増加寄与率は極めて高位に維持されていた。流動化面積が量的に落ち着きを見せた後についても、組織経営体の役割の大きさが確認できたことは、今後の構造再編のあり方を考える上で大きな意味を持つように思われる。

5．考察と結論

2005年に農業経営体の新定義に基づいて統計が取られるようになって以降、今回の2015年センサスで初めて農業経営体や組織経営体の分析が可能になったことは冒頭に記したが、特に本節で繰り返し述べた05-10年間における経営安定対策をはじめとする政策的インパクトがその後どのように農業構造に影響を及ぼしたかということを分析する上でも、2015年センサスは重要な位置を占めていた。

本節では、そうした中、特に土地利用に焦点を当てながら農業経営体の動向の分析を行うとともに企業的経営を多く含む組織経営体の構造的な現況を把握することが課題であった。今回の分析で明らかになった点は、概ね次の諸点にまとめられよう。

第一は、近年の農業経営体の経営体総数の減少が販売農家の減少とほぼ軌を一にしている中で、農業経営体のうちの組織経営体や法人経営体については著しい増加傾向が継続している。組織経営体については土地利用型作目の増加率が麦類作を除きいずれも2割以上で、野菜や果樹の経営体は約4割から7割の増加率を示していた。

第二は、大規模農業経営体の動向である。本節では10ha以上経営体および30ha以上経営体の特徴を探ったが、10ha以上の経営体を見る限り、経営体割合が高い地域は北陸、東北、北関東、南九州、北九州の順であり、南関東以西、中国・四国までは依然低いままであるなど、地域差は縮まっていない。一方、これを面積規模でみると都府県における 10ha 以上農業経営体の面積シェアは東北、北陸で 35％程度、30ha 以上経営体のシェアも東北、北陸、東海などで 16～17％程度に達しており、この背景には法人組織の役割が大きいことが確認された。

第三は、組織経営体の経営資源の集積状況である。投下労働単位 5.0 単位以上の経営体割合については組織経営体では 45.0％、法人組織経営体では過半の 55.7％と大変高い値を示しており、総資源量に占める組織経営体のシェアについても、都府県において田面積シェアの 17.5％をはじめ、借入耕地面積の 34.7％など、これまでのセンサス分析では確認されたことのない高い値を示すに至っている。

第四は、経営耕地面積の増減傾向の特徴からみた 05-10 年間と 10-15 年間の動向の特徴差についてである。経営耕地面積割合の増減ポイント数は直近の 10-15 年間よりも 05-10 年間の方が高く、また、それが経営安定対策の実施によって集落営農組織が集中的に設立された地域と極めてよく重なることから、05-10 年間においては経営安定対策による政策インパクトを強く受けるものであったことが確認された。しかし、10-15 年間の動きを詳細に分析すると、この政策インパクトは 10-15 年間にも継続しているとはみることができず、経営耕地面積の増減ポイント数の分析からは、むしろその前の 00-05 年間に近い傾向の値が確認された。すなわち、10-15 年間の経営耕地面積の増減ポイント数からみる傾向は、経営安定対策の政策インパクトの成果ないし到達点を受け継ぎつつ、増減ポイント数は旧来の傾向に戻したとみることが妥当なように思われた。なお、これが図 2-1-9 の経営耕地面積規模別面積の累積度数分布の分析では、05-10 年間に比べた 10-15 年間の動きの小ささにも関係している。

第五は、法人組織経営体と集落営農組織の補完関係についてである。本節の分析では両者が排他的な関係にないことを前提として議論をしてきたが、それでも表 2-1-8 においては田面積及び田の借入耕地面積、作目別作付面積のうち水稲、麦類、豆・いも・雑穀などにおける集落営農組織のシェアの高さとそれ以外の畑面積、野菜等の作付面積、畜産数値における法人組織経営体のシェアの高さとの関係においては、きれいな補完関係が確認された。また、このことは図 2-1-8 における両組織形態の都道府県別の経営耕地面積割合において、集落営農組織が集積している地域とそうでない地域の分布が明確に表されていたこととも関係しよう。

第六は、借入耕地面積の増分に占める組織経営体の役割の重要性についてである。借入耕地面積の増減ポイント数の分析（表 2-1-10）によれば、05-10 年間の経営安定対策の政策インパクトの大きさは上記第四と同様にここでもはっきり確認され、10-15 年間の借地面積割合の増減ポイント数は前 5 カ年に比べ大幅に減少した。しかし、表 2-1-11 では、10-15 年間においてもその増分に占める組織経営体の役割の大きさは極めて大きいことが確認された。

以上のように、今次センサスの分析は、2010 年センサス分析にあったような華々しい政策効果の発現こそみられないものの、現況の農業構造が 05-10 年間の政策インパクトの影響をしっかり受け継ぎ、その到達点の上に築かれた組織経営体の展開という屋台骨によって支えられていることを再確認する結果となった。その中で、近年急速に設立された集落営農組織と法人組織経営体（もちろん集落営農組織の法人化も進んでいるわけだが）とが営農類型あるいは地域的な分業によりそれぞれの成立基盤を確たるものとしつつあることも明らかになったことは大きな成果と思われる。

ただし、組織経営体による面的規模拡大や労働力集積が明らかになる中で、これらが農業構造再編の道筋あるいは構造論的にいう担い手育成の観点から歓迎すべき事柄であることは議論を待たないものの、この傾向が今後も長期に継続していくものかどうか、高齢化や若年新規就農者の伸び悩みなどの観点を含めて、引き続き注意深く見守っていかなくてはならないように感じた次第である。また、こうした経営耕地面積の急拡大に見合った人的資源確保や経営管理能力の向上が現場のニーズに合致した形で図られているかどうかという経営学的視点の分析についても、別途の実態調査などを通じて吟味する必要があるように感じられた。

注

1)「農業経営体」の定義は次の通りである。

農産物の生産を行うか又は委託を受けて農作業を行い、生産又は作業に係る面積・頭数が、次の規定のいずれかに該当する事業を行う者。

(1)経営耕地面積が30a以上の規模の農業

(2)農作物の作付面積又は栽培面積、家畜の飼養頭羽数又は出荷羽数、その他の事業の規模が次の農林業経営体の外形基準以上の農業

(ア)露地野菜作付面積15a、(イ)施設野菜栽培面積350㎡、(ウ)果樹栽培面積10a、(エ)露地花き栽培面積10a、(オ)施設花き栽培面積250㎡、(カ)搾乳牛飼養頭数1頭、(キ)肥育牛飼養頭数1頭、(ク)豚飼養頭数15頭、(ケ)採卵鶏飼養羽数150羽、(コ)ブロイラー年間出荷羽数1,000羽、

(サ)その他調査期日前1年間における農業生産物の総販売額50万円に相当する事業の規模

(3)農作業の受託の事業

2) 表2-1-4における農業経営体の総経営耕地面積3,451千haは、耕地及び作付面積統計で公表されている4,496千haとは異なり、後者の76.8%である。調査方法は、センサスが農業経営体をベースとした属人統計であるのに対し、耕地及び作付面積統計は属地統計であり把握方法が異なる。また、この差が生じる主な要因としては、農業経営体以外の自給的農家および土地持ち非農家が保有する零細農地などの存在が考えられる。

3) 投下労働力単位とは、年間農業労働時間1,800時間（1日8時間換算で225日）を1単位の農業労働単位とし、農業経営に投下された総労働日数を225日で除した値。

4) 前述したように「法人組織経営体」と「集落営農組織」との関係が排他的な関係ではないので、厳密な意味での補完関係を表すことにはならない点は留意が必要である。

引用・参考文献

[1] 安藤光義「2010年農林業センサスの分析視点－農業脆弱化の深化か、農業構造再編の進展か－、安藤光義編著『農業構造変動の地域分析－2010年センサス分析と地域の実態調査－』、農文協、2010.12。

[2] 宇佐見繁「農家以外の農業事業体の性格」、磯部俊彦編『危機における家族農業経営』、日本経済評論社、1993.6。

[3] 江川章「農家以外の農業事業体の動向」、『農業総合研究』52（2）、農業総合研究所、1998.4。

[4] 生源寺真一「2000 年センサスが把握した日本の農業－論点の整理と課題の整理－」、生源寺真一編『21 世紀日本農業の基礎構造－2000 年農業センサス分析－』、農林統計協会、2002.9。
[5] 鈴村源太郎「水田農業における農家以外の農業事業体の新展開」、橋詰登・千葉修編『日本農業の構造変化と展開方向』（農林水産政策研究叢書第2号）、農文協、2003.3。
[6] 鈴村源太郎「＜補論＞農家以外の農業事業体を基軸とした構造変化」、小田切徳美編『日本の農業―2005 年農業センサス分析』、農林統計協会、2008.8。
[7] 農林水産政策研究所『水田地帯における地域農業の担い手と構造変化－富山県及び佐賀県を事例として－』（構造分析プロジェクト【実態分析】研究資料第 1 号）、農林水産政策研究所、2012.10。
[8] 橋詰登「農家構成の変化とその要因」、橋詰登・千葉修編『日本農業の構造変化と展開方向』（農林水産政策研究叢書第2号）、農文協、2003.3。

第2節　農業労働力・農業就業構造の変化と経営継承

1．はじめに

2010年世界農林業センサスは、農業労働力の観点からみて大きな転換点を示していた。これまで戦後の農業労働力を支えてきた昭和一桁世代が退出したことで、農家の多世代世帯構成は崩れ、販売農家の家族労働力の脆弱化が一層進行したのである[1)]。

2010年世界農林業センサスのもう一つの特徴は組織経営体の増加であった。家族経営体が減少する一方で組織経営体は2005年の2.8万経営体から2010年には3.1万経営体に増加し、農業労働力を多数抱える組織経営体が増加した。その結果、農林業センサスにおいて農業労働力の総体を捉えるには、販売農家内の家族労働力、雇用労働力だけではなく、組織経営体における役員・構成員、及び雇用労働力までを含めて考察する必要が出てきている[2)]。

特に2015年農林業センサス（以下、2015年センサスとする）は、昭和一桁世代が退出した後に行われた統計であり、世代交代が進んでいるのか、農業労働力の構成がどのように変化しているかが分析の大きな焦点となる。また、雇用就農者が増加し、従業員を多数抱える雇用型農業経営が数多く出てきており、家族経営体における雇用導入とともに、雇用型農業経営における雇用労働力の把握が必要になっている。

そのため、本節では農業労働力の特徴を把握するために、第一に、販売農家に焦点をあて、経営者、及び同居農業後継者、配偶者の確保状況について把握し、家族経営の労働力の特徴と課題を明らかにする。特に、2015年センサスで初めて採用された世帯員の経営方針決定への参画状況について考察するとともに、世帯員の農業従事、及び就業状況に焦点を当てた分析を行う。第二に、雇用型農業経営を含めた農業労働力の動向を把握するために、農業経営体の雇用労働力の特徴、組織経営体の労働力の特徴を把握する。本節では、特に農業投下労働規模に着目し、農業投下労働規模別の農業経営体数の推移、及び常雇を中心に雇用労働力の特徴について分析する。第三に、農業労働力、農家数の動向を把握するために、販売農家の将来動向について分析する。ここではコーホート変化率法を用いて、2015年の予測値と実際の確定値の差について考察し、その上で2020年以降の販売農家の農家人口と農業経営者数の動向を示す。最後に、これらの分析結果をもとに2015年センサスの農業労働力の特徴と今後の課題について考察する。

2．販売農家における農家労働力の動向

（1）販売農家における世帯員の状況

1）農家人口の推移

家族経営の動向を捉えるために、最初に販売農家の世帯員（農家人口）の状況について確認する。販売農家の農家人口は1985年に1,563万人であったが、2010年には650万人に、2015年には488万人にまで減少した（表2-2-1）。2010年から2015年にかけての農家人口の減少率は25％に達し、農家数の減少率（18％減）を上回っている。また、1985年以降の農家人口の減少率をみると、減少幅が年々拡大しており、5年間で4分の1が減少するという驚くべき減少率の高さになっている。

農家人口の減少率は、販売農家数の減少率を上回ることから、販売農家1世帯当たりの農家人口は1985年の4.7人から2015年には3.7人にまで減少している。増減率をみると、2000年までは販売農家数と農家人口の間に減少率の差はあまりなく、1世帯当たりの農家人口はわずかな減少にとどまっていた。だが、2000年以降になると農家人口の減少率が高まり、その結果、1世帯当たりの農家人口も急減している。以上の数字からは、2015年においても農家世帯からの世帯員の流出が続いており、農家人口の減少に歯止めがかかる傾向はみら

表 2-2-1　農家人口、販売農家数の推移

	総農家	販売農家					自給的農家数（千戸）	土地持ち非農家		農業経営体数（千経営体）	総農家＋土地持ち非農家（千戸、①＋②）
	農家数（千戸、①）	農家数（千戸）	農家人口（千人）	経営耕地面積（千 ha）	1 世帯当たりの人口（人）	1 農家あたりの 15 歳未満人口(人)		土地持ち非農家数（千戸、②）	所有耕地のある世帯数（千世帯）		
1985	4,229	3,315	15,633	4,398	4.7	0.9	914	443	371		4,672
1990	3,835	2,971	13,878	4,199	4.7	0.8	864	775	690		4,610
1995	3,444	2,651	12,037	3,970	4.5	0.7	792	906	799		4,350
2000	3,120	2,337	10,467	3,734	4.5	0.6	783	1,097	904		4,218
2005	2,848	1,963	8,370	3,447	4.3	0.5	885	1,201	979	2,009	4,050
2010	2,528	1,631	6,503	3,191	4.0	0.4	897	1,374	1,140	1,679	3,902
2015	2,155	1,330	4,880	2,915	3.7	0.3	825	1,414	1,158	1,377	3,569
増減率(%)											
85〜90	-9	-10	-11	-5			-5	75	86		-1
90〜95	-10	-11	-13	-5			-8	17	16		-6
95〜00	-9	-12	-13	-6			-1	21	13		-3
00〜05	-9	-16	-20	-8			13	9	8		-4
05〜10	-11	-17	-22	-7			1	14	16	-16	-4
10〜15	-15	-18	-25	-9			-8	3	2	-18	-9

資料：農林業センサス各年版。

れない。特に、2000年以降に関しては、販売農家における家族労働力の減少スピードがより加速したということができる。

この要因としては、戦後の農業を支えてきた昭和一桁世代が退出したことが大きく影響している。年齢別の農家人口の推移をみたものが図 2-2-1 である。1985年当時、50歳代であった昭和一桁世代は減少を続け、2015年にはその山は全く確認出来なくなった。その結果、2015年の農家人口の分布は、図 2-2-1 のようにこれまでの双峰型の分布から「60～64 歳」、「64～69 歳」をピークとする単峰型の分布に変化した。つまり、昭和一桁世代が退出した結果、農家人口のピークはいわゆる「団塊の世代」を中心とした分布となっている。

この 2015 年の農家人口の分布で特徴的な点は、中年層、若年層の山が全く見られないことである。60歳未満の農家人口はすべての年代で2010年よりも減少しており、「団塊ジュニア世代」を含めて次のピークは存在しない[3)]。「団塊の世代」が高齢化し、世代交代を図る年齢に差し掛かっているものの、若年、中年層の農家人口がそもそも少なく、販売農家の後継者になる世代の世帯員を

図 2-2-1　年齢別の農家人口の推移

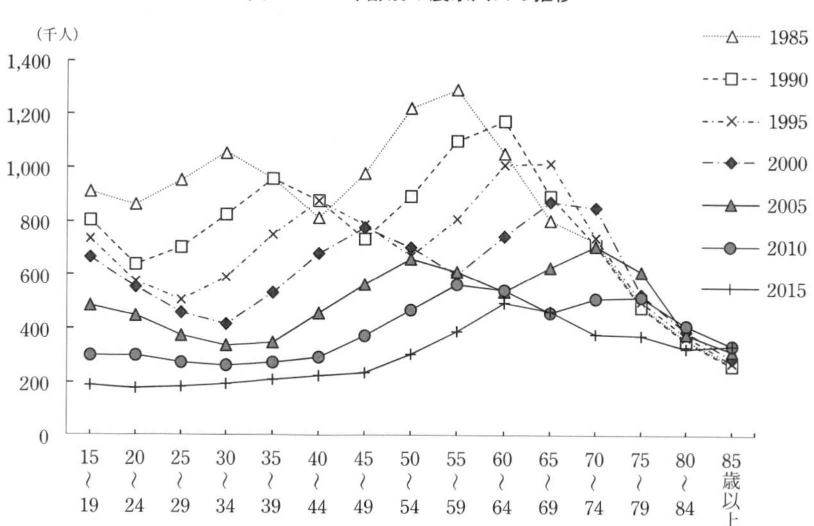

資料：農林業センサス各年版、農業白書付属統計表。
注：1985年～2000年までの「75～79 歳」、「80～84 歳」、「85 歳以上」は推定値。

確保できていない状況にある。

昭和一桁世代の退出は、家族労働力の高齢化に関しても影響を与えている。高齢化の状況を確認するために、農業従事者などの平均年齢をみたものが表 2-2-2 である。各種農業人口の平均年齢をみると、2015 年の農業従事者は 2010 年より 1.7 歳増加し、初めて 60 歳を超えた。また、農業就業人口は 66.4 歳、基幹的農業従事者、農業専従者はそれぞれ 67.0 歳、64.6 歳と平均年齢が増加しているが、2010 年から 2015 年の増加幅をみると、2010 年までの増加幅より少なくなっている。また、農業経営者、同居農業後継者に関しても、平均年齢は 2005 年の 62.1 歳から 2015 年には 66.1 歳に、同居農業後継者に関しては 35.7 歳から 38.9 歳に増加しているものの、2005～2010 年の変化に比べて、2010～2015 年にかけては増加幅が縮小している。これらの結果は、一見すると高齢化の動きが弱まっているようにみえるが、実際には 2010 年から 2015 年にかけて昭和一桁世代がリタイヤしたことが影響している。農家人口の動向予測のところで後述するが、農家人口のピークが「団塊の世代」を中心とした単峰型となっている現状では、「団塊の世代」の高齢化に伴い、再び平均年齢が高まることが懸念される。

表 2-2-2　農業従事者などの平均年齢の推移

（単位：歳）

	農業従事者	農業就業人口	基幹的農業従事者	農業専従者（自営農業従事日数150日以上）	農業経営者	同居農業後継者
1995 年	53.0	59.1	59.6	57.5	-	-
2000 年	54.4	61.1	62.2	60.3	-	-
2005 年	56.7	63.2	64.2	62.3	62.1	35.7
2010 年	58.3	65.8	66.1	63.7	64.5	37.8
2015 年	60.0	66.4	67.0	64.6	66.1	38.9
増加幅						
95～00 年	1.4	2	2.6	2.8	-	-
00～05 年	2.3	2.1	2	2	-	-
05～10 年	1.6	2.6	1.9	1.4	2.4	2.1
10～15 年	1.7	0.6	0.9	0.9	1.6	1.1

資料：表 2-2-1 に同じ。

2）世帯員の就業状況の変化

次に販売農家の世帯員の就業状況の変化をみてみよう。昭和一桁世代からの世代交代が進む中で、2015 年センサスが示した特徴の一つが、若年層、中年層において「自営農業が主」の割合が高まっている点である。

図 2-2-2 は男性世帯員の過去 1 年間の生活の主な状態について「主に仕事」で「自営農業が主」（以下、「自営農業が主」とする）の割合を年齢階層別にみたものである。年齢階層別にみると、「自営農業が主」の割合は、20 歳代の若年層で低く、30 歳～50 歳代にかけて徐々に高まり、60 歳を超えると他産業の定年退職などにより、兼業していた世帯員が「自営農業が主」となるため割合が上昇する。このグラフの形状は 2005 年以降ほとんど変化がないが、2015 年の特徴は「自営農業が主」の割合が 2010 年より高まっている点である。男性の世帯員数に占める「自営農業が主」の割合は 2005 年に 33％であったが、2010 年には 40％、2015 年には 45％へと上昇している。その結果、男性の場合 2010 年

図 2-2-2　農家世帯に占める「自営農業が主」の割合の推移（年齢別、男）

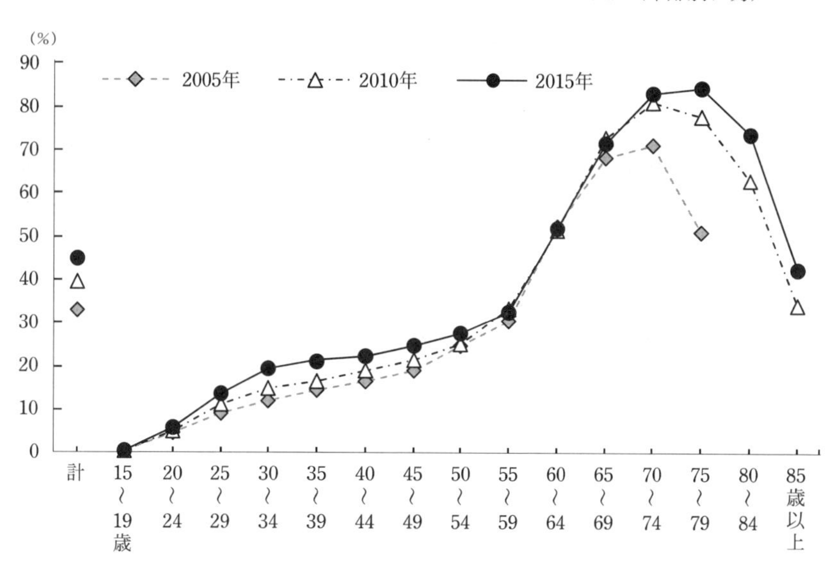

資料：表 2-2-1 に同じ。
注：2005 年の「75～79 歳」については、「75 歳以上」の数字である。

表 2-2-3　年齢階層別にみた「主に仕事」で「自営農業が主」の世帯員数

	2005年	2010年	2015年	増減数	
				2005～2010年	2010～2015年
計	1,214,164	1,148,008	1,004,716	-66,156	-143,481
15～19歳	1,079	659	527	-420	-132
20～24	10,514	7,962	5,444	-2,552	-2,518
25～29	18,052	16,757	13,728	-1,295	-3,029
30～34	20,883	21,275	20,281	392	-994
35～39	24,809	23,832	24,496	-977	664
40～44	37,558	27,594	26,591	-9,964	-1,003
45～49	54,510	40,212	29,436	-14,298	-10,776
50～54	85,257	59,398	41,846	-25,859	-17,552
55～59	99,749	97,335	63,896	-2,414	-33,439
60～64	134,933	148,919	131,969	13,986	-16,950
65～69	203,940	161,298	177,339	-42,642	16,041
70～74	242,862	197,433	154,314	-45,429	-43,119
75～79(75～)	280,018	193,216	153,980	66,750	-39,236
80～84		114,677	110,708		-3,969
85歳以上		38,875	51,406		12,531

資料：表 2-2-1 に同じ。
注：2005 年の「75～79 歳」については、「75 歳以上」の数字である。

では、「主に仕事」の中で「勤務が主」と「自営農業が主」の割合はほぼ同じであったが、2015 年の場合では「勤務が主」の割合が 36%に対して、「自営農業が主」が 45%と「勤務が主」の割合を上回る状況にある。特に 2015 年にかけては、図 2-2-2 にみるように、20 歳代後半から 50 歳代前半にかけて「自営農業が主」の割合が高まっている点が注目される。例えば、「35～39 歳」では 2005 年の 14%から、2010 年には 17%、2015 年には 21%にまで割合が上昇している。

男性の「自営農業が主」の世帯員数について詳細にみるために、年齢階層別の増減数、コーホート変化数をみたものが表 2-2-3 である。「自営農業が主」の世帯員数は 2010 年から 2015 年にかけて 14.3 万人の減少となり、全体数は縮小している。しかし、「35～39 歳」では 2010 年から 2015 年の間に 664 人の増加となっており、高齢者を中心に世帯員の減少が進む中で、若年層において農業への回帰ともみられる「自営農業が主」の世帯員が増加する動きがみられる。

（男、2005年～2015年）

（単位：人）

コーホート変化数	2005～2010年	2010～2015年
15～19⇒20～24	6,883	4,785
20～24⇒25～29	6,243	5,766
25～29⇒30～34	3,223	3,524
30～34⇒35～39	2,949	3,221
35～39⇒40～44	2,785	2,759
40～44⇒45～49	2,654	1,842
45～49⇒50～54	4,888	1,634
50～54⇒55～59	12,078	4,498
55～59⇒60～64	49,170	34,634
60～64⇒65～69	26,365	28,420
65～69⇒70～74	-6,507	-6,984
70～74⇒75～79	-49,646	-43,453
75～79⇒80～84	-126,466	-82,508
80～⇒85～		-102,146

さらに、年齢階層別にコーホート変化数をみると、2005～2010 年、2010～2015 年と 2 期にわたり、65歳未満の幅広い年齢層で「自営農業が主」の世帯員数が増加している。全体に占める数はわずかではあるが、若年から中年層にかけて「自営農業が主」となる男性の世帯員数が増える現象がみられる。

このように若年、中年層において就業形態が「自営農業が主」となる世帯員数が増えているが、この「自営農業が主」に関しては、他産業の就業状況の影響を受けるため、農業への影響に関しては、農業従事日数を踏まえてみることが必要となる。そこで年齢別の基幹的農業従事者（自営農業に主として従事した世帯員のうち仕事が主の世帯員数、男）について、自営農業従事日数別の割合をみたものが図 2-2-3 である。図をみると、「自営農業が主」の基幹的農業従事者であっても、20 歳未満の若年層では農業従事日数 150 日未満が 25％を占める。また、65 歳以上の高齢者に関しては、150 日未満の農業従事者の占める割合が加齢とともに高まり、85 歳以上では 50％に達するなど、必ずしも農業従事日数が高い訳ではない。しかし、20 代後半から 50 代前半の基幹的農業従事者の農業従事状況をみると、農業従事日数 250 日以上の割合が 60％を超えており、自営農業に専業的に従事している割合が高い。これらのことを踏まえると、20 代から 50 代にかけての男性の「自営農業が主」の増加は、専業的な農業従事者の増加につながっていると推測される。

ただし、一方で農業従事日数 250 日以上の自営農業従事者（男女計）の推移をみると、2010 年から 2015 年にかけて 22％減少している点に留意する必要があ

図 2-2-3　自営農業従事日数別の基幹的農業従事者（年齢別、男）

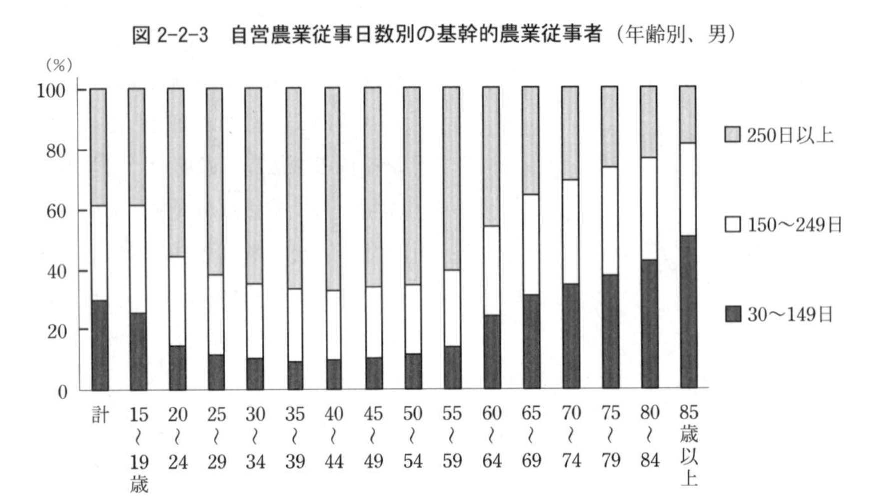

資料：表 2-2-1 に同じ。

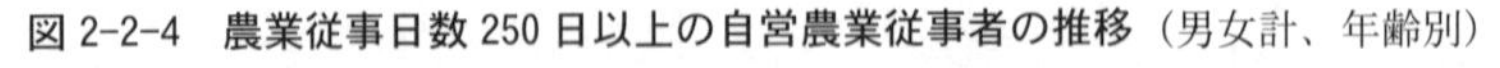

図 2-2-4　農業従事日数 250 日以上の自営農業従事者の推移（男女計、年齢別）

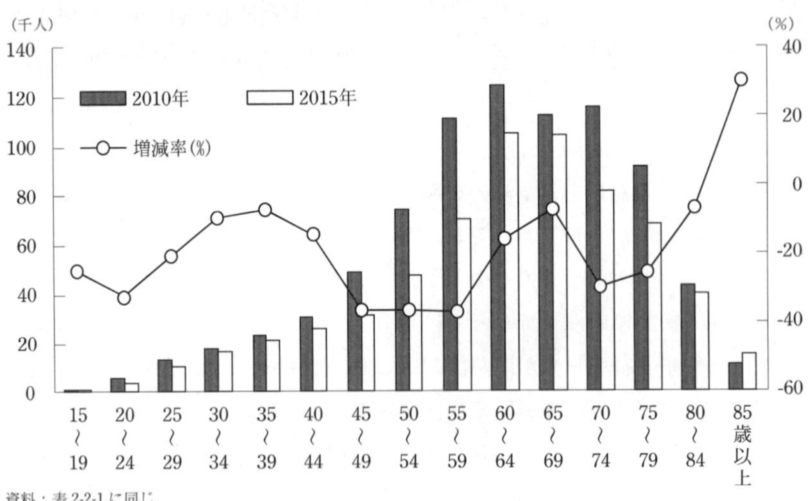

資料：表 2-2-1 に同じ。

ろう。図 2-2-4 に示したように、年齢別にみると、45 歳未満での若年層では減少率がやや低いものの、45 歳～60 歳未満においては 30％を超える減少率となっている。農業経営において中心的な役割を担っていると考えられる 45 歳～60 歳の年齢層において、農業従事日数 250 日以上の農業従事者が減少していることは憂慮すべき課題であり、今後の動向を注視する必要がある。

3）世帯員の経営方針決定への参画状況

2015 年センサスにおいて初めて採用された項目が、農家世帯員の経営方針決定への参画状況である。すべての世帯員において、「生産品目や飼養する畜種の選定・規模」、「出荷先の決定」、「資金調達」、「雇用の決定・管理」などの決定に参画したかどうかの設問が追加され、家族経営における他の世帯員の関わりを示すことがはじめて可能になっている。特に、これらの設問は男女の経営方針決定参画者（以下、経営方針参画者とする）が把握できるように集計されており、これまで分析が少なかった女性世帯員の参画状況を示すものとして注目される。

最初に、年齢別に農家世帯員に占める経営方針参画者の割合（以下、参画割合とする）を示したものが図 2-2-5 である。男性と女性の年齢別の世帯員に占める参画割合をみると、以下の点が指摘できる。第一に、女性の場合、経営者よりも経営方針決定参画者の方が多く、参画割合は「60～64 歳」、「65～69 歳」でピークを迎える点である。女性の参画割合をみると、20 代から徐々に上昇し「60～64 歳」、「65～69 歳」で 45％に達し、その後減少に転じる。女性の農業経営者は「65～69 歳」の層でも 6％しかいなく、女性の経営方針参画者と農業経営者を合わせて、女性の世帯員のほぼ 50％が何らかの形で農業経営の決定方針に参画しているとみることができる。一方では、「65～69 歳」時点においても 50％の女性世帯員は経営方針の決定に参画しておらず、多くが男性である経営者だけで経営方針を決めている経営も一定数存在することが窺える。第二に、男性の経営方針の参画割合は、どの年代においても 10％台であり、「30～34 歳」、「35～39 歳」で 15％と最も高くなる点である。これらは主に農業後継者層と考えられるが、「30～34 歳」においては男性世帯員の 80％、「35～39 歳」においては 74％が経営方針の参画に全く関っていない。つまり、多くの経営では、後継者層である若年の男性世帯員が経営に参画しておらず、経営方針は経営者が決めていることがわかる。経営方針決定の参画状況については、今回初めて

図 2-2-5　農家世帯員数に占める経営方針参画者、経営者の割合（年齢別、男女別）

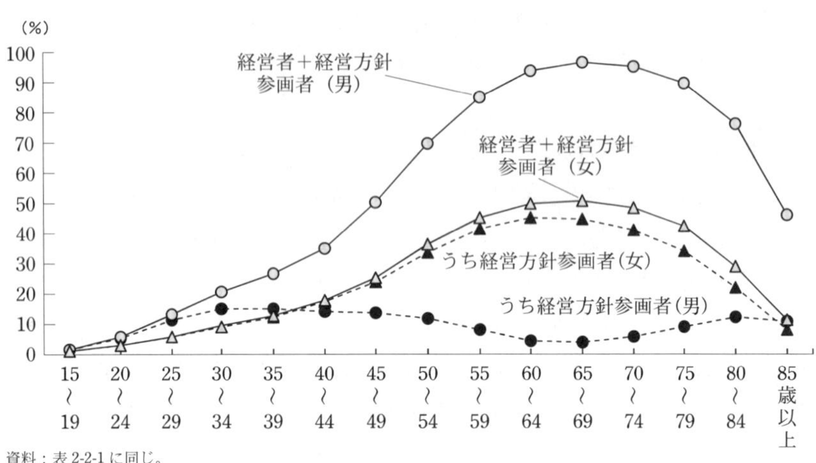

資料：表 2-2-1 に同じ。

の数字であるため、年次別の比較はできないが、今後は、若年層を中心に経営方針に参画させることが重要になってくると考えられる。

この経営方針決定の参画については、農業経営の規模、作目によっても異なる。特に、女性の参画割合について単一経営の主位部門別にみると、稲作では37％と最も低い一方で、酪農では 61％、施設野菜では 59％となり、専業農家の割合が高い作目において女性の参画割合が高い傾向がみられる (図 2-2-6)。全般的には土地利用型経営においては女性の参画割合が低く、施設園芸、畜産等の施設型の経営では、女性の参画割合が高い傾向にある。

また、農産物販売金額規模別に世帯員の参画割合をみたものが図 2-2-7 である。経営方針参画者がいる割合は、農産物販売金額の拡大とともに上昇する傾向にある。中でも、女性の参画割合をみると、農産物販売金額の拡大とともに高まり、「5,000 万円～1 億円」では 67％に達している。また、二世代等の複数世代が関与している経営とみられる男女の経営方針参画者がいる割合も販売金額の拡大とともに高まり「1～3 億円」では 33％に達している。家族経営の場合、経営規模の拡大とともに、配偶者、農業後継者をはじめとして、世帯員の経営方針決定への参画を図ることが必要であることを示しているといえよう。

図 2-2-6　女性の経営方針参画者がいる割合（単一経営の主位部門別）

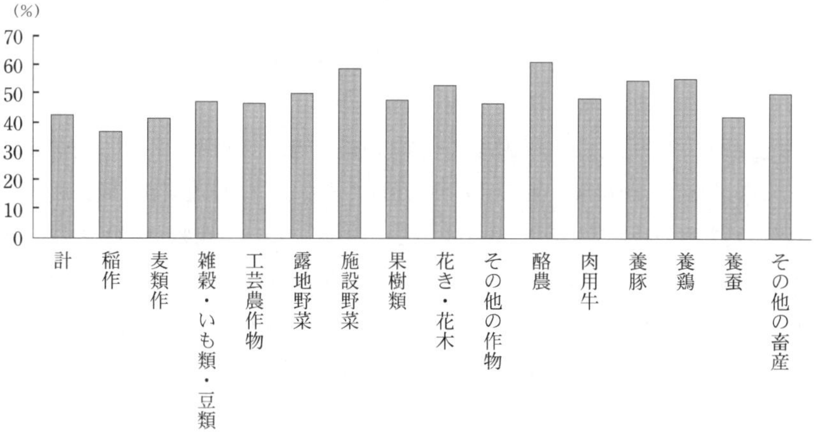

(%)
70
60
50
40
30
20
10
0
計
稲作
麦類作
雑穀・いも類・豆類
工芸農作物
露地野菜
施設野菜
果樹類
花き・花木
その他の作物
酪農
肉用牛
養豚
養鶏
養蚕
その他の畜産

資料：表 2-2-1 に同じ。

図 2-2-7　経営方針参画者がいる割合（農産物販売金額別）

(%)
90
80
70
60
50
40
30
20
10
0
経営方針参画者がいる割合
女の経営方針参画者がいる割合
男女の経営方針参画者がいる割合
販売なし
50万円未満
50～100万円
100～200万円
200～300万円
300～500万円
500～700万円
700～1000万円
1000～1500万円
1500～2000万円
2000～3000万円
3000～5000万円
5000～1億
1～3億
3～5億
5億円以上

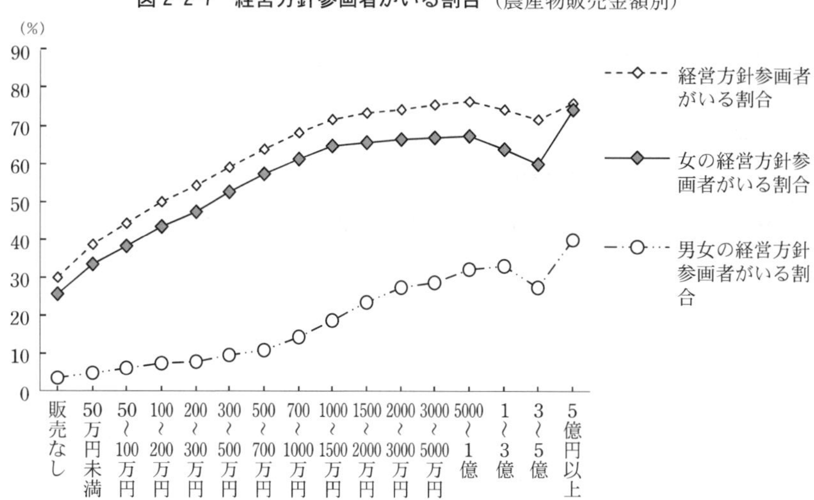

資料：表 2-2-1 に同じ。

（2）家族経営の動向と経営継承に向けた課題

次に家族経営の動向と経営継承について考察するために、農家数、農業経営者、農業後継者の動向について把握する。

総農家数、販売農家数の推移について 1985 年以降の推移をみたものが前掲表 2-2-1 である。2010 年から 2015 年にかけての特徴は、総農家数、販売農家数などの減少率の高さである。2010 年から 2015 年にかけて総農家数は 15％の減少、販売農家数は 18％の減少となり、2005 年から 2010 年にかけての減少率よりも拡大している。特に、注目される点は、販売農家以外の自給的農家、土地持ち非農家の動きである。自給的農家は 2000 年代には増加傾向にあったが、2010 年から 2015 年にかけては 8％の減少となった。2000 年代においては農業労働力の高齢化等により、販売農家から自給的農家へと滞留する傾向がみられたが、2010 年から 2015 年にかけては自給的農家ですら減少している。昭和一桁世代が農業労働力から退出する中で、自給的農家ですら続けていくことが困難な農家世帯が増えていると考えられる。

また、土地持ち非農家に関しては、2015 年には販売農家数を上回る 141 万戸にまで達した[4)]。2010 年から 2015 年にかけて土地持ち非農家は 3％の増加となったが、その増加幅は 1985 年以降、最も低い水準となっている。その結果、総農家と土地持ち非農家を合計した値は、2010 年から 2015 年にかけて 390 万戸から 357 万戸にまで減少し、減少率は 9％に達した。販売農家数、自給的農家数の減少が進むとともに、土地持ち非農家の把握が困難になっていることが示唆される。

1）販売農家における農業経営者数の推移

次に、販売農家における農業経営者の状況を分析する。最初に年齢別の農業経営者数についてみたものが表 2-2-4 である。2010 年から 2015 年にかけて農業経営者数は 18％の減少となったが、特に注目される点は、第一に、「75 歳以上」の農業経営者数が 35.5 万人から 32.3 万人に減少したことである。これまで農業経営者は高齢になっても世代交代が進まない点が大きな問題とされてきた。

表 2-2-4　年齢別の農業経営者数と増減率（全国）

（単位：千人、%）

	30歳未満	30～34	35～39	40～44	45～49	50～54	55～59	60～64	65～69	70～74	75歳以上	合計
2000年	4.6	16.3	59	148	269	316	278	348	376	304	217	2,337
2005年	3.1	10.3	31	82	161	263	293	253	280	284	304	1,963
2010年	2.2	6.1	17	39	88	159	248	275	217	226	355	1,631
2015年	2.4	5.9	13	26	46	92	158	239	243	181	323	1,330
増減率（%）												
2000～05年	-31	-37	-48	-44	-40	-17	5	-27	-26	-7	40	-16
2005～10年	-29	-40	-46	-53	-46	-40	-15	9	-22	-20	17	-17
2010～15年	9	-4	-20	-34	-48	-42	-36	-13	12	-20	-9	-18

資料：表 2-2-1 に同じ。

また、昭和一桁世代が「75 歳以上」に差し掛かったこともあり、2010 年までは「75 歳以上」の農業経営者が増え続けていた。それが 2010 年から 2015 年においては、「70～74 歳」で 20%の減少、「75 歳以上」で 9%の減少となり、高齢の農業経営者においても減少率が高くなっている [5)]。これらの結果からは、昭和一桁世代の農業経営者がほぼ退出したことが示されており、農業経営者の年齢層のピークは、農家世帯員と同じく「65～69 歳」の「団塊の世代」に移行したことがわかる（図 2-2-8）。第二の特徴は、「55～59 歳」などの中年層では減少に歯止めがかからず、減少率が高まっている点である。50 歳代ではコーホート変化数をみても、2010 年の 15.9 万人（50～54 歳）から 2015 年には 15.8 万人（55～59 歳）となり、農業経営者数が減少している。これらの結果からは、高齢者だけではなく 50 歳代の農業経営者においても減少が続いており、昭和一桁世代の農業経営者の減少を補完することはできていない。ただ、一方で、第三の特徴として、わずかではあるが若年層での農業経営者の増加がみられる。農業経営者数は少ないものの、30 歳未満の経営者は、2010 年から 2015 年にかけて 9%の増加（200 人増加）となった。これまで 30 歳未満の農業経営者は減少の一途を辿ってきたが、わずかとはいえ増加に転じたことは注目に値しよう。この新たな傾向は、昭和一桁世代の退出によって若年層に世代交代されたこと、青年就農給付金制度によって若年層への就農支援が拡大したことなどが影響し

図 2-2-8　年齢別の農業経営者数（全国）

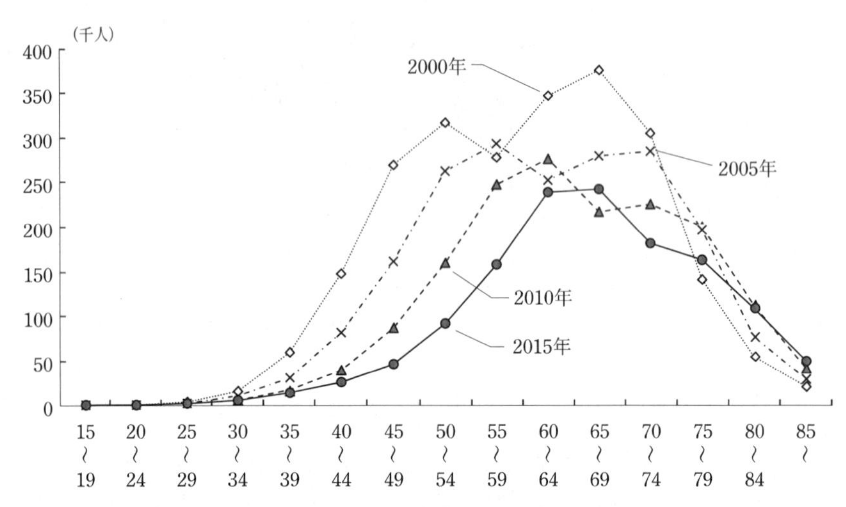

資料：表 2-2-1 に同じ。
注：2000 年の「75〜79 歳」、「80〜84 歳」、「85 歳以上」については推定値である。

ていると考えられる。また、30 歳代では「30〜34 歳」で 4％の減少、「35〜39 歳」で 20％の減少となったものの、30 歳代の農業経営者の減少幅は 2005 年〜2010 年に比べて小さく、減少にやや歯止めがかかる傾向がみられる。

若年層の農業経営者の動向をみるために、40 歳未満の農業経営者数の推移について地域別にみたものが表 2-2-5 である。2000 年以降の推移をみると、2000〜2005 年、2005〜2010 年の減少率は 43〜44％に達しているのに対して、2010〜2015 年の減少率は 13％と減少率が低下する傾向にある。特に、地域別にみると北海道、南九州、沖縄では 2010〜2015 年にかけては 40 歳未満の農業経営者数が増加となっており、中でも沖縄県は農業経営者が 20％も増加し、大幅なプラスとなっている。また、中山間地域などの条件不利地域が多い中国、四国地方でも、40 歳未満の農業経営者の減少率が 10％を下回るなど、若年層の農業経営者数の低下に歯止めがかかる傾向がある。一方、地域別にみて減少率がやや高いのが、北陸、東北であり、北陸では 30％の減少、東北では 25％の減少となった。これらの地域では稲作経営が多いことから、近年の米価の下落が

表 2-2-5　40 歳未満の農業経営者数の推移（地域別）

（単位：人、％）

	2000年	2005年	2010年	2015年	増減率		
					2000～2005年	2005～2010年	2010～2015年
全国	80,210	44,566	25,202	21,838	-44	-43	-13
北海道	6,107	3,973	3,018	3,223	-35	-24	7
都府県	74,103	40,593	22,184	18,615	-45	-45	-16
東北	16,799	8,769	4,460	3,351	-48	-49	-25
北陸	6,695	3,634	1,887	1,328	-46	-48	-30
関東・東山	15,175	8,535	4,467	3,727	-44	-48	-17
北関東	7,443	3,954	2,004	1,628	-47	-49	-19
南関東	5,008	2,748	1,475	1,246	-45	-46	-16
東山	2,724	1,833	988	853	-33	-46	-14
東海	6,149	3,481	1,841	1,488	-43	-47	-19
近畿	6,959	3,994	2,317	1,847	-43	-42	-20
中国	4,029	2,336	1,552	1,431	-42	-34	-8
山陰	1,589	871	569	518	-45	-35	-9
山陽	2,440	1,465	983	913	-40	-33	-7
四国	3,274	2,060	1,282	1,237	-37	-38	-4
九州	14,299	7,349	4,043	3,805	-49	-45	-6
北九州	10,662	5,419	2,667	2,368	-49	-51	-11
南九州	3,637	1,930	1,376	1,437	-47	-29	4
沖縄	724	435	335	401	-40	-23	20

資料：表 2-2-1 に同じ。

世代交代に影響を及ぼした可能性がある。ただし、2005～2010 年と比較して、すべての地域において 40 歳未満の農業経営者数の減少率の下げ幅は鈍化しており、若手農業経営者の減少が弱まる傾向が確認できる。

また、若年層から中年層の農業経営者においては、2010 年から 2015 年にかけて農業従事日数が多い農業経営者の割合が高まっている点も注目される。図 2-2-9 は、農業経営者年齢別に自営農業従事日数 250 日以上の農業経営者の割合を示したものである。2010 年と 2015 年を比較すると、55 歳以上の年齢層においては、わずかながら 2010 年の方が割合が高いが、45 歳未満においては、2015 年の農業従事日数 250 日以上の割合が 10 ポイント以上高まり、50％近くに達している。特に 40 歳未満の年齢層においては、わずかではあるが農業従事日

図 2-2-9　自営農業従事日数 250 日以上の農業経営者の割合（農業経営者年齢別）

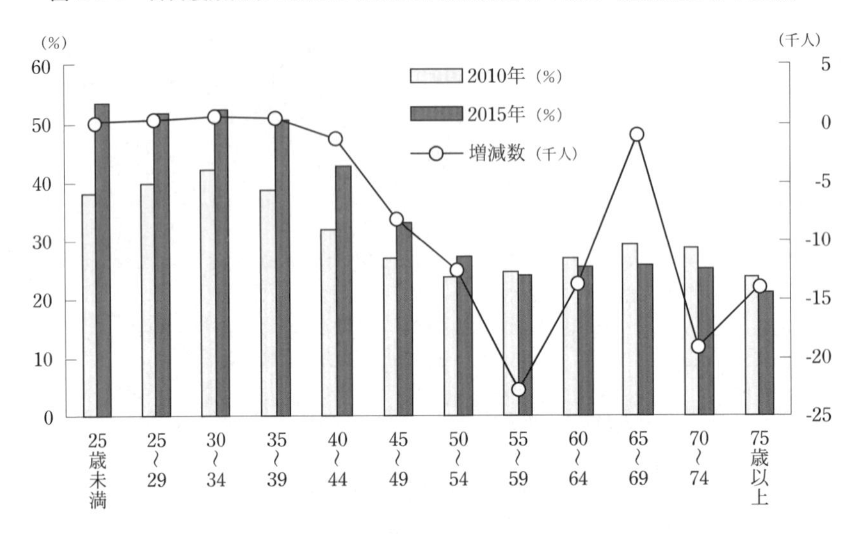

資料：表 2-2-1 に同じ。

数 250 日以上の農業経営者数も増加しており、専業的な農業経営者の割合が高まる傾向にある。つまり、昭和一桁世代からの世代交代が進む中で、若年層の一部では農業に専業的に従事する傾向にあり、農業を職業として選択しているものが多いのではないかと推測される。逆に言えば、高度経済成長期以降、兼業化が進む中で、経営者においては土日などの休日を利用した農業従事で農業を維持してきたが、40 歳未満の若年層においては、他産業に従事しながら、農業従事する経営者が少なくなっていると考えられる。その結果、若年、中年層の農業経営者においては農業に専業的に従事する割合が高まったと推測される。

2）専兼業別の農家数の推移

このように若年農業経営者において農業に専業的に従事する割合が高まる中で、次に、専兼業別の農家数の推移について確認する。農林業センサスにおいて専兼業別の類型は、これまで継続的に取られている項目の一つである。戦後、高度経済成長とともに兼業化が進展したが、近年の動きは兼業農家が著しく減少し、専業農家の割合がわずかではあるが拡大する傾向を示している。

専兼業別の農家数の推移をみたものが表 2-2-6 である。2010 年から 2015 年の間に販売農家数は 18％の減少となったが、専兼業別にみると兼業農家において 25％の減少となった。第一種兼業農家では 27％の減少、第二種兼業農家では 24％の減少となり、第一種、第二種兼業農家ともに大きく減少した。一方、専業農家については、2010 年から 2015 年にかけて 2％の減少率にとどまり、兼業農家と比較すると、減少率は低くなっている。その結果、販売農家全体に占

表 2-2-6　専兼業別の農家数の推移

（単位：千戸、％）

	販売農家計	専業農家		兼業農家			
			男子生産年齢人口がいる世帯	計	第一種兼業農家	世帯主農業主	第二種兼業農家
1985	3,315	498	366	2,817	759	539	2,058
1990	2,971	473	318	2,497	521	382	1,977
1995	2,651	428	240	2,224	498	391	1,725
2000	2,337	426	200	1,911	350	280	1,561
2005	1,963	443	187	1,520	308	247	1,212
2010	1,631	451	184	1,180	225	-	955
2015	1,330	443	171	887	165	-	722
増減率(％)							
85～90	-10	-5	-13	-11	-31	-29	-4
90～95	-11	-10	-25	-11	-4	2	-13
95～00	-12	0	-17	-14	-30	-29	-10
00～05	-16	4	-7	-20	-12	-12	-22
05～10	-17	2	-2	-22	-27	-	-21
10～15	-18	-2	-7	-25	-27	-	-24
販売農家全体に占める割合(％)							
1985	100	15	11	85	23	16	62
1990	100	16	11	84	18	13	67
1995	100	16	9	84	19	15	65
2000	100	18	9	82	15	12	67
2005	100	23	10	77	16	13	62
2010	100	28	11	72	14	-	59
2015	100	33	13	67	12	-	54

資料：表 2-2-1 に同じ。

める専兼業別の割合をみると、2000年では専業農家が18%、兼業農家が82%の割合であったが、2015年では専業農家の割合は33%に高まり、兼業農家の割合は67%にまで減少している。特に、兼業農家の中でも第二種兼業農家の占める割合は、2000年の67%から2015年には54%にまで12ポイントも低下した。高度経済成長期以降、国内の農業構造の特質でもあった兼業農家が大半を占める構造は、2000年以降大きく変化してきているのである。また、これまで兼業農家の割合の低下は、昭和一桁世代を中心として、他産業に従事していた兼業農家の世帯員が定年退職などにより農業に従事したことが原因とされ、兼業から高齢専業農家への変化として理解されてきた。確かに2000年以降、高齢専業農家の増加が見られるが、一方でわずかではあるが、男子生産年齢人口のいる専業農家の割合が増えていることも見過ごすことはできない。2015年には販売農家全体に占める男子生産年齢人口のいる専業農家の割合は13%に達し、1985年以降、最も高い数値となっている。2000年以降、生産年齢人口のいる専業農家数は減少しているものの、減少率は1985年〜2000年に比べると2010〜2015年は7%の減少率にとどまり、若干低くなる傾向がみられる。その結果、2000年以降の専兼業別農家の割合をみると、兼業農家が大きく減少した結果、相対的に専業農家、特に生産年齢人口のいる専業農家の割合が高まる傾向にある。高度経済成長期以降の国内農業の特徴ともいえる兼業農家は次第に減少し、2015年センサスにおいては専業農家の割合が高まっていることを示している。

3）同居農業後継者の特徴

次に同居農業後継者の状況について考察する。2015年センサスの中で注目される動きの一つが同居農業後継者の大幅な減少である。2000年以降の同居農業後継者の推移をみると、2000年に134万人いた同居農業後継者は、2015年には39.7万人にまで減少した（表2-2-7）。2000年からわずか15年間で、100万人弱の同居農業後継者数が減少し、2000年の3分の1にまで縮小したのである。特に、2010年から2015年にかけては減少率が41%に達している。同居農業後継者の年齢別にみると、減少率が高いのは若年層で、25歳未満の年齢層では減

表 2-2-7　年齢別の同居農業後継者数の推移（全国）

（単位：千人、%）

	15～19歳	20～24	25～29	30～34	35～39	40～44	45～49	50歳以上	合計	販売農家全体に占める同居農業後継者がいる農家割合(%)
同居農業後継者数(千人)										
2000年	167	196	198	177	197	191	135	80	1,340	57
2005年	67	102	122	122	113	122	108	113	868	44
2010年	38	61	84	96	97	87	85	127	675	41
2015年	18	28	45	56	62	58	47	81	397	30
増減率(%)										
2000～2005年	-60	-48	-38	-31	-43	-36	-21	42	-35	
2005～2010年	-44	-40	-31	-21	-14	-29	-21	12	-22	
2010～2015年	-52	-54	-46	-42	-36	-33	-44	-36	-41	

資料：表 2-2-1 に同じ。

少率が50%を超えている。また、35歳以上の年齢層でも減少率は30%を超え、2005～2010年の減少率と比較すると、いずれの年代においても減少率が高まっている。販売農家全体に占める同居農業後継者がいる農家の割合をみると、2015年には30%にまで低下しており、同居農業後継者を確保している販売農家が3分の1にも達していない。また、同居農業後継者が他出した場合も想定されるため、他出農業後継者の推移をみても2010年から2015年の間に15%の減少となった。つまり、2010年から2015年にかけて世帯員の中で同居農業後継者になる割合が著しく低下したのである。図2-2-10は、年齢別の農家世帯員数（男）に占める同居農業後継者（男）の割合を示したものである。2010年においては、農家世帯員のうち、同居農業後継者になる割合が「30～34歳」、「35～39歳」において63%に達していた。それが、2015年では「30～34歳」において49%、「35～39歳」において50%と5年間で13ポイントも低下している。

同居農業後継者の推移について、単一経営の主位部門別にみたものが図2-2-11である。図をみると、全部門で減少しているものの、部門によって減少率は異なっていることがわかる。減少率が高いのは、作目では麦類作、工芸作物、養豚で50%近い割合となっている。一方、減少率が低いのは、施設野菜の29%減をはじめとして、露地野菜、肉用牛となっている。大まかな傾向として

図 2-2-10　農家世帯員に占める同居農業後継者の割合（年齢別、男）

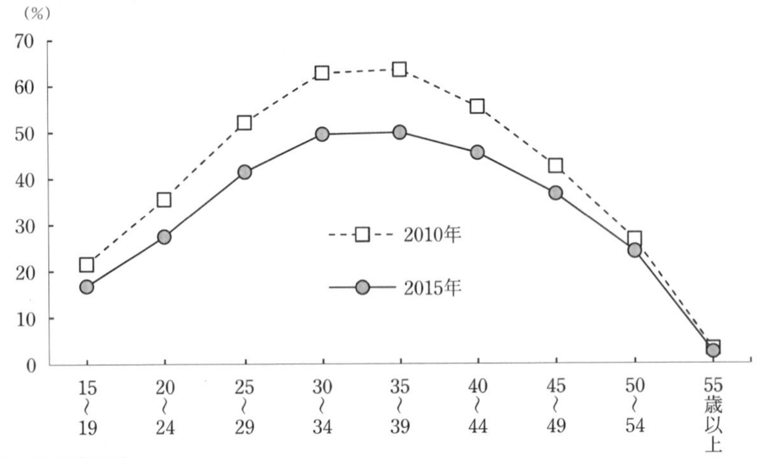

資料：表 2-2-1 に同じ。

図 2-2-11　同居農業後継者の減少率（作目別）

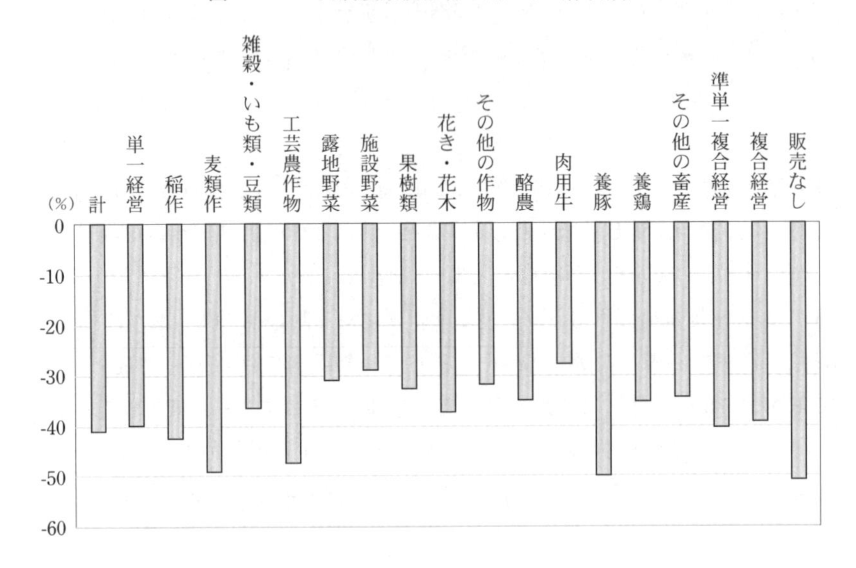

資料：表 2-2-1 に同じ。

は耕種作、養豚において同居農業後継者が大幅に減少し、一方、施設野菜、露地野菜、果樹類などの園芸作では減少率が低い傾向がみられる。

次に、農業従事日数別に同居農業後継者の推移をみると、すべての農業従事日数の類型において減少している（表2-2-8）。だが、減少率の大きさに関しては違いがあり、農業従事日数150日未満の階層では40％以上の減少となっているものの、農業従事日数150日以上では減少率が低い傾向が見られる。このように、同居農業後継者に関しては2010年から2015年の間に大幅に減少したものの、特に、農業従事日数が少ない後継者層において減少率が高い傾向が確認できる。

4）配偶者の確保状況

販売農家のような家族経営が農業生産を継続していくためには、農業後継者の確保だけでは不十分である。家族経営においては、家族を基盤とすることから、農業後継者だけではなく配偶者を確保することが必要となる。これまで筆者は2010年センサスにおいて、販売農家の配偶者の確保状況について分析した[6)]。2010年センサスで示された点は、専兼業別に配偶者の確保割合を示す有配偶率を比較すると、専業農家の農業経営者、同居農業後継者において有配偶率が低く、専業的な農業経営であるほど配偶者が確保できていない特徴が確認された。

そこで2015年においてもその傾向が続いているのかどうかについて確認する。図表を判別しやすくするために、ここでは専業農家、第二種兼業農家、主業農家の3類型[7)]を取り出し、同居農業後継者の有配偶率について2005年から2015年までを比較したものが図2-2-12である。2010年と2015年を比較すると、同居農業後継者の有配偶率は専業農家、第二種兼業農家、主業農家ともに若干低下する傾向がある。ただし、第二種兼業農家と主業農家、専業農家では、有配偶率の水準が異なり、ほとんどの年齢層では、第二種兼業農家の有配偶率が高く、次に主業農家が続き、最も割合が低いのは専業農家となっている。ここでの問題は、2010年にも確認されたが、第二種兼業農家では加齢とともに有配偶率が上昇しているが、専業農家の場合は加齢とともに有配偶率が上昇せず、むしろ低下する傾向がみられる点である。その結果、第二種兼業農家と専業農

表 2-2-8　農業従事日数別の同居農業後継者数の推移

	従事しない	29 日以下	30～59	60～99	100～149	150～199
2005	225,752	365,571	108,106	62,027	25,022	13,374
構成比	26	42	12	7	3	2
2010	124,815	283,545	94,878	56,070	27,384	16,084
構成比	18	42	14	8	4	2
2015	70,520	162,870	49,859	31,250	15,196	11,493
構成比	18	41	13	8	4	3
増減率 (2005～10 年)	-45	-22	-12	-10	9	20
増減率 (2010～15 年)	-44	-43	-47	-44	-45	-29

資料：表 2-2-1 に同じ。
注：2005 年の「従事しない」人数に関しては、同居農業後継者数の総数から、自営農業従事日数が把握されている

図 2-2-12　同居農業後継者の年齢別の有配偶率（専兼業別）

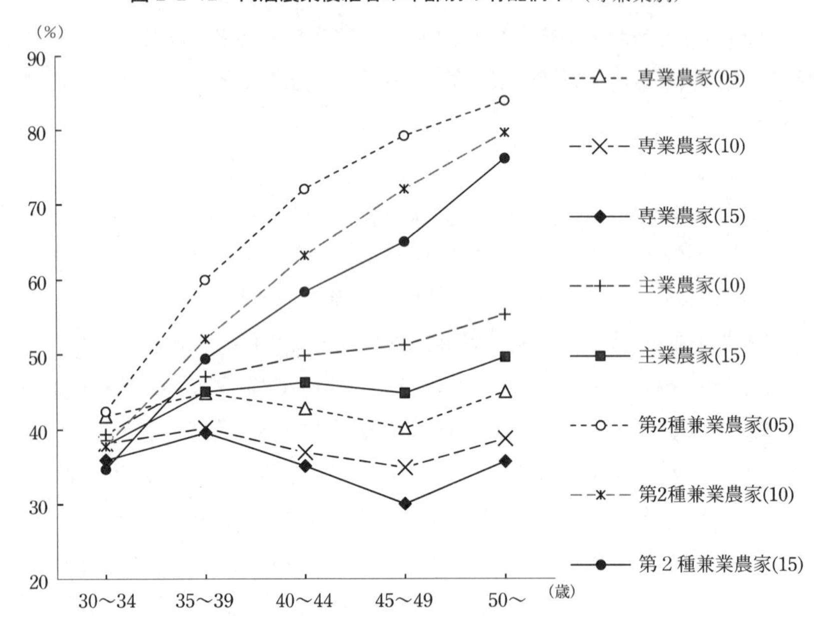

資料：表 2-2-1 に同じ。

（単位：人、％）

200～249	250日以上	合計
15,988	51,713	867,553
2	6	100
16,610	55,959	675,345
2	8	100
13,958	41,958	397,104
4	11	100
4	8	-22
-16	-25	-41

同居農業後継者数を引いたものである。

家の有配偶率の差が高齢になるほど拡大する傾向にある。この要因には同居農業後継者の場合、配偶者の確保とともに経営継承が進むために、同居農業後継者から農業経営者となる場合（同居農業後継者ではなくなる）が多いことが考えられる。だが、そのような経営者への世代交代があったとしても専業農家の場合、同居農業後継者の有配偶率はすべての年齢層において40％を下回る低い水準にあり、農業後継者の配偶者の確保が極めて深刻な状況にある。

次に農業経営者の有配偶率の状況を専兼業別にみたものが図 2-2-13 である。農業経営者の有配偶率をみると、同居農業後継者と同様に、専業農家、第二種兼業農家ともに 2010 年に比べて低下している。特に有配偶率が低いのは専業農家であり、経営者の有配偶率は「50～54 歳」、「55～59 歳」でともに 61％という低い水準にある [8)]。また、第二種兼業農家の場合は、加齢とともに有配偶率が上昇するのに対して、専業農家の場合は「40～44 歳」の 66％をピークとして、有配偶率は低下する傾向にある。これは未婚の同居農業後継者が、40 代になると世代交代によって農業経営者になるケースが増えてくるために、農業経営者の有配偶率が低下するものと考えられる。その結果、第二種兼業農家の有配偶率は、「50～54 歳」、「55～59 歳」でそれぞれ 81％、85％となり、専業農家との間には 20 ポイント以上の差が生じている。また主業農家の場合は、「50～54 歳」、「55～59 歳」で有配偶率が 72％、74％となり、第二種兼業農家に比べて 10 ポイント程度低い。これらの結果からは、2010 年と同様に、農業に専業的な経営であるほど、配偶者が確保できていない状況が続いている。さらに、2010 年と比べると有配偶率は全体的に低下しており、配偶者を確保できない家族経営が増加する傾向にある。

家族経営における農業経営者、同居農業後継者の有配偶率の低下は、次世代

図 2-2-13　農業経営者の年齢別の有配偶率（専兼業別）

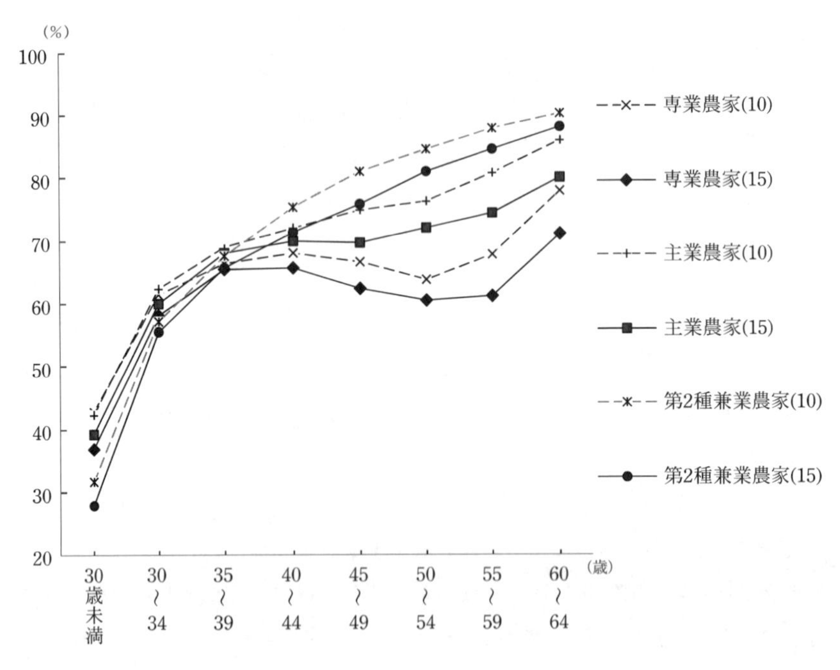

資料：表 2-2-1 に同じ。

の子供の数に影響する。15 歳未満の世帯員数について 65 歳未満の農業経営者がいる農家数で除したものが図 2-2-14 である。専兼業別に比較すると、15 歳未満の世帯員数が少ないのは専業農家である。専業農家では、15 歳未満の世帯員数が 2010 年の 0.5 人から 0.46 人に減少しており、専兼業別の類型の中で最も低い水準となっている。他の類型では、2015 年に主業農家が 0.52 人、第二種兼業農家が 0.73 人と専業農家と比べるとやや高い。この順位は、前述した有配偶率の順位と同じであり、有配偶率の低さが 15 歳未満の世帯員数に影響していると考えられる。つまり、家族経営を維持するためには、基盤である家族そのものの維持が前提となる。だが、現状では農業に専業的な経営ほど配偶者が確保できておらず、その結果、子供の数が少なく、基盤である家族による世代継承が困難な状況に陥っている。特に、2010 年と比較すると有配偶率は低下し

図 2-2-14　15歳未満の世帯員数の推移

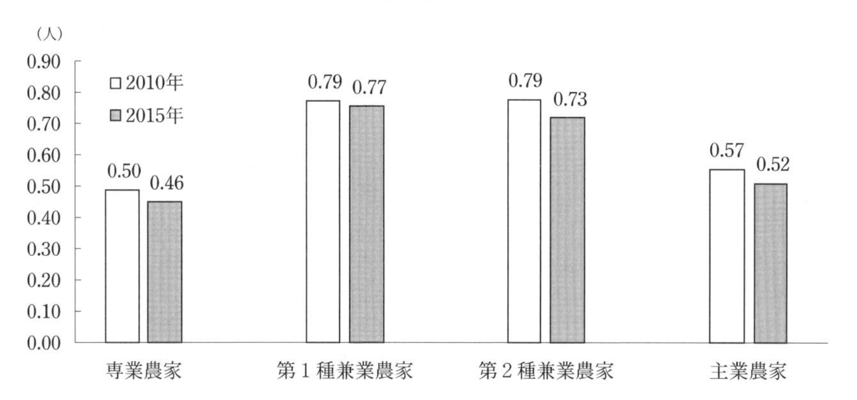

資料：表 2-2-1 に同じ。
注：「15 歳未満の世帯員数」／「65 歳未満の農業経営者がいる販売農家数」によって計算した数値である。

ており、子供の数の減少に歯止めはかかっていない。専業的な家族経営を維持するためには、農業後継者に加え、配偶者の確保状況を注視する必要がある。

3．農業経営体における雇用労働力の動向

（1）農業経営体と農業雇用

農業においては、近年、雇用労働の導入を図る経営体が増え、多くの従業員を抱える農業法人、組織経営体が出現している。そのため、国内の農業労働力の全体像を捉えるためには、家族経営だけではなく、組織経営体、企業経営を含めた分析が欠かすことができない。そこで本節では農業労働力を示す農業投下労働規模に焦点を当てて農業経営体の分析を行いたい。

農業投下労働規模別の農業経営体数の推移についてみたものが表 2-2-9 である。農業投下労働規模は、農業経営活動に係わる農業労働日数（1 日を 8 時間労働として換算）を 225 日（1 日 8 時間換算で年間農業労働時間 1,800 時間）で除した値であり、農業経営における農業労働単位を標準化してみたものである。農業投下労働規模別に 2005～2010 年、2010～2015 年の農業経営体数の増減率をみる

表 2-2-9　農業投下労働規模別の経営体数の推移

（単位：経営体数、%）

	2005 年	2010 年	2015 年	増減率（%）		農業経営体に占める法人化の割合（%）
				2005～2010 年	2010～2015 年	
農業経営体数	2,009,380	1,679,084	1,377,266	-16	-18	2
0.25 単位未満	176,513	117,477	115,697	-33	-2	1
0.25～0.5	319,016	236,217	208,064	-26	-12	0
0.5～1.0	446,489	366,066	290,861	-18	-21	0
1.0～2.0	511,327	455,808	356,352	-11	-22	1
2.0～3.0	331,173	289,772	231,779	-13	-20	1
3.0～4.0	107,118	97,519	70,321	-9	-28	3
4.0～5.0	66,943	61,927	52,082	-7	-16	5
5.0～8.0	40,905	40,999	36,369	0	-11	14
8.0～10.0	3,780	5,037	5,413	33	7	40
10.0～20.0	4,190	5,701	6,979	36	22	61
20.0～30.0	929	1,296	1,592	40	23	79
30.0～50.0	592	747	1,038	26	39	85
50.0 単位以上	405	518	719	28	39	84

資料：表 2-2-1 に同じ。

と、2005～2010 年においては「0.25 単位未満」の減少が 33％と最も大きく、次に「0.25～0.5 単位」の 26％の減少と続き、農業投下労働規模が少ない経営において減少率が高くなっている。つまり、2005 年～2010 年においては農業労働力が脆弱化した経営体において減少したことがわかる。それに対して、2010 年～2015 年においては、最も減少率が大きいのは「3.0～4.0 単位」の 28％減であり、農業投下労働規模が 0.5 から 4.0 単位までの一定程度の農業労働力を保有している経営体において減少率が高くなっている。2010 年～2015 年においては「0.25 単位未満」の農業経営体の減少率が少ないことから、一定程度農業労働力を保有していた農業経営体が、より農業投下労働規模の少ない経営に移行したことが窺われる。特に 2015 年においては、「3.0～4.0 単位」などの一定程度農業投下労働規模を保有する経営において減少幅が大きく、それらの詳細な要因分析に関しては、今後の課題となろう。

次に、農業投下労働規模別に増減率をみると、2005 年から 2010 年では、農業投下労働規模が「5.0～8.0 単位」でわずかながら増減率がプラスとなるなど、5.0 単位以上の投下労働規模において農業経営体数が増加した。それが 2010 年から 2015 年の推移をみると、「5.0～8.0 単位」では 11％の減少となり、農業経営体が増加しているのは投下労働規模が「8.0～10.0 単位」以上の経営となっている。つまり、2010 年から 2015 年の特徴としては、より多くの農業労働力を保有している経営が増加しており、8.0 単位未満の経営では減少している。家族労働の場合、最も多いと考えられる複数世代が従事する場合でも農業投下労働規模は 4.0 単位程度であることから、8.0 単位以上というのは、保有する家族労働力を上回る雇用労働力を確保している経営とみることができる。2015 年の農業経営体に占める法人化の割合をみても、農業投下労働規模が「8.0～10.0 単位」では農業経営体の 40％が法人化をしており、法人化した企業的経営が多くを占める。これらの結果からは、2015 年においては家族経営が減少する一方で、雇用者数が多い企業的経営では経営体数を増加させているとみることができる。

企業的経営の重要性が増していることを示すものして、農業投下労働規模という視点から、農業経営の累積割合をみたものが図 2-2-15 である。ここでは農業投下労働規模別の農業経営体数に、農産物販売金額規模別の中位数[9] を掛けあわせて総農産物販売金額（推定値）を算出し、総農産物販売金額に占める農業投下労働規模別の販売金額割合を累積で示している。また、同様に 2015 年センサスの農業経営体総数に占める農業投下労働規模別の経営体数の累積割合を図示している。

2005 年において総農産物販売金額に占める累積販売金額割合をみると（図 2-2-15）、農業投下労働規模が 2.0 単位未満では 20％の割合にとどまる。これは農業投下労働規模 2.0 未満の経営では、総農産物販売金額に占める割合が 2 割程度であることを示している。これが「2.0～3.0（3.0 未満）単位」になると、農産物販売金額に占める割合は 42％にまで上昇し、「5.0～8.0（8.0 未満）単位」では 86％に達している。2005 年から 2015 年にかけて累積割合のグラフの変化をみると、2015 年にかけてグラフは右に移動し、2015 年においては、農業投下労働規模「2.0 単位未満」における農産物販売金額の割合は 15％、「2.0～3.0（3.0 未満）単位」では 33％、「5.0～8.0（8.0 未満）単位」では 74％と 2005 年に比べ

図 2-2-15　総農産物販売金額（推定値）、総経営体数に占める累積割合

（農業投下労働規模別）

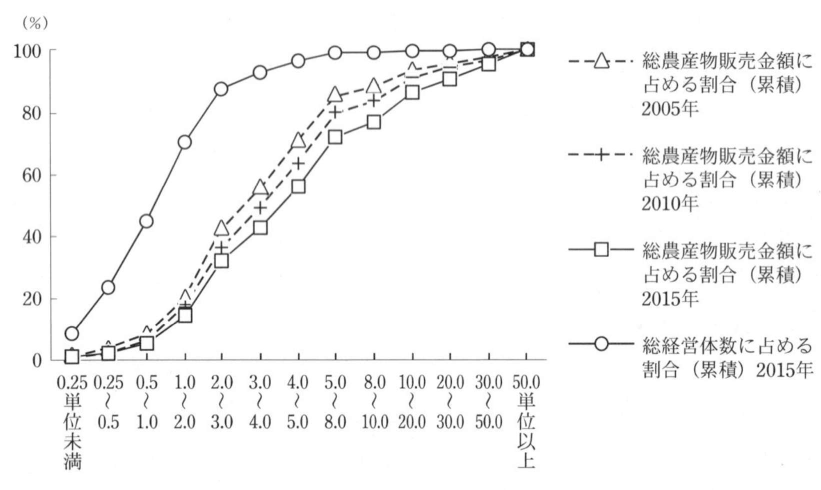

資料：表 2-2-1 に同じ。

て農産物販売金額に占める累積割合が低下している。つまり、2005 年以降の総農産物販売金額に占める割合をみると、農業投下労働規模が大きい経営のシェアが高まり、農業投下労働規模が少ない経営のシェアが低下しているのである。

その際に問題となるのが農業経営体数の分布との相違である。2015 年の農業投下労働規模別に農業経営体数の累積割合をみると、農業投下労働規模「2.0〜3.0（3.0 未満）単位」が 87%を占め、ほとんどの経営体が該当する。しかし、前述したように総農産物販売金額に占める割合でみれば、「2.0〜3.0（3.0 未満）単位」では 33%と約 3 分の 1 の割合にとどまっている。逆にいえば、農業投下労働規模が 3.0 単位以上の経営は、経営体数では全体の 13%を占めるに過ぎないが、農産物販売金額に占める割合でみれば 66%にも達している。さらに、この 10 年間の変化をみると、農業経営の中で労働力を多く保有する雇用型農業法人が増加するとともに、総販売金額に占める雇用型農業法人のシェアが高まっている。その結果、総農産物販売金額に占める割合からみれば、兼業農家を含めた家族経営の割合は低下しつつある。

（2）農業雇用の動向

農業経営体数が減少する中で増加しているのが、前述した常雇を導入した雇用型経営である。農業雇用の動向をみるために、販売農家と農業経営体別[10]に、1985年以降の常雇数、臨時雇数の推移をみたものが表2-2-10である。販売農家の場合、1985年の導入農家数が7.7千戸であったが、2015年には4万戸にまで増加した。雇用した人数（実人数）をみても1985年の1.7万人から、2015年には9.9万人にまで増加している。特に雇用した人数に関しては、2010年から2015年にかけて2.9万人（40％増）の大幅な増加となっており、常雇の導入農家率は販売農家全体の3％に達している。また、組織経営体を含めた農業経営体でみると、常雇導入経営体は2010年の4.1万経営体から2015年には5.4万経営体に、雇用した人数（実人数）は、2010年の15.4万人から2015年には22万人にまで増加した。2010年から2015年にかけての増加人数は6.7万人（43％増）となるなど、家族経営以外の組織経営体においても常雇数が増加している。

一方、対照的に臨時雇に関しては、2010年から2015年の間に、農業経営体における導入経営体数は32％減（13.6万経営体）、実人数は33％減（72万人）の大幅な減少となった。臨時雇に関しては、2010年センサス時から初めて「ゆい、手間替え、手伝い」を含めるようになったために、2005年と2010年の間は連続したデータとはなっていない。そのため2005年から2010年にかけては臨時雇が急増したが、2010年と2015年にかけては同じ定義にも関らず大幅な減少となっている。この減少要因に関しては様々な要因が考えられるが、農業経営体から販売農家を差し引いた組織経営体の動きをみると[11]、組織経営体に関しては導入経営体数が21％（3千経営体）増加している。つまり、2010年から2015年にかけて臨時雇が減少したのは販売農家のみの現象であったことがわかる。臨時雇が家族経営のみで急減した要因としては、一部に臨時雇から常雇に変わったケースがあったのではないかとみられる。

表 2-2-10　雇用導入農家、雇用者数の推移（常雇、臨時雇別）

			1985年	1990年	1995年	2000年	2005年	2010年	2015年	2010～2015年の増減率（%）	2010～2015年の増減数
販売農家	常雇	導入農家(戸)	7,706	8,218	18,220	23,612	21,166	31,772	40,091	26	8,319
		実人数(人)	16,991	19,304	42,669	61,943	61,094	70,855	99,393	40	28,538
		延べ人日(100日)					98,935	148,915	178,423	20	29,508
		導入農家率(%)	0.2	0.3	0.7	1.0	1.1	1.9	3.0		
	臨時雇	導入農家(戸)	467,309	370,446	282,579	298,554	200,147	412,198	272,433	-34	-139,765
		実人数(人)					1,052,654	2,013,972	1,294,642	-36	-719,330
		延べ人日(100日)	180,118	158,878	182,513	186,819	151,243	290,732	185,711	-36	-105,021
		導入農家率(%)	14	12	11	13	10	25	20		
農業経営体	常雇	導入経営体(経営体)	12,465	12,941	23,155	28,486	28,355	40,923	54,252	33	13,329
		実人数(人)	60,486	64,012	93,422	116,481	129,086	153,579	220,152	43	66,573
		延べ人日(100日)					233,487	313,883	432,150	38	118,267
	臨時雇	導入経営体(経営体)	471,006	373,835	285,921	302,942	210,383	426,698	289,948	-32	-136,750
		実人数(人)					1,182,520	2,176,349	1,456,454	-33	-719,895
		延べ人日(100日)	200,718	180,651	202,298	223,574	198,760	343,596	248,205	-28	-95,391
農業経営体－販売農家	常雇	導入経営体(経営体)					7,189	9,151	14,161	55	5,010
		実人数(人)					67,992	82,724	120,759	46	38,035
		延べ人日(100日)					134,552	164,968	253,727	54	88,759
	臨時雇	導入経営体(経営体)					10,236	14,500	17,515	21	3,015
		実人数(人)					129,866	162,377	161,812	0	-565
		延べ人日(100日)					47,517	52,864	62,494	18	9,630

資料：表 2-2-1 に同じ。
注：臨時雇に関しては、2010 年以降、「ゆい、手間替え、手伝い」を含めたため、2005 年までと 2010 年以降では定義が異なる。

（3）年齢別の常雇の動向

次に、常雇の特徴について確認する。2015 年センサスでは、常雇者の年齢について初めて把握された。そこで、常雇の男女別に年齢別の割合についてみたものが表 2-2-11 である。

2015 年の常雇数は男性が 11.3 万人、女性が 10.8 万人となり、男性が 51%と若干多いがほぼ拮抗している。年齢別にみると、男女によって分布が異なり、女性の場合は 45 歳以上が 63%を占めるなど、中高齢者が多い傾向にある。一方、男性においては、34 歳未満が 29%を占めるなど、女性に比べて若年層が多くの割合を占める。女性の場合は、育児などが一段落した後に就業する場合が多いこと、男性の場合は、学卒後に農業法人への就職が増えていること、経営者側が体力のある若手労働力を確保しようとすることから、若年層の割合が高くなると考えられる。

その際に留意すべき点は、35 歳未満の若年層に限定すれば、販売農家の基幹的農業従事者と農業経営体の常雇数は、それぞれ 5.1 万人、5.3 万人とほぼ同じ人数になっていることである。表 2-2-11 に示したように、「15～24 歳」では基幹的農業従事者が 7.5 千人に対して、常雇数は 1.5 万人と大きく上回る。また、

表 2-2-11　年齢別の常雇数（2015 年）

（単位：人、%）

	計	15～24	25～34	35～44	45～64	65 歳以上
男女計	220,152	14,521	38,629	40,230	83,909	42,863
男	112,624	8,564	24,612	21,117	37,720	20,611
女	107,528	5,957	14,017	19,113	46,189	22,252
割合：男女計	100	6.6	17.5	18.3	38.1	19.5
男	100	7.6	21.9	18.8	33.5	18.3
女	100	5.5	13.0	17.8	43.0	20.7
（参考）基幹的農業従事者						
男女計	1,753,764	7,499	43,735	76,031	494,427	1,132,072
男	1,004,716	5,967	33,973	51,018	266,533	647,225
女	749,048	1,532	9,762	25,013	227,894	484,847

資料：表 2-2-1 に同じ。

「25～34 歳」においても、男性では基幹的農業従事者の方が多いものの、女性では、基幹的農業従事者が 9.8 千人に対して、常雇数は 1.4 万人と常雇数の方が多くなっている[12]。

このように、仕事として農業を主として行っている労働力をみると、若年層では農家世帯員として農業従事する者よりも、常雇として雇われて農業に従事する者の方が多いのである。

次に農業投下労働規模別に、年齢別の常雇数の割合を示したものが図 2-2-16 である。図をみると、常雇の年齢構成は、雇用される農業経営体の農業投下労働規模によって異なり、農業投下労働が少ない規模では 65 歳以上の高齢者の割合が高く、農業投下労働規模が大きくなるにつれて、65 歳以上の高齢者の割合が減少し、35 歳未満の常雇の割合が高まる傾向にある。すなわち、この図からは、若年層は農業投下労働規模が多い農業経営体で雇用されており、企業的な農業経営を中心に雇用されているとみることができる。一方、農業投下労働規模が少ない経営では、65 歳以上の常雇の割合が高く、家族労働力を補完する形で高齢者が常雇として雇用される割合が高いことを示している。

図 2-2-16　常雇の年齢別の割合（農業投下労働規模別）（農業経営体）

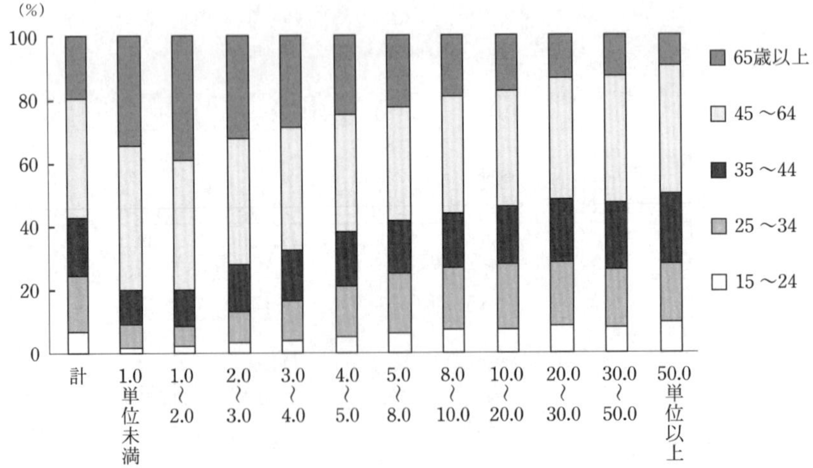

資料：表 2-2-1 に同じ。

次に常雇の年齢別の状況を作目別にみたのが図2-2-17である。単一経営の主位部門別にみると、部門によって常雇の年齢、性別の構成に大きな違いがあることがわかる。特に稲作では、「45～64歳」、「65歳以上」の男性の割合が53%と大きな割合を占める。また養豚、肉用牛でも男性の割合が高いが、これらの畜産では「45歳未満」の男性の割合が40%を超えており、若年層の男性が常雇の多くを占める。一方で、施設野菜、花き・花木では女性の割合が圧倒的に高く、特に「45歳未満」、「45～64歳」が半数以上の割合を占めている[13)]。これらの傾向をみると、常雇の労働力構成は部門によってかなり異なることが示唆される。

農産物販売金額別に常雇人数規模別の経営体数をみたものが図2-2-18である。農産物販売金額別にみると、農産物販売金額「500万円～700万円」で6%の経営が常雇を導入し、それ以上の販売金額になると導入割合が次第に高まる。農産物販売金額が「5,000万円～1億円」になると半数の経営で常雇を導入しており、1億円以上になると「5人以上」の常雇を雇用する経営が増える傾向にあ

図2-2-17　単一経営の主位部門別にみた常雇の年齢別の割合（男女別）（農業経営体）

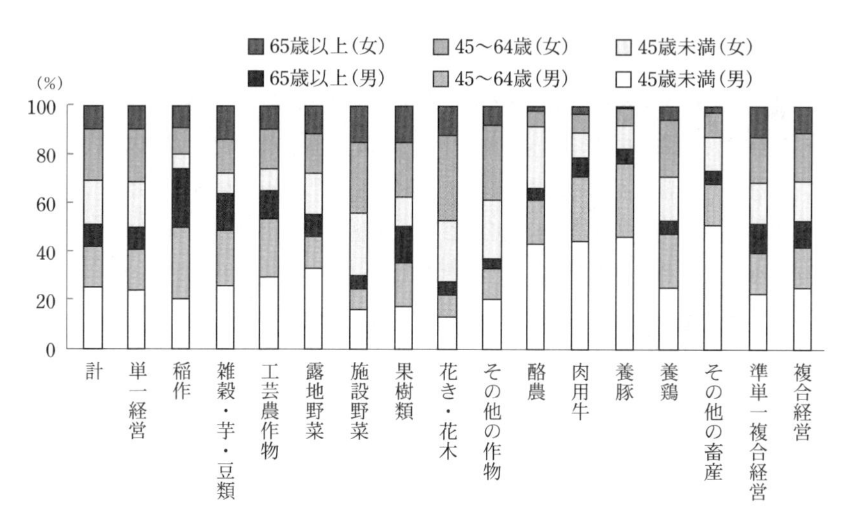

資料：表2-2-1に同じ。

図 2-2-18　常雇人数規模別の経営体数（農産物販売金額別）

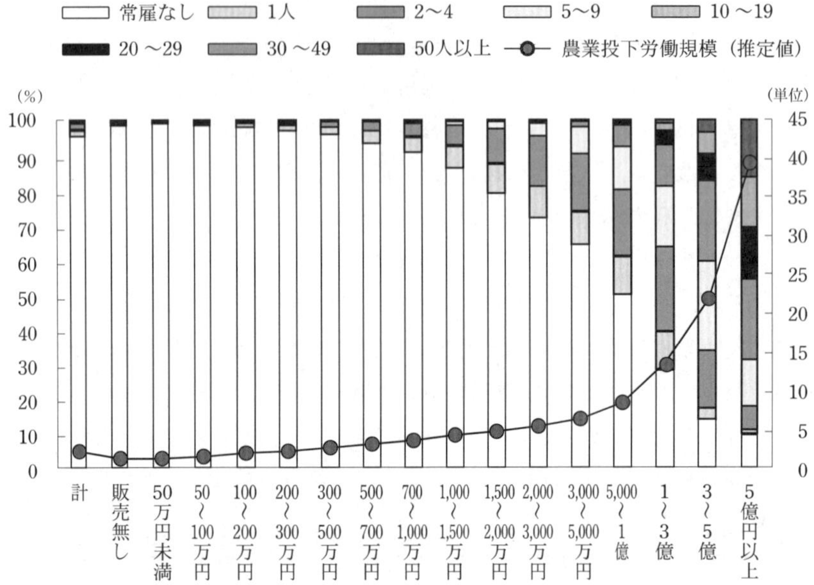

資料：表 2-2-1 に同じ。
注：農業投下労働規模は中位数（50 単位以上は 80 として計算）にもとづく推計値である。

る。特に、常雇を含めた全体の農業投下労働規模（推計値）[14] をみると、「5000 万～1 億円」で 8.3 単位、「1～3 億円」で 13.2 単位となり、販売金額が 1 億円に近くなると、農業投下労働規模が 10 単位を超える経営が多くなる [15]。そのため従業員を多く抱える雇用型経営では、常雇の中でも農場長などの中間管理者層の育成が大きな課題となってこよう。

このように家族経営が減少し、常雇が増加する中では、今後も若年層を中心に雇われて農業に従事する者が増えていくことが想定される。その際に考えなければならないことは、若年層の常雇者を今後どのように位置づけ、長期的に農業に従事させていくかという視点である。これまでの家族経営による後継者育成とは異なり、雇用型農業経営において常雇をどのように育成していくかが問われてこよう。

（4）組織経営体の経営者、役員、構成員の動向

次に、組織経営体の経営者、役員などの動向について確認する。組織経営体においては、農業経営内部の労働力として、経営の責任者・役員・構成員のうち、過去1年間に農業従事した人について実人数を把握している（以下、これらの人数を「組織経営体の経営者、役員」とする）。

組織経営体の経営者、役員の推移をみると、2005年から2010年にかけては44％増加し、22.5万人から32.3万人に増加した。しかし、2010年から2015年にかけては、組織経営体の経営者、役員数は増加しておらず、1組織経営体当たりの人数は10.4人から9.8人に減少している（表2-2-12）。

経営者、役員について農業経営従事状況をみたものが表2-2-13である。組織経営体に加え、家族経営の経営者を加えた経営者・役員数は165万人であり、そのうち、組織経営体の経営者、役員は32.3万人、全体の20％を占めている。地域別にみると、北海道では組織経営体の経営者、役員が26％を占めるなど、家族経営体以外の経営者、役員が多い状況にある。

一方、農業経営の従事状況をみると、組織経営体の経営者、役員の場合、農業従事日数が「1～29日」の割合が高く、農業従事日数が少ない人も多く含まれていることがわかる。特に都府県では、家族経営体を含めた全体でみると「1～29日」の割合が15％であるのに対して、組織経営体の場合は37％に達している。組織経営体のうち、法人化している経営体でみても「1～29日」の割合は27％と高い割合を占めている。これらの傾向をみると、特に都府県の組織経営体に関しては集落営農組織が多く含まれ、経営者、役員の中には農業従事日

表2-2-12　組織経営体の経営者・役員・構成員の推移

	2005年	2010年	2015年	増減率（％）	
				2005～2010年	2010～2015年
組織経営体数（経営体）	28,097	31,008	32,979	10	6
人数（人）	225,224	323,972	322,518	44	-0.4
1組織経営体当たりの人数（人）	8.0	10.4	9.8		

資料：表2-2-1に同じ。

表 2-2-13　経営者・役員・構成員の農業経営従事状況

	1～29 日	30～149 日	150～249 日	250 日以上	合計	構成比（%）
全国（人）	243,316	660,398	356,703	389,660	1,650,077	(100)
組織経営体	116,979	100,852	50,146	54,541	322,518	(20)
うち法人経営体	47,993	48,655	33,867	49,750	180,265	(11)
北海道（人）	4,200	6,198	14,059	26,775	51,232	(100)
組織経営体	3,568	2,211	2,090	5,623	13,492	(26)
うち法人経営体	1,755	1,548	1,974	5,448	10,725	(21)
都府県（人）	239,116	654,200	342,644	362,885	1,598,845	(100)
組織経営体	113,411	98,641	48,056	48,918	309,026	(19)
うち法人経営体	46,238	47,107	31,893	44,302	169,540	(11)
構成比（%）						
全国	15	40	22	24	100	
組織経営体	36	31	16	17	100	
うち法人経営体	27	27	19	28	100	
北海道	8	12	27	52	100	
組織経営体	26	16	15	42	100	
うち法人経営体	16	14	18	51	100	
都府県	15	41	21	23	100	
組織経営体	37	32	16	16	100	
うち法人経営体	27	28	19	26	100	

資料：表 2-2-1 に同じ。

数が少ない者も多く含まれているとみることができる。

このように組織経営体の経営者、役員の農業従事状況をみると、北海道の法人化している組織経営体のように専業的な農業従事者によって構成された組織が多くを占める地域がある一方で、都府県のように、兼業的な農業従事者によって担われている組織が多い地域もある。また、組織経営体の中には企業的な農業経営体も多く含まれていると考えられる。このように組織経営体の性格は多様化している一方で、農業労働力に占める組織経営体の割合は年々増加している。今後は、家族経営だけではなく、これらの組織経営体をどのように維持、拡大していくかという視点が重要になってくると考えられる。

4．販売農家における家族労働力、農家数の将来予測

昭和一桁世代の農業労働力が退出し、農家数の減少と世代交代が進む中で、今後、農家人口などの販売農家家族労働力がどのように変化するのか、その動向を捉えることが重要になる。そこで次に2010年と2015年の農林業センサスを利用した家族労働力の将来予測を行う。

（1）予測方法

1）農家人口

本節で行う予測分析はコーホート変化率法を採用する。コーホート変化率法による予測とは、ある特定の期間に同一の人口現象を経験した個人の集団であるコーホート(cohort)について、それぞれの変化率をもとに予測する方法である。ここでは変化率について、2010年と2015年の農林業センサスの男女別の5歳刻みの年齢データを用いて、それぞれの推移から算出している。求めた変化率に2015年の男女別の5歳刻み人口を乗じることによって2020年の数字を求め、さらに、変化率を繰り返して乗じることにより、2025年（10年後)、2030年（15年後)、2035年（20年後）の農業労働力を予測する。

なお、センサスを用いたコーホート分析の場合、15歳未満の子供の年齢が把握できず、若い世代の人数が確定できない問題がある。そのため、「0～4歳」、「5～9歳」、「10～14歳」の子供の数の推定には2010年、2015年の両年について、「15歳未満」の子供数と「20～44歳」の女性の数をもとに、以下の式によって、「0～4歳」、「5～9歳」、「10～14歳」の各5歳刻みの性別人数を算出する。

・0～4歳（男子又は女子）＝20～34歳の女性／｛(20～34歳の女性）＋（25～39歳の女性）＋（30～44歳の女性)｝＊（0～14歳の男子又は女子)
・5～9歳（男子又は女子）＝25～39歳の女性／｛(20～34歳の女性）＋（25～39歳の女性）＋（30～44歳の女性)｝＊（0～14歳の男子又は女子)
・10～14歳（男子又は女子）＝30～44歳の女性／｛(20～34歳の女性）＋（25～39歳の女性）＋（30～44歳の女性)｝＊（0～14歳の男子又は女子)

次に、5 年後の 2020 年の「15 歳未満」の子供の数については、2015 年時点における「20～44 歳」の女性に対する「15 歳未満」の子供の数（男女別）の比率を、2020 年の「20～44 歳」の女性人口の推計値に乗じることで算出している。そのうえで、上記の式によって「0～4 歳」、「5～9 歳」、「10～14 歳」の数を推定する。そのため、ここでは前提として 2015 年以降も「20～44 歳」の女性に対する「15 歳未満」の子供の比率が不変であることとしており、少子化等の影響による出生率の変化は考慮していない。

また、2015 年農林業センサスでは 85 歳以上の人口については、5 歳刻みの年齢区分を設定していない。そのため、本節では、2010 年において「80 歳以上」の年齢区分から、2015 年において「85 歳以上」の年齢区分の推移した変化率を把握し、「80 歳以上」に変化率を乗じることで 2020 年以降の数を推計している。そのため、本節では死亡率を用いずに、変化率のみで計算していることに注意する必要がある。

2）農業経営者数

本節では、農業人口の予測結果を用いて同様に農業経営者数の予測を行う。コーホート変化率法を用いて、農業経営者数の予測を行う際に問題になるのが、経営者率の推定方法である。本節の農業経営者数の予測方法としては、2010 年、2015 年の農家人口を元にして、各年次の農業経営者数の割合を求め、その割合を元に変化率を算出している。ここでは 2020 年の予測値の算出方法について農家人口を P、農業経営者数を M、経営者率を N、5 年間の変化率を S、5 歳刻みのある年齢階層を t とすると、以下のような式であらわされる。

$N(_{t,2010}) = M(_{t,2010}) / P(_{t,2010})$

$N(_{t,2015}) = M(_{t,2015}) / P(_{t,2015})$

$S(_{t}) = N(_{t,2015}) - N(_{t-1,2010})$

$N(_{t,2020}) = S(_{t}) + N(_{t-1,2015})$

$M(_{t,2020}) = P(_{t,2020}) * N(_{t,2020})$

なお、これらの予測に関しては、全て販売農家の数値を用いており、15～19 歳の年齢における経営者率については、2015 年と同じ数値を用いて計算している。

3）予測方法の検証

コーホート変化率による予測の適合度を調べるために、最初に 2015 年の確定値と予測値を確認する。

2005 年と 2010 年の農林業センサスの確定値を用いて、上記の方法により、2015 年の予測を示したものが図 2-2-19、図 2-2-20 である。

最初に農家世帯員数について 2015 年の予測値と確定値を図示した図 2-2-19 をみると、予測値と確定値でほとんど差がないことがわかる。2015 年の農家世帯員数の予測値は 489.5 万人であったが、確定値は 488 万人となり、予測値の方が確定値に比べて 1.5 万人（3％増）ほど多い結果となった。年代別にみると、15 歳未満では予測値の方が多く、逆に 85 歳以上の高齢者においては予測値に比べて確定値が上回った。予測以上に少子化が進み、子供の数が減少する一方で、高齢者に関しては予測よりも減少が少なく予測値を 9 万人も上回る結果に

図 2-2-19　2015 年の農家世帯員の予測値と確定値（全国）

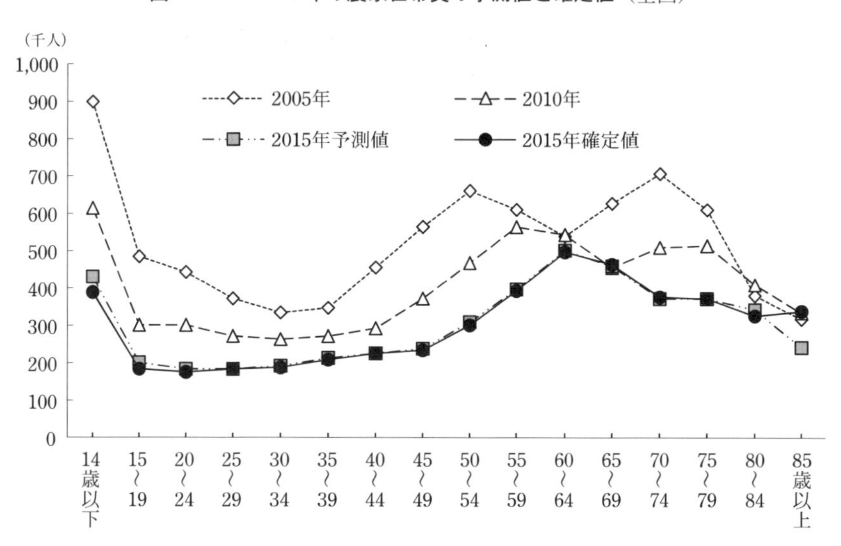

資料：表 2-2-1 に同じ。

なった。だが、20 歳〜80 歳未満に関しては、予測値と確定値の差は数千人程度であり、ほとんど差は見られない。その結果、2015 年センサスの確定値は、2005 年と 2010 年をもとにした予測値とほぼ変わらないものになっている。

また、農業経営者についての予測値と確定値を比較したものが図 2-2-20 である。農業経営者数の予測に関しては、販売農家数の予測として読み替えることもできる。農業経営者に関して同様に、2005 年と 2010 年の数値をもとに算出した 2015 年の予測値と実際の確定値を比較すると、85 歳以上の高齢者層で若干予測値が確定値を上回るものの、その他の年齢層においては数千人程度の違いしかなく、ほぼ差がない結果となっている。農業経営者数においては、2015 年の予測値（132 万人）と実際の確定値（133 万人）の差は 8,600 人しかなく、予測値の減少率（19％減）とほぼ同じ減少率（18％減）となった。これらの結果からは、2015 年は、2005 年から 2010 年の変化率を継続する形でほぼ予測どおりに農家数が減少したとみることができる。特に、2005 年から 2010 年の販売農家数の急減については、一部の水田作地域を中心に集落営農組織の設立が影響していたが、全体をみれば、昭和一桁世代の退出に伴う農家数の減少の影響が

図 2-2-20　2015 年の農業経営者の予測値と確定値（全国）

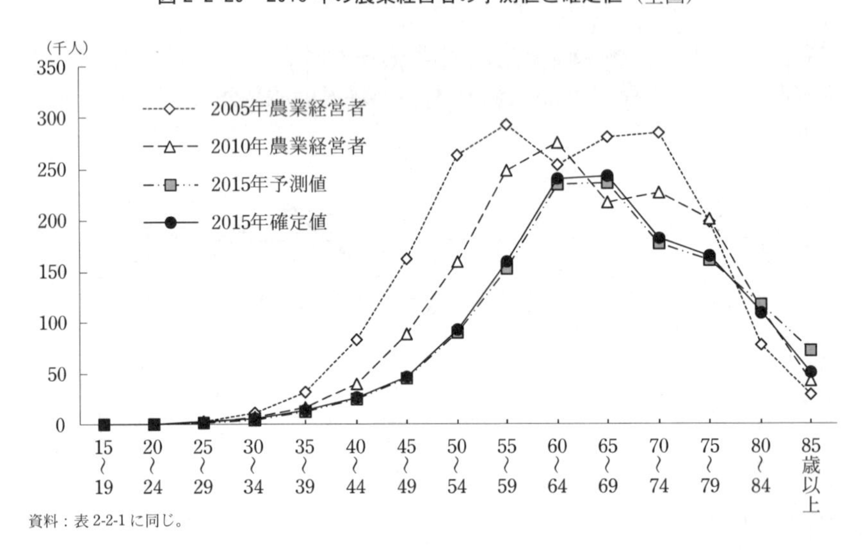

資料：表 2-2-1 に同じ。

大きく、2005年から2010年の農家数減少の傾向がそのまま続いたとみることができよう。また、このコーホート変化率の予測結果をみる限り、85歳以上の高齢者層で若干の予測値と実測値の差があるものの、他の年齢層に関しては誤差が少なく、今後の農業労働力の動向を示す有益な情報になり得ると考えられる。

(2) 2010年、2015年の農林業センサスによる2020～2035年までの予測

1) 農家人口の将来予測

そこで2010年と2015年の農林業センサス結果を用いて、販売農家の世帯員(農家人口)の5年後(2020年)、10年後(2025年)、15年後(2030年)、20年後(2035年)の予測を行う。なお、この農家世帯員の分析に関しては、販売農家

図2-2-21　農家世帯員数の将来予測(男女計、全国)

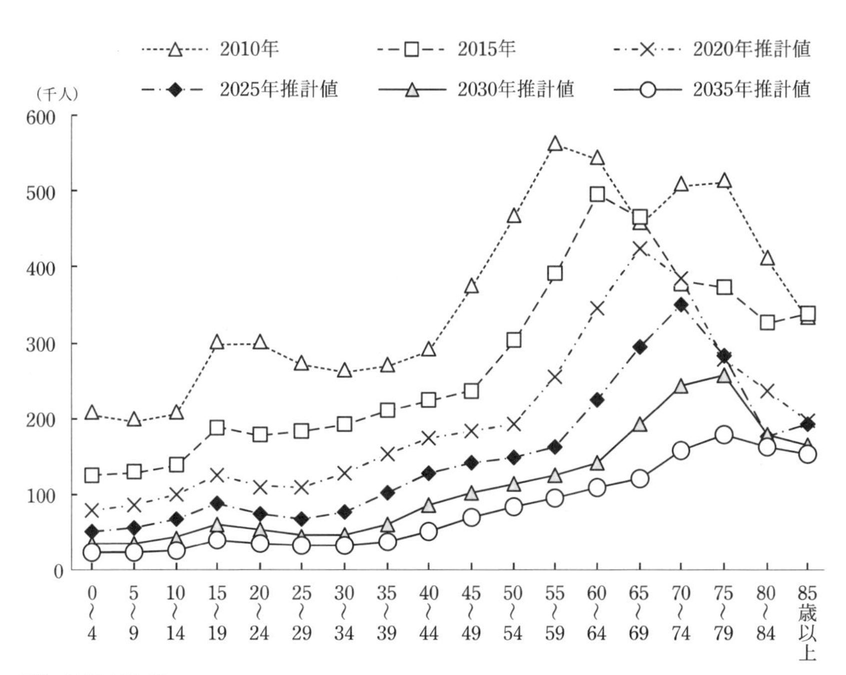

資料：表2-2-1に同じ。

の世帯員数のみを把握しているため、組織経営体の経営者・役員、及び雇用者は入っていない。

以上の分析手法をもとに、最初に全国の世帯員数の予測結果をみよう（図2-2-21）。農家人口（男女計）については、2010年に650万人いる世帯員が、2015年には488万人にまで減少し、25％の減少となった。この推移をもとに2020年以降を予測すると、2020年には355万人、2025年には268万人、2030年には198万人、2035年には143万人にまで減少すると予測される。

この結果、農家人口の減少率は2020年以降も20％を超え、平均年齢は2015年の54歳から、2020年には55.2歳、2035年には61.2歳にまで達する。図に示されているように、2015年時点では「団塊の世代」前後を中心とした山が描かれていたが、今後は、「団塊の世代」の高齢化とともに、その山が次第に小さくなり、農家人口の減少が進むことが予測される。特に2035年になると、「団塊の世代」の多くが退出し、農家人口は2015年の約30％にまで減少するという深刻な予測結果になっている。

2）農業経営者数の将来予測

次に同様の方法によって、農業経営者数について2020年から2035年までの予測を行った（図2-2-22）。農業経営者数の予測の場合は、農家数を予測したことと同じ意味になり、農業経営者数の予測とともに、販売農家数の予測結果としてみることが可能になる。

農業経営者数の全体（男女計）の予測結果をみると、2015年に133万人いる農業経営者は、2015年以降も減少し、2020年には108万人にまで減少すると見込まれる。特に、注目されるのが減少率であり、2010年から2015年にかけては18％の減少であったが、2015年～2020年には19％、2020年～2025年は22％、2025年～2030年は25％と減少率が拡大し、2030～2035年にかけては28％に達する。その要因の一つは、図2-2-22に示すように、農業経営者においては農家世帯員よりさらに「団塊の世代」の年齢層に集中しており、今後は「団塊の世代」の高齢化による縮小によって減少率が拡大するためである。もう一つは、2010年と2015年のコーホート変化をみても若年層から中年層へ世代交代がほとんど進んでおらず、「団塊の世代」以降の農業経営者の受け皿が全く見つ

図 2-2-22　農業経営者数の将来予測（男女計、全国）

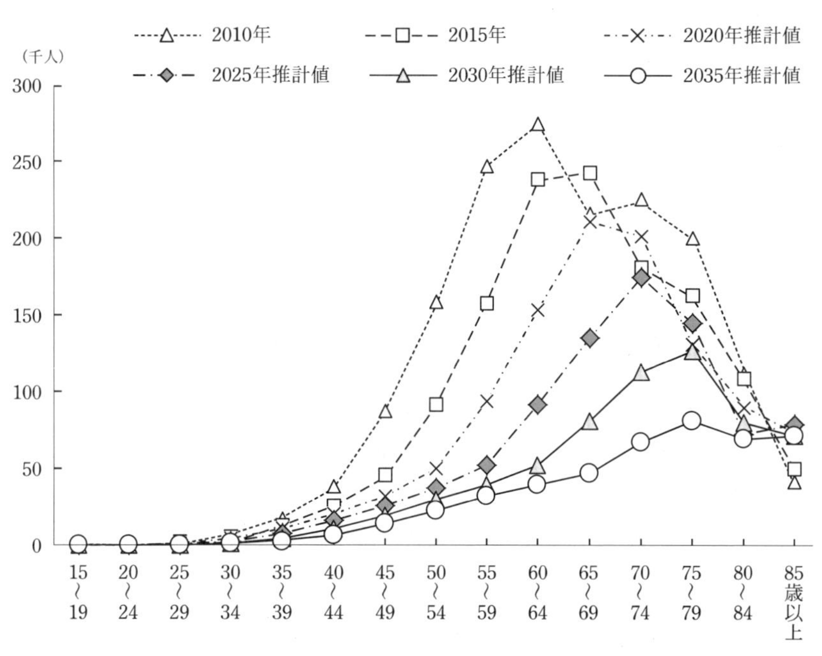

資料：表 2-2-1 に同じ。

かっていないことが影響している。そのため、2015 年以降は「団塊の世代」の高齢化とともに、農業経営者の減少率が高まる予測結果になっている。

その結果、2015 年以降の農業経営者数は、2025 年には 84 万人、2030 年には 63 万人、2035 年には 46 万人にまで減少することが見込まれる。この数字は、販売農家数と同じ意味となることから、2035 年には販売農家数が 46 万戸にまで減少するという解釈になる。

特に農業経営者の平均年齢をみると、2015 年には 66.5 歳であったが、2020 年には 68.2 歳、2030 年には 71.1 歳、2035 年には 71.9 歳にまで高まる見通しとなっており、農家数の減少とともに農業経営者の高齢化が進むことが予測される。

前述したように 2015 年については、ほぼ予測どおりの農家数の減少率を示していた。そのため、この状況が進むとすれば、今後は農業経営者の高齢化がより深刻化し、より農家数の減少率が高まることが予測される。このような事態を回避するには、販売農家において後継者を確保し、農業経営の世代交代を促進されることが不可欠であり、新規就農者の確保を含めた農業労働力の確保がこれまで以上に重要になると考えられる。また、家族経営の減少が進む中で、地域資源の受け皿として組織経営体の創出による農業労働力の確保、農地資源の維持という視点も必要になろう。

5. 農業労働力の新たな動向と課題

本節では、農業労働力に着目して 2015 年の農林業センサスの特徴を分析した。その特徴の第一は、農家人口、販売農家数の著しい減少である。農家人口、販売農家数の減少率は過去最大となり、農家数の減少が進んだ。だが、この結果はコーホート変化率法で予測した数値とほぼ変わらず、予測どおりの減少が進んだともいえる。この流れが今後も進むとすれば、2035 年には農家人口は 143 万人、農家数は 46 万戸にまで減少し続けることになり、このような深刻な事態を防ぐためにも新規就農者の確保、支援がより一層必要になろう。また、将来的には農地資源の維持管理がどこまで可能なのかということが問われてくる。

第二に、兼業農家の減少と若年層の専業化の動きである。昭和一桁世代が退出したことで、農業労働力の世代交代の動きが若干であるが進んでいる。2015 年センサスの特徴は、若年層、中年層において専業的な従事者の割合が高まり、農業への専従化ともいうべき現象がみられる点である。ただし、この現象は言い換えれば、兼業での農業従事という形は、若年層、中年層に引き継がれず、専業的に農業従事する意向を持つわずかな人たちが農業を継承しているとみることもできる。その結果、数は少ないものの専業的な農業従事者の割合が高まってきており、農業を家業ではなく職業の一つとして従事する傾向が強まっていると推測される。

第三に、若年層の農業経営者の増加である。2010 年までの動きと明らかに異なる点は、数が少ないものの 30 歳未満の農業経営者が増加した点である。40 歳未満の農業経営者でみても、北海道、南九州、沖縄では増加に転じており、各地域の推移をみても、若年層の農業経営者の減少に歯止めがかかる傾向がみられる。このような若年層の農業経営者数の増加は、青年就農給付金制度など、近年の新規就農に対する助成制度が後押しした可能性が高い。今後は、若年層が農業経営者として定着できるかが大きな課題となってこよう。

第四に、女性の経営方針決定への参画状況と配偶者問題である。若年層での農業への専従化がみられる中で、今回のセンサスから新たに把握された経営方針決定への参画についてみると、女性世帯員の約半数が経営方針の決定に参画している。ただし、女性の参画状況は、部門や経営規模によって異なり、販売金額が大きい経営ほど関与している割合が高い。また、専業的な経営が多い酪農、園芸作などにおいて女性の参画が高い状況がある。その一方で配偶者割合を示す有配偶率の分析からは、2015 年にかけて有配偶率がさらに低下しており、農業に専業的な経営であるほど有配偶率が低くなっている。女性の経営方針への参画の重要性が示される一方で、農業分野においても、晩婚化、未婚化の動向を注視する必要がある。

第五に、多数の雇用労働力を抱えた雇用型農業経営の増加である。農業投下労働規模を用いた分析からは、数としては少ないものの、総販売金額に占める雇用型農業経営の割合が年々高まっている。一方では、大多数の農業経営体は家族世帯員のみの家族経営であり、総販売金額に占める割合はわずかでしかない。国内の農業産出額の維持、拡大という目的でみた場合には、雇用型農業経営をどのように育成するかがより重要となってこよう。その際の課題が増え続けている常雇の人材育成である。若年層の農業労働力をみると、常雇で雇われて従事する人数が、同年代の基幹的農業従事者とほぼ同数となっている。これまでの農業では、家族経営の中で農業後継者をどのように育成するかが大きな課題であったが、今後は常雇で雇われている若年層について、どのように人材育成を図っていくかが重要な課題となろう。

2015 年センサスは、販売農家における家族労働力の減少に歯止めがかからないことを示す一方で、若い農業経営者の増加など、これまでとは異なる新たな動きがみられる。農業の減少局面だけをみるのではなく、就業構造の変化、常雇の増加など、新たな動きに焦点を当て、支援体制を整備することで、農業労働力の確保につなげていくことが求められる。

注

1）澤田[5]を参照のこと。

2）農業労働力の類型としてよく用いられる農業就業人口、基幹的農業従事者は、販売農家のみを対象とした数字であり、組織経営体の労働力は含まれていないことに留意する必要がある。

3）東山[2]は、北海道の農家世帯員数の動向から、「昭和ヒトケタ」から「昭和 20 年代生」へのバトンリレーには成功したが、第 2 次ベビーブーム世代へのバトンリレーには失敗したと指摘している。このような傾向は北海道だけではなく全国でみても同様にあるといえる。

4）2015 年センサスでは、販売農家数よりも土地持ち非農家数が上回ったが、土地持ち非農家の解釈に関しては注意が必要である。2015 年センサスでは土地持ち非農家に対して「農業生産を行う組織経営に参加・従事」しているかに関する設問が追加された。その結果をみると、土地持ち非農家の場合、土地持ち非農家全体の 4％に達する 5.6 万戸が農業生産を行う組織経営に参加・従事している。この「組織経営に参加・従事」している割合は、自給的農家の 2.5％よりも高く、土地持ち非農家についてすべて離農世帯という訳では無いことを示している。また、この組織経営に参加・従事している割合は地域的な違いが大きく、北陸では土地持ち非農家全体の 11％、北九州では 9％に達するなど、集落営農組織が多い地域で高い傾向が確認できる。この結果は、集落営農組織の設立によって土地持ち非農家に移行したものの、構成員として実質的に農業生産を行っている世帯がこれらの地域を中心として一定数存在することを示しており、近年の土地持ち非農家の数字の解釈に関しては十分注意する必要がある。

5）85 歳以上の農業経営者に関しては、2000 年以降増加し続けているが、今後、減少するものと見込まれる。

6）澤田[5]を参照のこと。

7）専兼業別の類型では主業農家は含まれない。ただし、専兼業別では農業従事日数が考慮されていないこと、配偶者を確保した際に配偶者が兼業従事している場合には兼業農家になる点があることから、ここでは主業農家を加えて分析している。

8）農業経営者に限定しているため、厳密な比較は困難であるが、2015 年の国勢調査によると国民全体の有配偶率は「50～54 歳」で 72.4％、「55～59 歳」で 75.4％となっている。専業農家の農業経営者の場合、これらの有配偶率より低い水準に留まるものの、販売農家全体では「50～54 歳」で 77.4%「55～59 歳」で 80.9%となっている。

9) 農産物販売金額の中位数については、販売なしは 0、50 万円未満は 25 万円とし、5 億円以上は 10 億円として計算している。

10) 2000 年以前に関しては販売農家と農家以外の農業事業体（販売、牧草）を足した数値である。

11) 厳密には販売農家と農業経営体は外形基準が異なるため、農業経営体から販売農家を引くことはできない。だが、雇用を導入した経営に関しては、販売農家と農業経営体（家族経営体）では外形基準の違いの影響を受けないと考えられるため、ここでは便宜的に農業経営体から販売農家を引いて算出している。

12) 2015 年センサスでは、常雇に関しては、主として農業経営のために雇った人で、雇用契約（口頭の契約でも可）に際し、あらかじめ 7 か月以上の期間を定めて雇った人ということで把握している。常雇の中には、外国人技能実習生などが含まれるため、すべてが長期雇用を前提としているわけではない点に留意する必要がある。

13) 松久[3]は、2015 年センサスの分析から、園芸作において常雇人数の増加していること、男性の割合が増加していることなどを指摘している。

14) 平均農業投下労働規模に関しては、農業投下労働規模の各類型の中位数（50 単位以上は 80 単位）を用いて計算している。

15) 安藤[1]は、2010 年センサスの分析から、投下労働規模 10 単位以上の農業経営体の常雇は、年間就農日数が 225 日に近くなり、文字通り「1 人前」の働きをしていることを指摘している。

引用文献

[1] 安藤光義「農業経営体の展開と構造」安藤光義編著『日本農業の構造変動－2010 年農業センサス分析』、農林統計協会、2013 年、p.165.

[2] 東山寛「農業者組織による酪農経営の第三者継承の取り組み－北海道美深町を事例に」、『農業と経済』、2016 年 4 月臨時増刊号、pp.92-99.

[3] 松久勉「農業における雇用の動向と今後」、『日本労働研究雑誌』第 675 号、pp.4-15.

[4] 澤田守『就農ルート多様化の展開論理』、農林統計協会、2003 年.

[5] 澤田守「家族農業労働力の脆弱化と展望」安藤光義編著『日本農業の構造変動－2010 年農業センサス分析』、農林統計協会、2013 年、pp.31-67.

第3節　農業構造の変化と農地流動化

1．はじめに

本節の目的は、2015年センサスの中でも、農地利用の現状や動向ならびにその特徴について、特に、農地流動化や農地集積に着目しつつ、整理することである。センサスが5年ごとに実施される調査であることから、2010年センサスの調査結果を整理した高橋（2013）との連続性を考慮しつつ、過去のトレンドとの比較を中心とした整理を行う。なお、本節の特徴は、構造変動の二極化と経営規模間格差の拡大が指摘される中で、ジニ係数による分析を導入した点にある。

本節の構成は次のとおりである。2. では、農業経営体数や農地利用をはじめとする農業構造の基本的な動向を整理する。3. では、農地利用の主体として存在感を高めつつある組織経営体の農地利用について整理する。4. では、農地の受け手と目される大規模経営の農地利用について整理する。5. では、耕作放棄の進展や農地流動化をめぐる農地利用の動向を整理する。6. では、構造変動の二極化を把握するためにジニ係数を分析に導入し、経営規模の二極化や格差拡大と農地利用との関係について検討し、最後にまとめを述べる。

2．農業構造変化の基本動向

（1）農業経営体・農家と農地利用

まず、農業経営体や農家数の動向を確認するため、総農家数や販売農家数などの推移を表2-3-1に示す。2015年の総農家数は215.5万戸であり、2010年の

表 2-3-1　販売農家数・自給的農家数等の推移

	1975年	1980年	1985年	1990年	1995年	2000年	2005年	2010年	2015年
総農家数（万戸）	495.3	466.1	422.9	383.5	344.4	312.0	284.8	252.8	215.5
北海道	13.4	12.0	10.9	9.5	8.1	7.0	5.9	5.1	4.4
都府県	481.9	454.2	411.9	373.9	336.3	305.0	278.9	247.7	211.1
販売農家数（万戸）	-	-	331.5	297.1	265.1	233.7	196.3	163.1	133.0
北海道	-	-	10.0	8.9	7.4	6.3	5.2	4.4	3.8
都府県	-	-	321.5	288.4	257.8	227.4	191.1	158.7	129.2
自給的農家数（万戸）	-	-	91.4	86.4	79.2	78.3	88.5	89.7	82.5
北海道	-	-	0.9	0.9	0.7	0.7	0.7	0.7	0.6
都府県	-	-	90.5	85.6	78.5	77.6	87.8	89.0	81.9
土地持ち非農家数（万戸）	27.3	31.5	44.3	77.5	90.6	109.7	120.1	137.4	141.4
北海道	1.2	1.0	1.1	1.3	1.5	1.4	1.7	2.0	1.9
都府県	26.2	30.5	43.2	76.2	89.1	108.4	118.4	135.4	139.5

資料：農林水産省『農林業センサス』各年版。以下の図表は、ことわりのない限り、全て同資料による。

総農家数252.8万戸から14.8％減少した。総農家数の減少傾向は継続している。表には示していないが、2005 年から 2010 年にかけての総農家数の減少率が11.2％であったのに対して、さらに高い減少率を示している。2010 年から 2015年にかけての総農家数の減少率は、過去のセンサスにおいて最も高い値である。この背景として、後述するが、農業経営の中心が家族経営体から組織経営体に移行しつつあることが関係しているであろう。

自給的農家数の推移をみると、2000 年以降増加傾向にあったものの、2015年には減少に転じている。さらに、土地持ち非農家はひきつづき増加傾向にあるが、2000 年から 2005 年にかけての増加率は 9.5％、2005 年から 2010 年にかけての増加率は 14.4％である一方で、2010 年から 2015 年にかけての増加率は2.9％であり、増加速度が鈍化している。

また、2005 年センサスから導入された「農業経営体」の数も、ひきつづき減少している。農業経営体数や借入耕地総面積等の推移を示した表 2-3-2 をみると、2015 年の農業経営体数は 137.7 万経営体で、2010 年の 167.9 万経営体に比べ 18.0％減少している。農業経営体の内訳をみると、2015 年の家族経営体数は134.4 万経営体であり、2010 年の 164.8 万経営体から 18.5％減少する一方で、家族経営以外の経営体を表す組織経営体は 3.3 万経営体（2015 年）であり、2010

表 2-3-2　農業経営体数・借入耕地総面積等の推移

		2005年	2010年	2015年
農業経営体数	(万経営体)	200.9	167.9	137.7
北海道		5.5	4.7	4.1
都府県		195.5	163.3	133.7
家族経営体数	(万経営体)	198.1	164.8	134.4
北海道		5.2	4.4	3.8
都府県		192.9	160.4	130.6
組織経営体数	(万経営体)	2.8	3.1	3.3
北海道		0.2	0.2	0.3
都府県		2.6	2.9	3.0
借入耕地総面積	(万 ha)	82.4	106.3	116.4
北海道		21.1	23.1	23.9
都府県		61.4	83.2	92.6
水稲作作業受託総面積	(万 ha)	162.1	152.2	125.0
北海道		11.8	11.3	10.7
都府県		150.2	140.9	114.3
1 経営体あたり経営耕地面積	(ha)	1.9	2.2	2.5
北海道		20.1	23.5	26.5
都府県		1.4	1.6	1.8

年の 3.1 万経営体から 6.5％増加、2005 年の 2.8 万経営体から 17.9％増加している。家族経営体の減少と組織経営体の台頭がひきつづき進行しており、減少した家族経営体の一部は組織経営体に移行しつつあると考えられる。

次に、増加傾向にある借入耕地総面積について、その増加率は 2000 年から 2005 年にかけて 31.2％、2005 年から 2010 年にかけて 29.0％であった。しかし、2010 年から 2015 年にかけては 9.5％へと低下している。2010 年から 2015 年にかけて、借入耕地面積の増加速度は鈍化し、2010 年までの状況と比べると、農地流動化の進展にはやや陰りがみられる。しかし、借入耕地面積はひきつづき大きくなっていることから、2010 年よりも農地流動化は進展したと言えるだろう。

さらに、特徴的な点として、水稲作作業受託総面積の都府県での大幅な減少をあげることができる。水稲作作業受託面積の増減率を表 2-3-3 に示す。表よ

表 2-3-3　水稲作作業受託面積の増減率

（単位：%）

	総面積	全作業	育苗	耕起・代かき	田植	防除	稲刈・脱穀	乾燥・調製
全国	-17.9	-13.4	-21.9	-19.5	-14.9	-13.5	-15.7	-20.9
北海道	5.3	-77.8	22.7	124.0	59.8	2.4	23.6	-22.3
都府県	-18.9	-11.6	-22.2	-22.1	-15.7	-16.0	-17.2	-20.7
東北	-26.2	-20.0	-24.2	-26.3	-17.8	-36.3	-19.4	-23.7
北陸	-18.6	-10.2	-17.6	-21.4	-15.9	-11.9	-22.3	-24.6
北関東	10.2	0.9	-18.9	-23.1	-20.2	56.5	-12.5	4.0
南関東	-26.2	2.8	-27.6	-33.8	-30.1	-29.7	-23.1	-20.0
東山	-20.0	4.9	-18.1	-28.5	-20.0	-45.7	-22.9	-3.5
東海	-17.7	-19.2	-15.2	-22.6	-19.4	-11.6	-16.3	-20.4
近畿	-29.9	50.2	-35.6	-15.2	-10.2	-56.9	-15.9	-29.8
山陰	-18.8	14.2	4.1	-25.7	-13.3	-50.8	-19.1	-2.7
山陽	-3.2	-23.1	-17.7	-6.1	-16.6	62.3	-12.3	-13.7
四国	-30.4	60.1	-38.6	-1.9	-8.4	16.7	-3.5	-50.0
北九州	-14.9	-37.9	-5.3	-17.4	-11.4	-11.2	-15.1	-18.3
南九州	-18.4	111.0	-48.0	-11.9	3.3	-4.5	-6.9	-29.9
沖縄	-74.3	-98.8	-97.7	-97.1	-33.3	7,800.0	-60.0	-42.9

り、2010年から2015年にかけての水稲作作業受託総面積の減少率は地域別にみると、大きい順に沖縄（74.3%）、四国（30.4%）、近畿（29.9%）、東北・南関東（26.2%）である。また、作業別面積の減少率（全国）をみると、大きい順に、育苗（21.9%）、乾燥・調製（20.9%）、耕起・代かき（19.5%）である。農業経営基盤強化促進法の改正や品目横断的経営安定対策などを背景に、法人化した集落営農をはじめとする組織経営体の展開によって、従来集落営農で行われていた受託サービスが組織経営体に取り込まれるとともに、それが進み、作業受託から借地へと転化する動きが進んだためと推察される。

以上のように、2015年センサスの全国レベルの値からは、農業経営体数の減少スピードが過去最大であることや、農地流動化のさらなる進展といった傾向を読み取れる。この結果として、1経営体あたり経営耕地面積は、2010年の2.2haから2015年の2.5haへと16.1%増加した。2010年センサスに引き続き、規模拡大の動きが継続している。

（2）農地利用の動向と地域性

次に、農業経営体の経営耕地の状況について、地域ごとの動向を整理する。農業経営体の経営耕地の状況について、2010 年と 2015 年の動向を比較したものを表 2-3-4 に示す。表の 2015/2010 減少率の列では、2010 年と比較した 2015 年の経営耕地面積の減少率（以下、耕地減少率）を示している。都府県平均値よりも減少率が高い地域には網掛けされている。

2010/2005 と 2015/2010 の耕地減少率を比べると、全ての地域で耕地減少率が高まっており、耕地減少率には地域間格差が存在する。耕地減少率が都府県よりも顕著に小さいのは、北陸である。東北では、耕地減少率が 2005/2010 から 2010/2015 にかけて、1.5％から 6.9％にまで急激に高まっている。東日本大震災の影響もあり、東北では耕地減少が再加速する一方で、北陸では耕地減少が抑制されている。また、四国の耕地減少率が 10％を上回っており、山陰、山陽といった中山間地域を多く抱える地域で、耕地の減少が再び加速している。四国は北陸の 3 倍以上、近畿の約 2 倍の速度で耕地減少が進んでいる。総じて、経営耕地の減少速度は高まっており、特に、東北、東海、中国、四国で減少が進む一方、北陸、北九州における耕地の減少は抑制されている。

次に、田の経営耕地面積と稲の作付率を検討する。田の減少率は全国で 4.8％、北海道で 5.6％、都府県で 4.8％となっており、北海道の減少率が都府県の水準を上回っている。また、田の減少率は、北海道では耕地減少率よりも高く、都府県では耕地減少率を下回っている。つまり、北海道では畑などよりも田の方が、都府県では田よりも畑をはじめとする田以外の作目の経営耕地面積の減少が大きい傾向がみられる。同様の関係は、2010 年センサスでもみられ、全ての地域で 2010 年の田の減少率を上回る結果となっている。地域ごとにみると、東北と北陸で動向が異なり、東北の田の減少率が 5.2％である一方、北陸での減少率は 2.3％であり、同じ水田地帯においても、耕地利用の動向に差異が生じている。都府県平均を下回るのは、北陸と北九州のみであり、いずれも集落営農などの組織経営体の顕著な展開がみられた地域である。また、稲の作付率は全国では 73.3％から 77.9％へ、都府県では 75.7％から 80.6％へと高まってい

表 2-3-4　農業経営体の経営耕地の状況

（単位：万 ha、%）

	2015 年 経営耕地総面積シェア	2015/2010 減少率	2010/2005 減少率	2015 年 田面積シェア	2015/2010 減少率(田)	2015 年 田面積率	2015 年 稲を作った田	稲作付率	
								2015 年	2010 年
全国	100.0	▲5.0	▲1.7	100.0	▲4.8	56.4	151.8	77.9	73.3
北海道	30.4	▲1.7	▲0.4	10.8	▲5.6	20.0	11.7	56.0	53.5
都府県	69.6	▲6.3	▲2.2	89.2	▲4.8	72.4	140.0	80.6	75.7
東北	19.2	▲6.9	▲1.5	26.5	▲5.2	77.7	41.0	79.5	74.9
北陸	7.7	▲3.1	▲0.9	12.7	▲2.3	93.0	21.1	85.6	81.1
関東・東山	14.4	▲6.7	▲2.3	16.0	▲5.4	62.7	26.5	84.8	79.5
北関東	7.6	▲6.2	▲1.6	9.1	▲5.1	67.5	14.7	83.2	75.5
南関東	4.4	▲7.8	▲2.9	4.8	▲5.6	61.3	8.5	91.2	89.4
東山	2.4	▲6.4	▲3.2	2.2	▲6.0	50.3	3.3	77.6	74.3
東海	4.9	▲8.9	▲2.5	5.7	▲6.5	66.1	8.7	78.3	74.6
近畿	4.5	▲5.3	▲2.7	6.4	▲4.9	80.7	9.6	76.5	73.1
中国	4.5	▲8.1	▲4.9	6.6	▲6.7	82.4	10.4	81.6	76.3
山陰	1.5	▲6.8	▲4.2	2.0	▲4.9	77.9	3.2	81.4	75.5
山陽	3.0	▲8.7	▲5.2	4.6	▲7.4	84.6	7.3	81.7	76.7
四国	2.5	▲10.9	▲5.7	3.0	▲9.3	67.4	4.6	79.2	75.0
九州	11.2	▲4.5	▲1.7	12.4	▲2.2	62.4	18.1	75.2	68.9
北九州	7.6	▲3.9	▲2.4	9.9	▲1.5	73.8	14.1	73.0	68.2
南九州	3.6	▲5.7	▲0.4	2.4	▲5.2	38.2	4.0	84.4	71.9
沖縄	0.7	▲4.6	▲3.5	0.0	▲8.2	2.3	0.1	92.6	87.3

注：経営耕地総面積、田の減少率ならびに稲作付率について、都府県平均よりも下回る（稲作付率については上回る）地域について、網掛けをして表す。

る。都府県に比べて稲の作付率が高いのは北陸、関東・東山などであり、2010年に比べて上昇している。特に、南九州の稲の作付率は、71.9%から84.4%へと大きく高まっている。一方、北海道、東北、東海、近畿、四国、北九州では2010年にひきつづき都府県の平均を下回る水準を推移している。

2010年センサスでは、経営耕地面積の減少の鈍化が大きな論点の一つとして指摘された（安藤 2013）。そこで、経営耕地面積の増減率の推移を表2-3-5に示す。表より、2005年から2010年にかけて販売農家の経営耕地面積の減少率が7.4%であったのに対し、農業経営体のそれは1.7%であり、この差は農家以外の事業体の躍進に起因することが指摘された。2010年から2015年にかけての変化をみると、販売農家の経営耕地面積の減少率は7.4%から8.7%へと経営耕地の減少に拍車がかかっている。農業経営体についても、経営耕地面積の減少率が1.7%から5.0%へと高まっているものの、販売農家の経営耕地の減少率は、ひきつづき農業経営体のそれよりも高い。このことから、販売農家で経営耕地の減少が進み、販売農家以外の農業経営体（その大半は組織経営体）での減少は、それほど進んでいないことがわかる。

表 2-3-5　経営耕地面積の増減率の推移

（単位：%）

	全国		北海道		都府県	
	計	田	計	田	計	田
1990-1995	-5.4	-5.8	-0.8	-3.8	-7.0	-6.0
1995-2000	-5.9	-5.7	-2.6	-4.5	-7.1	-5.8
2000-2005	-7.7	-7.4	-2.9	-2.1	-9.4	-8.0
2005-2010	-7.4	-10.3	-2.6	-4.7	-9.3	-11.0
	-1.7	-1.8	-0.4	-1.7	-2.2	-1.8
2010-2015	-8.7	-9.3	-4.3	-7.2	-10.5	-9.6
	-5.0	-4.8	-1.7	-5.6	-6.3	-4.8

注：2005-2010 と 2010-2015 の下段は農業経営体の値を、それ以外は販売農家の値を表す。

（3）農地流動化の進展

2010年センサスでは、農地流動化の進展が指摘された。そこで、農地流動化の進展を示す指標として、地域別の借入耕地面積率の動向を表2-3-6に示す。表中の地域別の増減ポイントは、当該年の都府県の平均値を上回る地域について網掛けされており、網掛けされる地域が調査年毎におおよそ交互に変化している。たとえば、2010年において都府県平均値を上回る増加率を示した地域は、東北、北陸、東山および北九州であった一方、2015年は北陸、北関東、南関東および東海以西の西日本であり、農地流動化が進展した地域が調査年ごとに交互に入れ替わっている。このことから、東北、北陸、北九州をキャッチ・アップする形で、2010年から2015年にかけて、その他の地域の農地流動化が進んだことを読み取れる。

表2-3-6　借入耕地面積率の動向

（単位：％、ポイント）

	借入耕地面積率				増減ポイント		
	2000年	2005年	2010年	2015年	2005年	2010年	2015年
	(販売農家)	(農業経営体)					
全国	16.6	22.3	29.3	33.7	5.7	7.0	4.5
北海道	15.9	19.7	21.7	22.7	3.8	2.0	1.1
都府県	16.9	23.4	32.4	38.5	6.5	9.0	6.1
東北	13.5	19.5	29.6	34.9	6.0	10.1	5.3
北陸	21.1	32.3	42.9	49.3	11.2	10.6	6.5
北関東	16.6	22.7	29.6	36.1	6.1	6.9	6.6
南関東	14.1	19.7	25.1	31.5	5.6	5.4	6.4
東山	15.9	22.0	31.1	37.1	6.1	9.1	6.0
東海	16.8	25.8	33.6	41.9	9.0	7.8	8.3
近畿	18.9	25.4	31.7	38.2	6.5	6.3	6.5
山陰	16.1	25.1	33.7	40.6	9.0	8.6	6.9
山陽	16.5	21.9	29.9	38.0	5.4	8.0	8.0
四国	13.3	17.0	23.2	27.3	3.7	6.2	4.1
北九州	19.6	24.0	38.9	44.2	4.4	14.9	5.3
南九州	24.5	30.4	36.9	42.1	5.9	6.5	5.2
沖縄	27.4	31.8	33.0	33.8	4.4	1.2	0.8

注：当該年の都府県の平均値を上回る地域については、網掛けをして表す。

表 2-3-7　借入耕地面積率の推移

（単位：%）

	全国		北海道		都府県	
	計	田	計	田	計	田
1990 年	9.6	9.6	8.3	6.1	10.0	10.0
1995 年	12.7	12.8	11.9	10.0	13.0	13.1
2000 年	16.6	16.7	15.9	14.1	16.9	17.1
2005 年	20.0	21.0	18.2	18.6	20.8	21.3
	22.3	23.7	19.7	19.6	23.4	24.1
2010 年	23.8	26.4	19.7	21.8	25.5	27.0
	29.3	34.7	21.7	24.2	32.4	35.5
2015 年	26.9	30.6	19.9	20.8	30.0	31.9
	33.7	40.1	22.7	23.4	38.5	42.1

注：2005 年、2010 年と 2015 年の下段は農業経営体の値を、それ以外は販売農家の値を表す。

次に、借入耕地面積率の推移を示した表 2-3-7 をみると、1990 年以降、借入耕地面積率は一貫して上昇傾向にある。2010 年から 2015 年にかけても、これまでと同様に上昇傾向にあり、農地の流動化は確実に進展している。都府県の借入耕地面積率は販売農家で 30%に達し、農業経営体の田では 42.1%であり、40%を上回る水準に達している。また、借入耕地面積率の伸びは販売農家よりも農業経営体の方が大きい。たとえば、2010 年と 2015 年における全国の販売農家の借入耕地面積率はそれぞれ 23.8%と 26.9%であり、5 年間の増加ポイントは 3.1%であるのに対し、農業経営体の 2010 年と 2015 年の借入耕地面積率はそれぞれ 29.3%と 33.7%であり、5 年間の増加ポイントは 4.4%である。このことから、農地流動化が進展する中で、組織経営体での農地貸借がより進みつつあることがわかる。ただし、北海道については、借入耕地面積率の増加はほとんどみられず、田については減少に転じている。北海道における水田の貸借は停滞しており、貸借を通じた農地流動化は都府県で進展している。

次に、地域別に増加借入耕地面積のシェアと借入耕地面積増加率を表 2-3-8 に示す。先に述べたとおり、2005 年から 2010 年への変化に比べ、2010 年から 2015 年にかけて、借入耕地面積の増加率は大幅に低下しており、農地流動化のスピードは低下している。増加借入耕地面積に占めるシェアでは、2005 年から

表 2-3-8　借入耕地面積の変化

（単位：%）

	増加借入耕地面積の全体に占める割合		借入耕地面積増加率	
	2005-2010	2010-2015	2005-2010	2010-2015
全国	100.0	100.0	28.9	9.5
北海道	8.6	7.1	9.7	3.1
東北	29.3	20.4	49.6	9.8
北陸	11.7	13.4	31.4	11.6
北関東	7.6	11.9	28.4	14.6
南関東	3.3	6.4	23.9	15.7
東山	3.2	3.2	37.0	11.6
東海	5.5	8.3	27.0	13.5
近畿	3.9	7.2	21.6	14.1
山陰	1.7	2.2	28.4	12.2
山陽	3.3	5.4	29.5	15.9
四国	2.1	1.1	28.7	4.9
北九州	16.3	9.7	57.9	9.2
南九州	3.5	3.7	21.0	7.8
沖縄	0.0	-0.2	0.0	-2.3

2010年の変化に比べて、2010年から2015年にかけては、東北や北九州のシェアが低下し、北関東、南関東、東海、近畿などのシェアが伸長している。しかしながら、東北と北陸が全体の約3分の1を占めており、ひきつづきこれら地域が農地流動化をリードしていることがわかる。

さらに、借入耕地面積の増加率の推移について整理した表 2-3-9 をみると、北海道で2010年から2015年にかけてはじめて負の値に転じており、借入耕地面積が減少に転じたことがわかる。特に、田については販売農家で11.6%、農業経営体で 8.8%と農地貸借の後退がみられる。また、全国についてみると、2005年から2010年の増加率に比べ、2010年から2015年にかけて増加率は低下しており、特に農業経営体の田の増加率が大幅に低下している。これらが農地流動化のスピードが低下した要因の一つとしてあげられよう。ただし、田の増加率は全体の増加率よりも高く、田で借入が進む状況に変化はない。それゆえ、ひきつづき「農地流動化の「舞台」は田」(安藤 2013、p.9) である。

表 2-3-9　借入耕地面積の増加率の推移

（単位：％）

	全国		北海道		都府県	
	計	田	計	田	計	田
1990-1995	24.8	24.7	41.9	59.5	20.2	22.4
1995-2000	23.1	23.8	30.3	34.0	20.8	22.9
2000-2005	11.4	16.1	11.3	29.3	11.5	14.8
2005-2010	10.0	12.6	5.5	11.6	11.5	12.8
	28.9	42.3	9.7	21.3	35.6	44.4
2010-2015	3.1	5.3	-3.1	-11.6	5.1	7.1
	9.5	11.4	3.1	-8.8	11.3	13.0

注：2005-2010 年ならびに 2010-2015 年の下段は農業経営体の値を、それ以外は販売農家の値を表す。

それでは、こうした農地流動化を主導しているのは、家族経営体と組織経営体のいずれであろうか。表 2-3-10 に家族経営体と組織経営体の借入耕地面積率を示す。表より、家族経営体の借入耕地面積率がおおよそ20％から 30％台の水準であるのに対して、組織経営体の借入耕地面積率は、北海道と沖縄を除けば、おおよそ 70％から 90％の水準に達しており、組織経営体の経営耕地の多くは、農地貸借によって調達されていることがわかる。また、2010 年から 2015 年にかけての変化をみると、全国の家族経営体の借入耕地面積率が 23.8％から 26.9％へと約 3 ポイント増加したのに対

表 2-3-10　家族経営体と組織経営体の借入耕地面積率

（単位：％）

	家族経営体		組織経営体	
	2010年	2015年	2010年	2015年
全国	23.8	26.9	69.3	71.3
北海道	19.7	19.9	36.2	39.4
都府県	25.5	29.9	82.9	83.7
東北	21.3	25.7	79.1	78.2
北陸	31.5	36.2	89.9	88.8
関東・東山	24.8	30.1	78.1	81.7
北関東	26.3	32.0	75.5	79.1
南関東	22.8	27.8	76.9	80.3
東山	24.1	28.2	83.5	87.9
東海	27.5	32.9	82.9	90.0
近畿	26.4	29.7	90.1	89.9
中国	24.1	28.4	86.0	87.6
山陰	24.5	29.2	88.9	86.3
山陽	23.9	28.1	84.0	88.4
四国	19.9	23.5	81.0	69.1
九州	30.4	34.0	84.3	86.2
北九州	28.1	31.4	86.9	89.8
南九州	34.5	38.7	70.0	70.7
沖縄	31.6	32.8	53.5	44.4

して、組織経営体の借入耕地面積率は69.3％から71.3％へと約2ポイントの増加にとどまっている。このことは、2010年から2015年にかけての農地流動化は家族経営体でやや進展したことを示唆している。しかしながら、借入耕地面積に占める組織経営体の借入耕地面積割合は2010年の28.5％から2015年の32.7％へと高まっており（表2-3-12）、法人経営、集落営農法人、農家以外の農業事業体といった組織経営体は、農地流動化を主導するアクターとして農地市場での影響力を強めつつある。

3．組織経営体の展開と農地集積

（1）組織経営体の農地利用と農地集積

上で述べたとおり、近年の農地流動化を主導するアクターは家族経営体から組織経営体へと移り変わりつつあるものと推察される。そこで次に、組織経営体の展開や組織経営体による農地集積の動向などを整理する。

まず、組織経営体の状況を表2-3-11に示す。表より、2010/2005の増加率と2015/2010の増加率はそれぞれ10.4％、6.4％であり、組織経営体の増加速度は低下しているものの、経営体数は増加傾向にある。ただし、東北のみ2010年から2015年にかけての増加率はマイナスであり、他の地域がひきつづき増加基調を保っていることを考慮すると、2011年の東日本大震災の発生が経営体の減少をもたらす要因の一つとなった可能性がある。そこで、東北地方の県別の組織経営体増加率をみると、福島（-14.5％）、青森（-19.0％）、岩手（2.7％）、宮城（7.4％）、秋田（-0.3％）および山形（-4.9％）である。震災後の原発事故による避難者が多く発生した福島県で高い減少率が示されており、上記の推論には一定の妥当性があろう。

表 2-3-11　組織経営体の状況

（単位：経営体数、％）

	2015 年		2015/2010	2010/2005	2015 年		2015/2010	2010/2005	2015 年	2015/2010
	組織経営体数	シェア	増加率	増加率	うち、法人経営体数	シェア	増加率	増加率	うち、農家以外の農業事業体数	増加率
全国	32,979	100	6.4	10.4	22,778	100	33.4	23.1	18,857	50.7
北海道	2,516	7.6	11.8	3.2	2,117	9.3	22.7	23.6	1,528	29.9
都府県	30,463	92.4	5.9	11.0	20,661	90.7	34.7	23.0	17,329	52.9
東北	6,106	18.5	▲3.9	7.1	3,292	14.5	32.2	18.0	2,591	53.2
北陸	3,733	11.3	4.8	10.3	2,414	10.6	25.8	44.8	2,060	39.8
関東・東山	4,716	14.3	9.6	7.8	3,929	17.2	35.2	23.1	3,367	52.1
北関東	1,789	5.4	10.3	11.9	1,385	6.1	34.2	18.2	1,188	45.6
南関東	1,434	4.3	13.4	9.1	1,218	5.3	37.8	35.6	1,101	52.7
東山	1,493	4.5	5.4	2.4	1,326	5.8	34.1	18.4	1,078	59.5
東海	2,376	7.2	5.2	17.4	1,941	8.5	40.0	16.3	1,696	58.7
近畿	2,697	8.2	7.2	8.1	1,435	6.3	41.5	24.7	1,239	62.2
中国	2,909	8.8	17.6	12.9	2,146	9.4	46.5	21.4	1,838	63.2
山陰	1,087	3.3	4.4	13.9	714	3.1	38.6	14.2	610	56.4
山陽	1,822	5.5	27.1	12.2	1,432	6.3	50.7	25.7	1,228	66.8
四国	1,222	3.7	12.9	10.3	1,040	4.6	26.4	15.1	824	42.6
九州	6,323	19.2	7.0	17.2	4,106	18.0	31.9	23.0	3,375	52.3
北九州	4,389	13.3	1.9	24.6	2,403	10.5	31.1	28.6	1,870	54.2
南九州	1,934	5.9	20.7	1.0	1,703	7.5	33.2	15.7	1,505	50.0
沖縄	381	1.2	27.9	0.7	358	1.6	57.0	4.1	339	66.2

地域別に組織経営体数の増加率の推移をみると、東北、北陸、東海および北九州のように、2005-10年で増加率の高かった地域では、2010-15年の増加率は低い。一方で、北海道、南関東、東山、山陽、南九州および沖縄のように、2005-10年で増加率の低かった地域では、2010-15 年の増加率が高まっている。農業経営基盤強化促進法の改正（2005年）や品目横断的経営安定対策（2007年）を背景とした集落営農の設立または組織化が早期に着手された地域では、2005-10 年で増加率が高く、こうした施策への対応がやや遅れ、2010-15 年に対応が行われた地域では、当該期間に増加率が高くなった可能性がある。

他方、法人経営体数をみると、2010/2005の増加率と2015/2010の増加率はそれぞれ 23.1%、33.4%であり、法人経営体の増加速度は高まっている。地域別にみると、多くの地域が増加率を高めるなか、北海道と北陸の増加速度は鈍化している。

次に、農地貸借市場における組織経営体の位置づけを確認するために、組織経営体の経営耕地面積シェアと借入耕地面積シェアを表2-3-12に示す。経営耕地面積シェアは2005年から2010年の間のシェアの増加には及ばないものの、2010年から2015年にかけても、ひきつづき組織経営体の経営耕地面積シェアは全ての地域で高まっている。北陸においては、経営耕地面積シェアは25%に達しており、4分の1の経営耕地が組織経営体によって耕作されていることになる。他方、南関東や四国では、組織経営体の耕地面積シェアが過去 10 年間で約5～6ポイントの増加にとどまっており、東北、北陸、北九州のように10ポイント以上増加した地域と対照的である。組織経営体の展開に地域間格差が生まれつつある。

さらに、借入耕地面積シェアに目を転じると、全ての地域で2010年から2015年にかけてシェアが高まっており、沖縄を除くと、そのシェアは約2割から4割超を占め、北陸や北九州では約45%に達している。このことは、貸借される農地の多くは、組織経営体に集積されつつあり、家族経営体の離農や高齢化による農地の放出先が組織経営体へと変化しつつあることを示唆している。借り手市場化しつつある農地市場において、組織経営体のプレゼンスは高まっており、組織経営体は農地需給に際して、より重要な役割を果たしつつある。農地

表 2-3-12　組織経営体の経営耕地面積と借入耕地面積のシェア

（単位：％）

	経営耕地面積シェア			借入耕地面積シェア	
	2005年	2010年	2015年	2010年	2015年
全国	6.6	12.0	15.5	28.5	32.7
北海道	9.9	11.9	14.3	19.9	24.7
都府県	5.2	12.1	16.0	30.9	34.7
東北	6.0	14.3	17.6	38.2	39.5
北陸	9.9	19.5	25.0	40.9	44.9
関東・東山	3.1	6.7	9.2	18.5	21.6
北関東	2.7	6.6	8.6	16.8	18.9
南関東	2.2	4.3	7.1	13.1	18.1
東山	5.8	11.8	14.8	31.6	35.0
東海	6.3	10.9	15.6	27.0	33.6
近畿	4.8	8.4	14.2	23.8	33.3
中国	5.7	11.4	17.6	31.6	39.7
山陰	8.3	14.2	20.0	37.6	42.5
山陽	4.6	10.1	16.5	28.4	38.3
四国	2.1	5.3	8.2	18.7	20.7
九州	4.0	14.6	18.3	32.2	36.3
北九州	3.6	18.3	21.9	41.0	44.6
南九州	4.7	6.8	10.7	13.0	18.0
沖縄	5.5	6.0	8.0	9.8	10.5

貸借と農地集積のアクターは家族経営体から組織経営体へとシフトしつつある。

（2）組織経営体の展開と農地流動化

先に述べたとおり、組織経営体は農地貸借において、そのプレゼンスを高めつつある。そこで次に、組織経営体の展開と農地流動化の関係を検討する。まず、組織経営参加農家率と借入耕地面積率との関係について、都道府県別の値をプロットしたのが図 2-3-1 である。なお、組織経営参加農家率とは、総農家に占める農業生産を行う組織経営に参加・従事した農家の割合を表す。図より、組織経営参加農家率と借入耕地面積率の間に正の相関関係を確認できる。組織経営に参加する農家の割合が高い都道府県では、借入耕地面積率が高く、農家の組織経営への参画が農地流動化の展開と関わりを有している。なお、図示は

図 2-3-1　組織経営参加農家率と借入耕地面積率

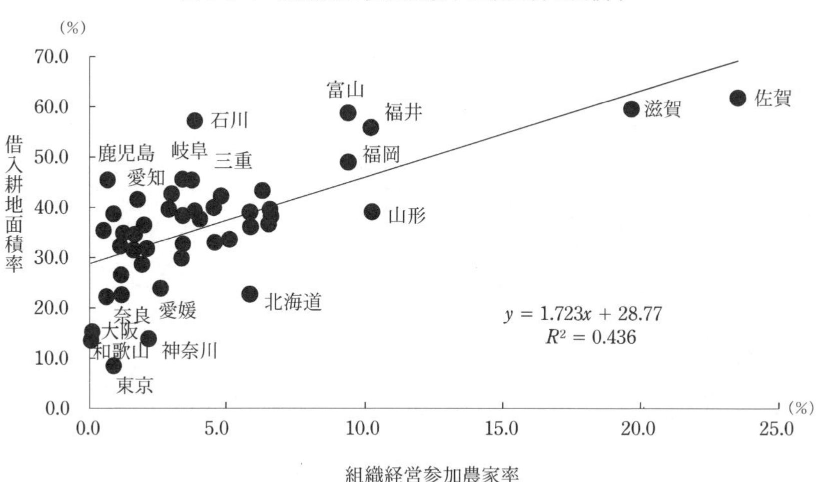

省略するが、法人経営体率と借入耕地面積率との関係についても同様に、正の相関関係が確認された。法人経営体率は数％程度であり、低い水準ではあるものの、法人経営体が展開している地域では、借入耕地面積率が高い傾向にあることもわかった。組織経営体には法人経営体の他に、農家以外の農業事業体や農業サービス事業体などが含まれる。こうしたことから、集落営農が多く展開している地域では、借入耕地面積率が高いことが予想される。

そこで､集落営農の経営耕地面積シェアと借入耕地面積率との関係について、都道府県別の値をプロットしたのが図 2-3-2 である。集落営農の経営耕地面積シェアの算出には、農林水産省「集落営農実態調査」を用いた。図より、集落営農の経営耕地面積シェアと借入耕地面積率との間に正の相関関係を確認でき、集落営農が展開している地域では、農地の流動化が進展している傾向にあることがわかる。この図はあくまでも相関関係を表しており、因果関係を表すものではないが、集落営農の展開が農地流動化を促進する効果をもたらすのか、個票データやパネルデータを用いた、より詳細な分析が今後必要とされよう。また、図示は省略するが、集落営農の経営耕地面積シェアと耕作放棄面積率との間にも、相関は弱いものの、負の相関関係が確認された。

図 2-3-2　集落営農の経営耕地面積シェアと借入耕地面積率

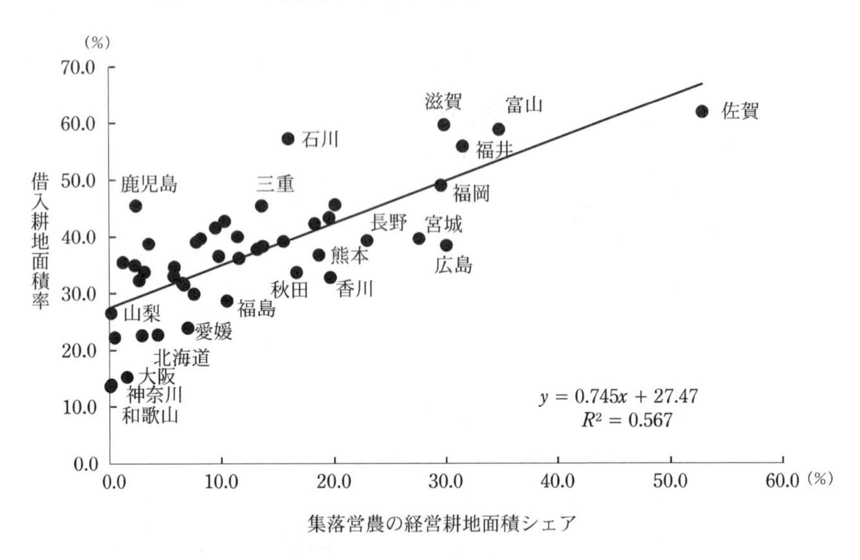

資料：農林水産省『農林業センサス』、『集落営農実態調査』
注：東京都は集落営農が存在しないため、除外した。

組織経営体が農地流動化を促進する機能を有するのであれば、農地の需給のミスマッチを防ぐ機能も併せ持つことになろう。つまり、需給のアンバランスやミスマッチによって生じる耕作放棄地を抑制する機能も併せて発揮する可能性がある。そこで、組織経営参加農家率と耕作放棄面積率との関係を示したのが図 2-3-3 である。図より、相関は弱いものの、組織経営の展開と耕作放棄が負の相関関係を有することが確認された。ただし、いかなる経路・メカニズムによって組織経営への農家の参加が耕作放棄の抑制と関係を有するのか、センサス個票データをはじめとするミクロデータによる、より詳細な分析が今後必要とされよう。

図 2-3-3　組織経営参加農家率と耕作放棄面積率

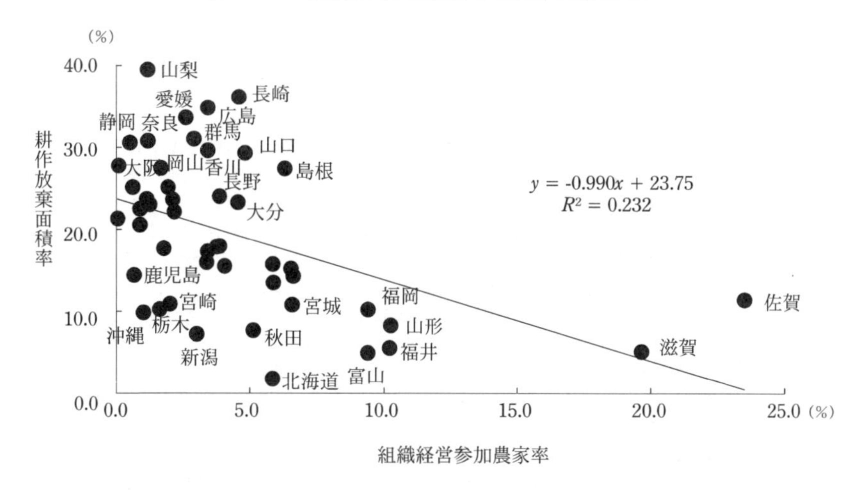

4. 大規模経営の展開と農地集積

(1) 経営耕地面積規模別の経営体数と経営耕地面積

前項では、組織経営体の農地流動化におけるプレゼンスが高まりつつあることを述べたが、農地流動化の進展を検討する上で、大規模経営の動向把握も不可欠である。そこで本項では、大規模経営の農地利用の動向を中心に検討する。

まず、経営耕地面積規模別の農業経営体数のシェア（都府県）を整理したのが図 2-3-4 である。図より、九州を除く西日本や東海で 1.0ha 未満の経営体が 70% 前後を占めていることがわかる。一方で、5ha 以上の大規模経営は東北が 10% を上回ることを除けば、各地域とも数%を占めるにすぎない。

次に、経営耕地面積規模別の経営耕地面積のシェア（都府県）を整理した図 2-3-5 をみると、東北、北陸、東海で 20.0ha 以上層のシェアが 20% を上回る一方で、南関東、四国は 10% を下回るなど、地域差が存在する。また、小規模層については、四国をはじめとする西日本で 1.0ha 未満層が 30% 前後のシェアを占めている。図 2-3-4 とあわせると、都府県では、5.6% の 5.0ha 以上層の経営

図 2-3-4　経営耕地面積規模別の農業経営体数シェア（都府県）

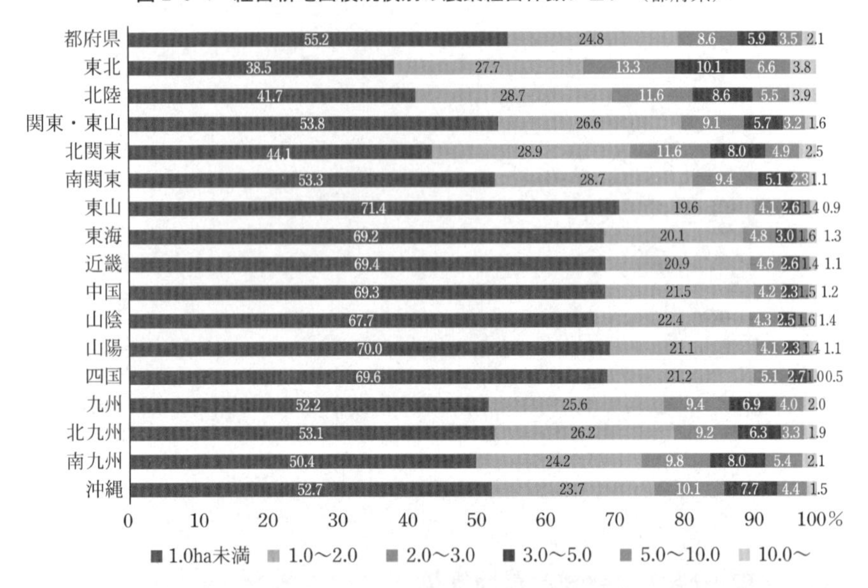

図 2-3-5　経営耕地面積規模別の経営耕地面積シェア（都府県）

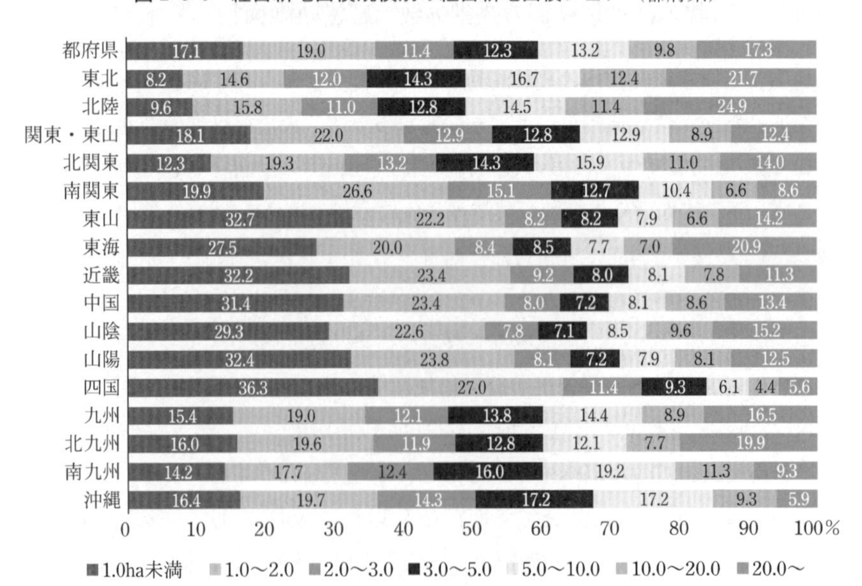

体が 40.3％の耕地を経営する一方で、55.2％の 1.0ha 未満層が 17.1％の耕地を経営する構造となっていることがわかる。つまり、少数の大規模層に半数近くの農地が集積される状況が形成されつつある。

（2）大規模経営の農地集積と地域間格差

それでは、大規模経営への農地集積はどの程度進展したのであろうか。都府県における農業経営体への農地集積の状況について、経営耕地面積 5ha 以上層、10ha 以上層、20ha 以上層、30ha 以上層について地域ブロック別に整理したのが表 2-3-13 である。都府県でみると、2015 年には 5ha 以上規模の経営体が農地

表 2-3-13　経営耕地面積規模別の農地集積状況（2010・2015 年）

（単位：％）

		5ha 以上	10ha 以上	20ha 以上	30ha 以上
都府県	2010 年	32.1	20.2	12.8	9.1
	2015 年	40.2	27.0	17.3	12.5
東北	2010 年	42.2	26.5	16.7	12.4
	2015 年	50.9	34.2	21.7	16.3
北陸	2010 年	41.1	27.8	18.7	12.3
	2015 年	50.9	36.3	24.9	17.2
北関東	2010 年	31.9	17.5	9.1	6.4
	2015 年	40.9	25.0	14.0	9.6
南関東	2010 年	18.1	9.8	5.3	3.4
	2015 年	25.7	15.3	8.6	5.9
東山	2010 年	23.2	16.5	11.6	9.1
	2015 年	28.7	20.8	14.2	10.7
東海	2010 年	27.3	20.9	15.3	11.4
	2015 年	35.6	27.9	20.8	16.1
近畿	2010 年	19.1	12.3	7.0	3.8
	2015 年	27.2	19.1	11.3	7.2
山陰	2010 年	25.1	17.7	10.7	6.5
	2015 年	33.3	24.7	15.2	9.5
山陽	2010 年	20.5	13.7	8.2	5.1
	2015 年	28.5	20.6	12.5	8.3
四国	2010 年	10.6	6.0	3.5	2.6
	2015 年	16.0	10.0	5.6	4.1
北九州	2010 年	33.2	22.6	16.5	12.6
	2015 年	39.7	27.6	19.9	14.9
南九州	2010 年	31.8	14.3	6.2	4.0
	2015 年	39.8	20.6	9.3	5.9
沖縄	2010 年	32.7	14.6	6.1	4.3
	2015 年	32.4	15.2	5.9	3.9

の40.2％を耕作しており、経営耕地面積の4割以上が5ha以上層に集積されている。5ha以上層への集積率は2010年の32.1％から2015年の40.2％へと高まっており、大規模経営への農地集積が進展している。特に、東北、北陸では5ha以上層の経営耕地面積シェアが40％超から50％超へと10％程度増加しており、都府県を上回るスピードで大規模経営体への農地集積が進展している。他方、四国での5ha以上層の経営耕地面積シェアは16％であり、大規模層への農地集積に関する地域間格差は拡大している。また、沖縄では2010年から2015年の間で数値にほとんど変化がなく、他の地域と異なり、農地集積は進展していない。

そこで、農地集積のスピードに関する地域間格差を検討するために、表2-3-14に経営耕地面積規模別の集積率の増減率を地域別に整理した。表より、たとえば都府県をみると5ha以上層から30.0ha以上層にかけて、集積率の増加率は25.4％から36.7％へと経営規模の拡大に伴い高まっており、大規模層ほど農地集積が進展していることを読み取れる。このことは、東山や四国など一部地域ブロックを除く全ての地域ブロックであてはまる。また、地域別には、いずれ

表2-3-14　経営耕地面積規模別の集積率の増減率

(2010-2015年)

（単位：％）

	5ha以上	10ha以上	20ha以上	30ha以上
都府県	25.4	33.8	35.3	36.7
東北	20.6	29.1	30.4	31.0
北陸	23.7	30.8	33.0	40.2
北関東	28.5	43.1	53.6	51.2
南関東	42.1	56.3	63.7	73.0
東山	23.7	25.9	22.4	17.3
東海	30.3	33.4	36.4	40.6
近畿	42.3	55.1	61.7	86.0
山陰	32.6	40.1	41.1	46.6
山陽	39.1	50.1	53.2	62.4
四国	51.8	64.9	58.3	59.2
北九州	19.7	22.0	20.3	18.1
南九州	24.9	44.0	50.5	47.3
沖縄	-0.8	4.2	-3.1	-8.4

の経営耕地面積規模においても、東海から四国までの西日本の地域ブロックを中心に、約 30％から 86％まで、高い増加率が示されており、2010 年から 2015 年にかけて西日本の大規模経営を中心に、農地集積がより進展したことがわかる。

5．耕作放棄の進展と農地流動化

（1）耕作放棄地と経営規模

本項では、耕作放棄地の発生状況について検討する。まず、図 2-3-6 に耕作放棄地面積の推移と耕作放棄面積率を地域ブロック別に示す。特徴的な動向として、2010 年から 2015 年にかけて、東北の耕作放棄面積の増加が顕著であることを指摘できる。また、山陽や四国など中山間地域を多く抱える地域では、耕作面積率が 30％前後に達している。東北における耕作放棄地面積の急増の背景には、東日本大震災とその後の原子力発電所からの避難に起因する耕作放棄があるものと推察される。そこで、被災者が多数発生した被災 3 県（岩手・宮城・

図 2-3-6　耕作放棄地面積の推移と耕作放棄面積率

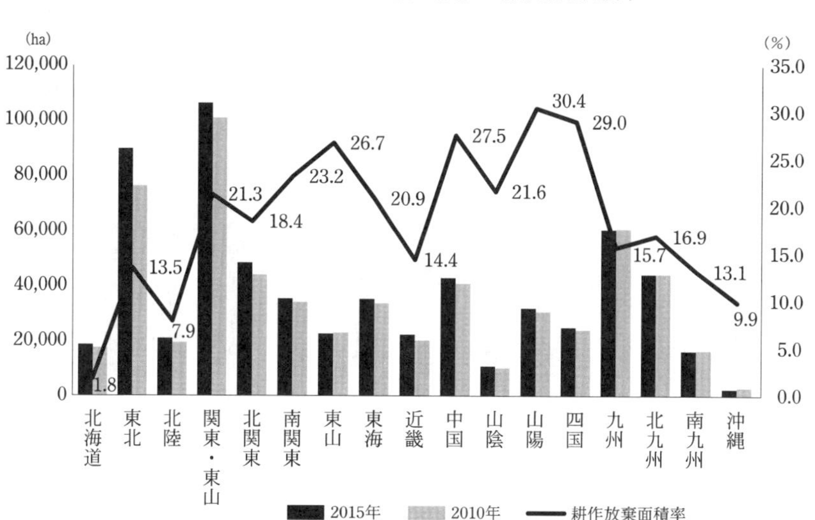

福島）の耕作放棄面積率の推移を表2-3-15に整理した。表より、全国では2010年から2015年にかけて耕作放棄面積率の増加は1.4ポイントである一方で、福島県では同時期に6.8ポイントと大幅な増加がみられる。このことから、東日本大震災とその後の原子力発電所の事故による被災が、東北の耕作放棄面積率を高めた要因の一つとしてあげられよう。

表 2-3-15　被災 3 県の耕作放棄面積率

（単位：%）

	2015 年	2010 年	2005 年
岩手県	14.3	11.0	9.6
宮城県	10.8	8.4	7.4
福島県	25.2	18.4	17.6
東北	13.5	10.7	9.9
全国	12.3	10.9	10.4

さらに、高橋（2013）と同様に、小田切（2002）による農地潰廃指向率の計算結果を図 2-3-7 に示す。農地潰廃指向率は、流動化した農地のうちどの程度の農地が潰廃したかをあらわす指標であり、「農地潰廃指向率＝（農地減少率）／（農地減少率＋増加借地率）」で表される。図より、東北、北陸、東海、四国、九州などで農地潰廃指向率が高まっており、とりわけ、東北で大きく高まっている。一方、近畿、中国は低下している。同様の計算を行った高橋（2013）で

図 2--3-7　農地潰廃指向率の推移

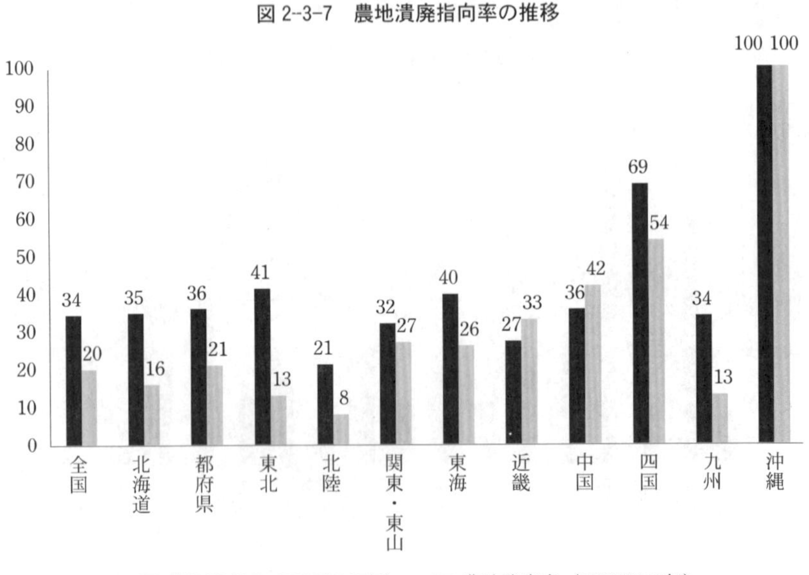

は、2005年から2010年にかけて、都府県の農地潰廃指向率が大幅に低下し、流動化した農地が耕作放棄されることなく貸借に向かう割合が大幅に高まったことを示している。しかし、この傾向は続かず、2010年から2015年にかけて、都府県の農地潰廃指向率は再び増加に転じている。これまでにも中山間地域を多く抱える中国、四国での農地潰廃指向率が高くなることが指摘されているが、2010年から2015年にかけては、農地潰廃指向率が中国で低下する一方で、四国では高まっており、農地の受け手が少ない地域において、こうした違いが生じる要因について、より詳細な検討が必要とされよう。

次に、耕作放棄はどのような経営規模層から生じたのかを整理したのが表2-3-16である。表より、0.3ha未満層の耕作放棄面積率は68.4％と非常に高く、経営規模の大きい層では、耕作放棄面積率が低い傾向にあることがわかる。こうしたことから、耕作放棄の発生を抑制するための施策面でのターゲットとして、小規模農家の経営耕地があげられよう。

表2-3-16　経営耕地面積規模別耕作放棄面積率

経営耕地面積規模	耕作放棄面積率(%)
0.3ha未満	68.4
0.3-0.5ha	32.3
0.5-1.0ha	16.3
1.0-1.5ha	8.7
1.5-2.0ha	5.5
2.0-3.0ha	2.3
3.0-5.0ha	1.2
5.0-10.0ha	1.2
10.0-20.0ha	0.8
20.0-30.0ha	1.8
30.0-50.0ha	0.5
50.0-100.0ha	0.6
100.0ha以上	0.3

（2）経営組織と農地流動化

ここでは、農業経営体と農地流動化の関係を検討する。農業経営体は家族経営体と組織経営体の二つからなる。先に述べたとおり、家族経営体数は減少傾向にある。家族経営体が放出する農地は貸出・売却されるか、耕作放棄されるかのいずれかになる。そこで、家族経営体の減少と農地貸借との関係を検討するために、家族経営体の減少率と増加借地率との関係について、都道府県の値をプロットしたのが図2-3-8である。図より、家族経営体の減少率と増加借地率との間に正の相関関係を確認でき、家族経営体が減少している都道府県では、借入耕地面積の増加が大きいことがわかる。

図 2-3-8　家族経営体の減少率と増加借地率

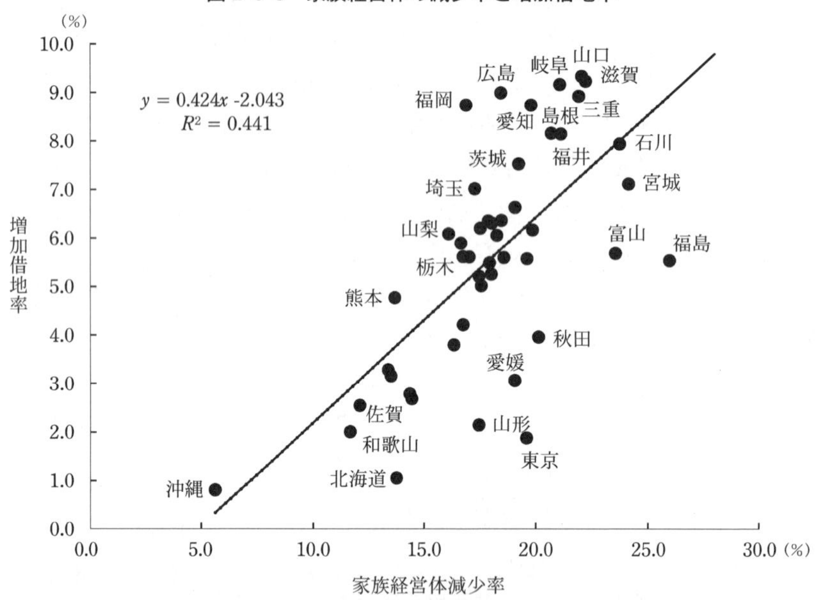

図 2-3-9　家族経営体率と組織経営体への集積率（都府県）

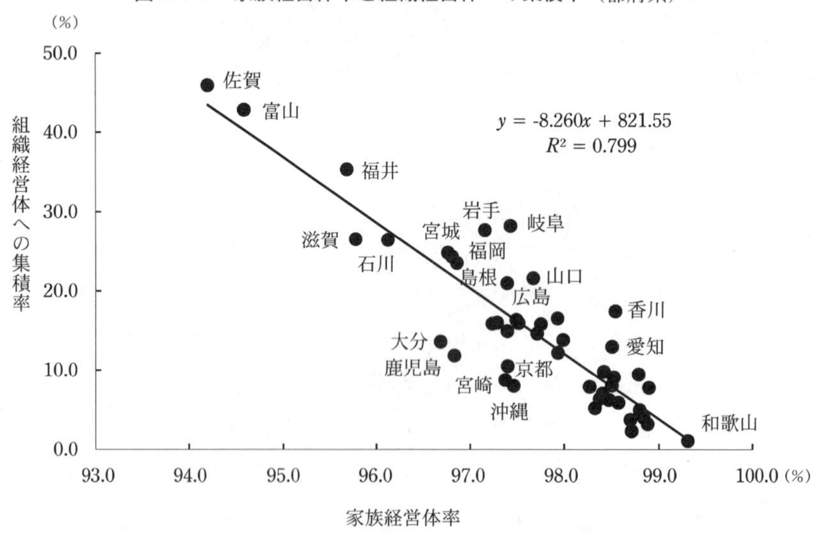

それでは、家族経営体が放出する農地はどこに向かったのであろうか。そこで、家族経営体率と組織経営体への農地集積率との関係について、都府県の値をプロットしたのが図 2-3-9 である。図より、家族経営体率と組織経営体への農地集積率との間に負の相関関係を確認できる。つまり、家族経営体率の低い都府県では、組織経営体への農地集積率が高い傾向にあり、農地の集積先として、家族経営体から組織経営体への代替が進んでいることが示唆される。このことは、借入耕地面積率と組織経営体への集積率の関係を示した図 2-3-10 からも読み取れる。図より、借入耕地面積率と組織経営体への農地集積率は正の相関関係にあり、組織経営体に農地が集積している都府県では、借入耕地面積率が高い。農地流動化の進展する地域では、組織経営体への農地集積が進み、組織経営体は農地の受け手としてのプレゼンスを高めつつある。また、図 2-3-10 で観察された関係は、2010 年の決定係数が 0.632 であるのに対し（図示は省略）、2015 年では 0.696 となっており、その関係は 2010 年よりも明確になりつつある。

図 2-3-10　借入耕地面積率と組織経営体への集積率（2015、都府県）

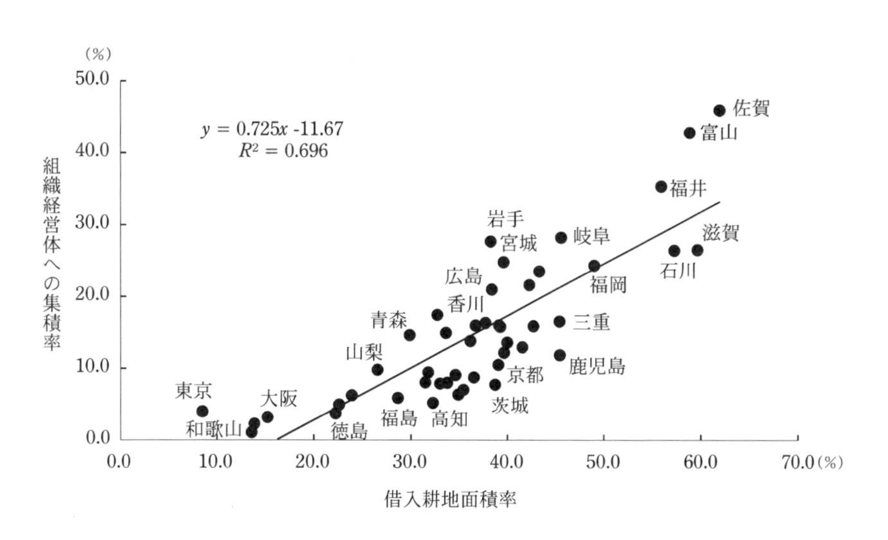

（3）耕作放棄・農地流動化と大規模経営

さらに、農地流動化と経営規模との関係を確認するために、3ha 以上農業経営体率と耕作放棄面積率との関係を図 2-3-11 に、0.5ha 未満農業経営体率と耕作放棄面積率との関係を図 2-3-12 に示す。いずれの図も 2010 年と 2015 年の都府県の値をプロットしている。図 2-3-11 より、2010 年、2015 年とも 3ha 以上農業経営体率と耕作放棄面積率との間に負の相関関係を確認でき、大規模経営の割合の高い都府県では、耕作放棄面積率が低い傾向にあることがわかる。また、2010 年から 2015 年にかけてその決定係数は 0.358 から 0.375 へとやや高まっており、農地の受け手としての大規模経営の存在状況と耕作放棄の発生との関わりがより明確になりつつあることを示唆している。

他方、小規模経営の存在状況と耕作放棄面積率との関係を示す図 2-3-12 より、これらの間に正の相関関係が確認され、小規模経営の割合が高い都府県では、耕作放棄面積率が高い傾向にあることがわかる。また、2010 年から 2015 年にかけてその決定係数は 0.268 から 0.289 へとやや高まっており、農地の出し手としての小規模経営の存在状況と耕作放棄の発生との関わりが、より明確にな

図 2-3-11　3ha 以上農業経営体率と耕作放棄面積率（都府県、2010・2015 年）

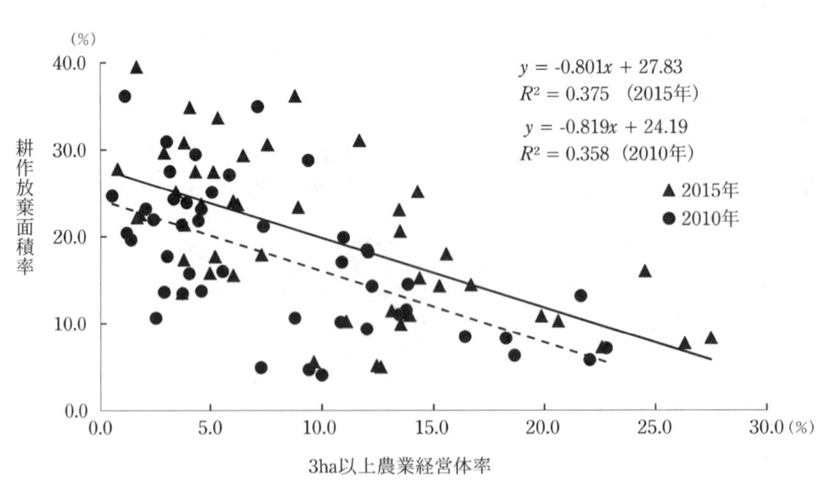

図 2-3-12　0.5ha 未満農業経営体率と耕作放棄面積率（都府県、2010・2015 年）

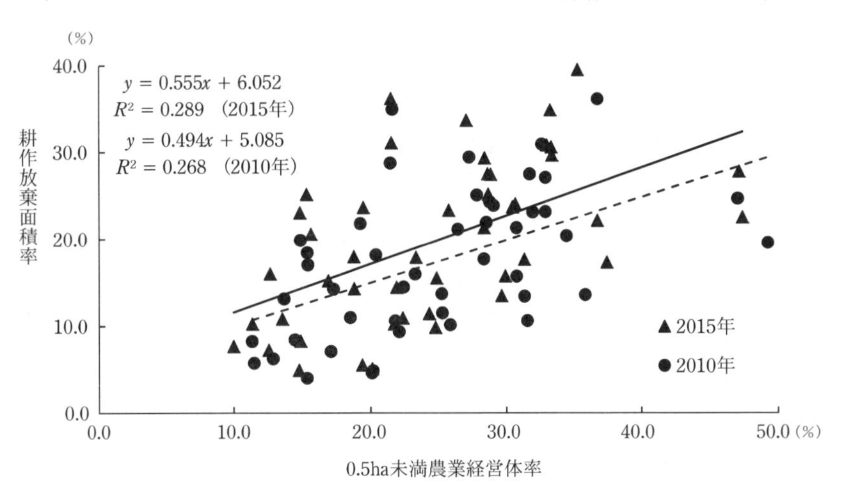

りつつあることを示唆している。

（4）耕作放棄・農地流動化と土地持ち非農家

これまでのセンサス分析においても述べられているとおり、耕作放棄地の主要な供給源は土地持ち非農家であったことから、土地持ち非農家の動向を検討しておきたい。表 2-3-17 は、土地持ち非農家の所有耕地割合と耕作放棄面積割合を地域ブロック別に示したものである。表より、経営耕地面積に対する土地持ち非農家の所有耕地割合は、全国の数値をみると、2005 年の 11.8％から徐々に上昇傾向にあり、2015 年には 19.1％で、20％に迫っている。農地の供給層としての土地持ち非農家の存在感は高まっている。2005 年から 2015 年の 10 年間で、所有耕地割合は東北、北陸、東海、北九州で 10 ポイント以上増加している。特に、北陸は 35.7％に達しており、貸借の対象となる農地の多くが、土地持ち非農家の農地となっていることが予想される。

一方、所有耕地面積に対する耕作放棄面積割合をみると、販売農家の耕作放棄面積割合が上昇傾向にある一方で（表 2-3-15 の全国値を参照）、2005 年から 2015 年にかけての土地持ち非農家の耕作放棄面積割合は、一定またはやや低下傾向

表 2-3-17　土地持ち非農家の所有耕地割合と耕作放棄面積割合

（単位：％）

	経営耕地面積に対する土地持ち非農家の所有耕地割合			所有耕地面積に対する耕作放棄面積割合		
	2005年	2010年	2015年	2005年	2010年	2015年
全国	11.8	16.2	19.1	37.2	30.9	31.1
北海道	6.3	7.9	8.9	14.7	11.9	12.1
都府県	14.1	19.7	23.6	41.3	34.1	34.3
東北	9.6	15.7	19.7	34.3	26.4	29.9
北陸	21.7	30.6	35.7	13.3	11.0	11.2
関東・東山	13.8	17.9	21.7	53.6	47.6	45.9
北関東	14.3	18.9	23.2	40.7	36.8	36.5
南関東	14.1	17.6	21.6	63.5	59.0	55.9
東山	11.4	15.1	17.5	80.6	65.4	62.6
東海	17.3	21.9	27.5	47.0	41.3	39.0
近畿	17.6	22.1	26.0	27.3	26.0	27.1
中国	13.8	18.4	22.2	71.6	63.7	63.2
山陰	12.6	17.4	20.9	58.1	48.0	48.3
山陽	14.3	18.9	22.9	77.2	70.5	69.8
四国	11.7	14.3	17.4	83.3	78.9	79.3
九州	15.0	21.7	24.0	44.5	32.9	32.7
北九州	15.3	24.1	26.2	46.6	32.0	32.1
南九州	14.5	16.8	19.3	39.7	35.4	34.4
沖縄	14.3	15.9	14.7	51.2	46.2	43.5

にある。農地の供給層としての土地持ち非農家が多数存在しても、受け手となる経営体が存在しなければ、農地は耕作放棄される。先に述べたとおり、農地貸借と農地集積のアクターは家族経営体から組織経営体へとシフトしつつある。そこで、組織経営体の存在と土地持ち非農家の耕作放棄との関係を検討するために、組織経営体率と土地持ち非農家の耕作放棄面積率との関係を図 2-3-13 に示す。

図より、組織経営体率と土地持ち非農家の耕作放棄面積率との間に負の相関関係を確認できる。組織経営体が展開している地域では、土地持ち非農家の耕作放棄面積率が低い傾向にあることがわかる。これより、農地の受け手としての組織経営体の展開が、農地の出し手としての土地持ち非農家の農地の引き受けを可能にし、耕作放棄の抑制につながるという因果経路の存在が推察されるものの、あくまで相関関係を指摘するにとどめたい。

図 2-3-13　組織経営体率と土地持ち非農家の耕作放棄面積率

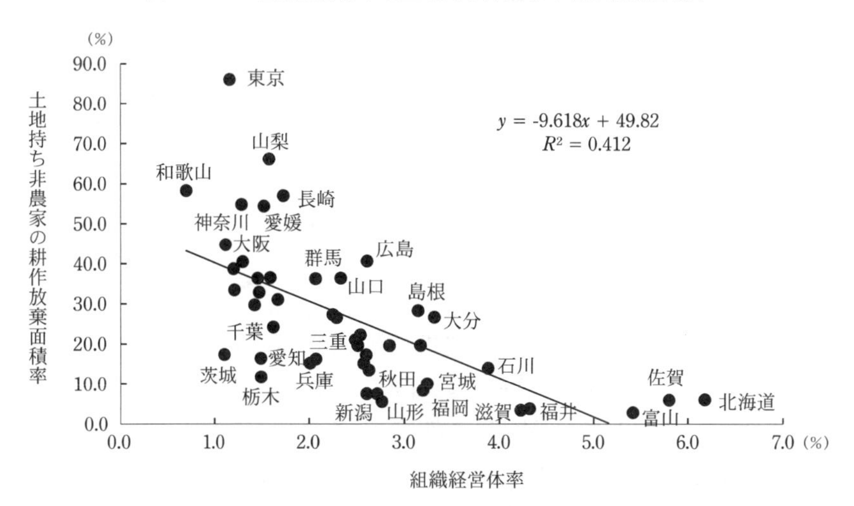

図 2-3-14　土地持ち非農家の農地所有面積割合と借入耕地面積率

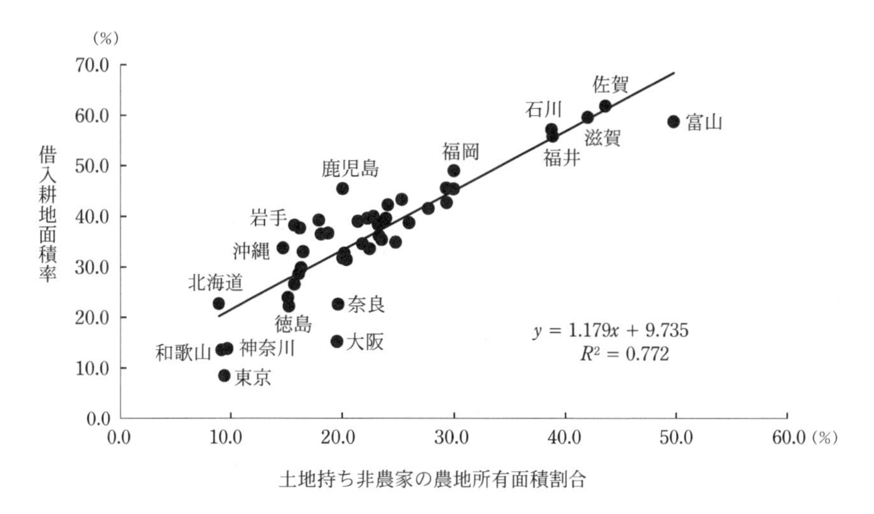

さらに、土地持ち非農家の農地供給層としてのプレゼンスを確認するために、土地持ち非農家の農地所有面積割合と借入耕地面積率との関係を示したのが図2-3-14である。図より、土地持ち非農家の農地所有面積割合と借入耕地面積率との間に正の相関関係を確認でき、農地流動化における土地持ち非農家による農地貸付の重要性が示唆される[1)]。

6．構造変動の進展と農地利用

2010年センサスでは、「これまでに構造変動が大きかった地域ではさらにその傾向が強まり、これまでの構造変動が小さかった地域では依然として農地集積が進まないという、構造変動の二極化が進行している」（高橋 2013、p.80）として、構造変動の二極化と地域差の一層の拡大が指摘された。こうした傾向は2015年センサスでも継続しているのであろうか。構造変動を表す指標の一つである経営規模の二極化の状況を検討するために、表2-3-18を示す。二極化は小

表 2-3-18　農業地域類型別（0.5ha 未満＋3.0ha 以上）経営体の割合

（単位：%）

	2005年					2010年					2015年				
	計	都市	平地	中間	山間	計	都市	平地	中間	山間	計	都市	平地	中間	山間
都府県	31.8	35.2	27.4	32.0	38.8	32.3	34.7	29.6	32.0	37.6	34.1	36.2	32.1	33.5	37.9
東北	30.3	31.6	30.9	28.8	31.2	32.5	32.3	33.8	30.8	32.4	34.9	34.2	36.5	33.0	34.8
北陸	27.5	29.8	25.1	28.1	32.6	29.9	31.2	29.8	28.6	32.9	32.8	34.2	33.7	30.6	33.5
関東･東山	30.3	31.9	25.7	35.8	45.5	30.2	31.7	26.3	34.4	42.6	32.0	33.4	28.8	34.8	42.2
北関東	28.0	27.6	26.1	34.4	38.6	28.3	28.6	27.0	31.9	35.2	30.9	31.2	29.8	33.6	37.7
南関東	27.9	31.3	21.7	36.2	56.3	27.8	30.6	23.0	33.5	48.7	29.9	32.1	25.9	34.4	49.8
東山	37.7	42.6	31.6	36.6	47.2	36.9	41.7	30.4	36.5	45.0	36.7	42.4	30.9	36.0	43.1
東海	35.5	37.1	26.2	36.9	50.1	35.5	36.6	27.8	37.7	46.8	37.5	38.2	31.9	38.8	45.9
近畿	35.3	41.6	27.0	32.1	44.5	34.0	38.8	27.3	30.8	42.2	34.6	39.2	28.3	31.8	41.8
中国	33.8	42.0	25.3	33.3	34.4	32.9	39.1	28.4	31.8	33.2	34.1	41.1	29.0	33.3	33.9
山陰	31.3	34.0	24.8	30.7	34.9	31.5	33.0	27.2	31.3	33.6	32.5	36.4	28.8	32.0	33.9
山陽	34.9	43.9	25.6	34.1	34.1	33.5	40.6	29.2	31.9	32.8	34.9	42.2	29.1	33.7	33.9
四国	33.9	34.9	28.8	32.8	42.9	32.8	33.9	28.2	32.3	39.5	33.8	35.0	29.5	33.7	38.9
九州	30.9	33.9	26.9	31.7	39.7	32.6	34.7	31.4	31.8	37.9	34.4	36.6	33.7	33.7	36.8
北九州	29.2	32.6	25.5	30.1	38.7	31.3	33.8	30.5	29.9	36.3	32.8	35.7	32.5	31.5	35.6
南九州	34.8	37.9	32.0	34.2	41.2	35.4	37.7	34.0	34.6	40.2	37.6	39.7	37.4	37.2	38.6
沖縄	40.0	47.5	32.8	44.8	52.6	39.0	46.0	33.3	41.0	49.6	38.3	41.0	33.6	43.7	49.9

規模層と大規模層への分化を表すことから、表では小規模層と大規模層の経営体割合の和を二極化の指標とみなして議論を進める。なお、小規模層として0.5ha未満経営体の割合を、大規模層として3.0ha以上の経営体の割合を用いている。

表より、都府県における平地の経営体割合の推移をみると、2005年に27.4%であったのが、2010年には29.6%、2015年には32.1%へと徐々に経営体の二極化が進んでいることを読み取れる。他方、山間では、38.8%（2005年）、37.6%（2010年）、37.9%（2015年）とほぼ一定で推移しており、変化がみられない。平地農業地域で二極化が進展し、中間、山間農業地域で二極化の進展はみられないといった傾向は、各地域ブロックについてもおおよそあてはまる。そこで、こうした経営規模間格差や二極化の進展を把握するための指標として、ここでは経営耕地面積に関するジニ係数を算出することで、経営規模に関する各地域ブロックないし各都府県内の格差を把握する。ジニ係数はよく知られるように、ある集団内の格差を表す指標である。ジニ係数が大きければ、経営規模間格差が大きいことを意味し、小規模層と大規模層への二極化が進むほど、ジニ係数は高い値を示す。農地流動化の条件が整っている地域では、農地の出し手である小規模層と受け手である大規模層の双方が農地市場に存在することで、農地流動化が促進され、耕作放棄の抑制につながることが考えられよう。

そこでまず、地域ブロック別の経営耕地面積に関するジニ係数の推移を表2-3-19に示す。表より、沖縄を除く全ての地域ブロックで2005年から2015年にかけてジニ係数は高

表2-3-19　経営耕地面積に関するジニ係数の推移（都府県）

	2005年	2010年	2015年
都府県	0.48	0.54	0.58
東北	0.50	0.56	0.60
北陸	0.49	0.56	0.60
関東・東山	0.46	0.50	0.54
北関東	0.47	0.51	0.55
南関東	0.42	0.45	0.50
東山	0.42	0.48	0.52
東海	0.45	0.51	0.57
近畿	0.40	0.45	0.50
中国	0.41	0.46	0.51
山陰	0.42	0.47	0.53
山陽	0.40	0.45	0.51
四国	0.37	0.40	0.44
九州	0.47	0.54	0.57
北九州	0.45	0.55	0.58
南九州	0.50	0.53	0.56
沖縄	0.54	0.54	0.54

表 2-3-20　農業地域類型別にみた経営耕地面積に関するジニ係数の推移（都府県）

	2005 年	2010 年	2015 年
全体	0.48	0.54	0.58
都市農業地域	0.45	0.50	0.55
平地農業地域	0.47	0.54	0.58
中間農業地域	0.47	0.52	0.56
山間農業地域	0.47	0.51	0.55

まっている。ただし、東北や北陸では 0.10 以上増加している一方で、四国では 0.07 の増加にとどまるなど、格差拡大や経営規模の二極化に関する地域差は拡大しつつあることがわかる。

次に、農業地域類型別の経営耕地面積に関するジニ係数の推移を表 2-3-20 に示す。2005 年には平地、中間、山間農業地域ともに 0.47 と同水準であったが、2015 年には平地が 0.58 である一方、山間は 0.55 にとどまっており、徐々に地域類型間で経営規模間格差や二極化の進展に違いが生じている。平地でジニ係数の伸びが相対的に大きいことから、平地農業地域で経営規模に関する二極化や格差の拡大が進んでいる。

それでは、二極化が進むと農地利用はいかに変化するのであろうか。まず、経営耕地面積に関するジニ係数と耕作放棄面積率との関係を図 2-3-15 に示す。なお、図では因果関係を明確にするために、ジニ係数には 2010 年の値を、耕作放棄面積率には 2015 年の値を用いた。図より、ジニ係数と耕作放棄面積率との間に負の相関関係を確認できる。このことから、経営規模に関する二極化や格差拡大が進展した都府県では、耕作放棄面積率が低くなっていることがわかる。農地の出し手である小規模層と受け手である大規模層の双方が農地市場に存在し、農地流動化の条件が整っている地域では、農地貸借が容易となり、耕作放棄が抑制されている可能性がある。その意味から、図 2-3-15 と同様に、経営耕地面積に関するジニ係数と借入耕地面積率との関係を示したのが図 2-3-16 である。図より、ジニ係数が高い都府県では、借入耕地面積率が高いことがわかる。このことは、経営規模に関する二極化や格差拡大が進展し、農地流動化の条件が整った地域において、農地流動化が進展していることを示唆している。

図 2-3-15　経営耕地面積に関するジニ係数（2010）**と耕作放棄面積率**（2015）（都府県）

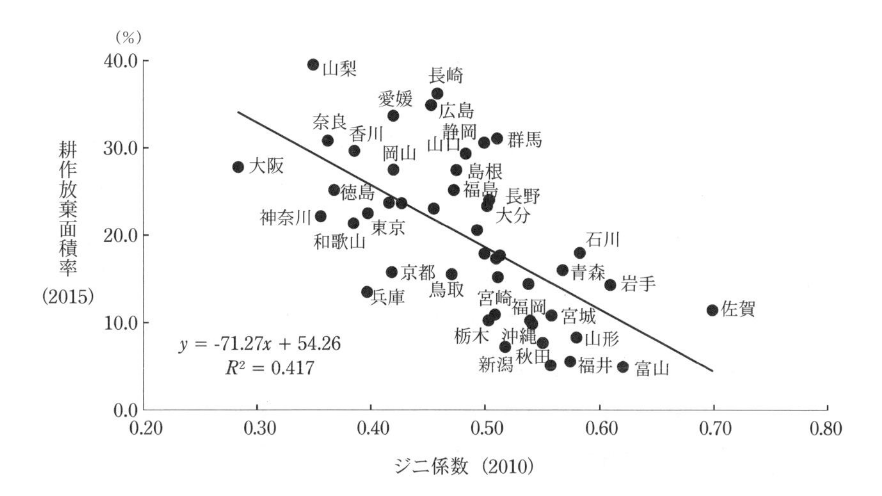

図 2-3-16　経営耕地面積に関するジニ係数（2010）**と借入耕地面積率**（2015）（都府県）

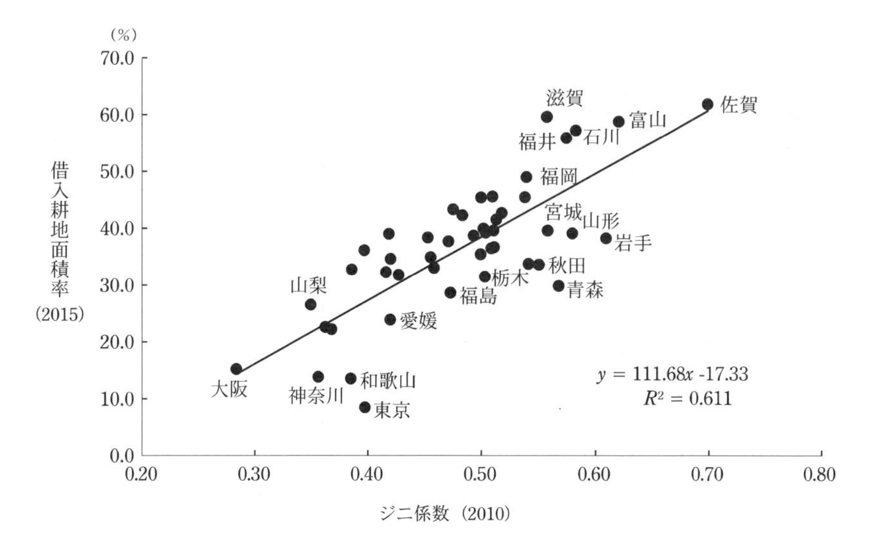

7．おわりに

本節では、2015年センサスの中でも、農地利用の現状や動向ならびにその特徴について、特に、農地流動化や農地集積に着目しつつ整理を行った。また、構造変動の二極化と経営規模間格差が拡大しつつあるとの指摘をふまえ、ジニ係数を導入した分析を行った。整理・分析の結果、得られた主な結果は次のとおりである。

第一に、経営耕地総面積の減少速度が再び加速し、農地流動化の速度はややスローダウンしたものの、農地流動化はひきつづき進展している。特に、大規模経営体への農地集積は着実に進展している。

第二に、借り手市場化しつつある農地市場において、農地貸借と農地集積におけるアクターは家族経営体から組織経営体へとシフトしつつある。組織経営体なくして、農地利用の動向を論じることは難しくなっている。

第三に、構造変動の二極化はひきつづき進展している。小規模経営層と大規模経営層に二極化し、農地流動化の条件が整いつつある地域では、農地貸借が進んでいる。

注

1) 1990年から2010年までのセンサスの都府県レベルのパネルデータを用いて計量分析を行ったIto *et al*. (2016) においても、農地流動化の進展における土地持ち非農家の重要性が指摘されている。

引用文献

安藤光義「2010年センサスの概要とポイント」安藤光義編著『日本農業の構造変動 2010年農業センサス分析』農林統計協会、2013、pp.1-30.

小田切徳美「中山間地域農業・農村の軌跡と到達点－農業地域類型別に見た日本の農業・農村－」生源寺眞一編『21世紀日本農業の基礎構造－2000年農業センサス分析－』農林統計協会、2002、pp.240-319.

高橋大輔「農地流動化の進展と地域性」安藤光義編著『日本農業の構造変動 2010年農業センサス分析』農林統計協会、2013、pp.69-100.

Ito, J., Nishikiori, M., Toyoshi, M. and Feuer, H.N. "The Contribution of Land Exchange Institutions and Markets in Countering Farmland Abandonment in Japan." *Land Use Policy*, 2016, Vol.57, pp.582-593.

第４節　林業経営体の動向

１．はじめに

（１）課題

本節では、2005 年、2010 年、2015 年の農林業経営体調査のデータから林業経営体の結果を取り出し、これを用いて 2000 年代後半と 2010 年代前半の林業経営体の動向を分析する。我が国の素材生産量は 2000 年代前半には底を打ち、今回分析の対象とする 2000 年代後半と 2010 年代前半は素材生産量が増加を続けた時期であった。また、機を捉えて、森林・林業政策においては 2009 年に森林・林業再生プランが発せられ、林業再生への取り組みが本格化し、その後、2010 年代中頃になると木材の輸出や木質バイオマス発電への取り組みが加速し、成長産業化が政策のキーワードとなった。しかし、素材生産が拡大したとしても、それは過去に造成し成熟期を迎えた人工林の伐採が進んだだけだという見方もでき、それによって直ちに林業経営が活力を回復するのかどうかは定かではない。そこで、本節におけるセンサスによる林業経営の分析では、この間に川上の林業経営では何が起こっているのか、林業の再生なり成長は進んだのか、あるいは進めるための課題は何かを探ることを試みた。

後に詳しく見るが、センサスが捉えた林業経営体数自体は 2005 年の約 20 万経営体から、2010 年の約 14 万経営体、2015 年の約 9 万経営体へと大きく減少した。その一方で、センサスが捉えた素材生産量は、2005 年の約 14 百万㎥から 2010 年の約 16 百万㎥、2015 年の約 20 百万㎥へと大きく増加した。この一見相反する結果はいかにして生じたのか。特に、活発化する素材生産は誰がどのように担い、一方で、保育等の活動はどうなっているのか、経営体の規模拡大が進んでいるのか、こうした点について、検討していくこととする。

2015年センサスの結果を見るにあたってもう一つ重要なことは、東日本大震災が2011年に発生したことである。この震災は地域の農林業に一過的でない影響を及ぼしていることから、震災後初めてのセンサスがいかにこの影響を捉えたかも、今回の分析においては一つの重要な論点である。本節では、地域別の分析を行う際に、岩手・宮城県と福島県の二つを東北の内数別記とすることで、被害が大きかった3県を取り上げ、特に、原発事故の影響が深刻であった福島県は別にして、震災が林業経営に与えた影響を確かめることとした。

（2）方法

林業経営に関するセンサス調査は、2005年に農林業経営体調査として一新され、調査の対象が変わった。従前のように、一定規模の山林を保有しているだけでは実査対象とはならなくなり、加えて経営として何らかの活動実績のあることが、林業経営体としてセンサス調査の対象となる要件となった。林業経営の場合、植林から主伐まで数十年はかかり、個々の林分については毎年手入れが必要というわけではないことから、この変更は大きな意味を持つものであった。実際、この変更により、活動実績のある林業経営体として調査の対象となった経営体の数は、従前のセンサスの調査対象者数から大きく減った（餅田・志賀、2009）。

2015年センサスは、この新たな方法で行われた3回目の調査であった。そのため、今回から活動実績のある林業経営体について、2回の変化を観測することができるようになった。2005年から2010年の2000年代後半の変化と2010年から2015年の2010年代前半の変化が分かる。それらを比べることによって、いわば変化の変化を見ることができる。速度で言えば、速度に加えて加速度が観測できるようになったのであり、林業経営の変化を捉えやすくなった。本節の分析では、できるだけ2回の変化を見ることで、林業経営の変わりゆく様相を捉えることに努めた。

本節での分析の対象は、林業経営体である。2005年センサス以降、林業経営体とは、次のいずれかの要件を満たすものと定義されている。

(1) 保有山林面積が3ha以上で、森林経営計画又は森林施業計画を立てそれに従って施業を行う者か、保有山林において過去5年間継続して育林もしくは伐採を実施した者。

(2) 委託を受けて行う育林もしくは素材生産または立木買いによる素材生産事業を行う者で、素材生産に関しては過去1年間に200㎥以上の生産をした者。

前者は山林の経営に関する要件、後者は作業受託・立木買いに関する要件であり、この2つの要件のうち少なくとも1つを満たした者が林業経営体として実査対象となる。

センサスでは、このようにいずれかの要件を満たせば実査対象となり、一括して林業経営体と扱われるのであるが、(1)の実績を有する自らが山林を保有し経営する経営体と、(2)の実績を有する他者が保有する山林での作業を受託したり立木買いを行う経営体とでは、かなり性格なり活動の内容が異なる。前者を林業経営体、後者を林業事業体と呼び分けることも少なくないが、本節では、前者を「山林保有経営体」、後者を「受託・立木買い経営体」と呼び、区別して扱う。

今日の森林・林業政策においては、望ましい林業構造を確立する一つの方策として、山林保有経営体が自力で経営を続けていくことが困難な場合に、受託・立木買い経営体が経営そのものを一定期間受託することも含めて、山林保有経営体を支援する役割が重視されている。本節では、この二種類の経営体の活動を区別して見ていくこととする。

以下では、はじめに 2. で林業経営体の全体像を、両種の経営体の区別に留意しながら、描くこととする。具体的には、林業経営体全体の経営体数、経営受委託、林業経営への従事状況、そして素材生産量についての結果を見る。このうち経営受委託に関する調査項目は、前の段落で紹介した政策上の重要性に鑑み、今回のセンサスで追加となった調査項目である。そして、3. では山林保有経営体の活動に絞り、保有山林面積と保有山林での作業実施と林産物販売収入についての結果を、4. では作業受託・立木買い経営体の活動に絞り、受託・立木買いによる料金収入と作業実施についての結果を見ていくこととする。

林業構造を詳細に検討するにあたって、経営体のタイプ区分を行なって活動状況を見ることが有効である。センサスでは、経営体のタイプについて、家族による経営体であるかどうかの別と、組織形態の別が調査されている。本節では、これらの回答を組み合わせて、基本的に次のように経営体のタイプ区分を行なった。すなわち、まず、家族であるかどうかで分け、非家族である場合は組織形態によって、会社、森林組合、地方公共団体・財産区、その他の4種類に、従って計5種類に区分した。ここで、森林組合には生産森林組合を含むことに注意が必要である。また、その他には、非家族の各種団体や非法人の経営体など多様な形態を含んでいる。

2．林業経営体の全体像

（1）経営体数

1）経営体タイプ別の変化

表2-4-1は、2005年から2015年のセンサス調査で対象となった林業経営体の数を経営体タイプ別に見たものである。全体では、林業経営体数は 2015 年に

表2-4-1　経営体タイプ別の経営体数と変化率・タイプ別シェア

（単位：経営体、%）

	計	家族	会社	森組・生森	地公・財区	その他
2005年	200,224	177,812	2,824	2,326	2,258	15,004
2010年	140,186	125,592	2,116	2,261	1,673	8,544
2015年	87,284	78,080	2,079	1,819	1,289	4,017
変化率						
00年代後半	-30.0	-29.4	-25.1	-2.8	-25.9	-43.1
10年代前半	-37.7	-37.8	-1.7	-19.5	-23.0	-53.0
タイプ別シェア						
2005年	100.0	88.8	1.4	1.2	1.1	7.5
2010年	100.0	89.6	1.5	1.6	1.2	6.1
2015年	100.0	89.5	2.4	2.1	1.5	4.6

資料：農林業センサス

は 87,284 経営体となり、2010 年から 37.7%減少した。2000 年代後半の減少率は 30.0%であるから、減少は加速している。

経営体タイプ別には、その他の経営体の減少が最も大きく、ついで家族の減少が大きい。これらは 2000 年代後半と変わらない傾向である。一方、会社は 2000 年代後半には大きく減少したが、2010 年代前半にはほとんど減少しなかった。反対に、森組・生森は 2000 年代後半にはほとんど減少しなかったが、2010 年代前半にははっきりと減少した。このようにタイプ別の減少度合いには差があるものの、経営体のタイプ別シェアはあまり大きくは変わっておらず、2015 年においても林業経営体の多数を占めるのは家族で 89.5%を占めた。

2）保有・受託別の変化

1. で述べた通り、林業経営体には保有山林の経営実績で林業経営体と判定された経営体と、作業受託・立木買いの実績で林業経営体と判定された経営体があり、また、両方に該当する経営体もある。表 2-4-2 は、調査結果において、作業受託・立木買いによる料金収入があったかどうか、山林保有が 3ha 以上あったかどうかで区分した各年の経営体数を見たものである [1)]。

林業経営体の圧倒的多数は受託・立木買いの実績のない山林保有経営体で、これが 2015 年には 82,024 経営体を占める。しかし、これに該当する経営体は減少が大きく、このカテゴリーの経営体の減少が林業経営体全体の減少につな

表 2-4-2　保有・受託の有無別経営体数と変化率

（単位：経営体、％）

受託・立木買い	なし		あり		計
山林保有	3ha 未満	3ha 以上	3ha 未満	3ha 以上	
2005 年	0	193,551	3,036	3,637	200,224
2010 年	61	133,323	2,581	4,221	140,186
2015 年	101	82,024	2,146	3,013	87,284
変化率					
00 年代後半		-31.1	-15.0	16.1	-30.0
10 年代前半		-38.5	-16.9	-28.6	-37.7

資料：農林業センサス

注：受託・立木買いについても山林保有についても実績のない経営体は本来、林業経営体の要件を満たさないが、満たすとみなされて調査した結果、回答では実績がなかったものである。

がっている。受託・立木買いの実績のある経営体も減少傾向にあるが、その程度は小さい。2010年には山林保有も受託・立木買いの両方の実績のある経営体が16.1%増え、山林保有経営体が作業受託・立木買いに乗り出したものとして注目されたが、2015年には同カテゴリーの経営体は28.6%減少し、2005年の経営体数を下回った。

次に表2-4-3と表2-4-4は、山林保有経営体、受託・立木買い経営体をそれぞれ取り出し、経営体タイプ別の経営体数の変化を表したものである。このうち、林業経営体の多数を占める山林保有経営体についての表2-4-3の結果は、林業経営体全体についての表2-4-2の変化とほぼ同様の結果であった。一方、表2-4-4で受託・立木買い経営体について見ると、異なる変化が見られた。まず、タイプ計では、受託・立木買い経営体の数は2000年代後半にはわずかに増えたが、2010年代前半には減少した。しかしその減少率は24.2%であり、山林保有経営体ほどの減少ではない。タイプ別に見ると、特に会社では2010年代前半には15.5%も経営体数が増加している。また、森組・生森も保有山林経営体（生産森

表2-4-3　山林保有経営体のタイプ別経営体数と変化率

（単位：経営体、%）

	計	家族	会社	森組・生森	地公・財区	その他
2005年	197,188	176,687	2,012	1,907	2,255	14,327
2010年	137,544	124,041	1,557	1,984	1,671	8,291
2015年	85,037	76,969	1,410	1,556	1,288	3,814
00年代後半	-30.2	-29.8	-22.6	4.0	-25.9	-42.1
10年代前半	-38.2	-37.9	-9.4	-21.6	-22.9	-54.0

資料：農林業センサス

表2-4-4　受託・立木買い経営体のタイプ別経営体数と変化率

（単位：経営体、%）

	計	家族	会社	森組・生森	地公・財区	その他
2005年	6,673	3,490	1,331	863	30	959
2010年	6,802	4,518	1,051	703	43	487
2015年	5,159	2,891	1,214	687	27	340
00年代後半	1.9	29.5	-21	-18.5	43.3	-49.2
10年代前半	-24.2	-36.0	15.5	-2.3	-37.2	-30.2

資料：農林業センサス

林組合を多く含むと考えられる）としては2010年代前半に減少がはっきりしているが、受託・立木買い経営体（森林組合を多く含むと考えられる）としてはわずかな減少にとどまっている。他方、家族である受託・立木買い経営体は2010年には大きく数が増えて注目されたが、2015年には2005年の経営体数を下回る大幅減となった。

こうした経営体数の減少、とりわけ表2-4-3で見た山林保有経営体数の減少とともに、センサスの調査対象となる経営体が持つ保有山林も減っている。表2-4-5は林業経営体が保有する山林面積の合計の推移を見たものである。その減少率は5年で10～15％程度であり、経営体数の減少率と比べれば半分以下である。これは小規模な経営体がより多く調査対象から離脱していったためと考えられる。

表には、林業経営体が保有する山林面積の我が国の民有林面積に占める割合も掲げた。分母の民有林面積には、各年とも2015年センサス農山村地域調査の所有形態別林野面積による17,626,761haを取った。既述の通り、センサスは2005年調査より活動実績のある林業経営体の調査となったわけであるが、面積的には活動実績のある経営体は民有林全体の中の限られた一部であり、その割合は2005年には32.8％とほぼ3分の1であったが、2015年には24.8％とほぼ4分の1まで減っている。このように、センサスの対象となる林業経営体が減少することにより、面積という意味では、センサスが民有林の一部分の山林経営しか対象にしなくなっていることには注意が必要である。

表2-4-5　林業経営体保有山林面積とその変化率、民有林面積に占める割合の変化

	保有山林面積(ha)	変化率(%)	民有林面積に占める割合(%)
2005年	5,788,677		32.8
2010年	5,177,452	-10.6	29.4
2015年	4,373,374	-15.5	24.8

資料：農林業センサス

3）地域別の変化

次に、表 2-4-6 は林業経営体数の変化を地域別に見たものである。全国的に大きな差はないが、2000 年代後半よりも 2010 年代前半の方が地域差がやや大きい。東北と被災3県は2000年代後半は全国平均より減少率が小さかったが、2010 年代前半には経営体数減少が全国平均を超えて 40％台となった。被災に伴い、森林所有者の不在村化などが進み、林業経営体としての継続が困難な場合が多かったことは想像に難くない。ただし、近畿や北陸でも 2010 年代前半には被災3県に匹敵する45％前後の高い減少率となるなど、被災3県だけ特別に減少が大きかったというわけでもない。九州・沖縄と関東・東山を除くすべての地域で経営体の減少は加速している。北海道は、2000 年代後半、2010 年代前半とも他と比べて経営体数の減少が小幅にとどまっている。北海道は、家族経営の割合は他と比べあまり変わらない（2015 年で全国で 89.5％に対し北海道では 89.7％）が、表 2-4-1 に見るように減少率の低い会社の割合がやや高く（全国では 2.4％に対し北海道では 5.7％）、減少率の高いその他の割合がやや低い（全国 4.6％に対し北海道 2.6％）ことが、経営体の減少が小さいことにつながっているのではないかと推測される。

表 2-4-6　地域別の経営体数と変化率

（単位：経営体、％）

	2005 年	2010 年	2015 年	変化率	
				00 年代後半	10 年代前半
全国	200,224	140,186	87,284	-30.0	-37.7
北海道	13,465	10,686	7,940	-20.6	-25.7
東北	37,433	26,569	15,175	-29.0	-42.9
岩手・宮城	14,221	10,924	6,352	-23.2	-41.9
福島	7,189	4,929	2,721	-31.4	-44.8
北陸	12,768	8,887	4,949	-30.4	-44.3
関東・東山	19,632	13,215	9,103	-32.7	-31.1
東海	21,291	15,448	9,290	-27.4	-39.9
近畿	17,618	12,922	6,966	-26.7	-46.1
中国	32,160	22,142	13,949	-31.2	-37.0
四国	16,540	10,304	5,963	-37.7	-42.1
九州・沖縄	29,317	20,013	13,949	-31.7	-30.3

資料：農林業センサス

（2）経営受委託

経営受委託に関する調査項目は2015年に新たに追加されたものである[2)]。保有山林面積を聞いた後に、2つの設問が追加され、まず委託について、「保有山林のうち、期間を定めて一連の作業（管理を含む。）を一括して他に任せている山林面積を記入してください。」と聞き、「注：林業経営を委託している面積のことで、地上権を設定している山林や作業ごとに委託（請け負わせ）している山林面積は含みません。」と説明している。次に受託について、「保有山林以外で、期間を定めて一連の作業（管理を含む。）を一括して他から任されている山林面積を記入してください。」、「注：林業経営を受託している面積のことで、地上権の設定をした山林や作業ごとに受託（請負）している山林面積は含みません。」としている。貸付・借入山林として計上すべきもの、また、単体の作業受委託とは区別して、経営の受委託面積を聞いており、長期施業受委託契約などを想定した設問である。初めての調査なので前回からの変化などを見ることができないのは残念であるが、これからの林業構造を捉える上で興味深い設問の追加である。

表 2-4-7 は経営受委託のそれぞれについて、受委託をしている面積規模別の経営体数と受委託面積をまとめたものである。まず、委託面積の合計は481千haであった。表2-4-5に示した通り、林業経営体の保有山林面積は全体で4,373千haであるから、保有山林面積の11％が委託に出されていることになる。一方、受託面積の合計は981千haであった。委託側と受託側でどれだけを経営受

表 2-4-7　経営受委託面積規模別の経営体数と受委託している面積

	委託		受託	
	経営体数	面積（ha）	経営体数	面積（ha）
10ha 未満	7,511	28,489	493	1,223
10～50ha	3,222	63,208	271	5,972
50～500ha	855	109,943	290	51,151
500ha 以上	102	278,907	171	922,219
計	11,690	480,547	1,225	980,565

資料：農林業センサス

委託に該当する面積として回答するかに認識のズレがあることも考えられる[3)]が、それがないと仮定すれば、受託側は、センサス調査対象となった林業経営体から481千haを受託し、センサス対象外の民有林山林保有者から残る500千haを受託した計算となる。これはセンサス対象外の民有林面積の4%を受託していることに相当する。政策的な期待としては、より多くの面積を、特にセンサス対象外の民有林から受託し、経営を集約することが求められているのであろう。

受委託面積規模別の結果を見ると、委託側では10ha未満や10～50haを委託に出す経営体が圧倒的に多いのに対し、受託側では500ha以上の面積を受託している171経営体の面積シェアが圧倒的に高く、この受委託の結果、少数の経営体に経営（管理）面積の集約が図られていることを読み取ることができる。

表2-4-8は経営受委託を組織形態別に見たものである。委託者としては、経営体数では圧倒的に家族経営体を多く含むその他が多いが、面積ではその他より会社からの委託面積が多いことが目立つ。また、受託者としては森組・生森が面積で最も多いが、会社もそれについで多い。森林組合が小規模保有者の保有林を長期施業受託して、属地で森林経営計画を立てるというのが最近の主流であろうと考えられるが、この結果を見ると、必ずしもそうではない形態が多く含まれ、多様な受委託関係があるものと推測される。

なお、森林組合統計によると2014年度末の全国の森林組合数が631である。

表2-4-8　組織形態別の経営受委託を行なった経営体数と受委託している面積

	委託		受託	
	経営体数	面積（ha）	経営体数	面積（ha）
会社	358	203,703	313	406,287
森組・生森	226	14,632	201	477,146
地公・財区	254	74,769	14	13,756
その他	10,852	187,444	697	83,376
計	11,690	480,547	1,225	980,565

注：この表だけ経営体タイプではなく、組織形態別で分けており、家族経営体を別にしていないことに注意。家族経営体は組織形態では多くがその他に、一部が会社に属する。

森林組合はセンサスには支所単位で回答していることがあるし、生産森林組合が経営受託をしていることも考えられるが、表中の森組・生森の経営体数 201 が森林組合の数だとしても、全国の森林組合で経営受託をしているのは 31.9%にとどまるとの計算になる。

（3）林業経営への従事

林業経営への従事については、立場によって異なる2つの設問がある。第一に、世帯員または経営の責任者・役員・山林の共同保有者については、過去 1 年間に林業経営に従事した人について、従事日数階級別の実人数を質問している。第二に、雇い入れて従事させた者については、過去1年間に林業経営のために常雇、もしくは臨時雇した人について、実人数と合計の従事日数を質問している。以下では、この結果から、経営者・世帯員等と被雇用者の従事日数を集計した結果を見ていくこととする [4)]。経営者・世帯員等については、従事日数階級別の実人数が分かるため、階級の中央の値に人数を乗じて足し合わせ、合計の従事日数に変換した。2005 年についても同様の集計が可能ではあるが、もともとの設問がやや異なる形式であったため、今回は 2010 年と 2015 年についてのみ集計し、5年間の変化を見ることとした。

結果は表 2-4-9 の通りである。2015 年の総従事日数は 15.7 百万人日と推定された。これは、2010 年の 19.2 百万人日から 18.1%の減少である。素材生産が活発化しつつあるこの5年間においても、全体の従事日数は減少していること

表 2-4-9　経営者・世帯員等と被雇用者の林業経営従事日数（人日）とその変化

		計	経営者・世帯員等	被雇用者
2010 年		19,160,288	12,360,412	6,799,876
2015 年		15,687,798	8,679,514	7,008,284
10 年代前半の変化	実数	-3,472,490	-3,680,898	208,408
	%	-18.1	-29.8	3.1

注：経営者等については、従事日数階級別の実人数が分かるが、階級の中央の値（例えば、1～29 日の階級では（1+29）/2=15 日）に人数を乗じて、合計の従事日数に変換した。最上位の階級 250 日以上については、中央の値の代わりに 300 日を当てた。

が明らかとなった。ただし、表 2-4-1 で見た経営体数ほどには減っていないため、1 経営体当たりの従事日数を計算すると、2010 年の 137 人日から 2015 年には 180 人日へと増加している。経営者・世帯員等と被雇用者に分けて変化を見ると、被雇用者では従事日数が 3.1％増えているのに対し、経営者・世帯員等で 29.8％減少しており、対照的な結果となった。この間、林業経営は雇われ労働力への依存を強めたと言えよう。

表 2-4-10 は、この変化をより詳しく見るために、林業経営体を受託・立木買い実績のない経営体とある経営体（受託・立木買い経営体）とに分けて従事日数を集計したものである。受託・立木買いの実績がなく、したがって保有山林経営のみを行なっている経営体では、経営者・世帯員等の従事日数が、（表 2-4-2 から計算される）該当する経営体数の減少とほぼ同じ 38.5％減少するとともに、被雇用者の従事日数も 17.1％減少しており、合わせて従事日数の大きな減少が見られた。他方で、受託・立木買い実績のある経営体については、経営者・世帯員等の従事日数は、該当経営体の数ほどには減っておらず、被雇用者の従事日数は 6.5％の増加で、合わせて 4.2％のわずかな減少にとどまった。その結果、受託・立木買い経営体が 2015 年には林業経営体の総従事日数の 3 分の 2 近くを占めるようになっており、存在感を高めている [5)]。先に見たように被雇用者の割合が高まっていることと合わせて、山林保有経営体の自営性が低下し、受

表 2-4-10　受託・立木買いの有無別に見た林業経営従事日数と変化率

（単位：人日、％）

		2010 年	2015 年	変化率
計	経営者・世帯員等	12,360,412	8,679,514	-29.8
	被雇用者	6,799,876	7,008,284	3.1
	計	19,160,288	15,687,798	-18.1
受託・立木買いなし	経営者・世帯員等	7,423,002	4,567,772	-38.5
	被雇用者	987,021	818,697	-17.1
	計	8,410,022	5,386,468	-36.0
受託・立木買いあり	経営者・世帯員等	4,937,411	4,111,742	-16.7
	被雇用者	5,812,855	6,189,587	6.5
	計	10,750,266	10,301,329	-4.2

注：表 2-4-9 の注を参照。

託・立木買い経営体に組織される雇用労働力の重要性が高まっているものと考えられる。

表 2-4-11 は、地域別に従事日数の変化を見たものである。経営者・世帯員等の減少率が大きい点は全国共通である。被雇用者は東北と東海、近畿で減少し、他の地域では増加であった。また、計でも東北と近畿の減少率が高かった。これらの地域では先に見たように経営体数の減少が大きかったことが影響しているであろうし、そのことも含めて、東北では震災の影響があったものと考えられる。

表 2-4-11　地域別の林業経営従事日数変化率
（10 年代前半）

（単位：％）

	計	経営者・世帯員等	被雇用者
全国	-18.1	-29.8	3.1
北海道	-5.8	-20.8	17.2
東北	-27.7	-38.4	-10.2
岩手・宮城	-26.6	-34.8	-14.6
福島	-30.5	-40.8	-8.1
北陸	-18.6	-36.5	17.8
関東・東山	-4.9	-12.9	10.2
東海	-22.0	-28.3	-9.0
近畿	-33.5	-42.9	-9.3
中国	-16.2	-31.2	14.8
四国	-20.9	-36.3	1.5
九州・沖縄	-12.0	-23.3	7.0

注：表 2-4-9 の注を参照。

（4）　素材生産量

センサスは、過去 1 年間の素材生産量について、保有山林において自ら伐採した生産量と受託（請負）もしくは立木買いによる生産量とをそれぞれ聞いている。表 2-4-12 には、これを経営体タイプ別に集計した結果を示した。

まず、保有山林における生産量と受託・立木買いによる生産量を合わせた合計の素材生産量について見てみると、2015 年には合計の生産量は 19,888 千㎥となり、2010 年代前半の増加率は 27.3％となった。これは 2000 年代後半の増加率 13.0％と比べて、2 倍に伸びており、生産拡大が加速したことを示している。

なお、木材統計における素材生産量は、過去 1 年間を調査するセンサスに対応する年では、2004 年 15,615 千㎥、2009 年 16,619 千㎥、2014 年 19,916 千㎥であり、2000 年代後半の増加率は 6.4％、2010 年代前半の増加率は 19.8％であっ

表2-4-12　保有山林における素材生産量と受託・立木買いによる素材生産量とその変化

（単位：㎥、%）

	計	家族	会社	森組・生森	地公・財区	その他
2005年						
保有山林	3,901,994	2,012,352	1,086,868	241,670	189,368	371,736
受託立木買い	9,921,676	1,501,304	4,663,315	2,531,582	4,081	1,221,394
計	13,823,670	3,513,656	5,750,183	2,773,252	193,449	1,593,130
2010年						
保有山林	4,704,809	2,484,953	978,053	212,181	543,850	485,772
受託立木買い	10,915,882	2,139,016	5,068,267	3,059,734	39,427	609,438
計	15,620,691	4,623,969	6,046,320	3,271,915	583,277	1,095,210
2015年						
保有山林	4,342,650	1,766,229	1,294,564	288,536	548,467	444,854
受託立木買い	15,545,439	2,340,936	6,694,431	5,123,268	50,133	1,336,671
計	19,888,089	4,107,165	7,988,995	5,411,804	598,600	1,781,525
00年代後半						
保有山林	20.6	23.5	-10.0	-12.2	187.2	30.7
受託立木買い	10.0	42.5	8.7	20.9	866.1	-50.1
計	13.0	31.6	5.2	18.0	201.5	-31.3
10年代前半						
保有山林	-7.7	-28.9	32.4	36.0	0.8	-8.4
受託立木買い	42.4	9.4	32.1	67.4	27.2	119.3
計	27.3	-11.2	32.1	65.4	2.6	62.7

資料：農林業センサス

た。センサスと木材統計の素材生産量はある程度近い数字になってはいる。ただし、増加率はこの2期を通じてセンサスの方が高く、もともと開きのあった両者の数値は、2015年センサス時点では拮抗したものとなった。それがなぜなのかについて確たる理由を見出しがたい。木材統計では近年増加した素材のままの輸出やバイオマス発電施設に直接運び込まれる分などを含んでいないことが、10年代前半に関しては影響している可能性を指摘することはできるが、定かでなく、今後精査が必要である。

センサスの結果に戻り、保有山林における生産量と受託・立木買いによる生産量に分けて変化を見ると、2010年代前半には、受託・立木買いでの生産が42.4%増える一方、保有山林での生産は7.7%減るという大きな違いが見られた。

そしてこれは、2000年代後半には保有山林での生産も受託・立木買いによる生産のいずれもが増え、しかも保有山林での増加率の方が高かったのとは異なる傾向が現れたことを表している。その結果、素材生産量全体に占める受託・立木買いによる生産の割合は2005年の71.8%から2010年には69.9%へやや下落したが、2015年には78.2%と大きく上昇した。

このように、全体の素材生産量は2期を通じて増えているが、その中身を見ると、2000年代後半には保有山林での生産が、2010年代前半には受託・立木買いでの生産が生産量増加を牽引したという違いが見られたことは、素材生産の内実についてセンサスが明らかにしえた重要なポイントであろう。

さらに詳しく経営体タイプ別に見てみると、受託・立木買いによる生産では、2010年代前半には全てのタイプで生産量が増加した。率では、その他のタイプの増加率が大きいが、量では、森組・生森が2,064千㎥、会社が1,626千㎥増産したことが大きかった。この5年間の保有山林も含めた全体の生産量の増加が4,267千㎥であることと比べると、森組・生森と会社による受託・立木買いでの生産の伸びが重要な役割を果たしたことが分かる。一方、保有山林における生産では、会社が317千㎥増やしたのに対し、家族が719千㎥減らしたことが大きな動きであり、これによって全体として減産となった。これは、逆に家族が473千㎥増やし、会社が109千㎥減らした2000年代後半と対照的な動きであった。量的には小さいが、会社と同様に森組・生森も2000年代後半には生産量を減らしたが、2010年代前半には増やしている。

以上のように、2010年代前半には、家族による経営体が保有山林における生産を減らしたが、会社、森組・生森を中心に受託・立木買いによる生産が大きく伸びたことで、全体の素材生産量は押し上げられた。生産の機械化が進み、生産される素材もより太くなってきているという技術的な側面と、特に間伐の場合、生産効率化のための集約化が求められているという組織的な側面の両方から、保有山林経営体、特に家族が自ら素材生産を行うことは難しくなってきているものと考えられる。そのため、素材生産が、保有山林経営体から受託・立木買い経営体への委託や立木売りを経て行われるように変わってきているのではなかろうか。

表2-4-13は地域別に素材生産量とその変化を見たものである。受託・立木買いによる生産が2010年代前半に大きく増えたことは、福島県を除いて全国共通である。また、保有山林での生産が減少傾向であったことは、九州・沖縄を除いて共通である。九州・沖縄で、2000年代後半に引き続き、2010年代前半も保有山林での素材生産が増加していることは特異的な動きである。

より細かいデータとなるので表には示していないが、九州・沖縄では2010年代前半に家族経営体の保有山林における素材生産量が全国で唯一増えた（増加量59千㎥）。九州・沖縄の家族経営による保有山林での素材生産は2000年代後半には107千㎥増えており、それと比べると、増産は減速したが、2期連続しての増産である。その結果、九州・沖縄の家族経営体による保有山林での素材生産量は2015年に609千㎥に達しているが、これに次ぐのは四国の225千㎥、東北の221千㎥となっており、家族経営による保有山林での素材生産は九州・沖縄で際立っている。2010年センサスの分析では、家族経営体による保有山林での自伐がクローズアップされた（佐藤、2014）。2015年センサスの結果を見る限り、全国的にはその勢いは止まったかに見えるが、地域によっては、家族経営体による保有山林での素材生産量が伸びているところもあるのである。

東北における素材生産は、保有山林における生産は2010年代前半に19.2％の減少、受託・立木買いによる生産は16.4％の増加であった。受託・立木買いによる生産は増加したものの、その増加率は全国の42.4％と比べると明らかに小さい。特に、福島県では受託・立木買いによる生産が44.9％、337千㎥も減っており、震災、特に原発事故の影響で生産が停滞したものと見られる。

表 2-4-13　地域別の素材生産量と変化率

	保有山林	受託・立木買い	計
全国			
2005 年	3,901,994	9,921,676	13,823,670
2010 年	4,704,809	10,915,882	15,620,691
2015 年	4,342,650	15,545,439	19,888,089
00 年代後半	20.6	10.0	13.0
10 年代前半	-7.7	42.4	27.3
北海道			
2005 年	298,856	2,170,637	2,469,493
2010 年	714,977	2,058,804	2,773,781
2015 年	722,365	3,492,177	4,214,542
00 年代後半	139.2	-5.2	12.3
10 年代前半	1.0	69.6	51.9
東北			
2005 年	666,010	2,621,018	3,287,028
2010 年	878,558	3,305,262	4,183,820
2015 年	710,309	3,848,090	4,558,399
00 年代後半	31.9	26.1	27.3
10 年代前半	-19.2	16.4	9.0
岩手・宮城			
2005 年	335,160	940,440	1,275,600
2010 年	406,598	1,174,981	1,581,579
2015 年	259,424	1,410,340	1,669,764
00 年代後半	21.3	24.9	24.0
10 年代前半	-36.2	20.0	5.6
福島			
2005 年	117,155	512,759	629,914
2010 年	137,399	750,396	887,795
2015 年	103,545	413,712	517,257
00 年代後半	17.3	46.3	40.9
10 年代前半	-24.6	-44.9	-41.7
北陸			
2005 年	45,299	200,485	245,784
2010 年	97,741	235,325	333,066
2015 年	40,928	333,224	374,152
00 年代後半	115.8	17.4	35.5
10 年代前半	-58.1	41.6	12.3

資料：農林業センサス

表 2-4-13　地域別の素材生産量と変化率（つづき）

（単位：㎥、%）

	保有山林	受託・立木買い	計
関東・東山			
2005年	701,475	801,194	1,502,669
2010年	534,472	918,995	1,453,467
2015年	372,005	1,316,425	1,688,430
00年代後半	-23.8	14.7	-3.3
10年代前半	-30.4	43.2	16.2
東海			
2005年	344,652	435,380	780,032
2010年	304,952	477,014	781,966
2015年	261,389	719,714	981,103
00年代後半	-11.5	9.6	0.2
10年代前半	-14.3	50.9	25.5
近畿			
2005年	260,857	410,840	671,697
2010年	256,267	317,143	573,410
2015年	203,400	674,896	878,296
00年代後半	-1.8	-22.8	-14.6
10年代前半	-20.6	112.8	53.2
中国			
2005年	357,048	641,223	998,271
2010年	337,694	618,491	956,185
2015年	254,163	1,094,607	1,348,770
00年代後半	-5.4	-3.5	-4.2
10年代前半	-24.7	77.0	41.1
四国			
2005年	309,128	583,039	892,167
2010年	512,653	549,061	1,061,714
2015年	421,460	842,101	1,263,561
00年代後半	65.8	-5.8	19.0
10年代前半	-17.8	53.4	19.0
九州・沖縄			
2005年	918,669	2,057,860	2,976,529
2010年	1,067,495	2,435,787	3,503,282
2015年	1,356,631	3,224,205	4,580,836
00年代後半	16.2	18.4	17.7
10年代前半	27.1	32.4	30.8

3．山林保有経営体の動向

（1）保有山林面積規模別分布

表2-4-14は山林保有経営体の保有面積規模別の経営体数と保有山林面積を見たものである。10年代前半には、経営体数が全体として大きく減る中で、表で区分した4つの階層いずれにおいても経営体数が減少した。表には示していないが、いずれの階層においても経営体数の減少率は2000年代後半より2010年代前半の方が高まった。例えば、3～20haの小規模層では、2000年代後半の減少率は32.2％であったが、2010年代前半の減少率は40.5％に高まった。

このようにいずれの階層においても経営体数の減少が続いているが、相対的には大規模層の減り方が小さく、大規模な経営体の構成比が高まる傾向にある。この傾向は、表に見る通り、2000年代後半から続いているものである。2015年においてもまだ経営体数の構成比では、3～20haの小規模層が77.2％と大き

表2-4-14　山林保有経営体の保有面積規模別経営体数、面積とその構成比

（単位：ha、％）

	計	3～20ha	20～100ha	100～1,000ha	1,000ha以上
経営体数					
2005年	197,188	162,668	29,276	4,752	492
％	100	82.5	14.8	2.4	0.2
2010年	137,544	110,299	22,763	3,986	496
％	100	80.2	16.5	2.9	0.4
2015年	85,037	65,652	15,765	3,162	458
％	100	77.2	18.5	3.7	0.5
面積					
2005年	5,787,312	1,124,996	1,065,864	1,200,217	2,396,236
％	100	19.4	18.4	20.7	41.4
2010年	5,175,801	788,356	830,308	1,027,186	2,529,951
％	100	15.2	16.0	19.8	48.9
2015年	4,372,203	475,974	584,268	823,650	2,488,311
％	100	10.9	13.4	18.8	56.9

注：林業経営体のうち3ha以上を保有する山林保有経営体についての集計である。

な部分を占めているが、面積の構成比で見れば、この小規模層が保有する面積割合は既に10.9％まで低下している。反対に、1,000ha以上層の割合は2015年には56.9％まで高まり、ついに過半を占めるようになった。面積的には、今やセンサスで捉えられる山林保有経営の活動の半分以上は1,000ha以上の超大規模層で起こっていることというわけである。詳しくは個票を接続するなどして確かめなければならないことであるが、林地を取得して大規模化を果たした経営体もあるかもしれないが、それよりも、全体の経営体数や保有山林面積が減っていることからして、小規模層ほど活動実績を失い林業経営体の基準から漏れていくために、相対的に大規模層の存在感が高まっているのだと推察される。

（2）保有山林での作業実施

次に、保有山林での作業実施について見ていく。表2-4-15と表2-4-16はそれぞれ2000年代後半と2010年代前半について地域別に作業実施面積の変化率を見たものである。2010年と2015年のセンサスでは、保育間伐と利用間伐が分けて調査されているが、2005年は間伐としてだけ調査がなされているので、表2-4-15では2005年の間伐実施面積と2010年は保育間伐と利用間伐の実施面積を合計したものを比べて、表を作っている。

まず、全国の変化率を見ると、2000年代後半には全ての作業種類で実施面積が減少したのに対し、2010年代前半には利用間伐と主伐がそれぞれ17.4％と26.3％増加した。2000年代後半には、先に見たように素材生産量は全体としても、保有山林における自ら生産した量としても増えていたから、間伐の中で利用間伐は増えていた可能性は十分に考えられる。おそらく、利用間伐は2期連続の増加である。しかし、2000年代後半には15.4％の減少であった主伐が2010年代前半に26.3％もの増加となったことは、大きな転換といえよう。これは、戦後の高度経済成長期に造林された人工林が主伐の時期を迎え始めたという転換期にあることを示す結果である。

地域別では、利用間伐は関東・東山で10.8％、四国で5.0％減少した以外は全ての地域で増加した。主伐は関東・東山で21.3％、東海で15.7％減少したのに加え、東北でもほとんど増えなかったが、それ以外の地域では増加した。特に、四国71.5%、九州・沖縄61.5%、中国61.0%と、主伐は西日本で60%を超える高い増加率となった。人工林の成長がよく、戦後造林資源の成熟が早い西日本から主伐が活発化している様子が捉えられたのではないかと考えられる。関連して、九州・沖縄では 2010 年代前半に植林が唯一増加しており、その増

表 2-4-15　地域別の作業実施面積の変化率（2000 年代後半）

（単位：%）

	植林	下刈りなど	間伐	主伐
全国	-10.7	-43.3	-34.3	-15.4
北海道	11.3	-35.5	-23.4	-27.1
東北	33.8	-38.7	-32.8	12.6
岩手・宮城	-35.1	-7.7	-33.8	0.0
福島	292.6	-62.7	-11.5	7.7
北陸	-38.0	-46.0	-22.7	17.6
関東・東山	-22.1	-42.0	-20.6	26.4
東海	-49.4	-59.5	-28.3	-28.7
近畿	12.0	-52.9	-37.5	-45.6
中国	-29.2	-43.3	-41.3	-38.6
四国	-38.0	-48.6	-52.9	-28.5
九州・沖縄	-28.4	-43.3	-40.5	-19.9

資料：農林業センサス

表 2-4-16　地域別の作業実施面積の変化率（2010 年代前半）

（単位：%）

	植林	下刈りなど	保育間伐	利用間伐	主伐
全国	-22.2	-33.7	-50.2	17.4	26.3
北海道	-8.9	-5.1	-38.8	20.1	43.2
東北	-57.0	-43.1	-58.5	9.6	0.6
岩手・宮城	-8.7	-54.1	-49.0	2.1	-2.1
福島	-90.2	-43.1	-61.3	1.1	-16.7
北陸	-45.4	-40.7	-60.2	13.1	11.0
関東・東山	-38.3	-55.4	-50.6	-10.8	-21.3
東海	-32.9	-33.7	-51.8	36.0	-15.7
近畿	-47.5	-51.4	-57.0	37.2	45.5
中国	-41.6	-33.8	-44.3	68.7	61.0
四国	-16.3	-55.6	-48.4	-5.0	71.5
九州・沖縄	34.4	-22.9	-40.8	29.0	61.5

資料：農林業センサス

加率は34.4％であった。主伐後の再造林が進んだ結果と考えられる。九州・沖縄では2014年、2015年の春に苗木不足が問題になったが、その背景には、このようについに植林面積が増加を始めたことがある。なお、下刈りなどと保育間伐は2010年代前半、全ての地域で減少であった。

東北は他地域と比べ、利用間伐の増加が低調であるし、主伐はほとんど伸びていない。特に、被災3県では、利用間伐がほとんど増えていないし、主伐が減少している。ここにもやはり震災が影響を及ぼしているものと考えられる。

表2-4-17は経営体タイプ別に2010年代前半の保有山林における作業実施面積の変化率を見たものである。経営体タイプ別に特に明確な差は認められないが、利用間伐、主伐とも家族やその他の伸びは比較的小さい。家族やその他については、経営体数がそもそも大きく減少したことが影響しているのではないかと推測される。

表2-4-18は、地域別に保有山林面積に対する作業実施率を示し、その変化を見たものである。表2-4-15や表2-4-16が作業実施面積の変化を見ていたのと比べると、保有山林面積自体も年々減っているため、表2-4-15や表2-4-16と比べ、表2-4-18では変化がより正で大きい方へ偏り、変化の方向が違うこともある。例えば、表2-4-16で主伐の実施面積は岩手・宮城、福島、関東・東山、東海で減少していたが、保有山林面積に対する実施面積の比率を見た表2-4-18では、これらの県、地域でも主伐の実施率は上昇している。このような場合、活動実績のある林業経営体ではなくなる者が多く、全体の作業実施面積は減っているが、活動実績のある林業経営体に限れば、作業実施が活発化しているというこ

表2-4-17　経営体タイプ別作業実施面積の変化率（10年代前半）

（単位：％）

	植林	下刈りなど	切捨間伐	利用間伐	主伐
計	-22.2	-33.7	-50.2	16.9	26.3
家族	-9.9	-31.9	-46.4	5.4	21.3
会社	18.3	-31.8	-47.9	30.6	20.1
森組・生森	-28.6	-53.8	-44.2	58.6	37.3
地公・財区	-60.3	-20.8	-49.6	19.5	60.0
その他	-51.0	-43.3	-66.0	10.7	20.2

資料：農林業センサス

表 2-4-18　保有山林面積に対する作業実施率

（単位：％）

		植林	下刈りなど	切捨間伐	利用間伐	主伐
全国	2005 年	0.4	4.0	-	-	0.3
	2010 年	0.4	2.6	2.3	0.9	0.3
	2015 年	0.4	2.0	1.4	1.2	0.4
北海道	2005 年	0.5	3.6	-	-	0.4
	2010 年	0.6	2.3	0.9	1.0	0.3
	2015 年	0.5	2.2	0.6	1.2	0.4
東北	2005 年	0.4	4.8	-	-	0.2
	2010 年	0.6	3.5	2.6	0.8	0.3
	2015 年	0.3	2.5	1.4	1.1	0.4
岩手・宮城	2005 年	0.4	3.7	-	-	0.4
	2010 年	0.3	4.0	2.4	0.7	0.4
	2015 年	0.4	2.3	1.6	0.9	0.6
福島	2005 年	0.4	6.6	-	-	0.2
	2010 年	2.0	3.0	2.5	0.9	0.3
	2015 年	0.3	2.5	1.4	1.3	0.3
北陸	2005 年	0.3	5.0	-	-	0.1
	2010 年	0.3	3.5	2.4	0.5	0.1
	2015 年	0.2	2.4	1.1	0.6	0.2
関東・東山	2005 年	0.3	3.6	-	-	0.2
	2010 年	0.3	2.1	1.8	1.0	0.2
	2015 年	0.2	1.3	1.2	1.2	0.3
東海	2005 年	0.3	3.1	-	-	0.2
	2010 年	0.2	1.3	3.0	0.7	0.2
	2015 年	0.2	1.2	2.0	1.3	0.2
近畿	2005 年	0.2	3.0	-	-	0.2
	2010 年	0.3	1.8	3.4	0.6	0.1
	2015 年	0.2	1.1	1.8	0.9	0.2
中国	2005 年	0.5	4.2	-	-	0.1
	2010 年	0.5	3.0	2.7	0.6	0.1
	2015 年	0.3	2.2	1.7	1.1	0.2
四国	2005 年	0.4	3.3	-	-	0.3
	2010 年	0.4	2.2	4.3	1.4	0.3
	2015 年	0.3	1.0	2.2	1.4	0.5
九州・沖縄	2005 年	0.7	5.7	-	-	0.5
	2010 年	0.6	3.7	2.7	1.3	0.5
	2015 年	1.0	3.5	2.0	2.1	1.0

資料：農林業センサス

とになる。表2-4-18のような見方をすれば、2010年代前半は、植林は九州・沖縄以外の地域は全て実施率が下落、下刈りなどと切捨間伐は全ての地域で下落、利用間伐は四国を除く全ての地域で上昇、主伐は全ての地域で上昇となった。少なくとも活力を維持している林業経営体については、保育期から利用期への移行が全国的に進んでいると言ってよいであろう。

2015年の実施率で興味深いのは、九州・沖縄で主伐と植林の実施率がほぼ1%に近いことである。保有山林における人工林率が50%であると仮定し、主伐と植林がその中で行われていると考えれば、50年に1回伐って植えるペースで主伐と植林が行われていることになる。九州・沖縄では人工林の成長が早いといっても、主伐が行われるのは40、50年生以上である。活動実績のある林業経営体の人工林率はもっと高いのかもしれないが、それにしても人工林をフル稼働に近いレベルで植伐して維持できるかどうかの早いペースで主伐が行われていることを意味する。ただし、これは先に論じたように、林業経営体が保有する民有林の限られた一部で行われていることに過ぎない。九州・沖縄における割合は分からないが、全国と同じであるとすれば、上記のように活発な植伐は、林業経営体が保有する民有林の25%において起こっていることであり、残る75%で何が起こっているかはセンサスの調査結果には表れてこない。3ha未満を保有する経営体の活動については不明である。3ha以上を保有する経営体で実査対象とならなかった場合は、5年間継続した活動実績がなかったわけであるが、断続的に単年や2、3年に渡って作業を実施した場合もあると思われ、そうした活動はセンサスでは捉えることができない。

九州・沖縄では各県の資料などを見ると、主伐後にある程度は再造林放棄が起こっていることは間違いない。しかし、表2-4-18では植林と主伐の実施率がほぼ等しい。センサスの調査対象となる林業経営体では再造林率が高いのかもしれないが、単年度の変動でたまたまそうなっただけかもしれない。下刈りは植林後5、6年は必要とされていることからすると、植林実施率上昇に伴って下刈りなど実施率がその5,6倍程度まで今後上昇するかどうかが注目される。

主伐と利用間伐については、先に見た通り、四国の利用間伐以外、全て2010年代前半には実施率が上昇したが、主伐と利用間伐の実施率の上昇を比較すると、九州・沖縄のほか、北海道と四国では、主伐の実施率の伸びが大きい。一方、東北、東海、近畿、中国では、主伐よりも利用間伐の伸びの方が顕著である。関東・東山と北陸は、主伐、利用間伐とも伸び幅が小さかった。利用間伐が主に伸びる段階にある地域や、主伐が伸びる段階に既に移行した地域といった地域差を表した結果と考えられる。

（3）林産物販売

表2-4-19は、林業経営体に占める林産物販売のある経営体の割合を見たものである。この表の計の欄は立木から特用林産物のいずれか1つ以上の販売実績のある経営体の割合を意味している。まず、この計について見てみると、2005年から2015年の10年では林産物販売のある経営体の割合は7.78％から15.54％へほぼ倍増していることが分かる。もともとの水準が異なるが、どの地域もほぼ倍増という意味では同じような傾向を示している。

ただし、やはりセンサスが2005年以降、活動実績のある経営体だけの調査となっていることに注意が必要である。林業経営体の数は2005年の200,224経営体から2015年の87,284経営体へ56.4％減少している。そのため、実施率は倍増しても、実際に販売実績のある経営体の数は、2005年の15,584経営体から2015年の13,563経営体へ減少しているのである。従って、生産活動実績のある林業経営体の中で、収入につながる販売の実績のある経営体の割合は増えているとは言いうるものの、販売実績のある経営体、森林所有者が増えているということまではないという状況である。

品目ごとに見ると、いずれの品目でも販売のある経営体の割合は上昇しているが、ほだ木と特用林産物の販売のある経営体は実数としては、ほだ木で2005年の1,642経営体から2015年の1,075経営体へと減少し、特用林産物では同時期に2,255経営体から1,660経営体へと減少した。また、素材の販売でも、割合は2倍近く伸びているが、実数としては9,472経営体から8,506経営体へと減少した。しかし、立木の販売だけは、割合は全国で2.9倍、地域によっては3倍以上に伸びており、実数でも2005年の3,870経営体から2015年の4,875経営体へと増加した。立木の販売は主に主伐時に実施される販売方法であり、上

表 2-4-19　林産物販売のある経営体の割合

（単位：%）

	計	立木	素材	ほだ木	特用林産
全国					
2005 年	7.78	1.93	4.73	0.82	1.13
2010 年	11.40	3.63	6.64	1.14	1.45
2015 年	15.54	5.59	9.75	1.23	1.90
北海道					
2005 年	6.32	2.58	3.74	0.51	0.35
2010 年	9.87	4.74	5.12	0.48	0.63
2015 年	13.58	7.25	6.85	0.73	0.73
東北					
2005 年	6.03	2.22	2.42	1.09	1.02
2010 年	10.30	5.18	4.08	1.28	1.29
2015 年	13.86	7.36	6.87	1.11	1.20
岩手・宮城					
2005 年	7.38	3.07	2.65	1.29	1.22
2010 年	11.50	6.35	3.86	1.30	1.49
2015 年	15.05	9.15	5.92	1.18	1.64
福島					
2005 年	6.58	2.10	2.53	2.21	0.81
2010 年	10.35	4.44	4.14	2.43	1.08
2015 年	13.49	6.32	8.23	1.21	1.07
北陸					
2005 年	4.25	1.40	1.75	0.47	1.17
2010 年	7.49	2.59	3.78	0.60	1.38
2015 年	9.09	3.80	3.70	1.03	2.22
関東・東山					
2005 年	8.41	2.14	4.77	1.23	1.51
2010 年	12.49	3.48	7.21	2.01	1.90
2015 年	14.63	4.99	8.93	1.38	1.68
東海					
2005 年	8.01	1.95	5.54	0.58	0.67
2010 年	11.48	2.91	8.24	0.70	0.95
2015 年	15.10	4.02	11.05	1.11	1.54
近畿					
2005 年	6.14	2.01	3.42	0.39	1.03
2010 年	8.90	2.95	5.61	0.69	1.14
2015 年	13.52	4.68	7.95	0.99	2.00
中国					
2005 年	6.51	1.45	4.02	0.46	1.06
2010 年	8.37	2.57	4.99	0.66	1.08
2015 年	11.97	4.14	7.38	0.78	1.46
四国					
2005 年	9.61	1.23	7.14	0.51	1.34
2010 年	12.97	1.87	9.49	0.97	1.74
2015 年	18.18	3.15	13.32	0.72	3.04
九州・沖縄					
2005 年	13.01	2.22	9.04	1.50	1.69
2010 年	18.80	4.60	11.54	2.20	2.71
2015 年	25.11	7.71	18.06	2.49	3.51

資料：農林業センサス

で見たように保有山林における主伐の実施が増えていることと同時に起こっていることである。

東北、またそのうちの岩手・宮城、福島においても、立木や素材を販売する経営体の割合は他地域と遜色なく増えているようである。ただし、表 2-4-6 で見たように、東北や被災 3 県では、林業経営体数の減少が他地域と比べ多かったことには注意が必要である。ほだ木と特用林産物に関しては、岩手・宮城の特用林産物以外は、販売のある経営体の割合が東北、岩手・宮城、福島では 2010 年代前半には下落している。割合の下落は、他の地域では関東・東山のほだ木と特用林産物、四国のほだ木で見られる他はなく、関東・東山も含め、震災の影響があったものと推定される。特に、福島におけるほだ木の販売のある経営体の割合は 2010 年代前半に半分に落ちており、深刻である。実数では、2005 年に 159 経営体、2010 年に 120 経営体がほだ木を販売していたのが、2015 年には 33 経営体のみと大きく落ち込んでいる。

表 2-4-20 は林産物販売金額規模別の経営体数を見たものである。2010 年代前半は販売のある経営体数は先に見たように減っているのであるが、販売金額の規模が大きな経営体が増えていることが分かる。この表 2-4-20 を使い、各階層の経営体数に階層の中央の金額[6] を乗じて、足し合わせ、収入金額の各年の総額を求めたところ、2005 年の総収入は 908 億円、2010 年は 1,078 億円、2015 年は 1,259 億円と推定された。従って、全体としての販売収入、また当然、1 経営体当たりの販売収入は増加しているのである。このように、山林保有経営体数自体が減り、またその中で林産物販売のある経営体数も減っているが、販売している経営体の収入は増えているというのが 2010 年代前半の山林保有経営体の状況を特徴づけているように思われる。

表 2-4-20　林産物販売収入金額規模別経営体数

	200 万未満	2-500 万	500-3 千万	3 千万-1 億	1 億以上	計
2005 年	12,298	1,734	1,144	298	110	15,584
2010 年	12,946	1,351	1,177	354	155	15,983
2015 年	10,261	1,445	1,266	378	213	13,563

資料：農林業センサス

4．受託・立木買い経営体の動向

（1）収入金額規模分布

センサスは、受託・立木買い経営体の規模に関して、作業受託・立木買いによる料金収入を聞いている。この設問では、作業受託をした場合については、そのまま受託料収入を聞いているが、立木買いを行った場合については、素材売却額と立木購入額との差額を立木買いの場合の料金収入として扱うこととしている。表2-4-21は、経営体タイプごとに収入金額規模別の経営体数を見たものである。

まず、全体の傾向を見ると、受託・立木買い経営体の合計の経営体数は、前にも見た通り、2000 年代後半には若干増えたが、2010 年代前半には大きく減少した。これを収入金額規模で分けて見てみると、2010 年代前半の経営体数の減少は、200 万円未満と 2〜500 万円の零細規模層で専ら起こっており、それ以上の階層では経営体はむしろ増えていることが分かる。これは 2000 年代後半に収入金額 200 万円未満の経営体が大きく増加したのとは大きく異なる傾向である。2010 年代前半には零細規模層の退出と、経営を継続した経営体の中での規模拡大が進んだものと考えられる。

その結果、2015 年には受託・立木買い経営体の数は 5,159 経営体とかなり減少したが、これらの経営体が得る収入金額はむしろ増加したと見られる。先に山林保有経営体の林産物販売金額について行ったように、表2-4-21の経営体タイプ計の分布を使い、各階層の経営体数に階層の中央の金額[7]を乗じて、足し合わせ、収入金額の各年の総額を求めたところ、2005 年の総収入は 1,702 億円、2010 年は 1,590 億円、2015 年は 1,902 億円と推定された。従って、経営体の数は 2010 年が最も多く、ついで 2005 年、2015 年の順となるが、収入金額では、それとは反対に、2015 年が最も多く、ついで 2005 年、2010 年の順となるのである。その意味で、2010 年代前半には経営体の数こそかなり減ったものの、経営体の規模拡大が進み、受託・立木買い経営体の活動は全体として拡大したものと考えられる。このことは、先に見たように、受託・立木買いのある経営体

表 2-4-21　経営体タイプ・受託料金収入金額規模別経営体数

	200 万未満	2-500 万	500-3 千万	3 千万-1 億	1 億以上	計
計						
2005 年	2,607	1,082	1,781	800	403	6,673
2010 年	3,550	869	1,285	664	434	6,802
2015 年	1,886	542	1,344	848	539	5,159
家族						
2005 年	2,113	684	617	71	5	3,490
2010 年	3,176	644	592	98	8	4,518
2015 年	1,694	410	648	131	8	2,891
会社						
2005 年	169	133	528	385	116	1,331
2010 年	111	91	344	337	168	1,051
2015 年	77	66	424	430	217	1,214
森組・生森						
2005 年	88	59	211	237	268	863
2010 年	85	52	153	166	247	703
2015 年	42	27	131	203	284	687
地公・財区						
2005 年	18	5	7	0	0	30
2010 年	27	3	11	1	1	43
2015 年	12	6	7	2	0	27
その他						
2005 年	219	201	418	107	14	959
2010 年	151	79	185	62	10	487
2015 年	61	33	134	82	30	340

資料：農林業センサス

において従事日数の減少が小幅であったり、受託・立木買いによる素材生産量が大きく増加していたことと符合する結果であると言えよう。

2000 年代後半には零細規模の経営体が大幅に増えたのであるが、経営体タイプ別に見ると、これはもっぱら家族経営体のカテゴリーで生じたことであった。2000 年代後半に家族による収入金額 2 百万円未満の零細な受託・立木買い経営体が約 1 千経営体増えた。しかし、2010 年代前半にはこの階層で約 1,500 の家族経営体が減少するとともに、5 百万円以上の家族経営体が増加し、家族経営体の規模分布は大きく変わった。零細規模層は、大規模な経営体と比べて、出入りが激しいということは十分ありうることであるが、なぜ、2000年代後半に零細な家族経営体が大きく増え、次の5年間にはいなくなってしまったのか、合理的な説明をつけることは難しいように思われる。またそれゆえ、次の5年間にどのような動きがあるのかも予想が立てづらいところではある。

家族経営体の動きと比べると、会社形態をとる経営体の分布は安定しており、この10年で着実に規模拡大が進んでいる。特に、2010年代前半には、会社の受託・立木買い経営体は数が増えたことと、わずかな差ではあるが、経営体数が最多の規模階層が3千万～1億円の階層へ一つ上方移動したことが特筆される。

森組・生森は、2010年代前半には経営体数は減ったものの、経営規模の拡大は続いている。森林組合の場合、一つには、組合合併が進んだことがこの流れを形成していることが考えられる。森林組合統計によると、2009年度末の全国の森林組合数は692組合であったが、2014年度には631組合へと61組合減少している。センサスの場合、支所単位で回答する場合があるため、経営体数が全国の組合数より多くなっている。また、組合合併があった場合も、合併前の組合が支所となり、その支所単位で回答することがあるために経営体数が減らないことがありうる。センサスの経営体数が2010年代前半に16経営体しか減っていないのはそのためではないかと考えられる。そして、全体としては16経営体しか減っていないのに、表からは多くの経営体が規模階層を上方移動していることが読み取ることができる。このことから、経営規模の拡大は、必ずしも合併によるものではなく、それぞれの組合が事業拡大を図ることで進んでいるものと推察される。

（2）受託・立木買いによる作業実施面積

表2-4-22は、受託・立木買いによる作業実施面積を地域ごとに集計し、2010年代前半の変化率を見たものである。全国では、作業実施面積が増えたのは利用間伐だけであった。植林や、下刈りなど、保育間伐が減ることはともかくとして、受託・立木買いによる素材生産量が42.4％も伸びたこと（表2-4-12）や、山林保有経営体の（委託に出した分も含めた）主伐の作業実施面積が26.3％増加

表 2-4-22　地域別の作業実施面積変化率（2010年代前半）

（単位：％）

	植林	下刈りなど	保育間伐	利用間伐	主伐受託	主伐立木買い
全国	-8.8	-17.4	-45.2	18.5	-43.3	-15.4
北海道	12.3	-8.7	-34.5	8.9	-62.2	-18.2
東北	-32.9	-37.5	-64.7	13.6	-26.0	-20.4
岩手・宮城	-30.3	-15.6	-50.4	19.4	161.4	5.3
福島	-65.8	-62.6	-73.2	-6.3	-42.6	-82.4
北陸	436.6	58.5	-32.7	110.6	780.8	245.6
関東・東山	15.4	14.0	-24.6	38.4	17.1	-32.3
東海	-31.7	-21.9	-40.7	-17.9	48.8	-64.7
近畿	19.0	-27.7	-35.5	100.4	182.7	-5.3
中国	19.8	-7.3	-21.8	109.5	-50.1	-21.4
四国	-0.6	-53.5	-50.7	23.7	-44.0	-57.3
九州・沖縄	-52.7	-38.7	-60.3	3.8	-60.8	6.2

資料：農林業センサス

したこと（表2-4-16）などから考えると、主伐、特に主伐立木買いの作業実施面積は増えるのが整合的ではないかと思われる。特に、主伐が減るなかで、利用間伐の面積が18.5％増えたことで、素材生産量が4割も増えるのかが疑問である。地域別で見ても、利用間伐は多くの地域で増加しているが、主伐受託、主伐立木買いは減少した地域が多い。センサスでは、国有林や林業経営体と判定されなかった民有林の経営体の動向が分からず、作業受委託が全体としてどのように行われているのか解明しえない部分があり、このあたりの整合性をどう理解するのかは残された課題である。

植林、下刈りなど、保育間伐については、山林保有経営体の保有山林での作業実施面積（これには受託・立木買い経営体に委託に出した分も含む）の2010年代前半の減少率はそれぞれ22.2％、33.7％、50.2％であった（表2-4-16）。山林保有経営体の自力実施から委託が増えているとすれば、受託による作業実施面積の減少率がそれぞれ表に示した通り8.8％、17.4％、45.2％であったことは、保有山林の作業実施面積の変化と大きな齟齬はないように思われる。

最後に表2-4-23は、受託・立木買いによる作業実施面積と2010年代前半の変化を経営体タイプ別に見たものである[8)]。森組・生森においてだけ、利用間

表 2-4-23　経営体タイプ別受託・立木買いによる作業実施面積と変化率

（単位：ha、%）

	植林	下刈りなど	保育間伐	利用間伐	主伐受託	主伐立木買い
計						
2010年	26,755	180,095	201,098	89,011	32,387	30,077
2015年	24,401	148,833	110,260	105,511	18,368	25,457
変化率（%）	-8.8	-17.4	-45.2	18.5	-43.3	-15.4
家族						
2010年	2,473	14,391	22,127	10,289	5,630	6,381
2015年	2,136	9,961	9,522	8,841	3,519	4,200
変化率（%）	-13.6	-30.8	-57	-14.1	-37.5	-34.2
会社						
2010年	7,733	58,441	50,501	42,215	23,493	16,574
2015年	7,339	47,325	24,980	41,957	10,197	13,273
変化率（%）	-5.1	-19.0	-50.5	-0.6	-56.6	-19.9
森組・生森						
2010年	15,647	99,745	118,223	33,140	2,270	4,196
2015年	13,888	84,598	70,275	49,162	3,079	6,089
変化率（%）	-11.2	-15.2	-40.6	48.3	35.6	45.1
地方公共団体						
2010年	114	1,321	2,563	316	2	89
2015年	17	235	75	201	32	89
変化率（%）	-85.4	-82.2	-97.1	-36.4	1,550.8	-0.2
その他						
2010年	787	6,197	7,684	3,051	992	2,836
2015年	1,022	6,714	5,408	5,350	1,542	1,806
変化率（%）	29.8	8.3	-29.6	75.4	55.4	-36.3

資料：農林業センサス

伐、主伐受託、主伐立木買いが大きく増加しており、家族や会社との違いが際立っている。その結果、森組・生森の利用間伐面積は 2015 年に会社のそれを上回った。一方、森組・生森の主伐面積は会社より一桁小さいものであり、家族経営による分と肩を並べる程度にとどまっている。

5．おわりに

本節では、2005年に林業経営の捉え方が大きく変わって以降の3回のセンサスの結果から、2000 年代後半、2010 年代前半という我が国にひさびさに訪れた素材生産拡大期における林業経営の変化を追った。

素材生産量は 2010 年代前半には 27％増加しており、2000 年代後半と比べ、生産拡大は加速していた。この生産量の増加自体は毎年の木材統計から分かっていたことであるが、センサスの強みはどこでどのように素材生産が行われたのかを探ることができる統計調査であることである。まず、保有山林における作業実施についての結果から、2000 年代後半には減少した全国の主伐面積が2010年代前半には増加に転じており、主伐期を迎えつつある状況が映し出された。地域的には、北海道や東北でも引き続き活発な主伐が見られたが、特に人工林の成長が早い西南日本において主伐が大きく伸びていることが捉えられた。また、素材生産の担い手に関しては、2010年代前半には家族経営体による保有山林での生産が減ったが、そのマイナス分を上回って、会社、森林組合が受託・立木買いでの生産を増やしていた。2000年代後半にはむしろ保有山林での生産や、家族による生産が増えたこととは逆であり、2 期続いた生産拡大も、その担い手は変わりつつあることを示す結果となった。

このように素材生産が活発化する一方で、林業経営体数は大幅に減少するなど、林業経営全体が活性化したというわけにはいかなかった。とりわけ、山林保有経営体については、2010 年代前半の経営体の減少率は 38％と大きなものであった。その結果、民有林に占める林業経営体が保有する割合は 2015 年に25％まで低下した。また、山林保有経営体における林業への従事日数も経営体数と同程度に減少が進んだと思われる。保有山林における植林や下刈り、保育間伐も減少が続いている。ただし、唯一の光明として、林業経営体の林産物販売収入金額は全体として増加しており、保有山林における利用間伐や主伐の増加が経営の増収につながっていることが見出された。活動実績を失い林業経営体から脱落していく者が多い一方で、活動を継続している経営体は生産を活発化させ、増収を達成していた。一方、受託・立木買い経営体は経営体数こそ減少したものの、それは主に零細規模経営体の脱落によるものであり、経営体の規模拡大が進み、素材生産量や料金収入金額は順調に増加した。2015 年には、受託・立木買い経営体が林業経営体の総従事日数の3分の2近くを占めるまでになり、受託・立木買い経営体とそこに組織される雇用労働力の役割が大きくなった。

将来に向けては、山林保有経営体については今回の結果からはその自営性の低下が否めず、それを補う役割として、受託・立木買い経営体とそこに組織される雇用労働力への期待が高まらざるを得ない。また、経営受委託が今後どのように展開していくのかも注目される。とはいえ、山林保有経営体も山林経営の主体として今後いかに立て直しが図られるのかにも注視していかなければならない。林業経営の場合、一旦活動実績を失っても、人工林資源自体は成長を続けていることが多い。そうした資源を活用することで、減少の続いている経営体数やその保有面積がいつ下げ止まるのか、また、利用間伐や主伐に続いて、次は植林や保育の作業実施面積がいつ上昇を見せるのか注目されるところである。

本節の分析では、林業経営体の林業経営に関する調査項目の多くを利用し、一通りのデータから林業経営の現状を描くことを試みたが、筆者の力不足により、林業経営体が家族の場合の世帯に関する調査結果や農業経営体でもある場合の農業経営に関する調査結果については、利用することができなかった。これらの活用は残された課題である。また、3 回のセンサス間での個票の接続も今後試みるべき課題である。山林保有経営体数が大きく減少する中で、その出入りがどのように起こっているのか、作業・受託経営体についても 2010 年には大きく増えた家族が 2015 年には大きく減ったことがどのようにして起こったのかなど、個票を接続すれば、さらに詳しく状況を明らかにすることができよう。

最後に、東日本大震災の影響を捉えることも今回の分析の課題であったが、これについては、まず、被災3県の林業経営体の減少率が、全国の 38％に比べ、岩手・宮城 42％、福島 45％とやや高かったとの結果が出た。そして、特に原発事故のあった福島では、素材生産量が 42％減、ほだ木の販売経営体率が 50％

減など深刻な影響が見られた。筆者は現地の状況に通じておらず、これらいくつかの結果を示すにとどまったが、震災の影響については、第4章で県ごとに詳しく取り上げられ、林業経営についても県内の地域ごとの結果が示されているので、合わせて参照されたい。

注

1) 受託・立木買いについても山林保有についても実績のない経営体が2010年に61、2015年に101ある。本来これらは林業経営体の要件を満たさないものであり、詳細は不明だが、例えばわずかな額の受託・立木買い収入があったにもかかわらず、それを収入0と回答したといった可能性も考えられる。
2) 2005年センサスでは、委託に関して、保有山林のうち他人に管理を任せている面積を聞く類似の項目があったが、受託についての問いも含め、再構築されたものである。
3) 特に林班単位で属地の森林経営計画を立てる場合に、委託側が長期施業受委託契約を結んだことを十分認識していない場合などが考えられる。
4) 従事した実人数は、全国で、2010年に経営者・世帯主等が270,285人、被雇用者が10,1623人であったのが、2015年には経営者・世帯主等159,186人、被雇用者63,834人といずれも減少した。しかし、被雇用者ではこれだけ実人数が減少したにもかかわらず、のべ人日では表2-4-9の通り、6,799,876人日から7,008,284人日へと増加していた。実際の従事状況を量的に把握するには、人日数を見た方が適当と考え、本節ではもっぱら従事日数を取り上げた。
5) ただし、山林保有経営体が活動実績の基準を満たさなくなり、センサスの対象から外れていく場合を考えると、センサスの対象から外れたとしても、全く経営・管理に日数を割かなくなったとは言い切れない。とりわけ、この林業経営従事日数には施業と言いうるもの以外にも経営管理等に従事にした日数も計上するからである。従って、総数で18.3%の減少や経営者・世帯員等で30.3%の減少というのは、そのように調査対象から外れてカウントされなくなった部分があるであろうという意味で、減少率としては過大であるとも考えられる。
6) 2～500万円の階層では（2+5）/2＝3.5（百万円）、1億円以上の階層についてはもとの分布を考慮して、3億円を当てた。
7) 2～500万円の階層では（2+5）/2＝3.5（百万円）、1億円以上の階層についてはもとの分布を考慮して、2億円を当てた。
8) 先に見たように、会社形態の受託・立木買い経営体は10年代前半には数が増え、かつ収入金額規模の拡大が顕著であったにもかかわらず、この表では会社形態の経営体では全ての作業の実施面積が減少しており、やはり整合性を欠くように感じられる。集計結果だけではこれ以上の検討は難しいので、例えば、2010 年と 2015 年の個票を接続して、個票レベルで各種の量の変動がどのように関係しているのかを確かめるなど、詳細な検討が必要であろう。

引用文献

餅田治之・志賀和人（2009）日本林業の構造変化とセンサス体系の再編：2005 年林業センサス分析、農林統計協会、261pp

佐藤宣子（2014）地域再生のための「自伐林業」論、佐藤宣子ら「林業新時代：「自伐」が開く農林家の未来」、農山漁村文化協会、292pp、11-84

第３章　農業集落・農村地域分析

第１節　農村地域・集落の構造と動向

１．はじめに－本節の課題と 2015 年センサスの注目点－

本節の目的は、2015 年センサスにおける農業集落調査（農山村地域調査の農業集落用調査票によるもの）の結果について、全国農業地域（北陸、北関東…、など必要に応じて 10 区分または 14 区分)、また農業地域類型（都市的地域、平地農業地域、中間農業地域、山間農業地域の 4 区分）の差異を考慮しながら、全体像を把握することにある。加えて、農業経営体調査結果の農業地域類型別の組替集計を用いて、農業集落を単位とした場合の、担い手の存在状況の地域差についても言及する。

また、2010 年センサスにおける農業集落調査との共通調査項目を中心に、集落活動の活発度合いの向上ないし低下という変化を捉えるようにする。その際、可能な限り 2005 年センサスの結果とも比較するようにしたい。

しかしながら、この間、調査対象農業集落や調査項目の変化を経ている。そこで、まず経年比較をする際の留意点も含めて、それらの変化の内容について確認をしておくことにしたい。2005 年センサスにおいては農業集落調査の対象範囲と定義の変更が行われた。概略を示すと、調査対象農業集落とは全域が市街化区域内のものを除き、農家が存在していなくとも設定された区域内に農地や森林等の地域資源が存在している集落であり、2000 年センサスまで、原則として農家戸数 4 戸以上で集落機能のある集落とされていたのに比べれば大きな変更であった。2015 年センサスでは、2010 年センサスに引き続き、この 2005 年センサスの調査対象が踏襲されている。

2015 年センサスにおいても、2010 年センサスと同様、「農山村地域調査」は、市区町村調査（「農山村地域調査票（市区町村用）」による）と農業集落調査（「農山村地域調査票（農業集落用）」による）の 2 つから成り立っている。市区町村調査においては、所有形態別の森林面積と林野面積が調査されているが、2010 年において新たに調べられた「地域資源を活用した施設」（運営主体別の産地直売所を尋ねていた）の項目は姿を消し、農業分野ではなく林業分野の調査としての色彩が濃い。

一方、農業集落調査においては、最も近い DID（人口集中地区）及び生活関連施設までの所要時間、集落の総戸数、総土地面積や地目別の耕地面積、寄り合いの回数と議題、実行組合の有無、地域資源の有無と保全状況、活性化のための活動状況について調べられている。これらは概ね 2005 年センサスの枠組みを踏襲したものと言えるが、調査項目が大きく増え、また同じ調査項目でも調査内容が充実しているのが特徴である。

例えば、2010 年センサスで聞いていたのは、立地条件としては最も近い DID のみであった。また、農業集落の住民が主体となった各種の活性化のための活動が行われているかといった点も新しく調べられている。その際、他の集落との共同での取り組みがあるか否か、さらには都市住民との交流、NPO・学校・企業との連携の有無についても尋ねられている。このことに関しては、農地や農業用用排水路などの地域資源の存在状況と保全が行われているかという点については、2000 年センサスと同じ調査内容であるが、活性化のための活動状況と同様、他の集落との共同での取り組みがあるか否か、さらには都市住民との交流、NPO・学校・企業との連携の有無についても調査がなされている点で新規性がある。近年、農業集落の機能の低下が危惧され、一方で集落の連携への期待が集まっているだけに、そのような情勢を反映した調査内容であると評価できる。

この間、政策的には、中山間地域等直接支払制度や、農地・水保全管理支払交付金など、集落や地域の取り組みを意識した地域政策が導入されてきており、農地などの地域資源の保全状況の動向とともに、集落や地域活性化への効果も期待されている。それらの成果等についても考察できることになろう。ただしこの点については、本章の第2節において、政策効果についての分析がなされており、詳細な内容は、そちらに譲り、本節では全体の数値を整理した概観を見ることにとどめておきたい。

2．集落の立地条件

（1）農業地域類型区分別

2015年センサスでは、全国で138,256の農業集落が農山村地域調査の調査対象とされた。農業地域類型別の割合は、都市的地域21.9％、平地農業地域25.4％、中間農業地域33.6％、山間農業地域19.1％となっている。ただし、全国農業地域（いわゆる「地域ブロック」）別に見ると、南関東においては45.8％が都市的地域に、逆に山陰では38.1％が山間農業地域にあるなど、地域差は大きい（表3-1-1）。

なお、全体の農業集落数については現行の調査対象農業となった2005年からの数値を確認すると、2005年：139,465、2010年：139,176、2015年：138,256と減少傾向にある。2010年から2015年にかけての農業集落数の減少については、市街化区域の拡大によって、調査対象から除外になった農業集落があること、また統合扱いによる影響が大きいものと推察される。さらに、福島県において、東京電力福島第1原子力発電所の事故による避難指示区域に含まれる259の農業集落分が調査結果には含まれていないという背景もある。このような農業集落数の減少は、2000年センサス時までは、「集落機能を失った農業集落の増加」として捉えることができたが、2005年センサス以降は、4の(1)で後述するとおり、調査項目の組み合わせにより「集落機能の有無」を外形的に捉えるようになったものの、先にも述べたように、調査対象農業集落の変更が行われていることを含めて注意が必要である。

表 3-1-1　全国農業地域・農業地域類型別農業集落数

全国農業地域	都市的地域	構成比(%)	平地農業地域	構成比(%)	中間農業地域	構成比(%)	山間農業地域	構成比(%)	計
北海道	843	11.9	2,638	37.3	2,036	28.8	1,564	22.1	7,081
東北	2,083	11.9	6,016	34.5	6,037	34.6	3,296	18.9	17,432
北陸	1,700	15.4	3,688	33.4	3,882	35.1	1,780	16.1	11,050
関東・東山	7,240	29.8	8,780	36.1	5,246	21.6	3,026	12.5	24,292
北関東	2,087	23.1	4,698	52.0	1,610	17.8	648	7.2	9,043
南関東	4,081	45.8	3,111	34.9	1,175	13.2	541	6.1	8,908
東山	1,072	16.9	971	15.3	2,461	38.8	1,837	29.0	6,341
東海	4,620	39.8	2,135	18.4	2,236	19.3	2,622	22.6	11,613
近畿	3,274	30.3	1,625	15.1	3,452	32.0	2,445	22.6	10,796
中国	3,853	19.6	1,583	8.1	8,759	44.5	5,468	27.8	19,663
山陰	736	12.9	690	12.1	2,111	36.9	2,181	38.1	5,718
山陽	3,117	22.4	893	6.4	6,648	47.7	3,287	23.6	13,945
四国	2,454	22.3	2,021	18.3	3,571	32.4	2,981	27.0	11,027
九州	3,801	15.5	6,376	26.0	11,169	45.5	3,206	13.1	24,552
北九州	2,889	18.2	4,808	30.4	6,108	38.6	2,032	12.8	15,837
南九州	912	10.5	1,568	18.0	5,061	58.1	1,174	13.5	8,715
沖縄	372	49.6	207	27.6	124	16.5	47	6.3	750
全国	30,240	21.9	35,069	25.4	46,512	33.6	26,435	19.1	138,256

資料：農林業センサス

（2）DIDまでの所要時間別

最も近いDID（人口集中地区）までの所要時間別では、15分未満の農業集落が27.5%、15～30分が37.9%、30分～1時間27.3%、1時間～1時間半5.1%、1時間半以上2.2%となっている。農業地域類型別に見ると、都市的地域では15分未満の集落が61.4%であるのに対し、平地農業地域30.3%、中間農業地域16.0%、山間農業地域5.3%と、その割合は順に低下している。逆に1時間以上の農業集落割合は、都市的地域0.5%、平地農業地域2.9%、中間農業地域7.0%、山間農業地域21.7%と、その割合は順に高くなっていく（表3-1-2）。

さらに、全国農業地域別に見た場合、南関東では47.2%が15分未満に立地するのに対し、四国では計14.9%が1時間以上の場所にあるなど、その差異は大きい（表3-1-3）。

表 3-1-2　最も近い DID までの所要時間別農業集落数（農業地域類型別・2005～2015 年）

年次	農業地域類型	15 分未満	15～30 分	30 分～ 1 時間	1 時間～ 1 時間半	1 時間 半以上	計
2005 年	都市的地域	22,962 (74.2)	6,871 (22.2)	978 (3.2)	96 (0.3)	32 (0.1)	30,939
	平地農業地域	15,538 (42.9)	14,928 (41.2)	5,151 (14.2)	165 (0.5)	444 (1.2)	36,226
	中間農業地域	10,124 (22.0)	17,792 (38.7)	15,613 (34.0)	2,007 (4.4)	438 (1.0)	45,974
	山間農業地域	2,159 (8.2)	6,742 (25.6)	12,033 (45.7)	4,267 (16.2)	1,125 (4.3)	26,326
	計	50,783 (36.4)	46,333 (33.2)	33,775 (24.2)	6,535 (4.7)	2,039 (1.5)	139,465
2010 年	都市的地域	18,558 (60.2)	10,568 (34.3)	1,574 (5.1)	90 (0.3)	57 (0.2)	30,847
	平地農業地域	10,800 (30.7)	18,178 (51.7)	5,296 (15.1)	417 (1.2)	474 (1.3)	35,165
	中間農業地域	7,525 (16.1)	19,998 (42.8)	16,069 (34.4)	2,370 (5.1)	737 (1.6)	46,699
	山間農業地域	1,470 (5.6)	6,850 (25.9)	12,310 (46.5)	4,483 (16.9)	1,352 (5.1)	26,465
	計	38,353 (27.6)	55,594 (39.9)	35,249 (25.3)	7,360 (5.3)	2,620 (1.9)	139,176
2015 年	都市的地域	18,561 (61.4)	9,793 (32.4)	1,744 (5.8)	87 (0.3)	55 (0.2)	30,240
	平地農業地域	10,614 (30.3)	17,543 (50.0)	5,922 (16.9)	408 (1.2)	582 (1.7)	35,069
	中間農業地域	7,440 (16.0)	18,767 (40.3)	17,058 (36.7)	2,371 (5.1)	876 (1.9)	46,512
	山間農業地域	1,399 (5.3)	6,261 (23.7)	13,047 (49.4)	4,224 (16.0)	1,504 (5.7)	26,435
	計	38,014 (27.5)	52,364 (37.9)	37,771 (27.3)	7,090 (5.1)	3,017 (2.2)	138,256

資料：農林業センサス
注：(　) 内は構成比 %。

表 3-1-3　最も近いDIDまでの所要時間別農業集落数（全国農業地域別）

全国農業地域	15分未満	15～30分	30分～ 1時間	1時間～ 1時間半	1時間半 以上	計
北海道	1,355 (19.1)	2,442 (34.5)	2,400 (33.9)	588 (8.3)	296 (4.2)	7,081
東北	3,703 (21.2)	7,421 (42.6)	5,445 (31.2)	741 (4.3)	122 (0.7)	17,432
北陸	3,296 (29.8)	4,698 (42.5)	2,371 (21.5)	307 (2.8)	378 (3.4)	11,050
関東・東山	9,647 (39.7)	10,099 (41.6)	3,998 (16.5)	470 (1.9)	78 (0.3)	24,292
北関東	3,466 (38.3)	4,163 (46.0)	1,229 (13.6)	164 (1.8)	21 (0.2)	9,043
南関東	4,202 (47.2)	3,617 (40.6)	991 (11.1)	64 (0.7)	34 (0.4)	8,908
東山	1,979 (31.2)	2,319 (36.6)	1,778 (28.0)	242 (3.8)	23 (0.4)	6,341
東海	4,348 (37.4)	4,368 (37.6)	2,249 (19.4)	573 (4.9)	75 (0.6)	11,613
近畿	3,642 (33.7)	4,053 (37.5)	2,640 (24.5)	412 (3.8)	49 (0.5)	10,796
中国	3,999 (20.3)	7,020 (35.7)	6,973 (35.5)	1,473 (7.5)	198 (1.0)	19,663
山陰	908 (15.9)	1,962 (34.3)	2,034 (35.6)	652 (11.4)	162 (2.8)	5,718
山陽	3,091 (22.2)	5,058 (36.3)	4,939 (35.4)	821 (5.9)	36 (0.3)	13,945
四国	2,339 (21.2)	3,741 (33.9)	3,304 (30.0)	1,112 (10.1)	531 (4.8)	11,027
九州	5,400 (22.0)	8,277 (33.7)	8,281 (33.7)	1,371 (5.6)	1,223 (5.0)	24,552
北九州	3,970 (25.1)	5,659 (35.7)	4,669 (29.5)	934 (5.9)	605 (3.8)	15,837
南九州	1,430 (16.4)	2,618 (30.0)	3,612 (41.4)	437 (5.0)	618 (7.1)	8,715
沖縄	285 (38.0)	245 (32.7)	110 (14.7)	43 (5.7)	67 (8.9)	750
全国	38,014 (27.5)	52,364 (37.9)	37,771 (27.3)	7,090 (5.1)	3,017 (2.2)	138,256

資料：農林業センサス
注：（　）内は構成比 %。

（3）2005 年、2010 年センサスとの比較と留意点

なお、最も近い DID までの所要時間は、2005 年の農山村地域調査の変更以来、継続的に調べられている貴重な調査項目である。そこで、数値としては既に（表 3-1-2）に掲げたが、2005 年、2010 年のセンサス結果との比較を改めてグラフによって視覚的に確認することにしたい。すると、全体的に DID までの時間距離が長くなる傾向にある（図 3-1-1）。

なお、変化が特に大きいのは、2005 年と 2010 年を比較した場合、15 分未満の集落割合が著しく減少している部分だが、これについては調査方法の変更による理由が大きいと考えられる。DID までの所要時間については「農業集落の中心地から最も近い DID の中心地までの所要時間」として、DID の中心地を基点に調査しているが、その中心地の設定については、2005 年センサスは「人家の最も多く集まっているところ」等として、具体的な場所は調査対象者（集落の精通者）の判断に任せていた。一方、2010 年センサスでは市役所や病院、公立学校などを予め設定して所要時間を調査しており、2005 年センサスと 2010 年センサスでは最も近い DID の中心地が異なっている場合があることなどを反映しているものと想定される。

図 3-1-1　最も近い DID までの所要時間別農業集落数割合の変化

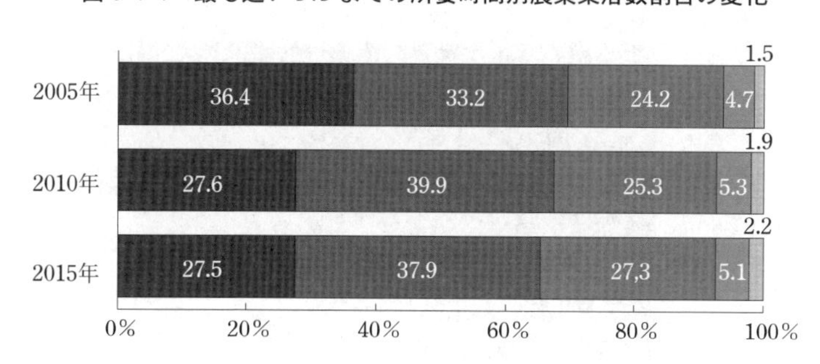

資料：農林業センサス

（4）生活関連施設までの所要時間

過去には、2000 年センサス時にも、ほぼ同一の調査項目があったが、現行の農山村地域調査となった 2005 年以降では初めて、農業集落にとっての各種生活関連施設の近接性及び遠隔性が明らかになったことになる。図 3-1-2 は、農業集落からの所要時間が概ね短い施設から降順に整理したものであるが、以前から共通の調査項目となっている DID は、最も遠隔性の高い存在である。すなわち、全ての農業集落を平均してみた場合、調査された 9 項目の中では最も遠くに位置していることになる。これに加えて、中学校や小学校も主な交通手段の違いはあると思われるが、移動時間を要する比較的遠い存在であると言える。調査項目の「農協」や「市町村役場」には支所を含んでいる。これらはＪＡの広域合併や支店の廃止、また市町村合併に伴う支所の廃止などが地域住民に与える負の影響も懸念されているが、大半の集落が所要時間としては 30 分以内に収まっている。

しばしば地域住民にとっての「拠り所」としても位置付けられる一方で、特に少子・高齢化が著しい地域で焦点になるのが、小学校の統廃合問題である。そこで、山間農業地域に限定しつつ、小学校までの主な交通手段の違いも踏ま

図 3-1-2　生活関連施設までの所要時間別の農業集落数割合

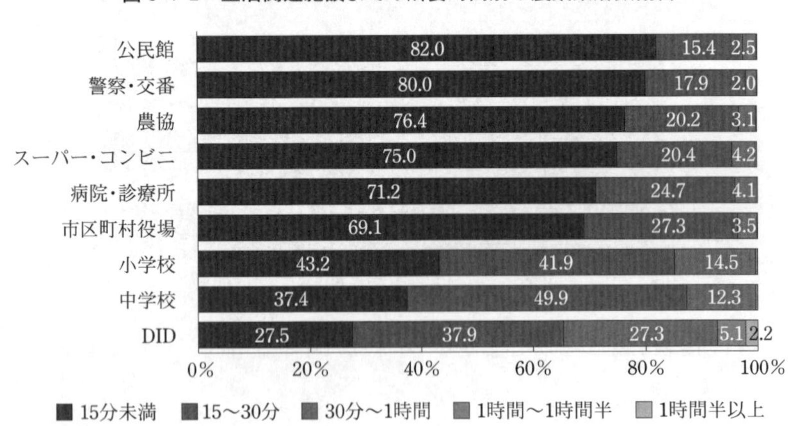

資料：農林業センサス

図 3-1-3　山間農業地域の小学校までの所要時間別の農業集落数

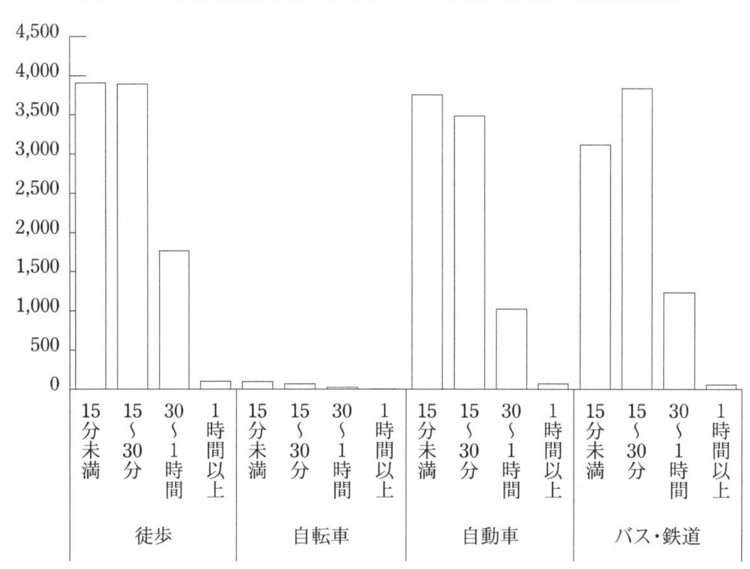

資料：農林業センサス

えた上での所要時間別の農業集落数について整理した（図 3-1-3）。

このように見ると、所要時間はほぼ同じでも、主な交通手段として徒歩、自動車、バス・鉄道の 3 者が拮抗している状況が分かる。「自動車」は親の送り迎えに含めて、学校が用意したスクールバスも含んでいるが、公共交通機関としての「バス・鉄道」も含めて、30 分以上の通学圏にある集落が一定数あることに注意を払わなければならないだろう。

また、日常の買い物に困難を抱える、いわゆる「買い物難民」の問題も大きく話題になっているが、そのことに関して考察する一端として、スーパーマーケット・コンビニエンスストアまでの所要時間についても、山間農業地域に焦点を当ててデータを整理した（図 3-1-4）。

所要時間としては、30 分未満の農業集落が大半ではあるが、主な交通手段としては、ほぼ全てが「自動車」に依存している現状が分かる。高齢者自身が運転できなくなった場合、また同居家族に運転できるものがいない場合には、深刻な状況になるであろう。

図 3-1-4　山間農業地域のスーパーマーケット・コンビニエンスストアまでの所要時間別の農業集落数

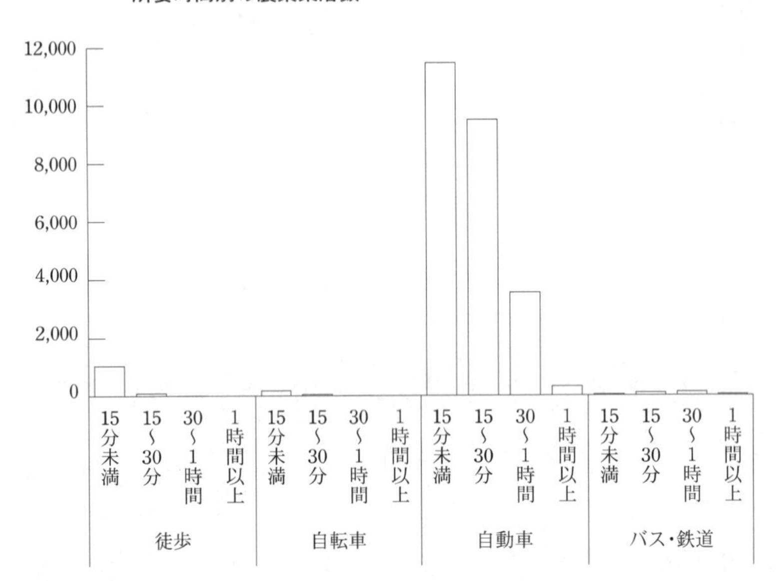

資料：農林業センサス

上記のようなことについては、ある程度、想定されていた事態ではあり、認識を改める必要性を迫るものではないが、改めてデータを整理した結果、山間農業地域の農業集落をめぐる生活環境の一端が浮かび上がってきたと言えるだろう。

3．農業集落の規模

（1）調査項目に関する注目点

この間、いわゆる「限界集落」の問題に関心が集まっているが、旧来から注目されてきたように、集落活動の活発度合いなどを考察する上で、農業集落の戸数規模に着目することは重要である。特に、2015 年センサスにおいては、2010 年センサスに引き続いて、2005 年センサスで調査されなかった総戸数が調べられているのは貴重なデータであり、総農家戸数を除することによって農家率も判明し、農家率の階層区分ごとの集落活動の特徴なども明らかにすることができる。

農業集落といえども、農家はもはや少数派になりつつあるという観点から、いわゆる「混住化」の進展が言われて久しいが、それが 2015 年段階で、どの程度まで広がっているのかを確認することもできる。一方で、2015 年センサスにおいては、土地持ち非農家の減少についても注目されている。全国農業地域また農業地域類型別に見ることによって、このような事態が、どの程度の地域に及んでいるのかについても確認することにしたい。

（2）農業集落の平均的な規模

以上の点を踏まえた上で、まず平均的な農業集落の姿を確認することにしたい。なお、ここで「総農家」と示しているのは、センサス定義に基づく販売農家に自給的農家を加えたものであり、以下「農家率」としているのは、総農家戸数を総戸数で除した値を示す。2015 年センサスにおいて全国計では、総戸数 201 戸、総農家戸数 15 戸、非農家戸数 186 戸、農家率 7.5％となっている。農家率に注目して、農業地域類型別の数値を見ると、都市的地域 2.6％、平地農業地域 17.3％、中間農業地域 17.6％、山間農業地域 20.7％となっており、この順序で農家率が高まっていく（表 3-1-4）。

表 3-1-4　農業集落の平均総戸数と平均総農家数の変化

年次	農業地域類型	総戸数	総農家戸数	非農家数	農家率（％）
2010 年	都市的地域	607	19	588	3.0
	平地農業地域	105	22	83	20.9
	中間農業地域	80	17	63	20.8
	山間農業地域	53	13	41	23.8
	計	198	18	180	8.9
2015 年	都市的地域	623	16	607	2.6
	平地農業地域	108	19	89	17.3
	中間農業地域	81	14	66	17.6
	山間農業地域	51	11	41	20.7
	計	201	15	186	7.5

資料：農林業センサス

2010年センサスと比較すると、全体として、総戸数の増加（農家戸数の減少数＜非農家数の増加数）はあるが、山間農業地域においては、非農家数の増加が見られず、全体として総戸数も減少している。

このような総戸数も減少するような事態がどのような地域的範囲にまで広がっているのかを確認するために、農業集落の平均総戸数について、全国農業地域・農業地域類型別に確認してみる。その結果、南九州・沖縄以外の山間農業地域のほとんどで総戸数が減少しているということが分かる。さらに、東北、北陸、四国では平地農業地域にまで総戸数の減少が及んでいることも注目に値する（表3-1-5）。なお、南関東の都市的地域も総戸数の減少幅が大きいが、これは2010年から2015年にかけての農業集落数自体の変化と併せて見ると、市街

表 3-1-5　農業集落の平均総戸数の変化

（単位：%）

全国農業地域	2010年					2015年				
	都市的地域	平地農業地域	中間農業地域	山間農業地域	計	都市的地域	平地農業地域	中間農業地域	山間農業地域	計
北海道	888	86	109	105	194	1,078	87	111	*101*	215
東北	518	98	83	72	138	520	*98*	*82*	*68*	*137*
北陸	338	87	58	44	108	374	*87*	*55*	*43*	113
関東・東山	883	128	102	68	347	873	136	103	*67*	340
北関東	466	125	98	76	198	530	133	98	*73*	214
南関東	1,223	132	137	71	643	*1,177*	140	*132*	*67*	*610*
東山	367	135	88	65	136	381	142	91	*65*	140
東海	559	146	135	57	290	559	148	*133*	*55*	*288*
近畿	932	120	104	59	348	976	123	106	*57*	361
中国	302	67	58	31	100	307	68	*57*	*29*	*99*
山陰	187	66	50	28	61	192	66	*49*	*27*	61
山陽	329	68	61	33	116	335	70	*59*	*30*	*115*
四国	293	78	71	37	113	298	*77*	*70*	*35*	*113*
九州	453	93	71	44	133	511	99	74	44	144
北九州	504	96	75	40	156	567	106	83	*39*	173
南九州	289	81	66	52	90	334	*78*	*64*	53	93
沖縄	710	205	243	109	455	727	209	248	119	467
全国	607	105	80	53	198	623	108	81	*51*	201

資料：農林業センサス
　注：斜体字は減少した部分。

化区域の拡大などによって、総戸数の大きい農業集落が調査対象から除外になった影響を反映しているものと推察される。

（3）全国農業地域別の平均の農家率と変化

このようなことを踏まえた上で、全国農業地域・農業地域類型別に 2010 年と 2015 年の平均農家率の変化を見たものが (表 3-1-6) である。2010 年から 2015 年にかけて農家率が上昇した地域は一つもなく、全ての地域において低下している。このこと自体は想定されたことではあるが、併せて、同じ農業地域類型でも全国農業地域別の差が大きいことが改めて確認できる。例えば、いずれの農業地域類型でも農家率 1 桁台を示す北海道に加えて、2015 年には、南関東の山間農業地域でも 10％を割った。一方で、山陰は 35.3％であり、依然として総

表 3-1-6　農業集落の平均農家率の変化

（単位：％）

全国農業地域	2010年					2015年				
	都市的地域	平地農業地域	中間農業地域	山間農業地域	計	都市的地域	平地農業地域	中間農業地域	山間農業地域	計
北海道	0.8	9.3	6.5	5.2	3.7	0.6	8.2	5.5	4.6	2.9
東北	3.8	28.2	26.6	23.2	16.5	3.2	23.9	22.4	20.0	13.8
北陸	4.6	19.7	27.7	27.1	14.4	3.5	16.5	23.7	22.3	11.5
関東・東山	2.4	20.1	21.3	20.9	6.4	2.2	16.4	18.6	18.6	5.7
北関東	4.8	21.2	24.0	19.6	12.2	3.7	17.2	20.9	17.2	9.8
南関東	1.5	16.1	12.9	10.6	2.9	1.5	13.1	11.5	9.7	2.7
東山	7.9	27.5	25.6	24.8	17.7	6.9	23.6	21.8	21.9	15.2
東海	4.2	19.1	16.2	27.2	7.7	3.7	16.1	14.2	23.6	6.7
近畿	2.5	22.8	21.9	27.1	6.4	2.1	18.9	18.5	23.3	5.3
中国	4.1	26.0	22.2	35.0	12.6	3.4	21.9	19.2	31.6	10.8
山陰	5.8	29.0	24.1	39.1	20.2	4.8	24.9	21.0	35.3	17.3
山陽	3.9	23.8	21.7	32.7	10.9	3.2	19.8	18.7	29.4	9.3
四国	5.0	22.3	20.1	27.8	12.2	4.3	19.8	17.4	24.6	10.6
九州	3.0	19.2	19.8	25.7	11.0	2.3	15.4	16.0	21.7	8.6
北九州	2.6	18.2	19.8	27.3	9.5	2.0	14.3	15.6	23.6	7.4
南九州	5.3	22.6	19.8	23.5	15.6	3.8	19.9	16.6	19.3	12.5
沖縄	3.2	21.6	10.1	14.4	6.2	3.0	18.3	9.7	10.8	5.6
全国	3.0	20.9	20.8	23.8	8.9	2.6	17.3	17.6	20.7	7.5

資料：農林業センサス

戸数の 3 分の 1 以上が農家である。先に言及した「混住化」の実態について、地域資源の維持・管理等の集落機能を考える上で、このような地域差を念頭においておくことも重要であろう。

（4）総戸数規模別の農業集落数

先に述べたように、2010 年センサスに引き続き 2015 年センサスにおいても、農家以外を含めた総戸数が調べられているのは貴重な情報である。そこで、総戸数規模別の農業集落数と構成比について、2010 年と 2015 年を比較してみよう。総戸数規模について、(表 3-1-7) の表頭のように 9 つの階層に区分した場合、全国計で最も構成比が大きいのは総戸数 10～29 戸の集落で、24.7％と約 4 分の 1 を占める。その次は 50～99 戸（構成比 19.5％）、30～49 戸（同 17.2％）と続き、この 3 つの階層合計で 6 割を超える。このような状況は、概ね 2010 年と比較して大きな変化はない。ただし、総戸数 9 戸以下の小規模集落の割合は確実に増加している。

農業地域類型別に見た場合には、都市的地域では 500 戸以上、平地農業地域では 50～99 戸、中間農業地域では 10～29 戸、山間農業地域でも同様に 10～29 戸が最も大きな構成比となっており、農業地域類型の差が示されている。先に述べた小規模集落の割合について再確認すると、山間農業地域の 9 戸以下の層が 15.7％から 17.8％へ 2.1 ポイント上昇している点も注目に値しよう。それだけ、小規模化が進行しているということである。

そこで、総戸数 9 戸以下の農業集落の 2010 年センサスから 2015 年センサスにかけての構成比の変化について、全国農業地域と農業地域類型の組み合わせによって状況を確認する。全ての中間・山間農業地域で、割合が上昇していることが確認できる。東北、北陸、南関東、山陽、四国、北九州の山間農業地域では 2 ポイント以上の上昇となっている。多くの山間農業地域において、総戸数規模の著しく小さい集落割合が増えてきているという事態が分かる (表 3-1-8)。

表 3-1-7　総戸数規模別農業集落数と構成比の変化

年次	区分	農業地域類型	9戸以下	10～29	30～49	50～99	100～149
2010年	実数	都市的地域	416	2,038	2,360	4,616	3,244
		平地農業地域	1,370	6,940	7,299	9,551	3,888
		中間農業地域	3,249	14,472	10,157	9,845	3,538
		山間農業地域	4,156	10,618	4,957	3,965	1,197
		計	9,191	34,068	24,773	27,977	11,867
	構成比（%）	都市的地域	1.3	6.6	7.7	15.0	10.5
		平地農業地域	3.9	19.7	20.8	27.2	11.1
		中間農業地域	7.0	31.0	21.7	21.1	7.6
		山間農業地域	15.7	40.1	18.7	15.0	4.5
		計	6.6	24.5	17.8	20.1	8.5
2015年	実数	都市的地域	471	1,947	2,197	4,372	3,100
		平地農業地域	1,461	6,814	7,118	9,404	3,883
		中間農業地域	3,670	14,767	9,756	9,428	3,505
		山間農業地域	4,709	10,648	4,698	3,743	1,126
		計	10,311	34,176	23,769	26,947	11,614
	構成比（%）	都市的地域	1.6	6.4	7.3	14.5	10.3
		平地農業地域	4.2	19.4	20.3	26.8	11.1
		中間農業地域	7.9	31.7	21.0	20.3	7.5
		山間農業地域	17.8	40.3	17.8	14.2	4.3
		計	7.5	24.7	17.2	19.5	8.4

年次	区分	農業地域類型	150～199	200～299	300～499	500戸以上	計
2010年	実数	都市的地域	2,265	3,211	3,819	8,878	30,847
		平地農業地域	1,926	1,971	1,337	883	35,165
		中間農業地域	1,722	1,726	1,168	822	46,699
		山間農業地域	531	448	322	271	26,465
		計	6,444	7,356	6,646	10,854	139,176
	構成比（%）	都市的地域	7.3	10.4	12.4	28.8	100.0
		平地農業地域	5.5	5.6	3.8	2.5	100.0
		中間農業地域	3.7	3.7	2.5	1.8	100.0
		山間農業地域	2.0	1.7	1.2	1.0	100.0
		計	4.6	5.3	4.8	7.8	100.0
2015年	実数	都市的地域	2,218	3,131	3,754	9,050	30,240
		平地農業地域	1,997	2,005	1,407	980	35,069
		中間農業地域	1,663	1,684	1,156	883	46,512
		山間農業地域	495	440	318	258	26,435
		計	6,373	7,260	6,635	11,171	138,256
	構成比（%）	都市的地域	7.3	10.4	12.4	29.9	100.0
		平地農業地域	5.7	5.7	4.0	2.8	100.0
		中間農業地域	3.6	3.6	2.5	1.9	100.0
		山間農業地域	1.9	1.7	1.2	1.0	100.0
		計	4.6	5.3	4.8	8.1	100.0

資料：農林業センサス

表 3-1-8　総戸数 9 戸以下の農業集落割合の変化

（単位：％）

全国農業地域	2010 年					2015 年				
	都市的地域	平地農業地域	中間農業地域	山間農業地域	計	都市的地域	平地農業地域	中間農業地域	山間農業地域	計
北海道	14.8	33.8	27.6	32.3	29.4	16.8	35.0	28.5	33.9	30.7
東北	1.2	1.5	4.1	9.3	3.8	2.0	1.9	4.8	12.0	4.8
北陸	2.3	4.0	12.3	23.7	9.8	2.2	4.3	13.9	25.7	10.8
関東・東山	0.3	0.4	4.7	12.3	2.8	0.4	0.5	5.3	13.7	3.1
北関東	0.3	0.4	1.9	8.5	1.2	0.4	0.5	2.2	9.1	1.4
南関東	0.3	0.4	0.9	10.9	1.1	0.4	0.4	1.1	12.9	1.2
東山	0.4	0.7	8.3	14.1	7.5	0.4	0.7	9.3	15.5	8.3
東海	0.5	0.7	2.9	10.2	3.2	0.4	0.8	3.0	11.3	3.5
近畿	0.8	0.5	3.4	8.8	3.4	0.8	0.7	3.9	10.2	3.9
中国	1.9	1.7	6.8	17.1	8.3	2.4	1.8	8.0	19.8	9.7
山陰	1.8	2.6	6.6	17.1	9.5	1.9	2.6	7.5	18.7	10.5
山陽	1.9	1.0	6.9	17.1	7.8	2.5	1.2	8.1	20.6	9.4
四国	0.9	1.3	6.9	21.1	8.4	1.0	1.6	8.1	24.5	9.8
九州	1.3	1.8	6.1	15.5	5.5	1.3	2.0	7.1	17.1	6.2
北九州	1.1	1.3	5.5	15.8	4.7	1.0	1.5	6.1	18.2	5.3
南九州	2.0	3.3	6.9	14.9	6.8	2.3	3.8	8.3	15.2	7.8
沖縄	0.5	1.9	0.0	2.1	0.9	1.9	1.9	0.0	2.1	1.6
全国	1.3	3.9	7.0	15.7	6.6	1.6	4.2	7.9	17.8	7.5

資料：農林業センサス

（5）総農家戸数規模別の農業集落数

続いて、販売農家に自給的農家を加えた総農家戸数規模別の農業集落数と構成比について見ることにしたい。なお、総農家戸数の情報そのものは農業集落調査によるものではなく、農林業経営体調査によるもので、それを農業集落別に整理したものとなる。総農家戸数規模を表 3-1-9 の表頭のように 10 の階層に区分した場合、2015 年センサスの結果によると、全体で最も構成比が大きいのは総農家戸数 10～19 戸の集落で 31.3％である。その次は 5 戸以下、6～9 戸、20～29 戸と続き、29 戸以下の 4 つの階層合計は 88.0％と 9 割に近い。2010 年と比較すると、総農家戸数 5 戸以下の農業集落の構成比は 20.2％から 25.1％へ

表 3-1-9　総農家戸数規模別農業集落数と構成比の変化

年次	区分	農業地域類型	5 戸以下	6～9	10～19	20～29	30～39	40～49
2010 年	実数	都市的地域	6,491	4,330	9,127	5,272	2,580	1,320
		平地農業地域	4,257	4,409	11,159	7,203	3,652	1,953
		中間農業地域	9,496	7,456	15,509	7,667	3,333	1,538
		山間農業地域	7,930	5,133	8,163	3,145	1,150	476
		計	28,174	21,328	43,958	23,287	10,715	5,287
	構成比（%）	都市的地域	21.0	14.0	29.6	17.1	8.4	4.3
		平地農業地域	12.1	12.5	31.7	20.5	10.4	5.6
		中間農業地域	20.3	16.0	33.2	16.4	7.1	3.3
		山間農業地域	30.0	19.4	30.8	11.9	4.3	1.8
		計	20.2	15.3	31.6	16.7	7.7	3.8
2015 年	実数	都市的地域	7,417	4,822	9,094	4,572	2,150	986
		平地農業地域	5,528	5,381	11,690	6,355	2,936	1,456
		中間農業地域	11,958	8,506	15,067	6,289	2,529	1,054
		山間農業地域	9,802	5,444	7,398	2,339	850	314
		計	34,705	24,153	43,249	19,555	8,465	3,810
	構成比（%）	都市的地域	24.5	15.9	30.1	15.1	7.1	3.3
		平地農業地域	15.8	15.3	33.3	18.1	8.4	4.2
		中間農業地域	25.7	18.3	32.4	13.5	5.4	2.3
		山間農業地域	37.1	20.6	28.0	8.8	3.2	1.2
		計	25.1	17.5	31.3	14.1	6.1	2.8

年次	区分	農業地域類型	50～69	70～99	100～149	150 戸以上	計
2010 年	実数	都市的地域	1,090	488	129	20	30,847
		平地農業地域	1,577	681	223	51	35,165
		中間農業地域	1,153	408	118	21	46,699
		山間農業地域	328	101	34	5	26,465
		計	4,148	1,678	504	97	139,176
	構成比（%）	都市的地域	3.5	1.6	0.4	0.1	100.0
		平地農業地域	4.5	1.9	0.6	0.1	100.0
		中間農業地域	2.5	0.9	0.3	0.0	100.0
		山間農業地域	1.2	0.4	0.1	0.0	100.0
		計	3.0	1.2	0.4	0.1	100.0
2015 年	実数	都市的地域	802	296	83	18	30,240
		平地農業地域	1,134	427	140	22	35,069
		中間農業地域	777	250	72	10	46,512
		山間農業地域	196	72	18	2	26,435
		計	2,909	1,045	313	52	138,256
	構成比（%）	都市的地域	2.7	1.0	0.3	0.1	100.0
		平地農業地域	3.2	1.2	0.4	0.1	100.0
		中間農業地域	1.7	0.5	0.2	0.0	100.0
		山間農業地域	0.7	0.3	0.1	0.0	100.0
		計	2.1	0.8	0.2	0.0	100.0

資料：農林業センサス

と、およそ5ポイントも上昇している。また、2010年には、20〜29戸の階層の構成比が3番目に大きかったが、2015年には6〜9戸の階層が3番目となり、全体として小規模化が進行している。

農業地域類型別に見た場合、2010年には、4つのいずれの農業地域類型区分においても、総農家戸数 10〜19 戸の階層が最も構成比が高く、しかも数値は30％前後で、ほぼ同じであったが、しかし、2015年には山間農業地域の5戸以下の階層が37.1％へ急上昇し、この階層の構成比が最も高くなっている。2010年の総農家戸数5戸以下の階層に着目すると、都市的地域21.0％、平地農業地域12.1％、中間農業地域20.3％、山間農業地域30.0％となっており、地域類型の差が大きかったが、2015年には、それぞれ3.5ポイント、3.7ポイント、5.4ポイント、7.1 ポイントの上昇幅となっており、農業地域類型の間での差が拡大している。

続いて、これまで示した表の中で最も規模の小さな階層である、「総農家戸数

表 3-1-10　総農家戸数5戸以下の農業集落割合の変化

（単位：％）

全国農業地域	2010年					2015年				
	都市的地域	平地農業地域	中間農業地域	山間農業地域	計	都市的地域	平地農業地域	中間農業地域	山間農業地域	計
北海道	49.7	41.7	51.8	65.3	50.7	57.5	47.3	57.7	71.4	56.8
東北	20.4	5.3	9.5	20.1	11.4	25.2	8.4	13.7	26.8	15.7
北陸	23.4	18.8	22.3	35.4	23.4	28.9	24.3	28.6	43.5	29.6
関東・東山	14.7	4.0	12.9	32.5	12.7	16.5	6.0	16.7	37.4	15.3
北関東	13.9	3.7	9.0	31.5	9.0	15.8	5.4	12.7	37.0	11.4
南関東	15.5	5.0	15.1	54.2	14.2	17.5	7.7	18.6	58.4	16.7
東山	13.3	2.3	14.4	26.4	15.8	14.2	3.3	18.3	31.3	19.1
東海	13.5	5.1	13.4	23.5	14.2	16.0	7.3	16.7	30.1	17.7
近畿	13.1	6.0	10.5	23.3	13.5	15.5	8.9	14.3	29.4	17.3
中国	32.3	11.6	23.3	27.4	25.3	37.3	18.3	29.9	36.1	32.1
山陰	37.1	9.7	29.7	27.7	27.5	44.2	15.1	35.8	35.8	34.4
山陽	31.2	13.1	21.3	27.2	24.4	35.6	20.7	28.0	36.3	31.2
四国	22.4	8.3	22.8	32.6	22.7	26.2	11.8	28.3	40.5	28.1
九州	29.8	18.9	24.8	29.8	24.7	34.3	23.6	31.0	37.2	30.4
北九州	29.3	18.7	21.7	30.9	23.4	34.1	23.3	26.6	38.2	28.4
南九州	31.3	19.5	28.6	27.9	27.1	34.6	24.7	36.4	35.4	34.0
沖縄	22.6	5.8	8.1	34.0	16.2	25.0	7.2	9.7	36.2	18.3
全国	21.0	12.1	20.3	30.0	20.2	24.5	15.8	25.7	37.1	25.1

資料：農林業センサス

5 戸以下」の農業集落の 2010 年センサスから 2015 年センサスにかけての構成比の変化について、全国農業地域と農業地域類型の組み合わせによって動向を見る（表 3-1-10）。全ての地域で構成比が上昇していることが確認できるが、最も上昇幅が大きいのは、山陽の山間農業地域で 27.2％から 36.3％へと 9.1 ポイントもの上昇幅を示す。

これらは、農林業経営体調査で示された農家数の減少という事態を、農業集落分析という視点から見たものであり、農林業経営体調査の分析と併せて考察することが重要であろう。

4．農業集落の機能

（1）集落機能の有無

以下では、農業集落の機能として、集落機能の有無、実行組合の有無、寄り合いの開催状況について整理していく。

まず、「集落機能」の有無に注目することにしたい。「集落機能のある農業集落数」については、2015 年センサス結果から統計表章化されており、全体の数を示すと調査対象農業集落 138,256 に対し、134,329 であり、割合は 97.2％である。

「集落機能」とは、一般的に「農地や山林等の地域資源の維持・管理機能、収穫期の共同作業等の農業生産面での相互補完機能、冠婚葬祭等の地域住民同士が相互に扶助しあいながら生活の維持・向上を図る機能をいう」（2015 年農林業センサス第 7 巻『利用者のために』より）が、2015 年センサスでは、①寄り合いを開催している、②実行組合が存在している、③地域資源の保全が行われている、④活性化のための活動が行われている、の 4 つの項目のいずれかでも該当する場合には「集落機能がある」と判定されている。このうち①～③については、2010 年センサスにおいても同一の調査項目があったが、④は新規であり、さらに現行の農山村地域調査となった 2005 年にさかのぼって共通なのは③のみである。

表 3-1-11　集落機能の有無別の農業集落数の変化

年次	農業地域類型	集落機能あり	割合（%）	集落機能なし	計
2010 年	都市的地域	29,039	94.1	1,808	30,847
	平地農業地域	34,664	98.6	501	35,165
	中間農業地域	45,070	96.5	1,629	46,699
	山間農業地域	24,887	94.0	1,578	26,465
	計	133,660	96.0	5,516	139,176
2015 年（2010 年と同一調査項目で判定）	都市的地域	28,613	94.6	1,627	30,240
	平地農業地域	34,670	98.9	399	35,069
	中間農業地域	45,002	96.8	1,510	46,512
	山間農業地域	24,786	93.8	1,649	26,435
	計	133,071	96.2	5,185	138,256
2015 年	都市的地域	29,166	96.4	1,074	30,240
	平地農業地域	34,758	99.1	311	35,069
	中間農業地域	45,387	97.6	1,125	46,512
	山間農業地域	25,018	94.6	1,417	26,435
	計	134,329	97.2	3,927	138,256

資料：農林業センサス

そこで、2010 年センサスでも調査されていた、上記の①～③に該当する農業集落の割合について、2010 年と 2015 年を比較して整理したものが表 3-1-11 である。ここでは、2015 年センサスを 2010 年センサスと同一調査項目によって判定した場合と、2015 年センサスの判定方法（上記①～④に該当）に拠った場合の 2 種類について数値を整理している。その結果、同一調査項目で比較した山間地域で集落機能がある割合がやや低下しているものの、これ以外の場合においては、いずれの場合でも、またいずれの農業地域類型においても集落機能のある農業集落と判断される割合が増加している。

（2）実行組合の有無

続いて、実行組合の有無別の農業集落数について整理したものが表 3-1-12 である。全体として実行組合のある農業集落数割合は 1.0 ポイント減少しているが、農業地域類型別に見た場合、平地農業地域のみは割合で 0.4 ポイントの上昇が見られる。

表 3-1-12　実行組合の有無別の農業集落数の変化

年次	農業地域類型	実行組合あり	割合（%）	実行組合なし	計
2010 年	都市的地域	23,385	75.8	7,462	30,847
	平地農業地域	29,679	84.4	5,486	35,165
	中間農業地域	32,001	68.5	14,698	46,699
	山間農業地域	16,324	61.7	10,141	26,465
	計	101,389	72.8	37,787	139,176
2015 年	都市的地域	22,296	73.7	7,944	30,240
	平地農業地域	29,721	84.8	5,348	35,069
	中間農業地域	31,242	67.2	15,270	46,512
	山間農業地域	15,961	60.4	10,474	26,435
	計	99,220	71.8	39,036	138,256

資料：農林業センサス

次に、全国農業地域別・農業地域類型別に、2010 年と 2015 年を比較して、実行組合のある農業集落数割合の変化を示したものが表 3-1-13 である。これによれば、幾つかの部分で実行組合のある農業集落数割合の上昇が見られる。特に山陰では全ての農業地域類型において割合が上昇しており、また北九州、南九州でも都市的地域を除いて上昇が見られる。一方、四国では、都市的地域において、その割合が上昇している。このように、全体としては低下傾向にある中、一部では上昇が見られ、その傾向をつかみにくい。これが一旦なくなった実行組合が復活したものなのか、あるいは実行組合の有無そのものの判別が難しいことにより、調査時点での把握の状況の違いによるものかは注意を要するであろう。

表 3-1-13　実行組合のある農業集落割合の変化

（単位：％）

全国農業地域	2010 年					2015 年				
	都市的地域	平地農業地域	中間農業地域	山間農業地域	計	都市的地域	平地農業地域	中間農業地域	山間農業地域	計
北海道	77.0	85.2	75.3	57.9	75.4	73.9	**86.3**	74.0	56.3	74.7
東北	72.6	84.8	80.9	66.9	78.6	70.0	**85.9**	79.9	66.2	78.2
北陸	88.4	93.6	88.7	83.3	89.4	**91.1**	**97.2**	**90.4**	83.0	91.6
関東・東山	85.6	90.2	84.3	68.8	84.9	83.5	88.0	83.6	65.6	82.9
北関東	81.8	88.1	85.3	61.3	84.2	80.9	84.0	83.2	**63.7**	81.7
南関東	89.3	93.4	91.0	79.7	90.4	86.4	93.0	90.9	67.7	88.2
東山	78.4	90.6	80.4	68.3	78.1	77.9	**91.7**	**80.4**	65.7	77.4
東海	88.8	86.3	77.2	70.9	82.1	87.3	**88.1**	76.2	**71.7**	81.8
近畿	83.2	88.5	81.2	62.5	78.7	81.0	**89.2**	78.9	60.9	77.0
中国	49.6	72.6	63.4	63.2	61.4	41.8	**73.2**	58.1	59.5	56.5
山陰	39.6	78.7	48.1	58.9	54.8	**40.6**	**81.3**	**49.8**	**59.6**	**56.1**
山陽	51.9	67.9	68.3	66.1	64.0	42.1	67.0	60.7	59.5	56.7
四国	63.9	74.5	45.6	32.9	51.6	**65.2**	72.8	44.6	31.6	50.8
九州	69.7	76.2	52.1	56.1	61.6	69.4	**77.2**	**52.7**	**58.1**	**62.4**
北九州	78.1	92.5	78.2	61.5	80.4	77.7	**93.1**	**79.0**	**63.5**	**81.1**
南九州	43.1	26.1	20.6	46.8	27.5	43.1	**28.4**	**21.0**	**48.8**	**28.4**
沖縄	22.6	39.1	24.4	17.0	27.1	22.3	36.7	23.4	10.6	25.7
全国	75.8	84.4	68.5	61.7	72.8	73.7	84.8	67.2	60.4	71.8

資料：農林業センサス
　注：太ゴチ体は、割合が増加した部分。

（3）寄り合いの開催回数別の農業集落数

続いて、寄り合いの開催状況について注目することにしたいが、この調査項目については、農業集落の活動状況の活発度合いや紐帯の強弱を示す指標として、これまでも特に注目されてきた項目でもある。

その上で、まず、寄り合いの開催回数別の農業集落数と構成比について見ることにしたい（表 3-1-14）。1 年間の寄り合いの開催回数を表頭のように 12 の階層に区分し、全体の数値を見た場合、2010 年も 2015 年も、最も構成比が高いのは 5～6 回の集落で 14.1％および 14.4％である。これらの集落では、概ね 2 カ月に 1 回の寄り合いが開催されていることになる。その次は 3～4 回が 12.5％

表 3-1-14　寄り合いの回数階層別の農業集落数

年次	区分	農業地域類型	0 回	1～2 回	3～4	5～6	7～8	9～10	11～12
2010 年	実数	都市的地域	3,654	3,861	4,019	3,985	2,025	2,468	2,540
		平地農業地域	1,339	2,439	3,696	4,836	2,973	3,968	3,165
		中間農業地域	2,848	4,656	5,862	6,928	3,772	4,449	4,427
		山間農業地域	2,581	2,968	3,801	3,843	1,940	2,342	2,586
		計	10,422	13,924	17,378	19,592	10,710	13,227	12,718
	構成比（%）	都市的地域	11.8	12.5	13.0	12.9	6.6	8.0	8.2
		平地農業地域	3.8	6.9	10.5	13.8	8.5	11.3	9.0
		中間農業地域	6.1	10.0	12.6	14.8	8.1	9.5	9.5
		山間農業地域	9.8	11.2	14.4	14.5	7.3	8.8	9.8
		計	7.5	10.0	12.5	14.1	7.7	9.5	9.1
2015 年	実数	都市的地域	2,865	3,952	3,864	3,971	1,906	2,812	2,595
		平地農業地域	858	2,444	3,514	4,957	2,776	4,404	3,361
		中間農業地域	2,400	4,362	5,776	6,962	3,672	4,799	4,639
		山間農業地域	2,277	3,015	3,754	4,033	1,913	2,471	2,779
		計	8,400	13,773	16,908	19,923	10,267	14,486	13,374
	構成比（%）	都市的地域	9.5	13.1	12.8	13.1	6.3	9.3	8.6
		平地農業地域	2.4	7.0	10.0	14.1	7.9	12.6	9.6
		中間農業地域	5.2	9.4	12.4	15.0	7.9	10.3	10.0
		山間農業地域	8.6	11.4	14.2	15.3	7.2	9.3	10.5
		計	6.1	10.0	12.2	14.4	7.4	10.5	9.7

年次	区分	農業地域類型	13～14	15～16	17～18	19～20	21 回以上	計
2010 年	実数	都市的地域	1,382	1,888	818	1,185	3,022	30,847
		平地農業地域	1,549	2,823	1,183	2,092	5,102	35,165
		中間農業地域	1,932	3,414	1,371	2,052	4,988	46,699
		山間農業地域	1,106	1,753	701	951	1,893	26,465
		計	5,969	9,878	4,073	6,280	15,005	139,176
	構成比（%）	都市的地域	4.5	6.1	2.7	3.8	9.8	100.0
		平地農業地域	4.4	8.0	3.4	5.9	14.5	100.0
		中間農業地域	4.1	7.3	2.9	4.4	10.7	100.0
		山間農業地域	4.2	6.6	2.6	3.6	7.2	100.0
		計	4.3	7.1	2.9	4.5	10.8	100.0
2015 年	実数	都市的地域	1,178	1,961	764	1,399	2,973	30,240
		平地農業地域	1,279	2,860	1,109	2,414	5,093	35,069
		中間農業地域	1,799	3,609	1,293	2,304	4,897	46,512
		山間農業地域	982	1,756	618	1,027	1,810	26,435
		計	5,238	10,186	3,784	7,144	14,773	138,256
	構成比（%）	都市的地域	3.9	6.5	2.5	4.6	9.8	100.0
		平地農業地域	3.6	8.2	3.2	6.9	14.5	100.0
		中間農業地域	3.9	7.8	2.8	5.0	10.5	100.0
		山間農業地域	3.7	6.6	2.3	3.9	6.8	100.0
		計	3.8	7.4	2.7	5.2	10.7	100.0

資料：農林業センサス

図 3-1-5　寄り合いの回数階層別の農業集落数割合

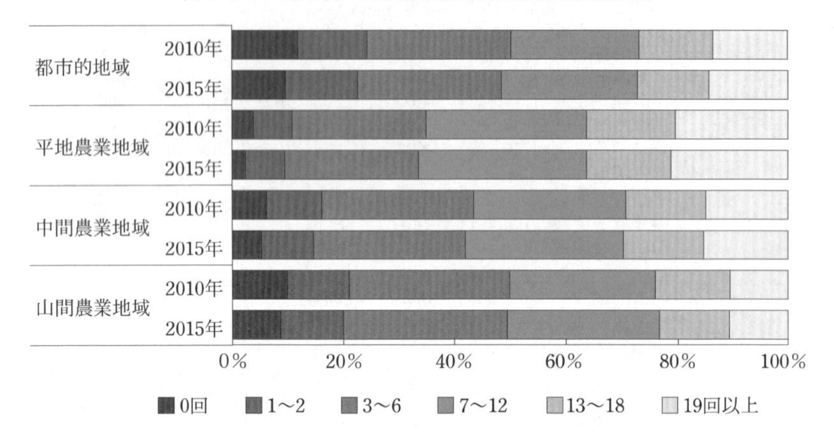

資料：農林業センサス

および12.1%、さらに21回以上が10.8%および10.7%と続き、この順序は2010年も 2015 年も同じである。寄り合い回数が多い集落群と少ない集落群の両極に分かれている印象を受ける。

これらの傾向をグラフで視覚的に確認しようとしたものが、図3-1-5である。ここでは、分かりやすくするため、寄り合い回数の階層を6つに再編して示しているが、全体としては、寄り合い回数0回の農業集落割合が減少していることもあり、寄り合い回数の多い農業集落数割合が増加している傾向がうかがえる。この背景については、後に分析する地域資源の保全状況において、各地域資源を保全している農業集落数割合が上昇していることと結び付いた結果だということが推察される。

（4）寄り合いの議題内容別の農業集落数

続いて、寄り合いの議題内容別の農業集落数と構成比について見ることにしたい（表3-1-15）。2015年センサスにおいては、2010年と同じ項目として、「農業生産にかかる事項」「農道・農業用用排水路・ため池の管理」「集落共有財産・共用施設の管理」「環境美化・自然環境の保全」「農業集落行事（祭り・イベント等）の計画・推進」「農業集落内の福祉・厚生」のそれぞれの議題について、複

表 3-1-15　寄り合いの議題別の農業集落数

	農業地域類型	農業生産に係る事項	割合 (%)	農道・農業用用排水路・ため池の管理	割合 (%)	集落共有財産・共用施設の管理	割合 (%)	環境美化・自然環境の保全
2010 年	都市的地域	16,362	60.5	17,691	65.4	14,257	52.7	18,682
	平地農業地域	24,952	71.6	26,306	75.5	22,712	65.2	27,117
	中間農業地域	27,434	63.6	32,244	74.7	28,719	66.5	34,990
	山間農業地域	13,314	56.2	15,662	66.1	15,378	64.9	18,710
	計	82,062	63.7	91,903	71.4	81,066	63.0	99,499
2015 年	都市的地域	16,149	59.0	20,070	73.3	15,529	56.7	22,673
	平地農業地域	25,332	74.0	29,762	87.0	25,211	73.7	31,490
	中間農業地域	27,724	62.8	35,780	81.1	31,217	70.8	40,442
	山間農業地域	13,685	56.6	17,945	74.3	17,097	70.8	21,852
	計	82,890	63.8	103,557	79.7	89,054	68.6	116,457

	農業地域類型	割合 (%)	農業集落行事（祭り・イベント等）の計画・推進	割合 (%)	農業集落内の福祉・厚生	割合 (%)	再生可能エネルギーへの取り組み	割合 (%)
2010 年	都市的地域	69.1	20,455	75.6	12,178	45.0	–	–
	平地農業地域	77.8	28,492	81.7	17,287	49.6	–	–
	中間農業地域	81.1	37,224	86.2	22,688	52.6	–	–
	山間農業地域	79.0	20,544	86.7	11,728	49.5	–	–
	計	77.3	106,715	82.9	63,881	49.6	–	–
2015 年	都市的地域	82.8	23,377	85.4	16,351	59.7	1,031	3.8
	平地農業地域	92.0	31,197	91.2	23,192	67.8	1,710	5.0
	中間農業地域	91.7	40,303	91.4	29,872	67.7	1,944	4.4
	山間農業地域	90.5	22,281	92.2	15,841	65.6	961	4.0
	計	89.7	117,158	90.2	85,256	65.7	5,646	4.3

資料：農林業センサス

数回答によって寄り合いを実施したかどうかが調べられている。6 つの議題の中では、前者 2 つが特に生産面に関する議題、後者 3 つが生活面での議題と言える。「集落共有財産・共用施設の管理」については、両面に関係があると見てよいだろう。さらに、2015 年センサスでは、近年の動向を反映して「再生可能エネルギーへの取組」についても新たに把握されている。

全体で、それぞれの議題のうち寄り合いを開催した集落割合が最も高いのは、「農業集落行事（祭り・イベント等）の計画・推進」であり、逆に最も低いのは「農業生産にかかる事項」である。特徴的なのは、先に生産面に関係する議題とした「農業生産にかかる事項」「農道・農業用用排水路・ため池の管理」については、農業地域類型間の差が比較的大きいのに対し、生活面での議題については、都市的地域を除いた3つの農業地域類型の間での差がほとんどないことである。「集落共有財産・共用施設の管理」についても同様である。

以上の傾向については、2010年も2015年も同様である。ただし、議題によっては、それによって寄り合いを開催した農業集落の割合が大きく増加しているものもある。そこで、議題別の2010年と2015年の変化を視覚的にも明瞭に確認するために、図3-1-6を用意した。

これまでに見てきたように、農業集落単位での農家戸数の減少は確実に進行し、総戸数の増加の頭打ちも見られる一方で、寄り合いの回数は増加傾向にある。ただし、特に伸びが顕著なのが「環境美化・自然環境の保全」と「農業集落内の福祉・厚生」である。全体として、集落の“危機バネ”が働いていると言えそうだが、一方で農業集落をめぐる状況の深刻化も懸念される。とりわけ福祉や厚生をめぐる議題とする集落が増えているということは、それだけ高齢

図3-1-6　寄り合いの議題別の農業集落数割合の変化

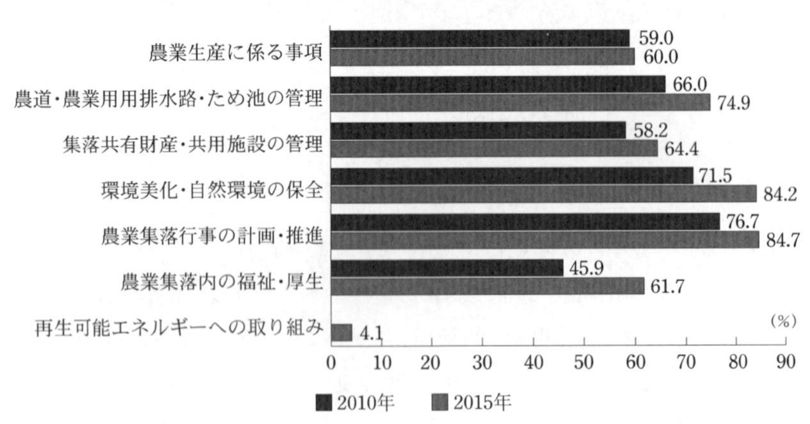

資料：農林業センサス

化が進行しているとみることができるであろう。

続いて、7つの議題の中から、生産面として「農業生産にかかる事項」、生活面として「農業集落内の福祉・厚生」を取り上げ、全国農業地域別かつ農業地域類型別に2010年から2015年にかけての変化を整理した。表3-1-16によれば、「農業生産にかかる事項」を議題とした農業集落数割合は、東北、北関東、東山、東海、近畿、北九州においては、全ての農業地域類型で上昇している。一方で、山陽では全ての農業地域類型で下降している他、北海道、南関東、四国、沖縄では4つの農業地域類型のうち3つで下降している。ただし、北海道では、平地農業地域で上昇、四国では山間農業地域で上昇、というように上昇している農業地域類型については違いがあり、傾向が一様ではない。改めて確認する

表3-1-16　「農業生産にかかる事項」を議題として寄合を開催した農業集落割合の変化

（単位：%）

全国農業地域	2010年					2015年				
	都市的地域	平地農業地域	中間農業地域	山間農業地域	計	都市的地域	平地農業地域	中間農業地域	山間農業地域	計
北海道	56.9	77.5	61.6	45.1	63.4	*51.1*	77.8	*59.6*	*43.5*	*61.8*
東北	58.8	82.9	73.4	57.2	71.9	59.3	84.9	74.5	59.4	73.4
北陸	81.3	92.3	81.2	68.3	82.8	82.7	92.9	81.6	*68.2*	83.4
関東・東山	51.5	57.9	54.7	34.5	52.4	*51.3*	58.7	56.4	36.5	53.2
北関東	48.6	56.7	49.7	25.2	51.3	50.6	59.1	52.9	27.0	53.7
南関東	52.1	56.0	38.8	9.8	49.2	*49.9*	*52.8*	*37.8*	9.8	*46.9*
東山	54.9	70.1	65.7	45.1	58.6	58.0	75.9	67.6	47.6	61.5
東海	55.2	62.8	51.3	43.2	53.1	57.1	66.5	55.5	47.5	56.4
近畿	64.0	82.8	72.1	58.2	68.1	65.9	83.2	73.7	61.0	69.9
中国	30.8	64.8	54.7	60.2	52.3	*29.7*	66.2	*53.5*	*60.1*	*51.7*
山陰	55.4	83.2	58.1	69.0	64.9	55.6	87.8	59.5	*68.9*	66.0
山陽	25.1	50.5	53.6	54.4	47.1	*23.6*	*49.5*	*51.7*	*54.3*	*45.9*
四国	50.3	58.5	44.6	33.4	45.4	*48.5*	*54.6*	*44.1*	35.1	*44.6*
九州	53.6	68.0	49.4	49.5	54.9	55.4	71.2	51.7	51.2	57.3
北九州	58.2	77.1	65.5	51.8	65.9	59.8	81.6	68.6	53.1	68.9
南九州	39.2	40.1	30.0	45.4	34.9	41.7	*39.2*	31.4	47.9	36.1
沖縄	36.7	61.8	48.8	34.0	45.5	*33.9*	*61.4*	49.2	*29.8*	*43.7*
全国	53.0	71.0	58.7	50.3	59.0	53.4	72.2	59.6	51.8	60.0

資料：農林業センサス
注：斜体字は割合が減少した部分。

と、全国の全集落に対しては2010年で59.0%、2015年が60.0%と、ほとんど変化がなかったが、このように地域毎の差異が発生している点には留意が必要であろう。

続いて表3-1-17では、「農業集落内の福祉・厚生」を議題とした農業集落割合の変化を整理している。全国計の割合が45.9%から61.7%へと大幅に上昇した項目でもあり、減少しているところは皆無であるが、北関東、山陰では全ての農業地域類型において20ポイント以上の上昇幅である。一方、全国農業地域別の数値を見ると、2015年で最大の東山が85.7%であるのに対し、四国が48.9%と差異が大きい。事態が懸念される山間農業地域の数値で見ると、最大の山陰が80.9%に対し、四国は42.1%と、ここでは倍近い差が生じている。現場での実態と併せて今後の動向に注目する必要があるだろう。

表3-1-17　「集落内の福利・厚生」を議題として寄合を開催した農業集落割合の変化

（単位：%）

全国農業地域	2010年					2015年				
	都市的地域	平地農業地域	中間農業地域	山間農業地域	計	都市的地域	平地農業地域	中間農業地域	山間農業地域	計
北海道	43.4	51.9	38.1	41.5	44.7	52.8	69.9	50.8	51.3	58.3
東北	40.8	59.6	51.3	51.2	52.9	51.3	68.2	61.0	60.6	62.3
北陸	47.0	51.5	49.9	41.5	48.6	55.8	63.2	60.8	54.5	59.8
関東・東山	37.7	41.4	51.1	48.0	43.2	55.0	66.3	73.8	66.7	64.6
北関東	36.9	40.3	38.1	31.2	38.4	61.3	63.1	63.5	55.6	62.2
南関東	30.3	33.2	29.8	32.0	31.3	42.1	62.9	58.9	49.0	52.0
東山	69.0	73.4	69.9	58.7	67.1	91.8	93.0	87.6	75.8	85.7
東海	38.4	48.0	44.1	36.8	40.9	52.9	62.0	63.6	56.4	57.5
近畿	40.3	52.5	53.2	48.2	48.0	53.1	72.2	68.6	66.1	63.9
中国	39.4	50.0	47.6	51.6	47.3	48.8	68.2	61.3	64.5	60.3
山陰	45.1	57.4	54.8	58.0	55.1	66.2	79.7	76.9	80.9	77.4
山陽	38.0	44.3	45.4	47.4	44.1	44.7	59.2	56.3	53.6	53.3
四国	34.4	40.7	39.6	26.9	35.2	46.9	50.6	55.1	42.1	48.9
九州	41.1	49.7	50.2	43.2	47.7	62.8	68.1	69.1	66.7	67.6
北九州	38.3	48.6	54.9	38.0	47.8	60.9	66.6	74.1	63.4	68.1
南九州	50.0	52.9	44.5	52.3	47.6	69.1	72.7	63.0	72.5	66.6
沖縄	50.3	40.6	65.9	63.8	51.0	82.3	70.5	66.9	76.6	76.1
全国	39.5	49.2	48.6	44.3	45.9	54.1	66.1	64.2	59.9	61.7

資料：農林業センサス

5. 地域資源の保全状況

（1）地域資源の存在する集落割合

2015 年センサスにおいても、「農地」「森林」「ため池・湖沼」「河川・水路」「農業用用排水路」という5種類の「地域資源」の賦存と保全状況について調べられている。これは現行の農山村地域調査となった 2005 年センサス以降に把握されている調査項目であり、変化を直接的、継続的に比較できる貴重な項

表 3-1-18　地域資源のある農業集落

年次	農業地域類型	全農業集落数	農地	森林	ため池・湖沼	河川・水路	農業用用排水路
2005 年	都市的地域	30,939	28,860	17,892	7,500	22,256	25,672
			(93.3)	(57.8)	(24.2)	(71.9)	(83.0)
	平地農業地域	36,226	35,900	21,972	9,968	28,897	33,365
			(99.1)	(60.7)	(27.5)	(79.8)	(92.1)
	中間農業地域	45,974	44,434	42,115	17,537	41,059	41,112
			(96.7)	(91.6)	(38.1)	(89.3)	(89.4)
	山間農業地域	26,326	25,003	25,807	5,916	24,493	21,961
			(95.0)	(98.0)	(22.5)	(93.0)	(83.4)
	計	139,465	134,197	107,786	40,921	116,705	122,110
			(96.2)	(77.3)	(29.3)	(83.7)	(87.6)
2010 年	都市的地域	30,847	29,074	17,231	8,028	23,581	26,851
			(94.3)	(55.9)	(26.0)	(76.4)	(87.0)
	平地農業地域	35,165	34,874	20,760	9,936	28,963	33,370
			(99.2)	(59.0)	(28.3)	(82.4)	(94.9)
	中間農業地域	46,699	45,273	42,595	18,673	42,686	43,020
			(96.9)	(91.2)	(40.0)	(91.4)	(92.1)
	山間農業地域	26,465	25,220	25,881	5,912	25,180	22,891
			(95.3)	(97.8)	(22.3)	(95.1)	(86.5)
	計	139,176	134,441	106,467	42,549	120,410	126,132
			(96.6)	(76.5)	(30.6)	(86.5)	(90.6)
2015 年	都市的地域	30,240	28,593	16,757	8,410	24,138	26,358
			(94.6)	(55.4)	(27.8)	(79.8)	(87.2)
	平地農業地域	35,069	34,787	20,390	10,201	29,424	33,336
			(99.2)	(58.1)	(29.1)	(83.9)	(95.1)
	中間農業地域	46,512	45,106	42,284	19,199	43,198	42,788
			(97.0)	(90.9)	(41.3)	(92.9)	(92.0)
	山間農業地域	26,435	25,149	25,849	5,723	25,338	22,714
			(95.1)	(97.8)	(21.6)	(95.9)	(85.9)
	計	138,256	133,635	105,280	43,533	122,098	125,196
			(96.7)	(76.1)	(31.5)	(88.3)	(90.6)

資料：農林業センサス
注：(　) 内は割合 %。

目である。また、近年、このような地域資源の管理状態の悪化が懸念されており、その保全状況がどのようになっているのかは、農業・農村の多面的機能の発揮という観点からも大いに注目される点である。

地域資源の保全状況について見る前に、まず予め各地域資源の存在する農業集落数割合を確認すると、2015年センサスにおいては、農地96.7％、森林76.1％、ため池・湖沼31.5％、河川・水路88.3％、農業用用排水路90.6％となっており、2005 年、2010 年センサスと比較しても大きな差がないことが確認できる（表3-1-18）。

（2）地域資源を保全している集落割合

続いて、それぞれの地域資源がある農業集落数を分母として、各地域資源を保全している農業集落数の割合を2005年、2010年センサスとの比較で示すと、農地 19.0→34.6→46.1％、森林 7.1→19.0→22.8％、ため池・湖沼 36.6→56.6→60.8％、河川・水路 21.1→43.6→52.7％、農業用用排水路 58.5→73.1→78.4％、となっており、いずれも上昇している。森林を除いて、2007 年度から実施され

図 3-1-7　地域資源を保全している農業集落数割合の変化

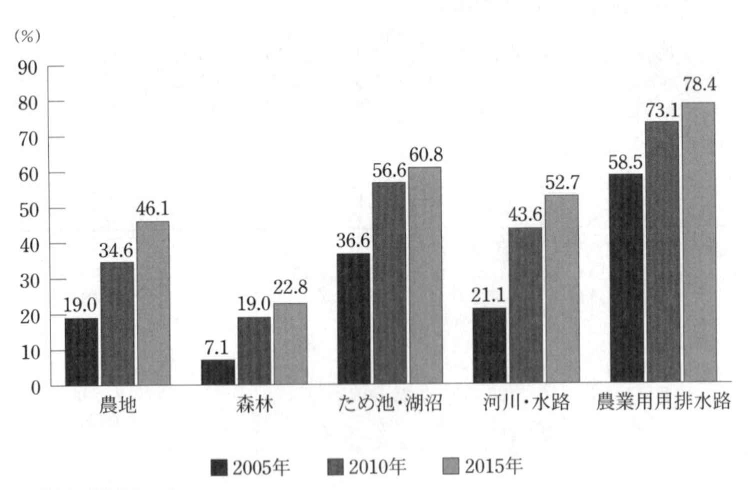

資料：農林業センサス
注：2005 年の「保全している集落」は、保全主体が地方公共団体のものを除いた。

た農地・水・環境保全向上対策（現在の「日本型直接支払制度」における「多面的機能支払交付金」）実施の効果などを反映したものと想定される（図3-1-7）。実際のこれらの政策効果についての詳細な分析は、本章の第2節で行われる。

そして、さらに表3-1-19は、それぞれの地域資源のある農業集落数、保全している農業集落数と割合を示したものである。まず農地について注目すると、いずれの年も、保全している農業集落数割合の大小は、都市的地域＜平地農業地域＜中間農業地域＜山間農業地域という関係性が保たれている。2000年度から始まった中山間地域等直接払制度によって、一般的には生産条件が厳しく、また高齢化が一段と進んでいる中山間地域でも、農地を保全する集団的な取り組みが積極的に行われていることを示していると判断できる。加えて、先述のように2007年度からの農地・水・環境保全向上対策が、平地農業地域も含めて取り組みが広がってきたことで、いずれの農業地域類型でも保全している集落割合が上昇しているものと推察される。

これに対し、ため池・湖沼、河川・水路については、都市的地域＜平地農業地域≒中間農業地域＞山間農業地域、という関係性であり、山間農業地域での割合が低いが、年々、割合は上昇傾向にある。一方、農業用用排水路については、農業地域類型間の差異が比較的小さいものの、いずれの農業地域類型でも保全している農業集落数割合が上昇しているのは、他の地域資源と同様である。

なお、2005年センサスのデータについて留意点を付しておきたい。2010年センサスでは、調査票に付随した「調査の約束」において、「地域資源の保全の考え方」として、「地域資源を農業集落の共有資源として、その保全、維持、向上を図るため、地域住民が主体となって取り組む行為とします」と定めていた。2015年センサスも、この考え方を踏襲している。一方、2005年センサスでは、保全主体として「地域住民等」以外にも「地方公共団体」である場合も把握していた。そこで、2005年センサス数値の「保全している集落」については、保全主体が地方公共団体のものを除いた。

表 3-1-19　地域資源を保全している農業集落数

年次	農業地域類型	農地のある集落数	保全している集落数	保全している割合（%）	森林のある集落数	保全している集落数	保全している割合（%）	ため池・湖沼のある集落数
2005 年	都市的地域	28,860	1,537	5.3	17,892	514	2.9	7,500
	平地農業地域	35,900	3,888	10.8	21,972	1,136	5.2	9,968
	中間農業地域	44,434	11,857	26.7	42,115	3,541	8.4	17,537
	山間農業地域	25,003	8,256	33.0	25,807	2,482	9.6	5,916
	計	134,197	25,538	19.0	107,786	7,673	7.1	40,921
2010 年	都市的地域	29,074	5,324	18.3	17,231	1,837	10.7	8,028
	平地農業地域	34,874	11,293	32.4	20,760	3,318	16.0	9,936
	中間農業地域	45,273	18,390	40.6	42,595	8,961	21.0	18,673
	山間農業地域	25,220	11,553	45.8	25,881	6,144	23.7	5,912
	計	134,441	46,560	34.6	106,467	20,260	19.0	42,549
2015 年	都市的地域	28,593	7,857	27.5	16,757	2,352	14.0	8,410
	平地農業地域	34,787	16,743	48.1	20,390	3,818	18.7	10,201
	中間農業地域	45,106	23,092	51.2	42,284	10,559	25.0	19,199
	山間農業地域	25,149	13,857	55.1	25,849	7,320	28.3	5,723
	計	133,635	61,549	46.1	105,280	24,049	22.8	43,533

資料：農林業センサス
注：2005 年の「保全している集落」は、保全主体が地方公共団体のものを除いた。

（3）地域資源の保全にかかわる連携状況

2015 年センサスにおいては、地域資源の保全状況について、単独の農業集落として保全しているか、あるいは他の集落と共同して保全しているかについても把握されている。加えて、都市住民との連携や、NPO・学校・企業との連携の有無についても尋ねられている。

そこで、地域資源を共同・連携して保全している農業集落を農業地域類型別にみてみると、調査項目である 5 つの地域資源の中で、農地（森林を除いた 4 つの地域資源の中では、全体として保全している集落割合が最も低い）については 3 割強、農業用用排水路（逆に保全している集落割合が最も高い）は 4 割強の集落が、他の集落と共同で、それぞれの地域資源を保全しているという現状にある。農業地域類型別に見ると、農地については、中間農業地域＞山間農業地域＞平地

表 3-1-19　地域資源を保全している農業集落数（つづき）

		河川・水路のある集落数			農業用用排水路のある集落数		
保全している集落数	保全している割合（%）		保全している集落数	保全している割合（%）		保全している集落数	保全している割合（%）
2,667	35.6	22,256	3,881	17.4	25,672	13,225	51.5
3,783	38.0	28,897	6,419	22.2	33,365	19,533	58.5
6,984	39.8	41,059	9,527	23.2	41,112	25,396	61.8
1,542	26.1	24,493	4,748	19.4	21,961	13,293	60.5
14,976	36.6	116,705	24,575	21.1	122,110	71,447	58.5
4,402	54.8	23,581	8,888	37.7	26,851	17,695	65.9
5,877	59.1	28,963	13,801	47.7	33,370	25,765	77.2
11,257	60.3	42,686	20,012	46.9	43,020	32,225	74.9
2,529	42.8	25,180	9,826	39.0	22,891	16,477	72.0
24,065	56.6	120,410	52,527	43.6	126,132	92,162	73.1
5,004	59.5	24,138	11,478	47.6	26,358	18,929	71.8
6,613	64.8	29,424	16,736	56.9	33,336	27,294	81.9
12,185	63.5	43,198	24,326	56.3	42,788	34,383	80.4
2,647	46.3	25,338	11,809	46.6	22,714	17,606	77.5
26,449	60.8	122,098	64,349	52.7	125,196	98,212	78.4

農業地域＞都市的地域、の順に他の集落と共同で保全している割合が高く、一方、農業用用排水路では、都市的地域＞平地農業地域＞中間農業地域＞山間農業地域の順に、その割合が高い（図 3-1-8）。

また、都市住民との連携や、NPO・学校・企業との連携については、連携して地域資源を保全している農業集落数割合が全体として低水準ではあるが、その中では、農地、農業用用排水路ともに、都市的地域が割合が最も高い。さらに、農地については、中間農業地域と山間農業地域で、都市住民との連携よりも、NPO・学校・企業との連携の割合が高いのに比べ、農業用用排水路については、いずれの農業地域類型においても、都市住民との連携が、NPO・学校・企業との連携を上回っているという実態にある。

図 3-1-8　地域資源の保全で共同や連携をしている農業集落割合

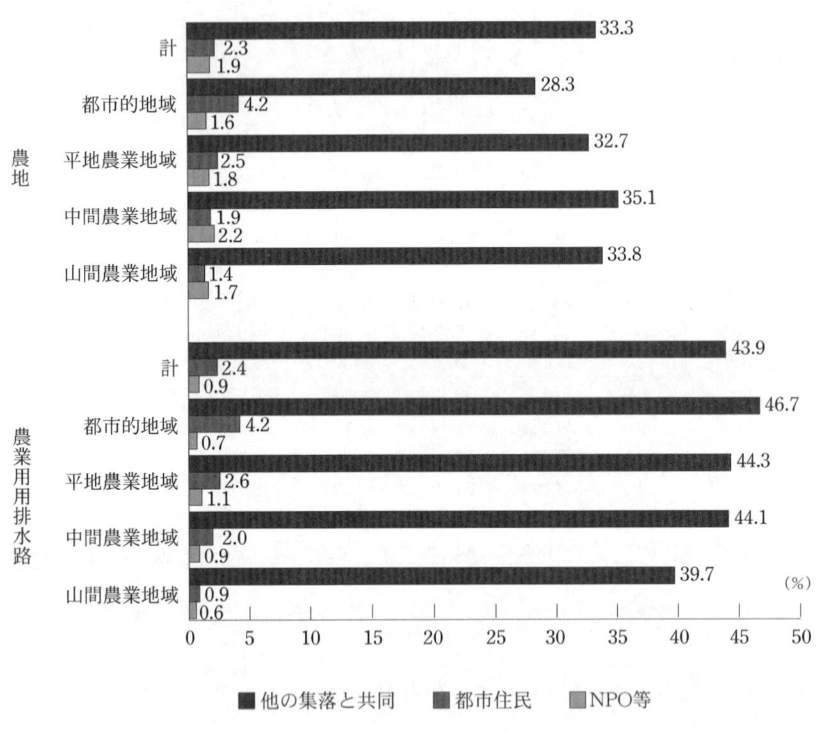

資料：農林業センサス

6．農業集落の活動内容

既に何度か言及しているように、現在の調査対象農業集落とし実施した農山村地域調査は2005年センサスから導入されたもので、2015年センサスで3回目となるが、初めて調査された項目として、農業集落の活動状況の中で「活性化のための活動状況」に関するものがある。「伝統的な祭り・文化・芸能の保存」や、「各種イベントの開催」など、8つの項目が調べられている。

まず表3-1-20において、全体の農業集落に対して、どのぐらいの割合の集落が8つの活動それぞれを行っているのか整理した。これは調査票に提示された

表 3-1-20　活性化活動を行っている農業集落数

	農業地域類型	伝統的な祭り・文化・芸能の保存	各種イベントの開催	高齢者などへの福祉活動	環境美化・自然環境の保全	グリーン・ツーリズム
集落数	都市的地域	21,667	18,607	15,512	22,194	2,335
	平地農業地域	26,979	22,919	19,193	30,016	2,596
	中間農業地域	35,893	31,105	27,367	38,892	4,403
	山間農業地域	20,476	16,016	14,436	21,178	2,404
	計	105,015	88,647	76,508	112,280	11,738
割合（%）	都市的地域	71.7	61.5	51.3	73.4	7.7
	平地農業地域	76.9	65.4	54.7	85.6	7.4
	中間農業地域	77.2	66.9	58.8	83.6	9.5
	山間農業地域	77.5	60.6	54.6	80.1	9.1
	計	76.0	64.1	55.3	81.2	8.5

	農業地域類型	6次産業化への取組	定住を推進する取組	再生可能エネルギーへの取組	全農業集落数
集落数	都市的地域	1,031	702	404	30,240
	平地農業地域	1,358	1,105	633	35,069
	中間農業地域	2,283	2,207	509	46,512
	山間農業地域	1,555	1,804	309	26,435
	計	6,227	5,818	1,855	138,256
割合（%）	都市的地域	3.4	2.3	1.3	100.0
	平地農業地域	3.9	3.2	1.8	100.0
	中間農業地域	4.9	4.7	1.1	100.0
	山間農業地域	5.9	6.8	1.2	100.0
	計	4.5	4.2	1.3	100.0

資料：農林業センサス

順に並べたものであるが、最も多いのは、「環境美化・自然環境の保全」の81.2%であり、続いて「伝統的な祭り・文化・芸能の保存」76.0%、「各種イベントの開催」64.1%、「高齢者などへの福祉活動」55.3%となっており、これら4つの活動については、割合が半数を超えている。農業地域類型別の差異を見ると、いずれも非常に大きな差はないが、「環境美化・自然環境の保全」について、都市的地域が73.4%と、平地農業地域の85.6%、中間農業地域の83.6%と比較して10ポイント以上、数値が小さくなっているのが目立つ。

一方、「グリーン・ツーリズムの取組」は8.5%、「6次産業化への取組」4.5%、

「定住を推進する取組」4.2％、「再生可能エネルギーへの取組」は、1.3％であり、これらの4つの活動は、まだそれほどの広がりは見られない。しかし、「6次産業化への取組」「定住を推進する取組」ともに、都市的地域＜平地農業地域＜中間農業地域＜山間農業地域、の順に割合が高くなっており、一般的に条件が不利とされる山間農業地域が､最も割合が高くなっているのは注目に値する。また、「グリーン・ツーリズムの取組」も、中間農業地域の割合が最も高いが、次いで山間農業地域となっている。農家戸数の減少や高齢化の進行が危惧されてはいるが、今後の活動の進展が期待される。

加えて、前項の地域資源の保全状況と同様、活性化活動についても、他の農業集落と共同して行っているか、さらに、都市住民との連携や、NPO・学校・企業との連携の有無についても把握されているので、活性化活動を行っている農業集落を分母とした割合でそれらの実状について確認したい。また、先に示したように、「伝統的な祭り・文化・芸能の保存」など4つの項目については、全体で半数以上の農業集落で取り組んでいるのに対し、残り4つの項目については、10％未満の割合であるという点も踏まえた上で、数値を見ていくことにしたい。

その上で、他の農業集落と共同して活動している割合が最も高い項目は「各種イベントの開催」であり、48.2％で、活動を行っている集落の約半数が該当する。概ね3割の「環境美化・自然環境の保全」と「再生可能エネルギーへの取組」の2つの項目を除くと、他の5つの項目は概ね4割前後であり、似た水準にある（図3-1-9)。

都市住民との連携や、NPO・学校・企業との連携の状況について見ると、概ね数％から10数％の水準であるが、「グリーン・ツーリズムへの取組」については、都市住民との交流を行っている割合が22.8％であり、他と比べると、かなり高い水準にある。グリーン・ツーリズムそのものが、主に都市住民を想定した活動であるが、単発的な対応にとどまらず、継続的な取組を行っている農業集落の割合が2割を超えていると理解することができよう。他には、「再生可能エネルギーへの取組」について、NPO・学校・企業との連携を行っている割合も13.5％と他の項目と比べて比較的高い水準にあることが分かる。

図 3-1-9　活性化活動で共同や連携をしている農業集落数割合

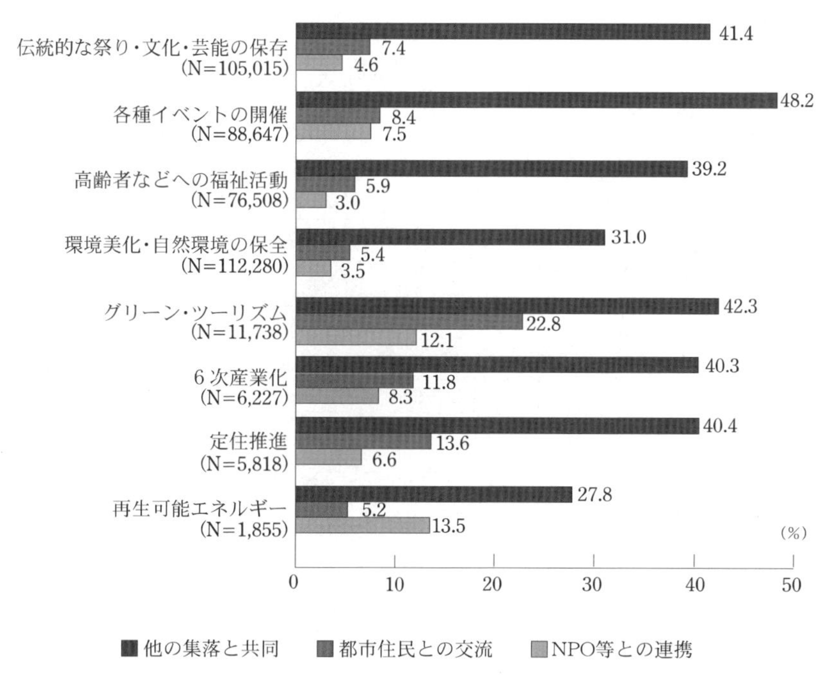

資料：農林業センサス

7．主業農家の存在や集落営農の展開状況との関連

（1）主業農家の有無、集落営農の有無別の農業集落数

農業集落の状況を考慮する上で注目されるのが、担い手の存在状況と集落営農の展開動向である。そこで、まず全国の農業地域類型区分別に、「主業農家有り、かつ集落営農有り」「主業農家有り、かつ集落営農無し」「主業農家無し、かつ集落営農有り」「主業農家無し、かつ集落営農無し」の 4 つの類型に分けて、農業集落の数と構成比を見る（表 3-1-21）。なお、集落営農の有無の判定は、当該農業集落に集落営農が存在するか否かではなく、集落営農の活動範囲に含まれる農業集落か否かで行っており、重複があることになる。

表 3-1-21　主業農家の有無、集落営農の有無別の農業集落数（全集落）

主業農家		有り			
集落営農		有り	割合（%）	無し	割合（%）
農業集落数	都市的地域	2,204	7.3	13,329	44.1
	平地農業地域	6,989	19.9	19,611	55.9
	中間農業地域	5,239	11.3	19,434	41.8
	山間農業地域	2,161	8.2	7,846	29.7
	計	16,593	12.0	60,220	43.6
耕地面積 (ha)	都市的地域	87,659	13.7	407,843	63.7
	平地農業地域	463,603	23.1	1,353,898	67.5
	中間農業地域	240,635	18.4	809,632	61.8
	山間農業地域	77,788	15.8	271,664	55.2
	計	869,685	19.5	2,843,037	63.9

主業農家		無し				総計
集落営農		有り	割合（%）	無し	割合（%）	
農業集落数	都市的地域	1,390	4.6	13,317	44.0	30,240
	平地農業地域	2,542	7.2	5,927	16.9	35,069
	中間農業地域	3,258	7.0	18,581	39.9	46,512
	山間農業地域	2,012	7.6	14,416	54.5	26,435
	計	9,202	6.7	52,241	37.8	138,256
耕地面積 (ha)	都市的地域	25,258	3.9	119,067	18.6	639,827
	平地農業地域	69,929	3.5	118,513	5.9	2,005,943
	中間農業地域	62,113	4.7	198,538	15.1	1,310,918
	山間農業地域	27,907	5.7	114,863	23.3	492,222
	計	185,207	4.2	550,981	12.4	4,448,910

資料：農林業センサス

全体では、主業農家が有り、かつ集落営農が有る農業集落数は16,593集落で、全体に占める割合は 12.0％、また主業農家は有るが集落営農が無いものは60,220集落で43.6％の割合である。両者合わせて、約55％の農業集落には主業農家が存在していることになる。一方、主業農家が無く、しかし集落営農が有る農業集落数は9,202集落で、全体に占める割合は6.7％である。残りの52,241集落、37.8％の農業集落においては、主業農家も存在せず、また集落営農の展開も見られないということになる。

農業地域類型別に見た場合、平地農業地域においては、7 割を超える農業集落において主業農家が存在している。一方、主業農家も無く、かつ集落営農も無い集落は 2 割弱に止まっている。これに対し、山間農業地域では、主業農家が有る割合は 4 割弱となり、主業農家も無く、さらに集落営農も展開していない集落が 5 割を超えており、農業地域類型間の差異が見られる。

これらの数値は、農業集落数をベースとして見た場合である。主業農家や集落営農が展開しない農業集落は、賦存する耕地面積は小規模であろうということが想起できる。そこで、それらの集落に賦存する耕地面積ベースで、さらに内実を見ていくことにしよう。

耕地面積ベースで見た場合、主業農家が有り、かつ集落営農が有る農業集落に賦存する耕地は約 87 万 ha で、全体の耕地面積の 2 割弱に相当する。一方、主業農家が無く、また集落営農の展開も見られない集落に賦存する耕地は 1 割強という状況が分かる。このことについて、同様に農業地域類型別の差異を見ると、主業農家が有る農業集落に賦存する耕地面積は平地農業地域では約 9 割であることが分かる。相当程度のシェアである。これに対し、山間農業地域においては、主業農家が存在せず、かつ集落営農も展開していない農業集落に賦存する農地は 2 割強である。

以上は、全ての農業集落を対象に見た場合の数値である。とりわけ、都府県においては水田地帯における動向が注目される。そこで、水田集落（農業集落調査における耕地面積のうち、田割合が 70％以上）に絞って、その状況を確認する（表3-1-22）。なお、ここで対象とする主業農家については、特に部門や生産する作物を限定していない。例えば、販売目的で稲を作付している主業農家や、販売金額において稲作が 1 位の主業農家のみに対象を絞り、そのような主業農家がいる農業集落のみを抽出することも可能ではある。しかし、地域農業の実状を鑑みれば、特に近年、飼料用米の生産増加などもあり、畜産農家が有力な農地管理の担い手となることも十分にありうる。そのような背景もあり、ここでは主業農家全体を捉えている。

水田集落に限定した場合、主業農家が有る農業集落は、集落営農の有無を問わずに合計すると 6 割弱である。一方、主業農家は存在しないが、集落営農が

表 3-1-22　主業農家の有無、集落営農の有無別の農業集落数（水田集落のみ）

主業農家		有り			
集落営農		有り	割合（%）	無し	割合（%）
農業集落数	都市的地域	1,594	11.2	5,965	41.8
	平地農業地域	5,392	25.7	9,912	47.2
	中間農業地域	3,524	15.6	8,403	37.1
	山間農業地域	1,512	12.5	3,764	31.1
	計	12,022	17.2	28,044	40.0
耕地面積 (ha)	都市的地域	65,240	18.2	197,458	55.0
	平地農業地域	311,637	31.9	528,019	54.0
	中間農業地域	138,598	24.5	268,788	47.6
	山間農業地域	45,569	21.1	92,707	42.9
	計	561,044	26.5	1,086,972	51.3

主業農家		無し				総計
集落営農		有り	割合（%）	無し	割合（%）	
農業集落数	都市的地域	1,042	7.3	5,686	39.8	14,287
	平地農業地域	2,223	10.6	3,487	16.6	21,014
	中間農業地域	2,585	11.4	8,148	36.0	22,660
	山間農業地域	1,482	12.3	5,328	44.1	12,086
	計	7,332	10.5	22,649	32.3	70,047
耕地面積 (ha)	都市的地域	21,021	5.9	75,042	20.9	358,761
	平地農業地域	64,178	6.6	74,175	7.6	978,009
	中間農業地域	51,566	9.1	105,713	18.7	564,665
	山間農業地域	22,495	10.4	55,188	25.6	215,959
	計	159,260	7.5	310,118	14.6	2,117,394

資料：農林業センサス

有る集落の構成比は、約1割であり、これの数値は水田集落に限らず、全農業集落をベースとした場合よりは構成比が高くなる。その反面、主業農家が無く、また集落営農も無い農業の構成比は、やや低く32.3%である。水田集落の約3分の1は、主業農家もなく集落営農も展開していないという状況にある。農業地域類型別に見ると、山間農業地域では44.1%、中間農業地域でも36.0%が該当する。

このような、主業農家もなく集落営農も展開していない農業集落においては、将来の農地管理に懸念があるが、それらの集落に存在する耕地面積のシェアは14.6%である。この値は、水田集落に限らず全集落に対するシェア 12.4%よりも高い。農業地域類型別には、都市的地域 20.9%、平地農業地域 7.6%、中間農業地域 18.7%、山間農業地域 25.6%となっており、山間農業地域の耕地面積の実に約 4 分の 1 は、このような主業農家もなく集落営農も展開していない、いわば担い手のない農業集落に存在していることになる。しかし、割合の低い山間農業地域以外であっても、耕地面積の量そのもので言えば、中間農業地域の約 10 万 5,000ha が最も多いが、都市的地域にも平地農業地域にも、ともに約 7 万 5,000ha が在り、山間農業地域の約 5 万 5,000ha よりも多いことになる。

（2）主業農家が無く、集落営農も展開していない農業集落の存在状況

特に農地の管理などの面で心配されるのが、主業農家が無く、かつ集落営農の展開も見られない農業集落の約 55 万 ha（水田集落のみでは約 31 万 ha）の農地についてである。そこで、全国農業地域別かつ農業地域類型別に、これらの集落が、全体に対して、どのぐらいの割合を占めているのかに注目する。なお、先に示したように、特に集落営農の展開動向との関連で注目されるのは、水田地帯の動向である。そこで、ここでは水田集落に限定して数値を確認することにする。そのため、水田集落が著しく少ない沖縄については表出していない（表 3-1-23）。

先ほど、水田集落について全体の状況を見た場合には、主業農家が無く、かつ集落営農の展開も見られない農業集落の割合は約 3 分の 1 であったが、全国農業地域と農業地域類型の組み合わせで見た場合、最も割合が高いのは、南関東の山間農業地域で 7 割弱にも及ぶ。他に、山陽の都市的地域が 6 割を超えるほか、およそ過半ないし半数に及ぶ地域が多数存在している。ただし、2010 年と 2015 年を比較すると、多くの地域が僅かながら割合が上昇している中で、一部、その割合が低下している地域も存在している。北海道の平地農業地域、北陸の山間農業地域、東山の中間農業地域および山間農業地域、近畿の平地農業地域であり、最も割合が高いとして示した南関東の山間農業地域も、2010 年の 75.0%からは低下している。北海道を除いては、集落営農の展開状況を反映しているものと推察される。

表 3-1-23　主業農家・集落営農のいずれも無い農業集落割合の変化（水田集落のみ）

（単位：％）

全国農業地域	2010年					2015年				
	都市的地域	平地農業地域	中間農業地域	山間農業地域	計	都市的地域	平地農業地域	中間農業地域	山間農業地域	計
北海道	12.0	10.0	8.9	15.1	10.9	16.5	**6.2**	9.4	17.4	**10.4**
東北	19.7	5.8	15.6	26.8	13.3	23.7	8.9	18.6	28.1	16.2
北陸	36.3	22.4	41.3	54.6	35.1	39.3	23.4	42.2	**54.5**	36.4
関東・東山	24.6	13.8	28.5	49.5	21.0	28.5	18.4	31.6	**42.9**	24.5
北関東	22.8	12.5	28.1	37.8	17.4	24.7	16.5	31.0	45.7	20.8
南関東	25.1	16.8	32.8	75.0	22.2	31.1	22.5	40.5	**68.8**	28.1
東山	28.2	8.2	25.4	49.7	27.9	32.4	11.4	**25.3**	**39.5**	**26.9**
東海	41.0	21.5	46.6	55.2	40.9	44.1	22.8	48.6	56.0	43.0
近畿	41.4	24.9	33.5	43.6	36.4	46.0	**22.7**	35.0	44.7	38.2
中国	56.0	34.2	44.0	48.3	46.4	62.7	35.3	46.7	49.7	49.1
山陰	47.3	27.0	48.4	49.1	45.9	51.6	27.4	50.3	49.8	47.3
山陽	57.9	39.6	42.8	47.7	46.6	65.2	41.8	45.6	49.6	49.9
四国	30.1	14.7	28.1	35.5	25.9	36.2	14.7	30.6	39.4	29.1
九州	30.5	9.8	30.0	34.9	24.4	32.0	10.9	32.4	36.1	26.3
北九州	29.1	8.8	25.6	39.2	21.7	31.9	9.5	27.6	39.7	23.5
南九州	36.2	18.6	38.0	23.0	33.0	**32.5**	22.4	41.6	25.9	35.6
全国	35.6	15.0	33.7	43.1	30.0	39.8	16.6	36.0	44.1	32.3

資料：農林業センサス
注：1）太ゴシ体は割合が減少した部分。
　　2）沖縄は表出していない（全国の数値には、沖縄の分も含まれる）

8．おわりに

以上、本節では 2015 年センサスにおける農山村地域調査農業集落調査結果について整理してきた。その際、2005 年、2010 年センサスとの共通調査項目については、集落活動の活発化ないし低下という変化についても考察を加えた。

まず、農業集落の立地条件について、現行の農山村地域調査となった 2005 年以降で初めて、DID や各種生活関連施設への所要時間のみならず、交通手段についても明らかにされた。そこで注目すべきなのは、山間農業地域における立地条件である。小学校・中学校の遠隔性においては、徒歩のみでなく、自動車（スクールバスを含む）や公共交通機関としてのバス・鉄道を使って、30分以上かかる農業集落が一定割合存在していることが判明した。また、日常生活において欠かせない買い物先としてのスーパーマーケット・コンビニエンスストアまで、所要時間30分未満の農業集落が大半ではあるが、交通手段としては、ほぼ全てが「自動車」に依存しているという現状も浮かび上がってきた。

近年、引き続き、いわゆる「限界集落」の動向が注目され、また、以前から農業集落の活動の活発度合いと、農業集落の戸数規模との関係性が指摘されてきた。よって、農業集落の総戸数や総農家戸数の動向は注目点の 1 つである。2010年センサスと比較すると、全体として、総戸数の増加はあるものの、山間農業地域においては、非農家数の増加が見られず、全体として総戸数も減少しているという状況にある。この点について、全国農業地域別に確認すると、全国ほとんどの地域で山間農業地域の総戸数が減少しているということが分かった。加えて、東北、北陸、四国では平地農業地域にまで総戸数の減少が及んでいることも注目に値するものであった。

そのような中で、特に今後の行方が心配される小規模集落について見ると、総戸数9戸以下の小規模集落の割合は確実に増加している。とりわけ山間農業地域においては、その傾向が顕著である。総農家戸数についても同様の動きを示しているが、農業地域類型の間での差が拡大している点も注目に値する。例えば、山陽の山間農業地域では、総農家戸数5戸以下の農業集落割合が27.2％から36.3％へと9.1ポイントもの上昇幅を示していた。

そのような懸念される事態が進行する一方で、農業集落の活動状況について見ると、農地や森林、農業用用排水路といった地域資源を保全している割合が、いずれの地域でも、ほぼ確実に上昇しているということが明らかになった。既に言及したように、2000年度から実施されている中山間地域等直接支払制度の定着とともに、2007年度からの農地・水・環境保全向上対策（現在の「多面的機能支払交付金」）の浸透効果が大きいものと推察される。この点に関わって、2000年度から始まった中山間地域等直接支払制度は、開始から 17 年目を迎え、農業集落の高齢化の進行の中で、制度に取り組むことへの限界性も指摘されつつある。しかし、センサスで把握される範囲では、少なくとも 2015 年センサス時点までは、なおも農地の集団的な保全活動の広がりが確認できたという点は注目に値する。今後は、2020年センサスまで、このような動きが継続されるのかが焦点になってくるであろう。

このように、活動が活発化していることと相通じる現象であろうが、寄り合い回数0回の農業集落割合が低下し、全体として寄り合い回数の多い農業集落割合が上昇しているという傾向もうかがえる。その寄り合いの議題についても、2010年に引き続いて把握されているが、特に伸びが顕著なのが「環境美化・自然環境の保全」と「農業集落内の福祉・厚生」である。全体として、農業集落の"危機バネ"が働いていると言えそうだが、一方で農業集落をめぐる状況の深刻化も懸念される。とりわけ福祉や厚生をめぐる議題とする農業集落が増えているということは、それだけ高齢化が進行しているとみることができるであろう。また、「農業生産にかかる事項」においては、生活面での議題と異なり、2010年時とほとんど変化がないという点にも注意が必要であろう。

農業集落の活動状況については、2015年センサスで初めて調査された項目として、「活性化のための活動状況」に関するものがある。8項目のうち、「伝統的な祭り・文化・芸能の保存」などの、以前から取組があったと想定される4つの項目については、半数以上の集落で活動が見られる一方、「グリーン・ツーリズムへの取組」など、近年に概念そのものが普及してきた4項目の活動については、まだそれほどの広がりは見られない。しかし、「6次産業化への取組」「定住を推進する取組」ともに、一般的に条件が不利とされる山間農業地域が、最も割合が高くなっているのは注目に値する。農家戸数の減少や高齢化の進行が危惧されてはいるが、今後の活動の進展が期待されるであろう。

上記の活動項目に加えて、先に示した地域資源の保全について、2015年センサスでは、他の集落との共同の状況、また、都市住民との連携や、さらにはNPO・学校・企業との連携の有無についても把握されている。8つの活動項目のいずれも、活動に取り組んでいる集落の中では3〜5割程度が他の農業集落と共同していることが分かった。また、地域資源の保全、とりわけ農地や農業用用排水路については、農業集落全体に対して、やはり3〜4割程度は、他の集落と共同した取り組みを行っていることが明らかになった。今後、高齢化の進展や集落の小規模化が、ますます進行するのではないかという点が危惧される中、解決策としての方向性の1つとして期待されるのが集落連携である。そのような観点からも、今後の動向を注視することが必要である。一方、都市住民との連携や、NPO・学校・企業との連携については、現状では、それほど進展しているとは言えないが、同様に、今後の行方が注目されよう。

最後に、センサスにおける農林業経営体調査、さらには農林水産省がセンサスとは別に実施している集落営農に関する調査結果を農業集落単位で集計し、担い手や集落営農の存在状況から、農地管理の現状について考察を加えた。特に山間農業地域では、主業農家が存在せず、かつ集落営農も展開していないという農業集落が広範に広がっている。農業集落数のシェアに比較すれば、賦存する耕地面積のシェアは大きくはないが、農業生産基盤としてのみならず、良好な農村空間の維持、生活環境の保全という観点からも、適切に農地管理が行われることが重要である。これらの農業集落の動向次第によっては、遠くない将来、荒廃農地が大量に発生しかねないという点も危惧される。また、農地の絶対量で言えば、主業農家もなく、かつ集落営農も展開していない農業集落の農地賦存量は、中間農業地域が最も多く、また山間農業地域よりも、むしろ都市的地域、平地農業地域の方が多い。これらの点も考慮して、今後の農地管理の行方を見守っていく必要があるだろう。

第２節　農村政策と農業集落・農村地域

－DID 推定による政策効果の検証－

１．はじめに

本節では農村政策が農村地域に与えた影響について、全国的に実施されている農村政策である中山間地域等直接支払と多面的機能支払の２つを対象に考察する。本稿では便宜上、中山間地域等直接支払と多面的機能支払をまとめて「農村資源管理政策」と表記する。

農村資源管理政策に環境保全型農業直接支払を加えた３つの直接支払は、2015 年度に制定された「農業の有する多面的機能の発揮の促進に関する法律」に基づく制度となり、「日本型直接支払」と総称されることになった。この日本型直接支払は、多面的機能の発揮の促進と同時に、担い手の育成等の構造政策の後押し、つまり「農業を産業として強くしていく『産業政策』と車の両輪をなす『地域政策』」として位置づけられている。この位置づけの背景には、農業・農村の多面的機能の発揮が、地域による農業資源保全の共同活動に支えられていると同時に、この共同活動が、担い手の農業経営を支える基盤でもあるという認識がある。この意味で農村資源管理政策は、農地や農業水利施設などの地域の農業資源の保全管理とそれを通じた地域の活性化はもとより、担い手の育成等の構造改革を後押しする役割も期待されているのである。

農村資源管理政策の評価に関する研究は、事例研究から統計的研究まで幅広く行われてきた。橋口[1]は 2010 年農林業センサスの分析において、2005 年のセンサスと比較して農地や農業用用排水路の保全を行う集落割合が上昇している傾向を確認し、農村資源管理政策の影響の可能性を指摘している。また、農林業センサスを活用したプログラム評価としては、北海道を事例に中山間地域等直接支払制度が耕作放棄地の抑制効果をもたらすことを検証した高山・中谷[5]、多面的機能支払の前身である農地・水・環境保全向上対策の政策について、北海道を対象に傾向スコアマッチング法を用いて評価した高山・中谷[6]、山形県を対象に差の差推定を用いて県の平均的な政策効果を検証し、さらに効果に地域性が認められることを地理的加重回帰分析によって検証した中嶋・村上[4]などがある。

上記の先行研究では、農村資源管理政策が直接の目標とする農地や農業用排水路の保全効果を検証し、研究の対象としたいずれの地域においてもその効果が認められている。一方で、農村資源管理政策が「産業政策」を後押しする効果をもたらすかは未だ厳密に検証されていないといってよい。この点で、橋詰[3]は、全国の中山間地域等直接支払対象集落を対象に、参加集落と不参加集落の2000年から2010年の変化とその差分（「差の差」、詳細は第4項を参照）の記述統計を整理し、中山間地域等直接支払が資源管理だけではなく協業経営体や農業用機械・施設の共同利用組織への参加を促進している可能性を指摘した。この記述統計で示された「差の差」が政策の効果であると言えるかについて、さらに踏み込んだ分析が必要であると考えられる。そこで、本節では農林業センサスを中心に、その他の統計データも組み合わせて、農村資源管理政策の多様な効果の検証を全国を対象に行った。結論を述べれば、本稿で用いた仮定のうえでは、農村資源管理政策は第 1 の目的である地域資源の保全効果に加えて、集落活動の活発化といった地域の活性化効果や農地流動化・経営規模の拡大といった農業構造改善効果、後継者の確保といった労働力確保の効果などの「後押し効果」も確認された。

本節は以下のように構成される。第1項の残りの部分では、農村資源管理政策の概要を整理する。続く第2項では、農村資源管理政策の実施状況を概観する。第3項では、農林業センサスで把握される農地・農業水利施設といった地域資源の集落管理状況、集落活動、農業構造の変化と農村地域資源政策の実施状況の地域性と関係性について、都道府県単位のデータを用いて整理する。最後に、第4節では、農林業センサスの集落単位の集計表等を活用し、農村地域資源政策の効果をDID推定によって検証した結果を示し、第5項で結論を整理する。

（1）中山間地域等直接支払制度の概略

中山間地域等直接支払制度は 2000 年度に日本の農政上初の直接支払制度として誕生した。対象地域は、「特定農山村法」等で指定された地域およびこれらの法律に準じて都道府県知事が特に定めた基準を満たす地域であり、対象農用地は、傾斜度や区画、高齢化率や耕作放棄地率などの客観的な基準で示される条件不利性がある 1ha 以上の一団の農用地が基本である。この対象に対して、集落を単位とした協定という形で、農業生産活動の継続と多面的機能を増進する活動（土壌流亡の防止、景観作物の作付等）を定め、活動を 5 年間継続する農業者等に対して地目に応じた単価が支払われる [1)]。制度の変遷については表 3-2-1

表 3-2-1　中山間地域等直接支払制度の変遷

期	主な内容／変更点
第 1 期 2000 年度 （制度開始）	■農業生産活動等（必須事項） ・耕作放棄地の発生防止活動／水路・農道などの管理活動 ■多面的機能を増進する活動（どれか 1 つ必須事項） ・国土保全／保健休養機能の増進／自然生態系の保全 （以上 基本的活動） ■加算措置：規模拡大 ■交付単価（10a あたり） 田（急傾斜／緩傾斜）21,000 円／8,000 円 畑（急傾斜／緩傾斜）11,500 円／3,500 円 草地（急傾斜／緩傾斜／高草地比率）10,500 円／3,000 円／1,500 円 採草放牧地（急傾斜／緩傾斜）1,000 円／300 円
第 2 期 2005 年度	■必須事項の追加：集落マスタープランの作成 ■単価設定の変更：「通常単価（基本的活動のみ）」（8 割単価）と「体制整備単価」（10 割）の 2 段階の単価へ 体制整備：A 要件／B 要件よりひとつを必須選択 A 要件：生産性・収益向上／担い手育成／多面的機能発揮 B 要件：集落営農の育成／担い手への農地集積 ■加算措置の新設：「土地利用調整」、「耕作放棄地復旧」、「法人設立」
第 3 期 2010 年度 2013 年度	■体制整備単価要件の変更＝「C 要件」（集団的サポート型）の追加 ■加算措置の新設：「小規模・高齢化集落支援」 ■団地要件の緩和（小さな団地・飛び地の合計が 1ha 以上で参加可能に） ■加算措置の新設：「集落連携促進加算」
第 4 期 2015 年度	■「B 要件」の変更＝旧来の B 要件を A 要件に再編し女性・若者等の参画を得た取組を B 要件として新設 ■加算措置の新設：「集落連携・機能維持加算」「超急傾斜農地保全管理加算」 ■「交付金返還免除要件」の緩和

資料：橋口卓也・小田切徳美(2016)『中山間直接支払制度と農山村再生』JC 総研ブックレット No.16 筑波書房を参考に筆者作成。

に概略を整理したとおりであるが、第1期対策（2000〜2004年度）、第2期対策（2005〜2009年度）、第3期（2010年〜2014年度）を経て、高齢化に配慮したより取り組みやすい制度へと見直しを経た上で2015年度より第4期対策が始まっている。

後に述べるように、本稿では2014年度時点に中山間地域等直接支払に参加している集落を特定したデータ（後述の「地域農業DB」）を使用して政策への参加状況を特定するため、2014年度時点の政策実施状況を整理すると、998市町村、27,570集落で28,078協定が締結され、交付面積は約68万7千ha（対象の農地の82%をカバー）に上る。61万人が参加し、7万1,176kmの水路、7万578kmの農道の管理が支援された[2)]。

（2）多面的機能支払の概略

多面的機能支払制度は、2007年度に予算措置された農地・水・環境保全向上対策が出発点である。2007年度から現在に至る政策の変遷を図3-2-1に整理した。図に整理される一連の政策のうち、後述する「営農活動支援交付金（環境配慮型営農の推進）」を除いた農地・水の保全管理活動に関わる政策をここでは便宜的に「農地・水政策」（図3-2-1太点線部分）と一括して呼ぶ。

農地・水政策の出発点である農地・水・環境保全向上対策は、「基礎部分」といわれる農地や水路等の基礎的な農業地域資源の保全、「誘導部分」といわれる「農地・水向上活動（施設の機能診断や軽微な補修）」と「農村環境向上活動（多面的機能の増進）」を支援する「共同活動支援交付金」が基礎であった。加えて、共同活動支援交付金を受ける農地においてさらに環境に配慮した営農を行う地域に支払われる「営農活動支援交付金」が支払われる仕組みであった。支援の対象は農振農用地である。

その後、2010年度の中間評価を受け、2011年度からは前述したように「営農活動支援交付金」が「環境保全型直接支払対策」として独立し、それ以外の活動が「農地・水保全管理支払交付金」によって支援されることになった。この「農地・水保全管理支払交付金」は、それまで行われてきた「共同活動支援交付金」に加えて、「向上活動支援交付金」として施設の長寿命化や高度な管理

図 3-2-1　農地・水政策の変遷

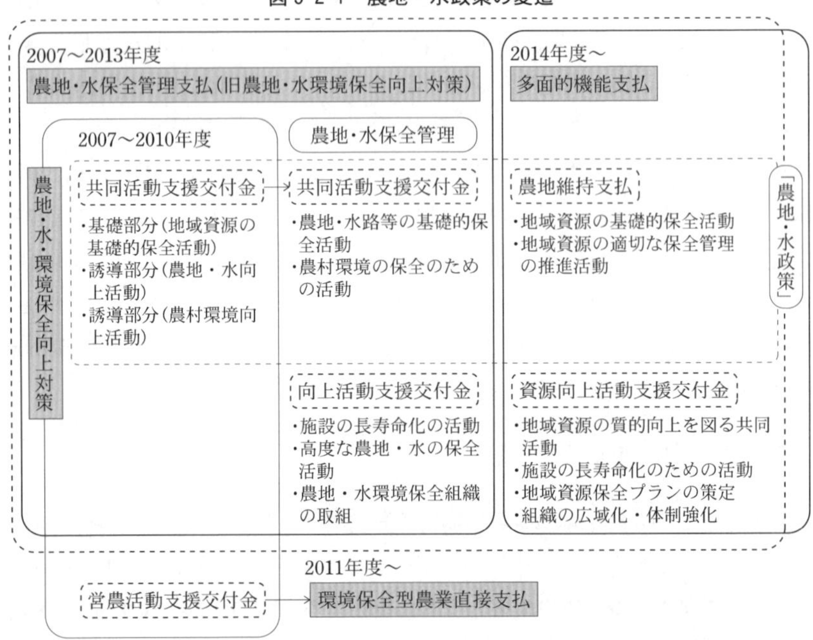

資料：農林水産省「農地・水・環境の保全向上のために」[3]、農林水産省「新たな農地水保全管理支払交付金」[4]、農林水産省「多面的機能支払交付金のあらまし」[5] をもとに筆者作成。
注：楕円で囲んだ「農地・水保全管理」および「農地・水政策」は、本節で便宜的に用いた用語であり、政策の説明において一般に用いられる用語ではない。

に対する支援を拡充したものであった。

さらに 2014 年度からは、実質的には「農地・水保全管理支払」を組替え・名称変更した「多面的機能支払」が創設された。「多面的機能支払」では、それまで「共同活動支援交付金」で支えられてきた 2 つの活動のうち農地・水路の基礎的な保全は「農地維持支払」による支援となり、残りの多面的機能の増進活動と、これまで「向上活動支援交付金」で支えられてきた施設の長寿命化等の高度な管理が「資源向上支払交付金」で支援されることとなった。

上記の変遷を整理すると、①「農地・水・環境保全向上対策」の「基礎部分」、②「農地・水管理支払交付金」の「共同活動支援交付金」の中の基礎的な保全管理活動、③「多面的機能支払」の「農地維持支払」が対象とする基礎的な保全活動が「農地・水政策」の中でも特に農地や水路の基礎的な保全管理として継続されてきたといえる。本稿では、この①～③の活動をまとめて「農地・水保全管理」と呼ぶことにする。

先に述べた中山間地域等直接支払と同様に、2014年4月に創設された多面的機能支払に参加している集落を特定したデータ（後述の「地域農業DB」）を使用して政策への参加状況を特定するため、2014年度時点で政策実施状況を整理すると、1,325市町村、48,553集落、24,855組織が取組を行っており、取組面積は約196万haと、中山間地域直接支払の取組面積の3倍ほどになるが、対象農地に対するカバー率は46％である[6)]。保全される水路は約37万km、農道約21万km、ため池4万個である。

（3）地域農業データベース（地域の農業を見て、知って、活かすDB）

農村地域資源の管理について、センサスを活用した分析を行う上では、農業集落を調査単位とする農山村地域調査[7)]や農林業経営体調査等を集落単位で集計した農業集落カードが活用できるが、政策の実施状況に関するデータについてはほとんど農業集落カードに含まれず、政策分析としての活用としては限界があった。しかし、中山間地域等直接支払や多面的機能支払の実施状況を2010年農業集落コードとリンクさせた「地域の農業を見て・知って・活かすデータベース（以下、「地域農業DB」）」が2016年6月に公表され、集落単位で政策の参加状況を把握し、農業集落カードに所収される集落の様々な属性と関連付けて分析することが可能となった[8)]。

2．農村地域資源政策の実施状況

ここでは、農村地域資源政策の創設時からの実施状況と、分析の対象時点となる2014年度の地域別の実施状況を整理する。

（1）中山間地域等直接支払

中山間地域等直接支払の創設から 2014 年度までの実施状況は表 3-2-2 のとおりである。協定数は減少しているが協定締結面積は増加傾向にあり、1 協定あたりのカバー面積が拡大している。2000 年から 2014 年にかけて、途中で参加を断念した集落や途中から参加した集落はあるが、大半の集落は複数年にわたって継続して参加している。

表 3-2-2　中山間地域等直接支払の実施状況の推移

年度	協定締結市町村数	協定数	協定締結面積（千 ha）	カバー率（%）
2000 年	1,686	26,119	541	68
2001	1,913	32,067	632	81
2002	1,946	33,376	655	83
2003	1,902	33,775	662	85
2004	1,906	33,969	665	85
2005	1,041	27,869	654	82
2006	1,040	28,515	663	82
2007	1,038	28,708	665	82
2008	1,028	28,757	664	82
2009	1,008	28,765	664	82
2010	985	26,937	662	83
2011	993	27,570	678	82
2012	993	27,849	682	82
2013	996	28,001	687	82
2014	998	28,078	687	82

資料：農林水産省農村振興局「中山間地域等直接支払交付金の実施状況」各年度より筆者作成。

2014 年度時点での中山間地域等直接支払（第 3 期）の実施状況を地域ブロック別に整理したのが表 3-2-3 である。カバー率でみると沖縄、北海道、東海で取組が積極的であるのに対し、関東、近畿では相対的に取組が少ないが、それでも 6 割を超える地域が実施している。協定あたりの平均交付面積では、北海道と沖縄で協定あたりの交付面積が非常に大きくなっている一方、その他のブロックでは 10ha 前後の値となっている。

なお、表 3-2-4 に示したように、第 1 期（2004 年度末）での「中山間地域等直接支払の対象となる集落」および「対象集落に協定がある割合」を農業地域類型別にみると、中間農業地域・山間農業地域だけでなく、都市的農業地域・平地農業地域でも 1 割～2 割（北海道では 4 割）とそれなりの割合を占めている。そのため、第 3 項で政策の実施状況と地域資源管理の状況等の相関関係を見る場合には、都市的地域も含めた都道府県単位の集計値でデータの基本的な特徴を整理することとした。

表 3-2-3　中山間地域等直接支払（第 3 期）の実施状況（2014 年度）

	協定数			交付面積 ② (ha)	対象農用地 ③ (ha)	1 協定あたりの平均交付面積 (②/①)	カバー率 (②/③) (%)
	計　①	集落協定	個別協定				
全国	28,078	27,570	508	687,220	838,734	25	82
北海道	367	366	1	332,659	368,030	906	90
東北	4,450	4,342	108	70,985	89,698	16	79
関東	2,723	2,676	47	23,451	35,238	9	67
北陸	2,097	2,068	29	32,969	42,326	16	78
東海	1,486	1,463	23	13,038	14,256	9	91
近畿	2,196	2,187	9	26,293	39,463	12	67
中国	5,971	5,772	199	68,316	95,737	11	71
四国	2,748	2,740	8	27,311	36,253	10	75
九州	6,028	5,946	82	87,713	112,246	15	78
沖縄	12	10	2	4,487	4,487	374	100

資料：農林水産省農村振興局「中山間地域等直接支払交付金の実施状況」2014 年度

表 3-2-4　中山間地域等直接支払の対象となる集落の割合（2005 年度時点）

	農業地域類型	集落数	対象集落数 (①)	対象集落割合 (%)	集落協定がある集落数 (②)	協定存在割合 (②／①) (%)
全国	合計	139,465	83,355	60	28,711	34
	都市的地域	30,939	5,853	19	705	12
	平地農業地域	36,226	13,285	37	3,461	26
	中間農業地域	45,974	38,253	83	14,098	37
	山間農業地域	26,326	25,964	99	10,447	40
北海道	合計	7,325	5,510	75	2,388	43
	都市的地域	993	136	14	65	48
	平地農業地域	2,707	1,945	72	863	44
	中間農業地域	2,062	1,866	90	939	50
	山間農業地域	1,563	1,563	100	521	33
都府県	合計	132,140	77,845	59	26,323	34
	都市的地域	29,946	5,717	19	640	11
	平地農業地域	33,519	11,340	34	2,598	23
	中間農業地域	43,912	36,387	83	13,159	36
	山間農業地域	24,763	24,401	99	9,926	41

資料：2005 年農林業センサス農山村地域調査

（2）農地・水政策（多面的機能支払）

表 3-2-5 は、農地・水政策の中でも基礎的な保全活動である「農地・水保全管理」（図 3-2-1 参照）のこれまでの実施状況を整理したものである。取組面積は 2010 年度から 2011 年度の変化を除いて経年的に増加しており、中でも 2013 年度から 2014 年度にかけて 1.3 倍に増加している。

2014 年度の多面的機能支払の実施状況を地域ブロック別に整理したのが表 3-2-6 である。カバー率でみると、北海道、北陸、近畿で取組が活発な一方、関東、中国、四国では取組が少ない。また、中山間地域等直接支払制度同様、北海道と沖縄では 1 組織あたり平均取組面積が集落の平均規模を超えた大きな範囲であるのに対し、それ以外の都府県ではほぼ集落の平均規模と同様の水準であるという違いがある。

なお、多面的機能支払は中山間地域等直接支払制度の取組を行っている地域でも取り組めることになっている。この「重複」地域については、2014 年度時

表 3-2-5　農地水保全管理活動の実施状況

年度	実施市町村数	対象組織数	取組面積 (ha)	カバー率 (%)
2007 年	1,241	17,122	1,160,430	29
2008	1,282	18,973	1,361,364	33
2009	1,251	19,514	1,425,144	35
2010	1,254	19,658	1,433,293	35
2011	1,248	19,677	1,429,826	35
2012	1,189	18,662	1,455,049	36
2013	1,198	19,018	1,474,379	36(35)
2014	1,325	24,885	1,961,681	48(46)

資料：農林水産省農村振興局「多面的機能支払交付金の実施状況」2014 年度

注：1）2007 年度～2010 年度の値は、「農地・水・環境保全向上対策」、2011 年度から 2013 年度の値は、「農地・水保全管理支払交付金」における共同活動支援交付金の取組状況を掲載。

2）カバー率は取組面積／農振農用地区域面積で計算した。ただし、（　）内はより厳密に農振農用地区域に含まれる採草放牧地面積の推計値を分母に加えたカバー率である。推計は、「農用地区域内の採草放牧地面積（農村振興局調べ）」をもとに「道府県別農用地区域内の地目別面積比率（農村振興局調べ）」による採草放牧地面積比率により計算している。

表 3-2-6　多面的機能支払の実施状況（2014 年度）

	対象組織 ①	取組面積 ② (ha)	対象 農用地 ③ (千 ha)	1 組織あたり 平均取組面 積②/①	カバー率 ②/③*100 (%)
全国	24,885	1,961,681	4219.00	79	46
北海道	767	653,489	1168.50	852	56
東北	4,721	385,331	830.80	82	46
関東	2,515	150,613	647.50	60	23
北陸	2,439	201,253	302.70	59	66
東海	1,524	80,476	158.30	53	51
近畿	3,670	112,667	189.00	31	60
中国	2,632	82,504	222.50	31	37
四国	1,136	44,042	132.90	39	33
九州	4,435	229,528	523.90	52	44
沖縄	46	21,779	43.00	473	51

資料：表 3-2-5 に同じ。
注：対象農用地は、「2013 年農用地区域内の農地面積調査」における農地面積に「農用地区域内の採草放牧地面積（農村振興局調べ）」をもとに「道府県別農用地区域内の地目別面積比率（農村振興局調べ）」による採草放牧地面積比率により推計した面積を加えた面積で計算。

点で 34.4 万 ha、11,175 集落とされており、中山間地域等直接支払の取組面積の約 50%、取組集落の約 38%、多面的機能支払の取組面積の約 18%、取組集落の約 23%が併用している[9)]。

3．農村資源管理政策と地域資源管理・集落活動・農業構造

ここでは、政策への参加状況と農業・農村の 2015 年時点の動向について、都道府県レベルのデータでどのような関係性が見られるかを整理する。ここで示す関係性は、政策の効果を示すものではない。しかし、第 4 項で示す政策の効果は、全国に平均的にもたらされる効果であって、地域的多様性については別途吟味する必要がある。そこで、本項では、政策の実施状況と農業・農村の動向の地域性を確認しつつ、政策実施状況と農業・農村の現在の動向の関係性を整理することを目的とした。

ここで、政策の参加状況については、下の式で表される「農村政策実施割合」

を指標とした。

農村政策実施割合

$$=\frac{\text{中山間地域等直接支払の実施面積}+\text{農地維持支払の実施面積}-\text{重複面積}}{\text{耕地面積}}\times 100$$

この指標は、中山間地域等直接支払と多面的機能支払における農地維持支払に参加する面積を合計し、両支払いに参加する重複面積を引いた農村資源管理政策への参加面積が耕地面積に占める割合を計算したもので、農村政策実施割合と表記することにした[10)]。2 つの政策の参加面積の合計を分子にとった理由は、農地・水政策が創設された 2007 年度以降、2 つの農村資源管理政策が地域の資源管理という類似の活動に同時に影響を与えており、都道府県レベルの集計値では､2 つの農村資源管理政策を分けて影響を見ることが困難だからである。

一方、農業・農村の動向については、2015 年農林業センサスの都道府県の集計値を中心に使用した。以下では、農村政策実施割合を横軸に、農業・農村の動向を示す指標を縦軸にとり、相関関係を整理した結果を示した。

（1）地域資源の管理と農村資源管理政策

はじめに、農村資源管理政策が支援するもっとも基礎的な活動である農村地域資源の管理状況と農村政策状況について以下に整理した。

1）農業用用排水路の集落管理

2015 年農林業センサスにおいて、農業用用排水路がある集落のうち、集落（または複数集落）で農業用用排水路を管理する集落の割合と農村政策実施割合の関係を図 3-2-2 に示した。大都市圏や沖縄、北海道を除くと栃木県の値が低い。集計値では、3,112 ある農業用用排水路がある集落のうち、単独集落もしくは複数集落で管理する集落数が 801 と､ほかの都道府県に比べて一桁少ない｡2010 年農林業センサスの栃木県の値は、3,206 ある農業用用排水路がある集落のうち、集落管理する集落数は 1,640 であったため、農業用用排水路を集落で管理する集落数が過去 5 年間でほぼ半減していることになる。

図 3-2-2　農業用用排水路の集落管理率と農村政策実施割合

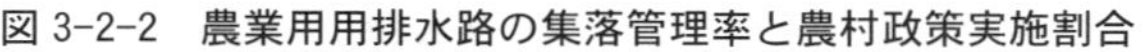

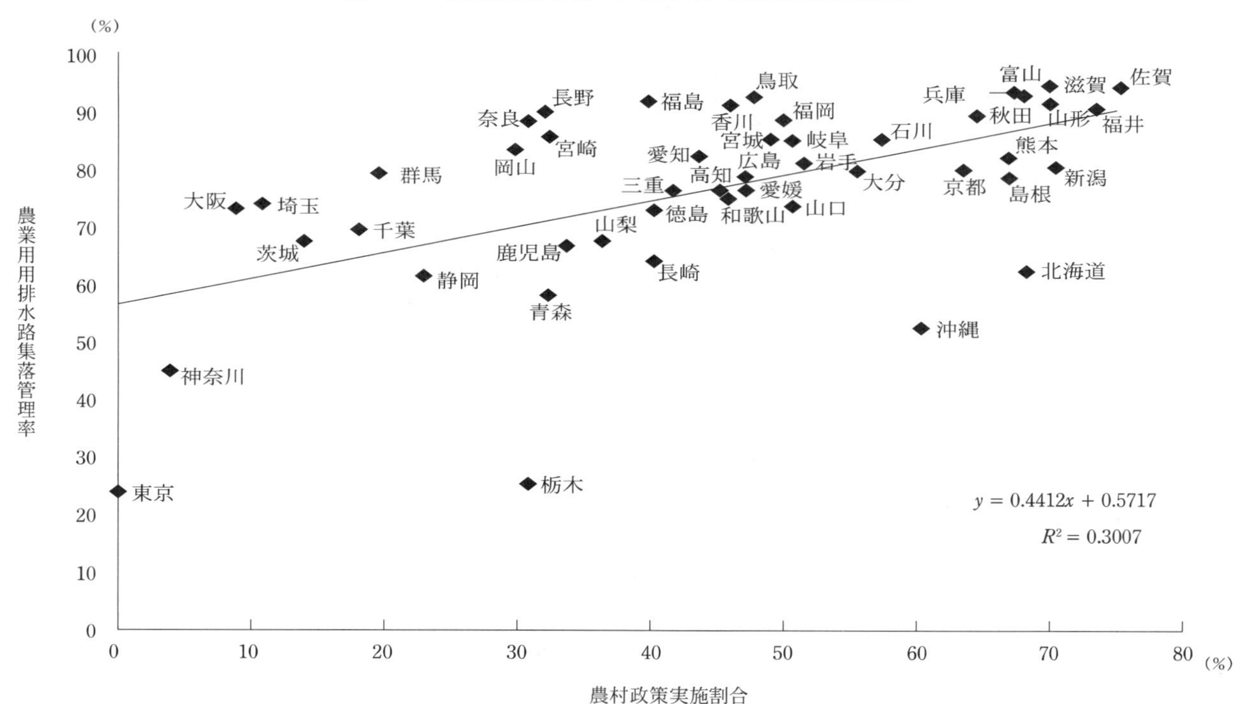

資料：2015 年農林業センサスおよび第 3 項の冒頭の本文に記載した各種資料

注：農業用用排水路集落管理率＝（農業用用排水路を単独集落で管理する集落数＋農業用用排水路を複数集落で管理する集落数）／農業用用排水路のある集落数

全体的な傾向としては、水田率の高い都道府県では農村政策実施割合、農業用用排水路の集落管理率が高く、正の相関が見られる。

2) 農地の集落管理状況

図 3-2-3 は、2015 年農林業センサスにおいて集落に農地がある場合に集落（または複数集落）で管理する割合と農村政策実施割合との関係性をみたものである。地域的には、関東ブロックの都道府県では政策の参加状況が低く、集落による農地管理率も低い点に特徴がある（図中○部分）。全体的な傾向としては農村政策実施割合との正の相関が見られる。

3) 経営耕地面積の変化

図 3-2-4 に示した農業経営体の経営耕地面積の減少率と農村政策実施割合との関係については、福島県の大幅な経営耕地面積の減少は震災の影響によるものであると考えられるが、それ以外の県については 5%から 10%の減少がみられる都道府県と、5%の減少から減少なし（減少率 0%）の都道府県の 2 つに分かれており、農村政策実施割合が高い都道府県ほど、後者の経営耕地面積の減少が少ないグループに入る割合が高くなる傾向にある。

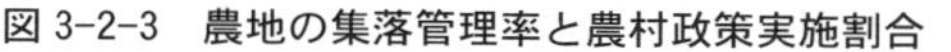

図 3-2-3　農地の集落管理率と農村政策実施割合

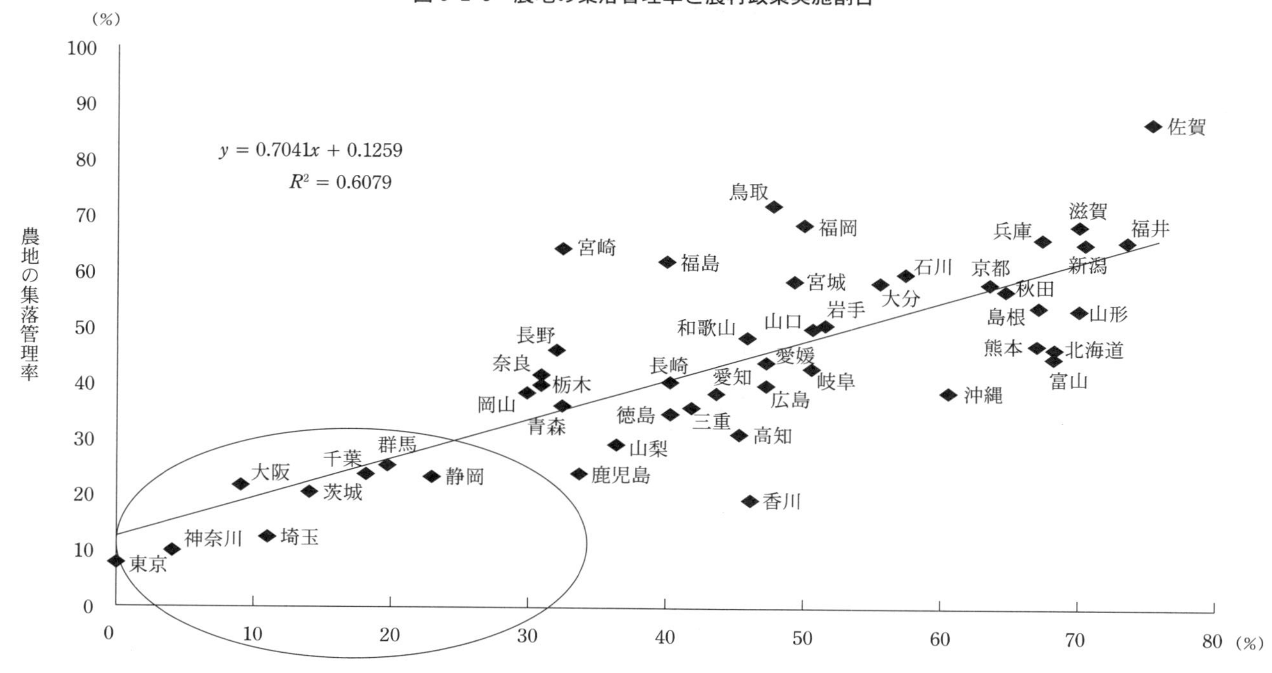

資料：2015 年農林業センサスおよび第 3 項の冒頭の本文に記載した各種資料

注：農地の集落管理率＝（農地を単独集落で管理する集落数＋農地を複数集落で管理する集落数）／農地のある集落数

図 3-2-4　経営耕地面積の減少率と農村政策実施割合

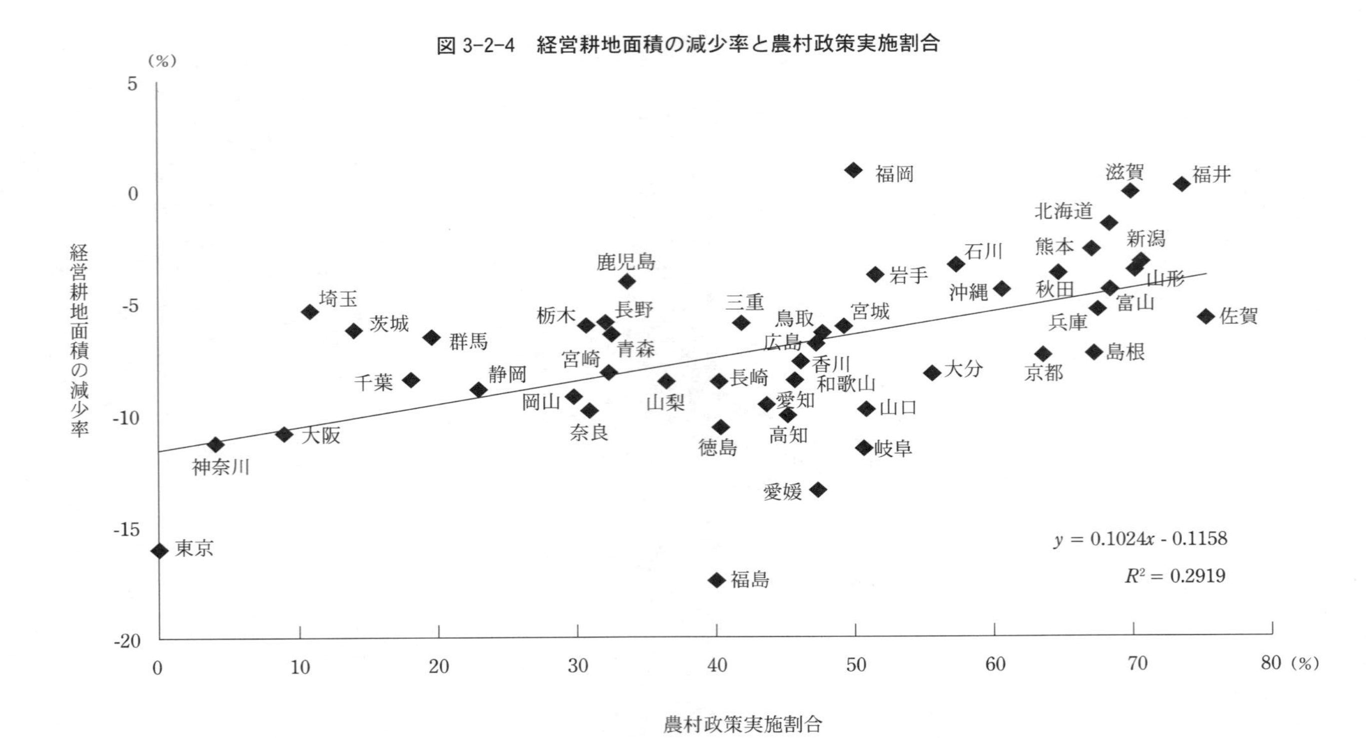

資料：2010 年世界農林業センサス、2015 年農林業センサスおよび第 3 項の冒頭の本文に記載した各種資料
注：経営耕地面積の減少率＝（2015 年農業経営体総経営耕地面積－2010 年農業経営体総経営耕地面積）／2010 年農業経営体総経営耕地面積

（2）集落活動

農村資源管理政策は、集落をはじめ地域の実情に応じたまとまりの中で集団的に取り組むことが基本となっており、資源管理の活動を通じた地域の活性化も意図されている。ここでは、以下にあげる3点について、農村政策実施割合との関係を整理した。

1）寄り合いの開催状況

2015年農林業センサスにおける寄り合いの開催状況について、図3-2-5は21回以上と平均すると1カ月に1回以上の高い頻度で寄り合いを開催する集落割合と農村政策実施割合の関係をみたものである。農村政策実施割合との相関はそれほど強くないが、水稲作を中心に、生産における共同関係の高い農業生産を行っている都道府県で寄り合いの開催が多い傾向があるようにもみえる。

2）寄り合いの議題別の開催状況

2015 年農林業センサスにおける寄り合いの議題別の開催状況と農村政策実施割合の関係性について、農業用用排水路・農道・ため池の議題（図 3-2-6）といった、農村資源管理政策が推進する資源管理上の議題に加えて、農業生産関連の議題と農村政策実施割合（図 3-2-7）についても、それほど強くないが農村政策実施割合との正の相関が見られる。そのほかの幅広い議題の寄り合いについては、第4項で分析を行う。

3）集落行事の取り組み状況

地域活性化のための取り組みとして、2015年農林業センサスにおいて、各種イベントを単独集落もしくは複数集落で取り組む集落の割合と農村政策実施割合との関係を図3-2-8に示した。図3-2-5で示した集落の寄合回数の傾向と同様の傾向を示している都道府県が多い。

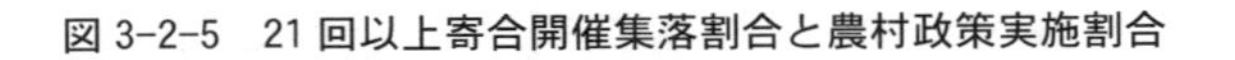
図 3-2-5　21 回以上寄合開催集落割合と農村政策実施割合

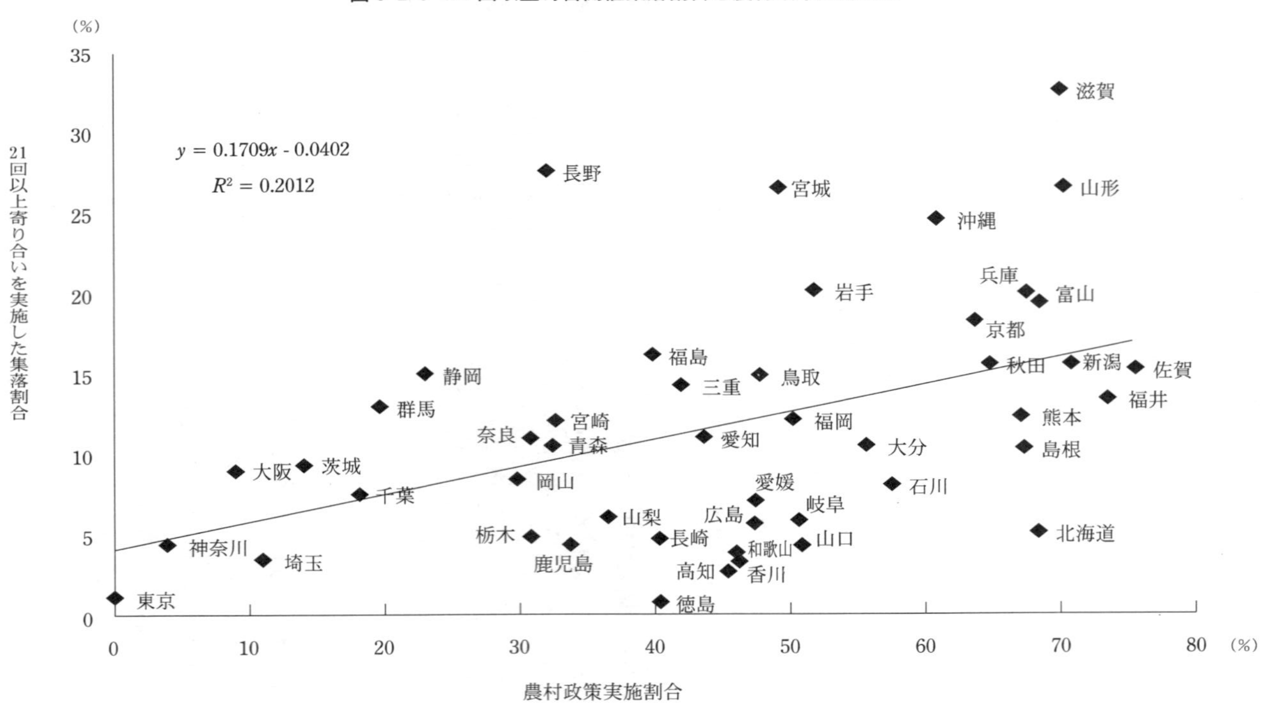

資料：2015 年農林業センサスおよび第 3 項の冒頭の本文に記載した各種資料

図 3-2-6　農道・農業用用排水路・ため池管理を議題にした集落割合と農村政策実施割合

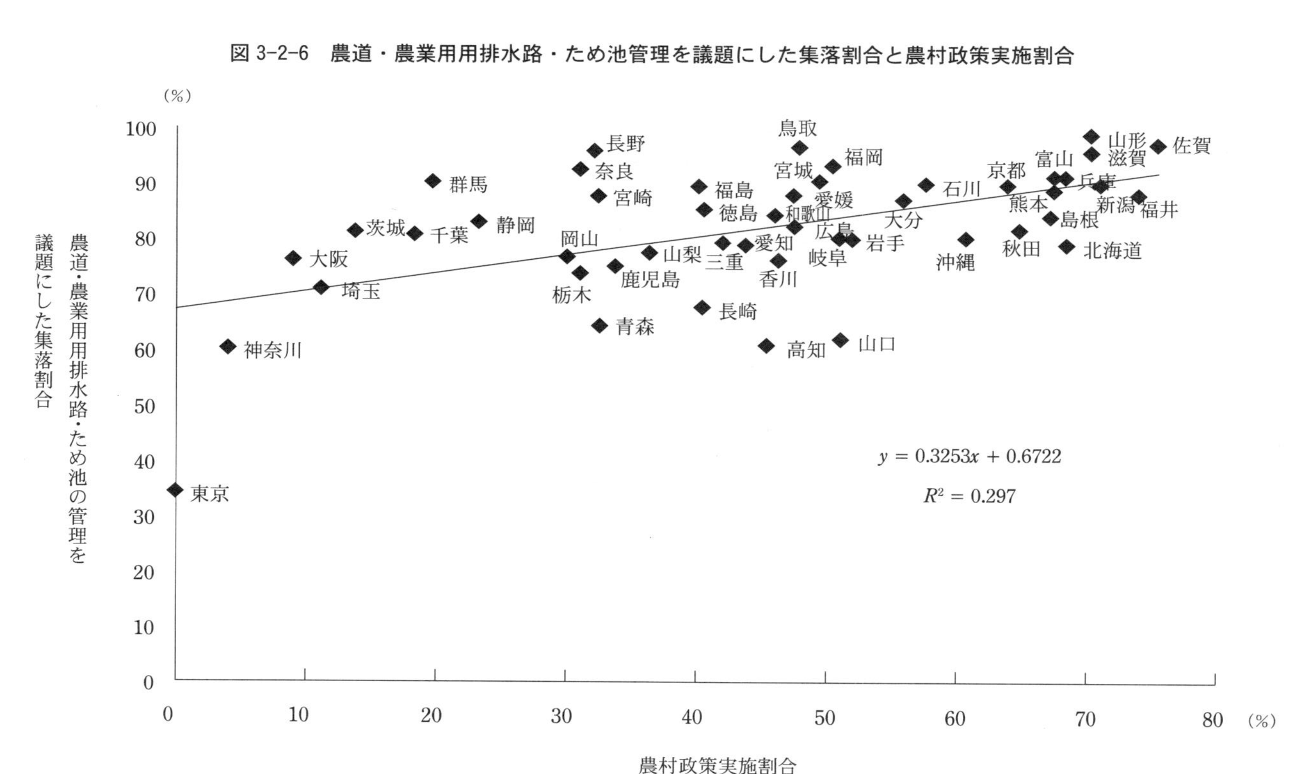

資料：2015 年農林業センサスおよび第 3 項の冒頭の本文に記載した各種資料

注：農道・農業用用排水路・ため池の管理を議題にした集落割合＝農道・農業用用排水路・ため池の管理を議題にした集落数／農業用用排水路のある集落数

図 3-2-7　農業生産関連の議題で寄合を行った集落割合（2015 年）と農村政策実施割合

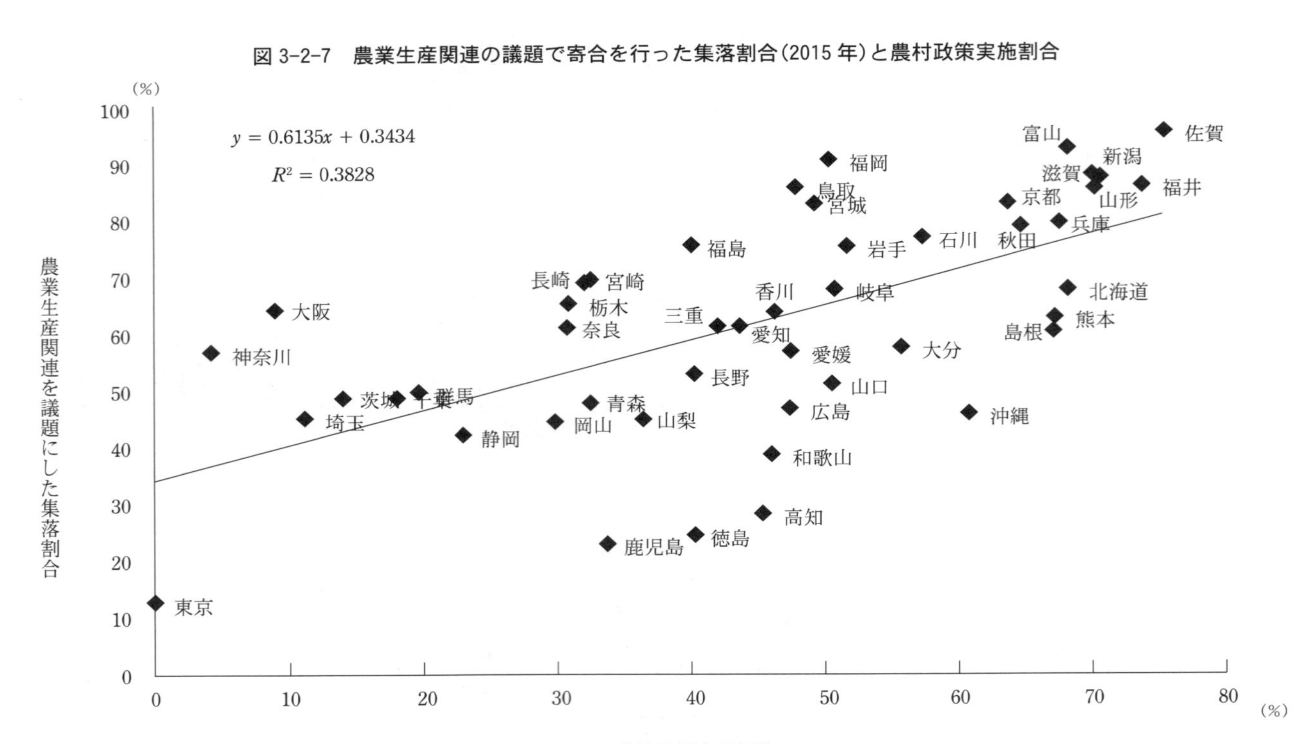

資料：2015 年農林業センサスおよび第 3 項の冒頭の本文に記載した各種資料

図 3-2-8　地域活性化のために各種イベントを実施した集落割合と農村政策実施割合

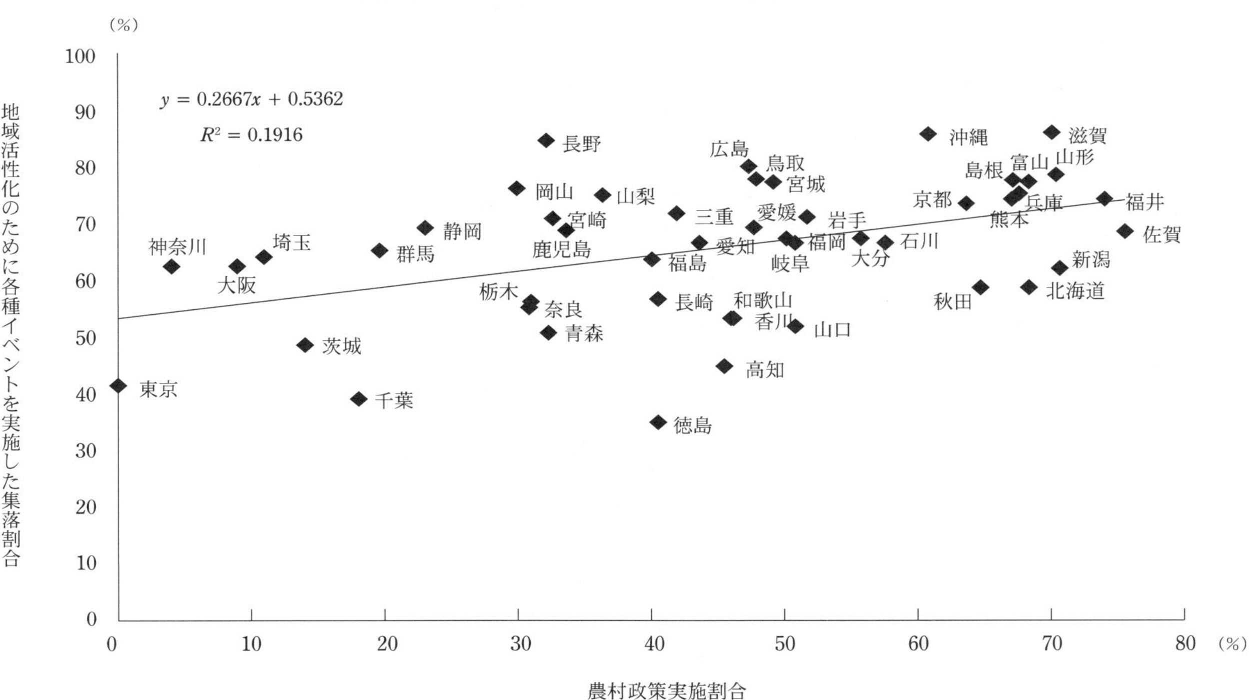

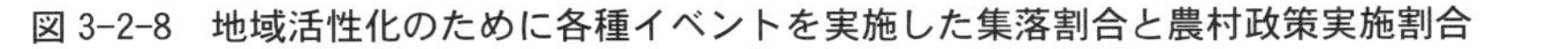

資料：2015 年農林業センサスおよび第 3 項の冒頭の本文に記載した各種資料

（3）農地集積・農地流動化と経営組織化

1）農地集積・農地流動化

農地流動化の指標として農業経営体を対象に経営耕地面積に占める借入耕地面積率を、農地集積の指標として20ha以上の経営規模の農業経営体数のシェアをとり、それぞれと農村政策実施割合との関係を図3-2-9、図3-2-10に示した。地域的には北陸での農地集積・農地流動化が高い傾向にあり、全体的には農村政策実施割合といずれも正の相関がうかがえる。

2）経営の組織化

農村資源管理政策によって組織経営、特に集落営農の増加が考えられる。農林業センサスでは組織経営体として把握されている集落営農であるが、「集落営農」数としての調査は行われていないため、集落営農実態調査で把握される集落営農数と集落数の比率と農村政策実施割合との関係性を図3-2-11に、2015年農林業センサスで報告される農事組合法人と法人化していない組織経営体数を合計した数値を集落営農の代理変数として計算した組織経営体数と集落数の比率と農村政策実施割合との関係を図3-2-12に示した。滋賀県、富山県、宮城県、佐賀県で組織化の割合が高く、関東の都道府県では低い傾向にある。また、全体的な傾向として農村政策実施割合と正の相関がみられる。

図 3-2-9　農業経営体の借入耕地面積率と農村政策実施割合

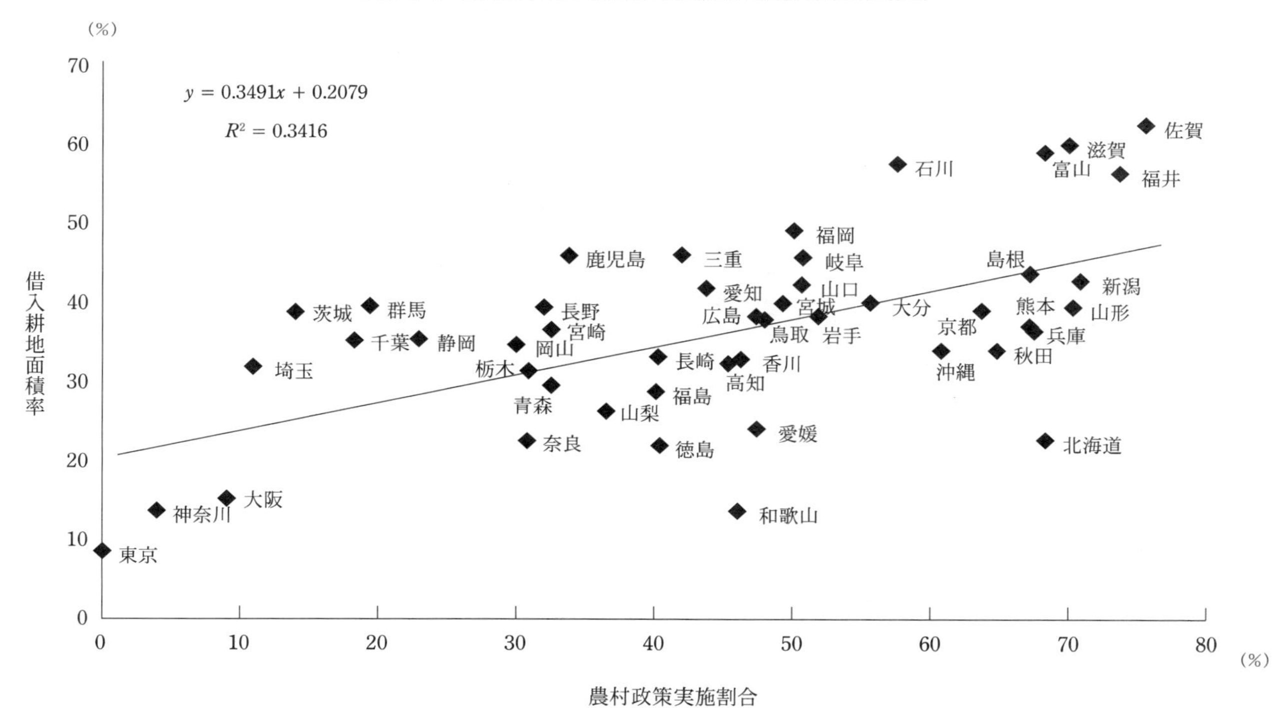

資料：2015年農林業センサスおよび第3項の冒頭の本文に記載した各種資料

図 3－2－10　20ha 以上の農業経営体率と農村政策実施割合

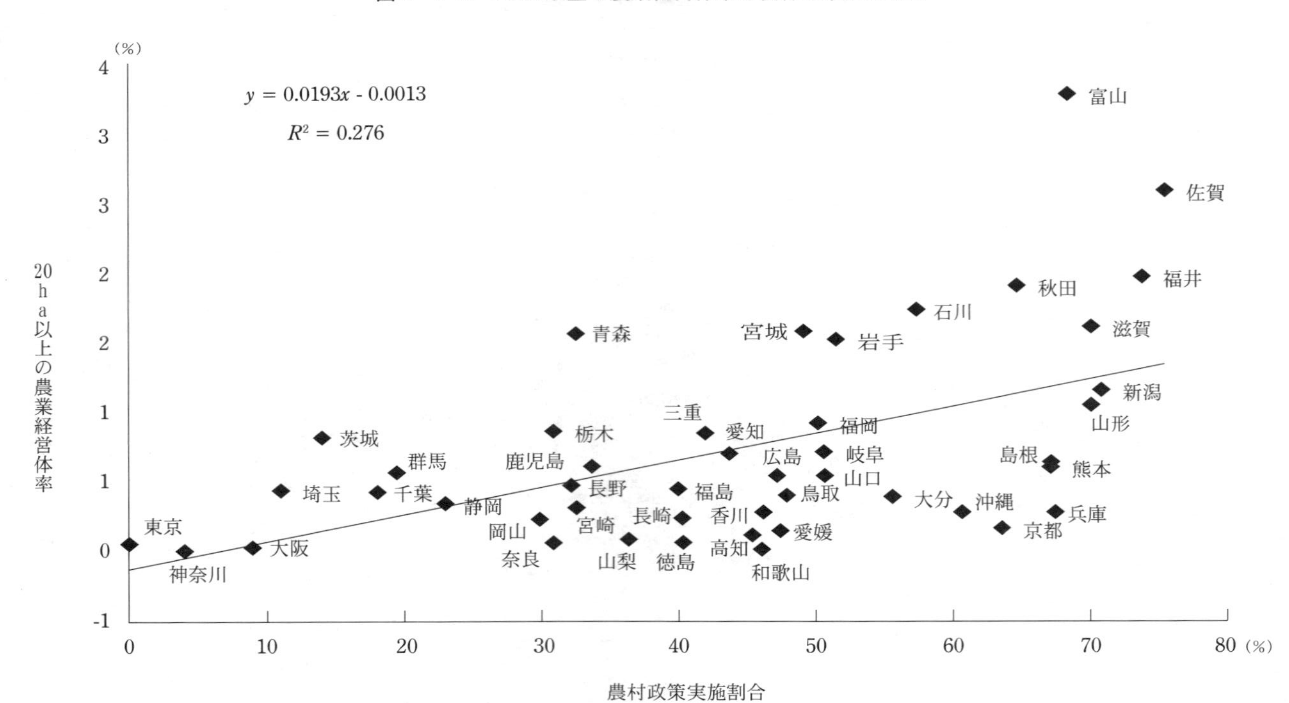

資料：2015 年農林業センサスおよび第 3 項の冒頭の本文に記載した各種資料
注：北海道(43%)は除く。

図 3-2-11　集落営農比率と農村政策実施割合

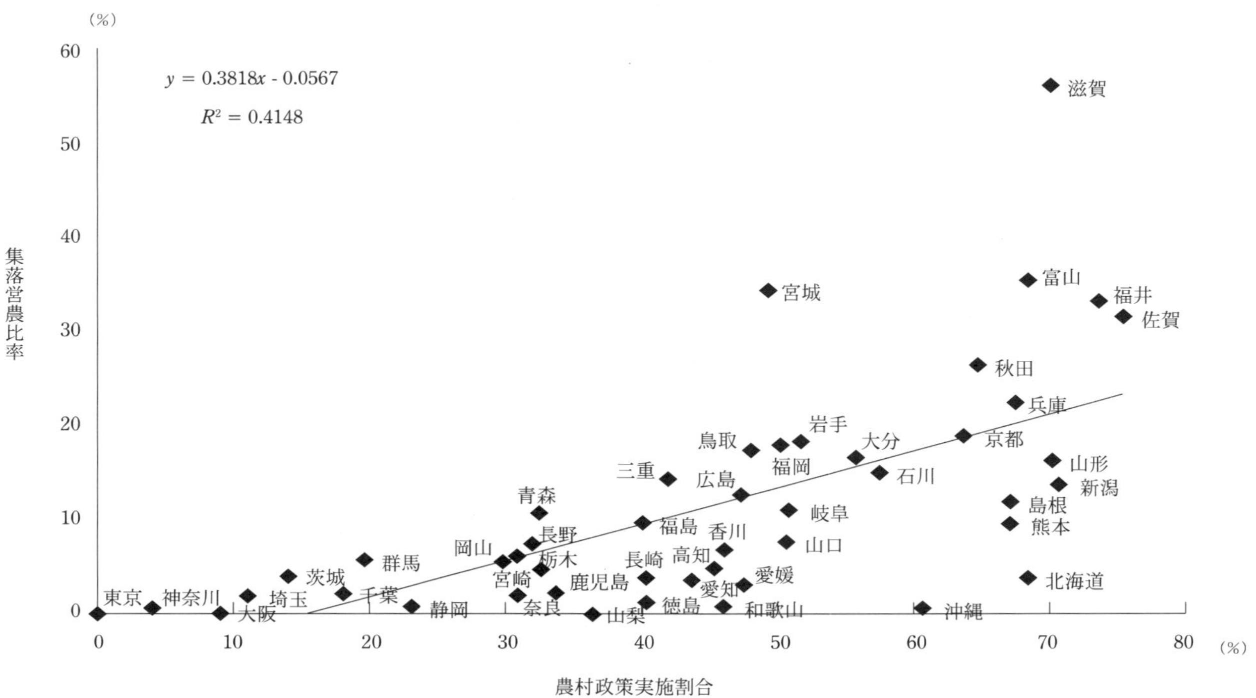

資料：2015 年農林業センサス、2015 年集落営農実態調査、および第 3 項の冒頭の本文に記載した各種資料

図 3-2-12　農事組合法人および法人化していない組織経営体数比率と農村政策実施割

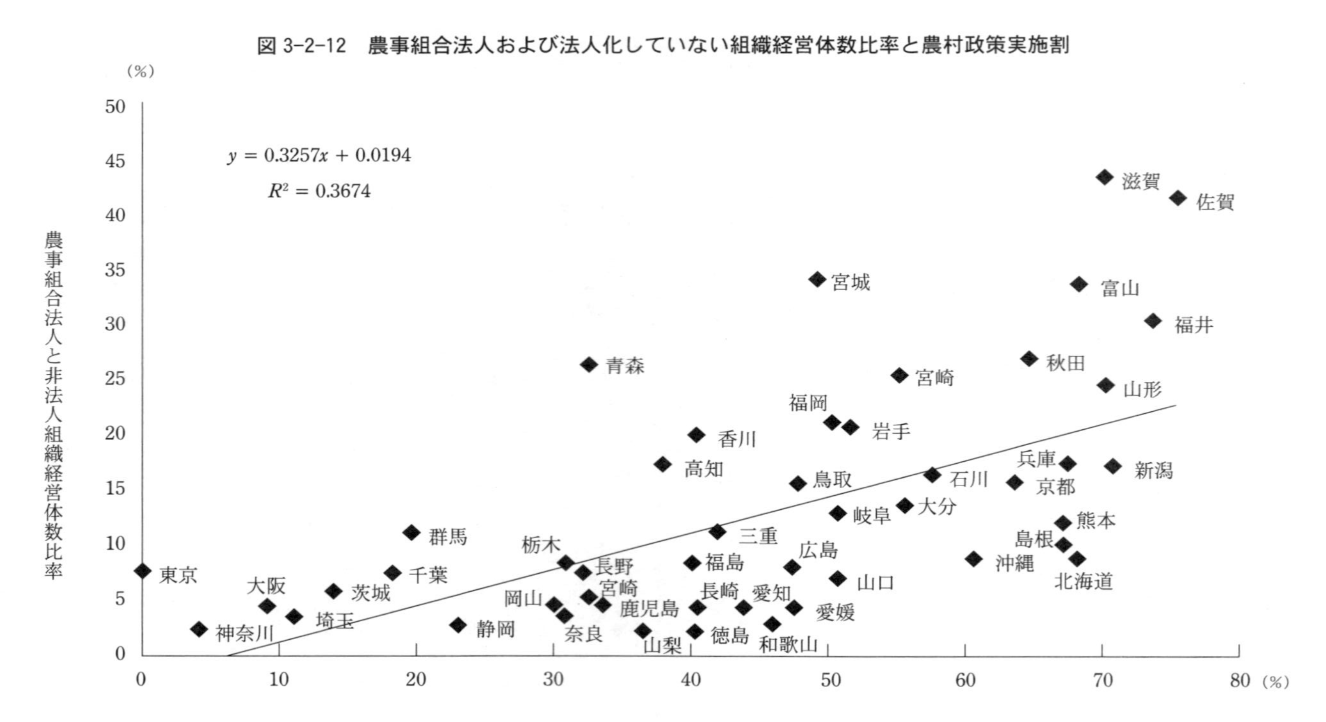

資料：2015 年農林業センサスおよび第 3 項の冒頭の本文に記載した各種資料

（4）就業構造・労働力の構成

最後に、就業構造や労働力の構成として、男子生産年齢人口のいる専業農家率と後継者確保率について、2000年から2015年の変化と農村政策実施割合との関係性をそれぞれ、図3-2-13、図3-2-14に整理した。販売農家の減少が進む中、どちらの変化もマイナスであるが、その減少率は、特に男子生産年齢人口のいる専業農家率では農村政策実施割合が高いほど小さい傾向が確認できる。

図3-2-2から図3-2-14に示したそれぞれの指標について地域的な特色や農村政策実施割合との関係性を整理したが、農村政策実施割合とは、農村資源管理だけでなく、農地流動化や経営の組織化、労働力の確保という点でも関係性がみられる点や農村政策への参加率の高い水田地域で指標に特徴がある点などが確認された。もちろんこの関係性は相関関係であって政策の効果という因果関係ではない。そこで、次項ではDID手法を用いて政策効果の推計を行う。

図 3-2-13　男子生産年齢人口のいる農家率の変化(2000 年から 2015 年)と農村政策実施割合

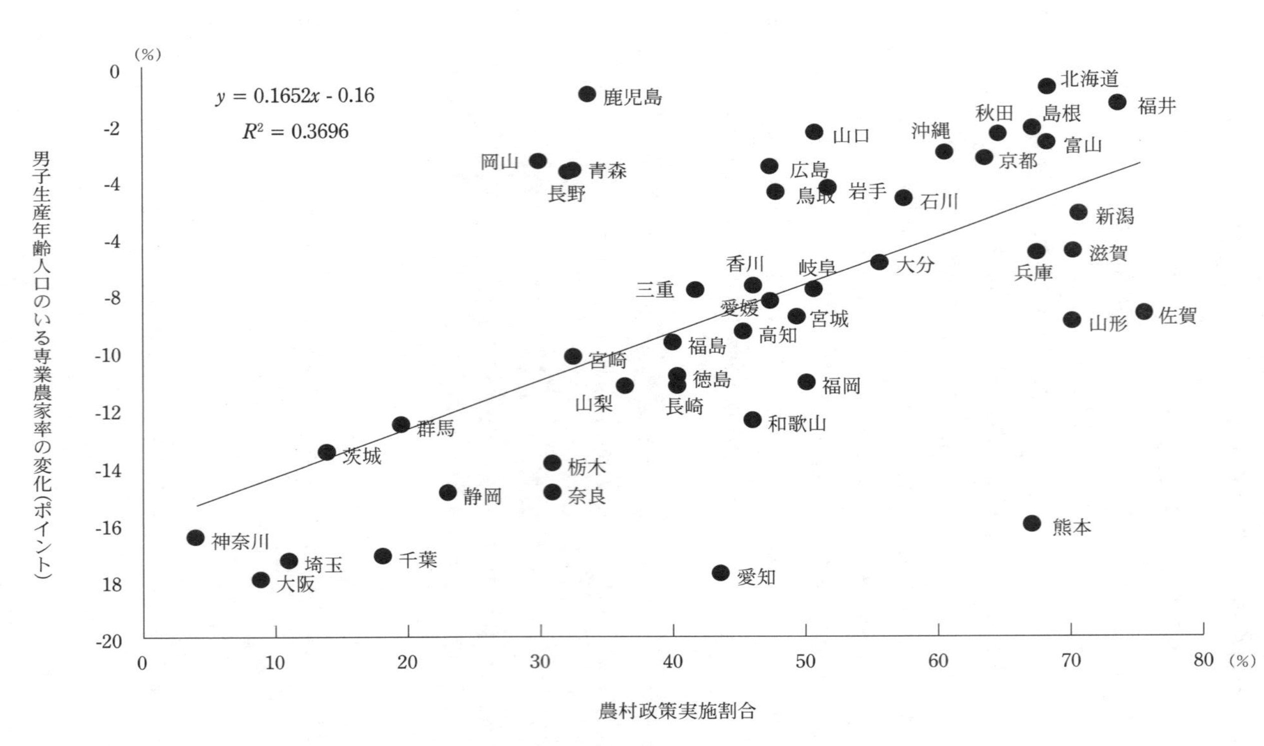

資料：2000 年農林業センサス、2015 年農林業センサスおよび第 3 項の冒頭の本文に記載した各種資料

図 3-2-14　後継者確保率の変化(2000 年から 2015 年)と農村政策実施割合

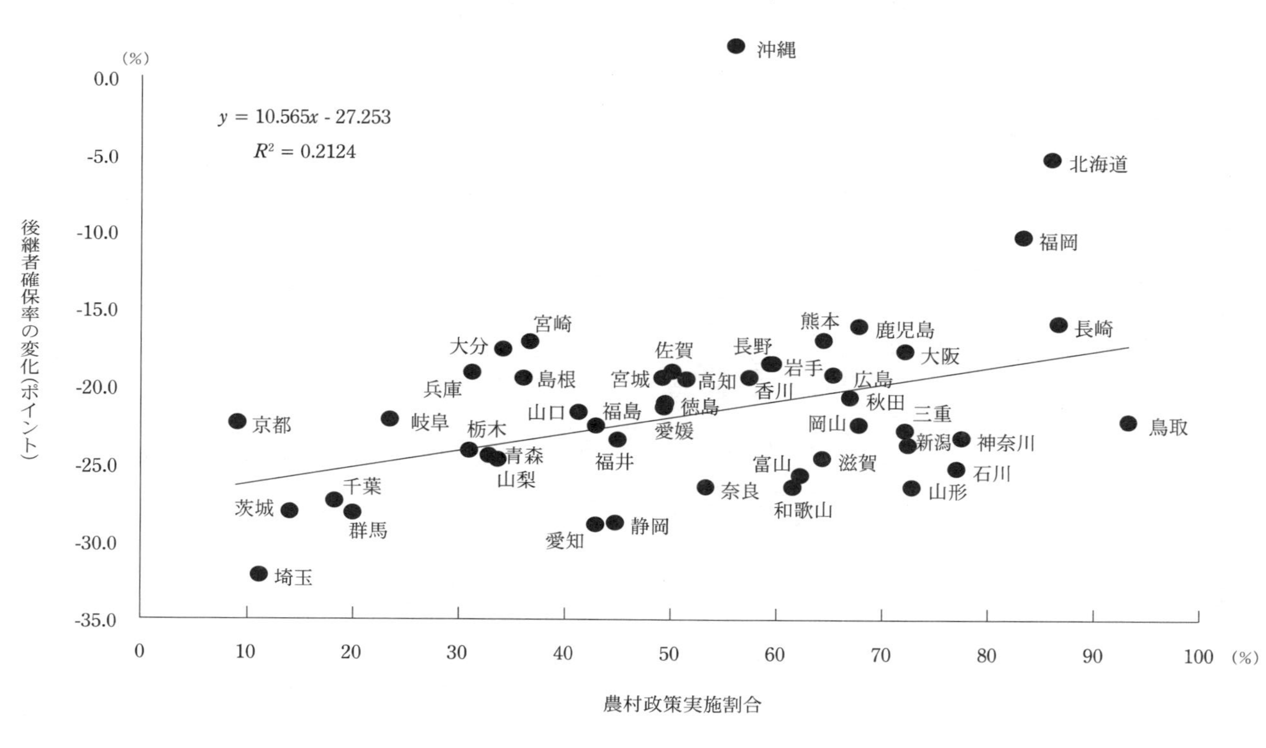

資料：2000 年農林業センサス、2015 年農林業センサスおよび第 3 項の冒頭の本文に記載した各種資料

4．農村資源管理政策の効果　－DIDによる検証の試み－

本稿では、本節の課題である農林業センサスを活用した農村資源管理政策の効果の検証の結果を示す。ここでは、政策の効果を検証する一般的な手法として使用される差の差分法（Difference-in-Difference、以下DID）を用いた。

DIDの基本的な考え方は、「政策に参加したグループが政策に参加する前からどれだけ変化したか」という政策参加前後での変化量から、「政策に参加したグループがかりに政策に参加していなかった場合にどれだけ変化したか」という単純な時間的変化（以下、時間効果）を差し引くことによって、政策の効果を特定するというものである。ここで問題となるのは、「政策に参加したグループが仮に政策に参加していなかった場合の時間効果」は、実際には観察できない反事実だということである。政策に参加したグループは現に政策に参加しているので、参加していない場合の時間効果を観察することは不可能である。

そこで、DID推定では、政策に参加するグループの時間効果のグループ平均値は、政策に不参加のグループの時間効果のグループ平均値と等しい、と仮定する。この仮定によって、本来観察できない「政策に参加したグループが政策に参加していない場合の時間効果」を、「政策に参加していないグループによって実際観察される時間効果」の値から得ることができる。つまり、政策に参加したグループの政策実施前後の変化の平均値（参加グループの中での時間を通じた差）から、政策に不参加のグループの政策前後の時間効果の平均値（不参加グループの中での時間を通じた差）をさし引いたもの（「差の差」）を、政策に参加したグループ全体の平均的な政策効果とするのである。この手法が「差の差」と呼ばれるのは上述のような考え方による。

実際の推計にあたっては、図3-2-15に示した政策実施状況と農林業センサスの調査のタイミングなどを考慮して、中山間地域等直接支払については2000年と2015年の農林業センサスを、農地・水政策については、2005年と2015年の農林業センサスを政策参加前後のデータとして使用し、政策への参加については、地域農業DBで公開される2014年時点で参加の有無で特定した[11)]。

また、DID推計にあたっては、以下の2点に注意した。第1に、中山間地域

図 3-2-15　農林業センサスの調査時期と農村資源管理政策の実施時期

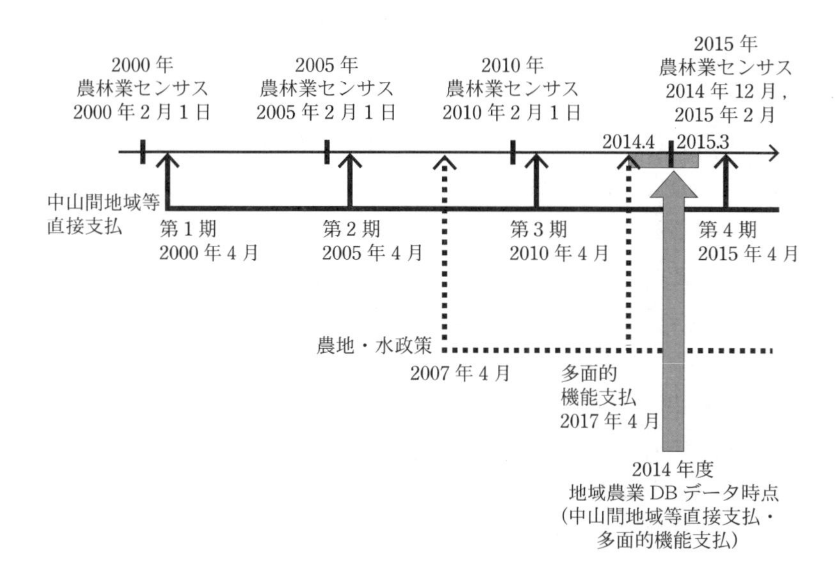

等直接支払と農地・水政策の２つに同時に参加する集落が一定割合存在しており、どちらの政策も類似の活動内容であるため、類似の効果をもたらすと考えられ、どちらの政策の効果であるか識別できない点である。これに対しては、以下のような対処を行った。

まず、中山間地域等直接支払の政策効果の分析については、①多面的機能支払への参加の有無を考慮しないで行う分析と、②多面的機能支払への参加集落を分析対象から外した分析、の両方のケースについて推計を行い、結果を掲載した。ただし、多面的機能支払に参加するかどうかは集落が決定しているため、多面的機能支払に参加している集落を分析の対象から外すとサンプルセレクションにバイアスをもたらす可能性がある。そのため、推計の基本は①のケースとし、②のケースは参考として DID 推計の結果のみを掲載することとした。

一方、多面的機能支払の政策効果の分析については、A）中山間地域等直接支払の対象条件や中山間地域等直接支払の協定の有無などを一切考慮せず、全集落を対象として行う分析、B）中山間地域等直接支払の対象集落は協定の有無を問わず分析の対象から外して行う分析、C）中山間地域等直接支払の協定がある集落のみ分析の対象から外す（中山間地域等直接支払の対象集落であっても協定のない集落は分析に含める）分析、の 3 つのケースが考えられる。このうち、A）と B）について推計し、B）を推計の基本に、A）については参考として DID 推計の結果のみを掲載することとした。C) のケースを推計から除外したのは、中山間等地域直接支払と同様に、サンプルのセレクションにバイアスをもたらす可能性があるからである。

いずれにしても、2 つの政策は、実施時期の重複や要件とする活動の重複などがあるため、純粋にひとつの政策だけの効果を検証することが難しいという点をまず指摘しておく必要がある。

第 2 に、政策がなかった場合の時間効果の平均的な値は、政策に参加したグループでも不参加のグループでも同じであるという仮定についてである。そもそも政策に参加する集落は、さまざまな点で不参加の集落に対して、政策がなくても様々な状況に対する改善の能力が高い可能性がある。この場合、上記の仮定をおいた DID 推定の結果は、政策の効果を過大に推計してしまうことになる。この点の影響をコントロールする手法はいくつかあるが[12)]、ここでは、全国を 12 の農業地域類型（農業地域類型第 1 次分類と第 2 次分類を組み合わせたもので、例えば「都市的地域」の「水田型」など）を使って、全国を 47 都道府県×12 類型の 564 に区分し、この区分が異なるグループでは時間を通じた変化が異なるというコントロールを行った。具体的には 563 個の地域ダミー変数にタイムトレンド（2000 年もしくは 2005 年が 0、2015 年が 1）のダミー変数をかけた交差項を推計モデルに入れた[13)]。

（1）中山間地域等直接支払の効果

中山間地域等直接支払の効果について、多面的機能支払への参加条件をコントロールせず、2014 年時点で中山間地域等直接支払の対象となる全集落を対象とし、参加集落の政策参加前後の差から不参加集落の政策参加前後の差を引いた「差の差」の記述統計を整理したのが表 3-2-7 である。参加状況の特定においては、地域農業 DB において「協定がある」があれば参加、なければ不参加とした。

また、地域資源の保全や集落活動については、2000年農林業センサスの農業集落調査と 2015 年農林業センサスの農山村地域調査を接続したもので、接続できた集落のうち 2014 年時点で中山間地域等直接支払に不参加の集落が13,767、参加の集落が21,411であった。一方、農業構造や労働力確保については、2000年農林業センサスの農業事業体調査と2015年の農業経営体調査について、販売農家のデータを接続したもので、中山間地域等直接支払に不参加の集落が13,648、参加する集落が21,417であった。

表3-2-7の最右列に示した「差の差」が、時間効果を除去した「政策の効果」を含んでいると考える。ほとんどの指標で、政策によって増大させることが意図された場合の「差の差」がプラスであり、記述統計で見る限り政策が効果を発揮しているように見える。なお、耕作放棄地率だけは、値が減少するほど耕作放棄地が抑制されているため、差の差がマイナスであることが望ましいが、表3-2-7ではプラスに出ている。厳密な意味での政策の効果は、DID推定を行って検討する必要がある。

そこで表3-2-7で示されたデータをもとに、DID推定によって政策の効果を検証した結果を表3-2-8に示した。表の左の各種項目が、被説明変数であり、政策の効果を受けて変化する項目である。次に示した「政策効果」は、政策に参加している場合に1、不参加の場合に0の説明変数に対して、上段が係数、下段が係数の t 値を示している。係数の符号が正であれば、政策がある場合に被説明変数を増加させる方向に働くことを示しており、下段の t 値のが大きいほど（*が多いほど）、係数の統計的有意性が高い（意味をもつ）ことを示す。なお、それ以外にコントロール変数として使用したタイムトレンドの共通項を地域ダミーとタイムトレンドの交差項563個の結果は割愛した。

また、表3-2-8の（政策の効果）は、参考として多面的機能支払に参加する集落を除いた場合の推計結果を示したものであるが、結果として有意な係数をもつ変数については、有意性や係数の大きさはほぼ同じであった。そのため、以下では、多面的機能支払への参加の有無を問わないサンプルに対する分析の結果について考察する。

表 3-2-7　中山間地域等直接支払の「差の差」：記述統計

			中山間地域等直接支払に不参加		中山間地域等直接支払に参加		参加と不参加の差	差の差
			観測数	平均値(①)	観測数	平均値(②)	(②-①)	
地域の資源保全・活性化効果	農業用用排水路のある場合で集落で保全する集落	2000 年	12,691	0.767	20,251	0.780	0.013	
		2015 年	12,908	0.819	20,707	0.932	0.1129	
		2 時点の差		0.052		0.152		0.0999
	寄合の議題：農業生産関連	2000 年	13,767	0.661	21,411	0.784	0.123	
		2015 年	13,767	0.594	21,411	0.792	0.1979	
		2 時点の差		-0.067		0.008		0.075
	寄合の議題：農道・農業用用排水路(ため池)の保全	2000 年	13,767	0.739	21,411	0.789	0.0496	
		2015 年	13,767	0.793	21,411	0.908	0.1154	
		2 時点の差		0.053		0.119		0.0658
	寄合の議題：環境美化・自然保全	2000 年	13,767	0.744	21,411	0.763	0.0195	
		2015 年	13,767	0.879	21,411	0.918	0.0394	
		2 時点の差		0.135		0.155		0.0199
	耕作放棄地率(%)[1]	2000 年	13,404	10.642	21,349	8.609	-2.0324	
		2015 年	12,440	12.997	20,840	11.021	-1.9758	
		2 時点の差		2.355		2.412		0.0567
	耕地面積(属地, a)	2000 年	13,767	23.606	21,411	42.084	18.4776	
		2015 年	13,686	22.486	21,403	41.191	18.7049	
		2 時点の差		-1.12		-0.892		0.2272
	販売農家の経営耕地面積(属地, a)	2000 年	13,648	1804	21,417	3422	1618	
		2015 年	13,648	1344	21,417	2738	1394	
		2 時点の差		-458		-683		-225
	実行組合がある	2000 年	13,767	0.726	21,411	0.799	0.0732	
		2015 年	13,767	0.684	21,411	0.822	0.1383	
		2 時点の差		-0.042		0.023		0.065
	寄合回数	2000 年	13,767	8.077	21,411	9.338	1.2612	
		2015 年	13,767	10.168	21,411	12.305	2.137	
		2 時点の差		2.092		2.968		0.8758
	寄合の議題：共有施設管理	2000 年	13,767	0.297	21,411	0.398	0.1009	
		2015 年	13,767	0.689	21,411	0.789	0.1003	
		2 時点の差		0.392		0.391		-0.0006
	寄合の議題：集落行事	2000 年	13,767	0.883	21,411	0.911	0.0275	
		2015 年	13,767	0.889	21,411	0.926	0.0365	
		2 時点の差		0.006		0.015		0.0091
	寄合の議題：高齢者の福祉	2000 年	13,767	0.461	21,411	0.503	0.0416	
		2015 年	13,767	0.648	21,411	0.699	0.0506	
		2 時点の差		0.187		0.196		0.0091
	地域活性化のために各種イベントを行う[2]	2000 年	13,767	0.432	21,411	0.451	0.0183	
		2015 年	13,767	0.686	21,411	0.71	0.0244	
		2 時点の差		0.254		0.26		0.0061
	都市住民との交流として地域の伝統・祭りなどを行う[3]	2000 年	13,767	0.151	21,411	0.144	-0.0077	
		2015 年	13,767	0.083	21,411	0.073	-0.0097	
		2 時点の差		-0.069		-0.071		-0.002

資料：農林業センサス 2000 年、2015 年

注：1) 耕作放棄地率＝耕作放棄地／（経営耕地面積＋貸付耕地面積－借入耕地面積＋耕作放棄地）×100 で計算。

2)「地域活性化のために各種イベントを集落で行う」については、2000 年農業集落調査の「地域の諸組織」で、1、とした。一方、2015 年農山村調査では、「農業集落内での活動状況」として、各種イベントの開催の項目

3)「都市住民との交流事業で、祭りなどのイベントを介した交流を集落で行う」については、2000 年農業集落て事業に取り組んでいる場合に 1 とした。なお、祭りなどのイベントについては、地域で行われている村祭り保存」と「各種イベントの開催」を単独の農業集落もしくは他の農業集落と共同で活動しており、かつ、都

（多面的機能支払参加集落を含む）

			中山間地域等直接支払に不参加		中山間地域等直接支払に参加		参加と不参加の差	差の差
			観測数	平均値（①）	観測数	平均値（②）	（②-①）	
農業構造改善効果	1ha 以上農家の経営耕地面積比率（販売農家）(%)	2000 年	13,412	40.798	21,349	48.317	7.5185	
		2015 年	12,480	48.267	20,847	58.074	9.8066	
		2 時点の差		7.469		9.757		2.2881
	3ha 以上農家の経営耕地面積比率（販売農家）(%)	2000 年	13,412	9.035	21,349	12.855	3.8208	
		2015 年	12,480	16.516	20,847	23.628	7.112	
		2 時点の差		7.482		10.773		3.2913
	5ha 以上農家の経営耕地面積比率（販売農家）(%)	2000 年	13,412	3.738	21,349	6.729	2.9906	
		2015 年	12,480	9.615	20,847	15.52	5.9049	
		2 時点の差		5.877		8.791		2.9144
	経営耕地に占める借入耕地率（販売農家）(%)	2000 年	13,412	14.937	21,349	14.306	-0.6308	
		2015 年	12,480	22.687	20,847	22.352	-0.3355	
		2 時点の差		7.75		8.045		0.2953
	経営耕地田に占める借入耕地田率（販売農家）(%)	2000 年	12,601	15.938	20,186	15.109	-0.8287	
		2015 年	11,492	24.098	19,556	24.024	-0.0737	
		2 時点の差		8.16		8.915		0.7549
	経営耕地畑に占める借入耕地畑率（販売農家）(%)	2000 年	13,017	9.634	21,041	9.408	-0.2263	
		2015 年	11,343	13.647	19,702	12.896	-0.7508	
		2 時点の差		4.013		3.488		-0.5245
労働力確保の効果	販売農家数	2000 年	13,648	13.938	21,417	18.311	4.3729	
		2015 年	13,648	7.968	21,417	11.086	3.118	
		2 時点の差		-5.97		-7.225		-1.2549
	専業農家数	2000 年	13,648	2.778	21,417	3.493	0.7155	
		2015 年	13,648	2.728	21,417	3.773	1.0441	
		2 時点の差		-0.05		0.279		0.3286
	専業農家率(%)	2000 年	13,421	22.144	21,354	21.365	-0.7784	
		2015 年	12,496	37.095	20,864	36.77	-0.3251	
		2 時点の差		14.951		15.404		0.4533
	65 歳未満農家人口比率(販売農家)(%)	2000 年	13,421	66.117	21,354	68.076	1.9588	
		2015 年	12,496	53.121	20,864	55.9	2.7789	
		2 時点の差		-12.996		-12.176		0.8201
	農業就業人口に占める生産年齢人口比率（販売農家）(%)	2000 年	13,310	39.193	21,320	41.902	2.7093	
		2015 年	12,245	27.408	20,685	30.118	2.7102	
		2 時点の差		-11.785		-11.784		0.0009
	65 歳未満農業専従者がいる農家率（販売農家）(%)	2000 年	13,421	22.379	21,354	25.93	3.5509	
		2015 年	12,496	19.95	20,864	23.461	3.5105	
		2 時点の差		-2.429		-2.47		-0.0404
	販売農家の後継者確保率(%)	2000 年	13,421	68.025	21,354	65.465	-2.56	
		2015 年	12,496	45.936	20,864	46.997	1.0608	
		2 時点の差		-22.089		-18.468		3.6208
	販売農家の同居後継者確保率(%)	2000 年	13,421	48.019	21,354	47.084	-0.935	
		2015 年	12,496	24.573	20,864	26.364	1.7906	
		2 時点の差		-23.446		-20.72		2.7256

各種イベントの企画・開催を行う組織として、4 つのタイプの組織に分けて聞く項目のどれかに該当している場合にに、単独の農業集落もしくはほかの農業集落と共同で活動している場合に 1 とした。

調査の「交流事業」で、伝統芸能・工芸を介した交流もしくは祭りなどのイベントを介した交流について、集落としなど地域住民しか参加しないものは除いている。一方、2015 年の農山村地域調査では「伝統的な祭り、芸能、芸能の市住民との交流として行っている場合に 1 とした。

表 3-2-8　中山間地域等

		中山間地域等直接支払の対象地域全域			参考）多面支払い協定あり除く
		政策の効果	観測数	R-square	政策の効果
地域の資源保全・活性化効果	農業用用排水路がある場合に、集落で保全する集落	0.095 (16.89) ***	66,557	0.1546	0.124 (15.00) ***
	寄合の議題：農業生産関連	0.064 (10.6) ***	70,356	0.1186	0.076 (8.55) ***
	寄合の議題：農道・農業用用排水路（ため池）の保全	0.062 (11.06) ***	70,356	0.1112	0.094 (11.33) ***
	寄合の議題：環境美化・自然保全	0.008 -1.47	70,356	0.1396	0.023 (2.79) ***
	耕作放棄地率（%）	-0.083 -0.58	68,033	0.0788	-0.121 -0.65
	耕地面積（属地, a）	0.045 -0.21	70,267	0.0365	0.522 (1.78) *
	販売農家の経営耕地面積（属地）(a)	-91.658 (3.82) ***	70,130	0.1465	-101.333 (4.22) ***
	実行組合がある	0.058 (11.61) ***	70,356	0.1631	0.066 (8.93) ***
	寄合回数	1.155 (10.08) ***	70,356	0.1502	1.1 (7.81) ***
	寄合の議題：共有施設管理	0.027 (3.83) ***	70,356	0.3505	0.052 (5.37) ***
	寄合の議題：集落行事	0.004 -0.93	70,356	0.0451	0.016 (2.33) **
	寄合の議題：高齢者の福祉	0.008 -1.02	70,356	0.1384	0.026 (2.57) ***
	地域活性化のために各種イベントを行う	0.01 -1.33	70,356	0.2262	0.012 -1.22
	都市住民との交流として地域の伝統・祭りなどを行う	0.002 -0.41	70,356	0.1264	0.0016633 -0.24

資料：農林業センサス 2000 年、2015 年
注：***1%、**5%、*10%有意水準を示す。

表 3-2-8 から、地域の資源保全・活性化効果としては農業用用排水路の集落管理、寄合回数や主に農業生産や集落共有施設を含む地域資源の管理に関する話し合いに効果があったと考えられる。農業生産や地域資源の保全に限定しない活動（集落行事、高齢者福祉、地域活性化のための各種イベント、都市住民との交流のための伝統行事や祭り）については、統計的に有意な政策効果が見られなかっ

直接支払の効果

		中山間地域等直接支払の対象地域全域			参考）多面支払い協定あり除く
		政策の効果	観測数	R-square	政策の効果
農業構造改善効果	1ha 以上の経営耕地面積比率（販売農家）(%)	1.275 (4.04) ***	68,088	0.2391	1.105 (2.86) ***
	3ha 以上の経営耕地面積比率（販売農家）(%)	1.06 (3.98) ***	68,088	0.3298	1.019 (3.24) ***
	5ha 以上の経営耕地面積比率（販売農家）(%)	0.382 (1.65) *	68,088	0.3668	0.241 -0.9
	経営耕地に占める借入耕地率（販売農家）(%)	0.694 (3.39) ***	68,088	0.2068	0.328 -1.3
	経営耕地田に占める借入耕地田率（販売農家）(%)	1.089 (4.67) ***	63,835	0.1982	0.811 (2.81) ***
	経営耕地畑に占める借入耕地畑率（販売農家）(%)	-0.135 (-0.49)	65,103	0.0523	-0.33 -0.99
労働力確保の効果	販売農家数	-1.357 (17.58) ***	70,130	0.5633	-1.335 (14.34) ***
	専業農家数	0.241 (7.56) ***	70,130	0.071	0.271 (7.02) ***
	専業農家率 (%)	-0.581 (1.90)*	68,135	0.3065	-0.268 -0.7
	65 歳未満農家人口比率（販売農家）(%)	1.075 (4.98) ***	68,135	0.3723	1.123 (4.12) ***
	農業就業人口に占める生産年齢人口比率（販売農家）(%)	0.352 -1.18	67,560	0.2209	0.71 (1.90) *
	65 歳未満農業専従者がいる農家率（販売農家）(%)	-0.218 -0.84	68,135	0.061	-0.301 -0.92
	販売農家の後継者確保率 (%)	2.196 (5.99) ***	68,135	0.3369	2.233 (4.86) ***
	販売農家の同居後継者確保率 (%)	2.114 (6.64) ***	68,135	0.4465	1.994 (5.04) ***

た。

また、集落による農地管理については、2000 年農林業センサスでは調査がされていないため検証ができないが、耕作放棄地率、集落の耕地面積（属地的な面積）の係数については、政策が農地保全の効果をもたらす場合の符合条件を示してはいるが、統計的有意性がない結果となった。一方、属人でみた集落単位の販売農家の経営面積は、政策によって有意に減少している。これは、組織経営体等への農地集積に伴い、販売農家の経営耕地面積が減少したからではないかと推察される。

中山間地域等直接支払による農地保全の効果が、ここに示したデータや手法では明瞭な結論が得られなかった理由として、第1に先行研究も指摘しているように、集落のごく一部の農地でも協定対象農地となっている場合には政策に参加していると評価して分析することの限界が考えられる（橋詰[3]）。具体例を上げれば、30ha の耕地を持つ集落の 2ha ほどしか協定を締結していなくても、本分析では「中山間地域等直接支払に参加している」集落となる。この場合、協定外の 28ha で耕作放棄等が生じると、中山間地域等直接支払に参加していても農地保全の効果がない、ということを示す標本になってしまう。

第 2 に、組織経営体の経営耕地面積の増加が考慮されていないことである。組織経営体への農地集積が進めば販売農家の経営耕地面積は減少するのは当然であり、両者を含む農業経営体としての耕地面積の変化を通じて耕地の維持の効果を検証する必要がある。この検証は、次に示す農地・水政策の効果では試みた。詳細は後述するが、農業経営体全体では、政策によって経営耕地面積が増大していることが確認できた。

次に、農業構造改善効果については、大規模農家の経営耕地面積割合の増加や耕地借入率が全体および田で増加しており、政策が意図する構造改革の後押しの効果が働いていると考えられる。

また、労働力確保効果について、政策が販売農家の減少という効果をもたらしている点は、構造改善による小規模農家の離農を捉えているのではないかと考えられる。一方、専業農家数の増大や、65 歳未満農家人口比率の増大、後継者および同居後継者の確保という点で、政策は農業労働力の確保の効果を持っていると考えられる。

（2）農地・水政策の効果

次に、農地・水政策の効果の検証結果について示す。なお、ここでは 2014 年度の多面的機能支払の実施の有無を政策への参加の特定のデータとして使用しているが、多くの集落ではそれ以前からの農地・水政策に参加しており、多面的機能支払においても農地維持支払の対象活動が中心であることを考慮し、ここでは農地・水政策の効果と表現した。

はじめに、分析に使用したデータをもとに、政策の前後での各指標の「差の差」の記述統計を表 3-2-9 に整理した。多面的機能支払への参加状況は、地域農業 DB において活動組織があれば参加、なければ不参加とした。

また、各種の被説明変数について、地域資源の保全や集落活動については、2005 年と 2015 年の農林業センサス農山村地域調査を接続し、地域農業 DB を利用して中山間地域等直接支払の対象集落をのぞき、多面的機能支払に不参加の集落が 47,808,参加する集落が 32,367 集落となった。一方、農業構造や労働力、組織経営体については 2005 年と 2015 年の農林業センサス農業経営体調査を接続し、地域農業 DB において中山間地域等直接支払の対象集落をのぞき、多面的機能支払に不参加の集落が 41,890、参加の集落が 32,302 集落となった。

また、参考として 2000 年農林業センサスの農業集落調査と 2015 年農林業センサスの農山村地域調査も接続させた結果も示した。本来は 2005 年と 2015 年のセンサスを政策前後のデータとして使用すべきであるが、2005 年の農山村地域調査における項目の変更により、集落活動の状況を知ることが難しくなったため 2000 年のデータとの接続を行った。なお、表 3-2-9 は中山間地域等直接支払の対象集落を除いているため、同直接支払の効果はほぼ含まれていないといってよい。接続できたデータのうち、多面的機能支払に不参加の集落は 41,096 多面的機能支払に参加した集落は 32,133 であった。

表 3-2-9 の読み方は表 3-2-7 と同様であり、表 3-2-9 の「差の差」が負となっている項目のうち、耕作放棄地率については、耕作放棄抑制効果を示しているが、それ以外の項目については、農業経営および集落活動の低下を意味する場合もあるため、政策の効果の推計結果も注意してみる必要がある。

そこで、DID 推計の結果を示した表 3-2-10 を見ると、表 3-2-9 で「差の差」が負となっていた項目で耕作放棄地率以外の項目については、寄合いのある集落、農業就業人口に占める生産年齢人口比率（販売農家）、地域活性化のために各種イベントを行う、の 3 つの項目においては政策がこれらの指標を増加させ

表 3-2-9　多面的機能支払の差の差の記述統計（中山間地域等直接支払の対象集落除く）

			多面的機能支払に不参加の集落		多面的機能支払に参加の集落		参加と不参加の差	差の差
			観測数	平均値（①）	観測数	平均値（②）	（②-①）	
地域の資源保全・活性化効果	農地がある集落のうち、集落で保全する集落	2005年	42,727	0.057	31,404	0.07	0.013	
		2015年	44,519	0.215	32,592	0.53	0.315	
		2時点の差		0.158		0.461		0.3022
	ため池がある集落のうち、集落で保全する集落	2005年	9,721	0.365	8,513	0.397	0.032	
		2015年	11,709	0.495	10,287	0.686	0.191	
		2時点の差		0.13		0.289		0.1592
	河川・水路がある集落のうち、集落で保全する集落	2005年	31,879	0.206	22,940	0.254	0.048	
		2015年	39,286	0.4	28,824	0.63	0.231	
		2時点の差		0.194		0.376		0.1823
	農業用用排水路のある集落で集落で保全する集落	2005年	37,565	0.508	30,306	0.64	0.132	
		2015年	39,684	0.635	31,894	0.872	0.237	
		2時点の差		0.127		0.232		0.1051
	耕作放棄地率(販売農家)（%）	2005年	40,475	9.034	32,167	4.819	-4.215	
		2015年	37,025	9.841	31,345	5.518	-4.323	
		2時点の差		0.807		0.699		-0.1083
	耕作放棄地率(農業経営体)（%）	2005年	41,244	9.248	32,876	4.875	-4.373	
		2015年	37,776	10.031	32,083	5.535	-4.496	
		2時点の差		0.782		0.66		-0.1224
	耕地面積(属地)(ha)	2005年	47,808	20.457	32,673	49.404	28.947	
		2015年	44,519	20.475	32,592	48.08	27.605	
		2時点の差		0.018		-1.323		-1.3416
	販売農家の経営耕地面積(属人)(a)	2005年	41,890	1564	32,302	3868	2304	
		2015年	41,890	1302	32,302	3274	1972	
		2時点の差		-263		-594		-332
	組織経営体の経営耕地面積(a)	2005年	42,430	115	32,991	225	110	
		2015年	42,430	187	32,991	682	495	
		2時点の差		72		457		385
	農業経営体の経営耕地面積(a)	2005年	42,430	1683	32,991	4083	2400	
		2015年	42,430	1491	32,991	3946	2455	
		2時点の差		-192		-137		55
	寄合いのある集落	2005年	47,808	0.892	32,673	0.98	0.088	
		2015年	47,808	0.893	32,673	0.981	0.087	
		2時点の差		0.001		0		-0.0007

表3-2-9　多面的機能支払の差の差の記述統計（つづき）

			多面的機能支払に不参加の集落		多面的機能支払に参加の集落		参加と不参加の差	差の差
			観測数	平均値（①）	観測数	平均値（②）	(②-①)	
農業構造改善効果	5ha以上農家率(販売農家）(%)	2005年	40,576	3.146	32,183	7.661	4.516	
		2015年	37,134	5.069	31,350	11.18	6.112	
		2時点の差		1.923		3.519		1.5957
	10ha以上農家率(販売農家）(%)	2005年	40,576	1.457	32,183	4.052	2.595	
		2015年	37,134	2.313	31,350	5.963	3.65	
		2時点の差		0.856		1.911		1.055
	5ha以上農家の経営耕地面積比率(販売農家）(%)	2005年	40,518	7.198	32,172	15.96	8.762	
		2015年	37,134	11.435	31,350	23.696	12.261	
		2時点の差		4.237		7.736		3.499
	10ha以上農家の経営耕地面積比率(販売農家）(%)	2005年	40,518	3.168	32,172	7.892	4.724	
		2015年	37,134	5.405	31,350	12.73	7.325	
		2時点の差		2.237		4.838		2.6007
	経営耕地に占める借入耕地率(販売農家）(%)	2005年	40,518	15.773	32,172	20.272	4.499	
		2015年	37,134	21.218	31,350	26.9	5.681	
		2時点の差		5.445		6.627		1.1824
	経営耕地田に占める借入耕地田率(販売農家）(%)	2005年	36,833	16.09	30,740	20.457	4.367	
		2015年	33,354	21.778	29,725	27.503	5.725	
		2時点の差		5.688		7.046		1.3589
	経営耕地畑に占める借入畑率(販売農家）(%)	2005年	37,263	10.853	30,367	11.378	0.525	
		2015年	33,474	14.513	28,912	14.904	0.39	
		2時点の差		3.66		3.526		-0.1342
	10ha以上経営体率（農業経営体）(%)	2005年	41,442	1.655	32,944	4.469	2.814	
		2015年	37,943	2.91	32,288	8.284	5.373	
		2時点の差		1.255		3.814		2.5596
	10ha以上経営体の面積比率（農業経営体）(%)	2005年	41,312	3.932	32,924	9.955	6.023	
		2015年	37,943	7.324	32,288	20.307	12.983	
		2時点の差		3.393		10.352		6.9593
	経営耕地に占める借入耕地率（農業経営体）(%)	2005年	41,312	16.369	32,924	22.128	5.759	
		2015年	37,943	22.927	32,288	32.963	10.036	
		2時点の差		6.558		10.835		4.2767
	経営耕地田に占める借入耕地田率（農業経営体）(%)	2005年	37,400	16.577	31,459	22.305	5.728	
		2015年	33,956	23.302	30,660	33.759	10.457	
		2時点の差		6.725		11.454		4.7287
	経営耕地畑に占める借入耕地畑率（農業経営体）(%)	2005年	38,024	11.294	31,063	11.936	0.642	
		2015年	34,213	15.774	29,676	16.845	1.071	
		2時点の差		4.48		4.909		0.4293

表 3-2-9　多面的機能支払の差の差の記述統計（つづき）

			多面的機能支払に不参加の集落		多面的機能支払に参加の集落		参加と不参加の差	差の差
			観測数	平均値(①)	観測数	平均値(②)	(②-①)	
経営組織化の効果	総経営体に占める組織経営体比率(%)	2005年	40,900	0.995	32,258	0.918	-0.076	
		2015年	37,645	2.09	31,665	2.776	0.686	
		2時点の差		1.096		1.858		0.7623
	法人組織数	2005年	41,890	0.119	32,302	0.193	0.074	
		2015年	41,890	0.149	32,302	0.288	0.139	
		2時点の差		0.03		0.096		0.0654
	農事組合法人数	2005年	41,890	0.012	32,302	0.028	0.016	
		2015年	41,890	0.021	32,302	0.077	0.056	
		2時点の差		0.009		0.049		0.0399
	総組織経営体数	2005年	41,890	0.135	32,302	0.314	0.179	
		2015年	41,890	0.155	32,302	0.383	0.228	
		2時点の差		0.021		0.07		0.0488
	法人化していない組織経営体数	2005年	41,890	0.043	32,302	0.173	0.13	
		2015年	41,890	0.024	32,302	0.133	0.109	
		2時点の差		-0.019		-0.04		-0.0209
労働力確保の効果	販売農家数	2005年	41,890	11.584	32,302	19.978	8.394	
		2015年	41,890	7.813	32,302	13.239	5.426	
		2時点の差		-3.771		-6.739		-2.9682
	専業農家数	2005年	41,890	2.783	32,302	3.995	1.212	
		2015年	41,890	2.707	32,302	4.077	1.37	
		2時点の差		-0.077		0.082		0.1589
	専業農家率(%)	2005年	40,576	26.072	32,183	21.458	-4.614	
		2015年	37,236	36.134	31,377	31.722	-4.412	
		2時点の差		10.062		10.264		0.2016
	65歳未満農家人口比率(%)	2005年	40,576	63.938	32,183	68.342	4.404	
		2015年	37,236	55.914	31,377	60.661	4.747	
		2時点の差		-8.024		-7.681		0.3432
	農業就業人口に占める生産年齢人口比率(%)	2005年	39,997	37.813	32,070	40.537	2.724	
		2015年	36,401	31.893	31,140	34.525	2.632	
		2時点の差		-5.92		-6.012		-0.0921
	65歳未満農業専従者がいる農家率(%)	2005年	40,576	23.94	32,183	25.822	1.881	
		2015年	37,236	23.867	31,377	26.699	2.831	
		2時点の差		-0.073		0.877		0.9501
	後継者確保率(%)	2005年	40,576	53.079	32,183	54.653	1.574	
		2015年	37,236	46.742	31,377	48.823	2.081	
		2時点の差		-6.337		-5.83		0.5071
	同居後継者確保率(%)	2005年	40,576	42.129	32,183	45.325	3.197	
		2015年	37,236	27.35	31,377	31.226	3.876	
		2時点の差		-14.779		-14.099		0.6796

表 3-2-9　多面的機能支払の差の差の記述統計（つづき）

			多面的機能支払に不参加の集落		多面的機能支払に参加の集落		参加と不参加の差	差の差
			観測数	平均値（①）	観測数	平均値（②）	（②-①）	
参考・地域の資源保全・活性化効果	寄合の議題：農道・農業用用排水路（ため池）の保全	2000年	41,096	0.649	32,133	0.806	0.158	
		2015年	41,096	0.659	32,133	0.902	0.243	
		2時点の差		0.01		0.096		0.0854
	寄合の議題：農業生産関連	2000年	41,096	0.539	32,133	0.824	0.284	
		2015年	41,096	0.472	32,133	0.775	0.303	
		2時点の差		-0.067		-0.049		0.0185
	寄合の議題：環境美化・自然保全	2000年	41,096	0.705	32,133	0.743	0.038	
		2015年	41,096	0.798	32,133	0.916	0.118	
		2時点の差		0.092		0.172		0.0802
	農業用用排水路がある集落のうち、集落で管理する	2000年	35,692	0.762	31,230	0.83	0.069	
		2015年	36,968	0.662	31,476	0.877	0.215	
		2時点の差		-0.1		0.047		0.1468
	販売農家の総経営耕地面積(属人)(a)	2000年	41,096	23.56	32,133	49.727	26.167	
		2015年	40,492	22.019	32,117	48.513	26.494	
		2時点の差		-1.54		-1.213		0.3266
	実行組合がある	2000年	41,096	0.753	32,133	0.865	0.113	
		2015年	41,096	0.685	32,133	0.853	0.168	
		2時点の差		-0.068		-0.012		0.0558
	寄合回数	2000年	41,096	7.821	32,133	9.687	1.866	
		2015年	41,096	8.992	32,133	13.611	4.619	
		2時点の差		1.171		3.925		2.7535
	寄合の議題：共有施設管理	2000年	41,096	0.25	32,133	0.4	0.15	
		2015年	41,096	0.565	32,133	0.737	0.172	
		2時点の差		0.314		0.337		0.0221
	寄合の議題：集落行事	2000年	41,096	0.842	32,133	0.873	0.032	
		2015年	41,096	0.82	32,133	0.899	0.079	
		2時点の差		-0.022		0.026		0.0474
	寄合の議題：高齢者の福祉	2000年	41,096	0.402	32,133	0.467	0.065	
		2015年	41,096	0.567	32,133	0.67	0.102	
		2時点の差		0.165		0.202		0.0373
	地域活性化のために各種イベントを行う	2000年	41,096	0.256	32,133	0.354	0.098	
		2015年	41,096	0.596	32,133	0.693	0.097	
		2時点の差		0.339		0.339		-0.0005
	都市住民との交流として地域の伝統・祭りなどを行う	2000年	41,096	0.075	32,133	0.088	0.013	
		2015年	41,096	0.112	32,133	0.106	-0.007	
		2時点の差		0.038		0.018		-0.02

資料：農林業センサス2000年、2005年、2015年

注：1) 総組織経営体数＝農事組合法人数＋法人組織のうち会社数＋その他の法人数＋法人化していない組織数で計算。

2)「参考）地域の資源保全・活性化効果」は、2000年と2015年の比較で計算した参考値。2005年の農山村地域調査の項目が簡素化され、地域活動について十分把握できないために2000年の値を利用した。なお、中山間地域等直接支払の対象外の地域の結果については中山間地域等直接支払の影響をうけないが、全域を対象とした結果は中山間地域等直接支払の影響も受けていることに注意が必要である。

表 3-2-10　農地・水政策の効果

		中山間対象地域除く			参考：全域
		政策の効果	観測数	R-square	政策の効果
地域の資源保全・活性化効果	農地がある集落のうち、集落で保全する集落	0.187 (49.54) ***	151,242	0.408	0.148 (46.38) ***
	ため池がある集落のうち、集落で保全する集落	0.098 (11.1) ***	40,230	0.254	0.072 (11.11) ***
	河川・水路がある集落のうち、集落で保全する集落	0.136 (27.84) ***	122,929	0.335	0.13 (33.41) ***
	農業用用排水路のある集落で集落で保全する集落	0.075 (18.23) ***	139,449	0.25	0.062 (19.27) ***
	耕作放棄地率(販売農家)（%）	-0.586 (6.4) ***	141,012	0.037	-0.621 (8.19) ***
	耕作放棄地率(農業経営体)（%）	-0.61 (6.6) ***	143,979	0.035	-0.649 (8.44) ***
	総耕地面積（属地）(a)	0.036 -0.44	157,592	0.036	0.09 -1.22
	販売農家の経営耕地面積(a)	-151.2 (12.45) ***	148,384	0.13	-150.5 (14.02) ***
	組織経営体の経営耕地面積(a)	214.9 (11.95) ***	150,842	0.041	190.8 (12.43) ***
	農業経営体の経営耕地面積(a)	65.2 (3.39) ***	150,842	0.013	40.3 (2.4) **
	寄合いのある集落	0.012 (4.85) ***	160,962	0.103	0.012 (6.88) ***
農業構造改善効果	5ha 以上農家率(%)	0.635 (7.3) ***	141,243	0.107	0.581 (8.89) ***
	10ha 以上農家率(販売農家)（%）	0.404 (6.6) ***	141,243	0.099	0.312 (6.62) ***
	5ha 以上農家の経営耕地面積比率(販売農家)（%）	2.066 (12.59) ***	141,174	0.126	1.837 (14.77) ***
	10ha 以上農家の経営耕地面積比率(販売農家)（%）	1.395 (10.39) ***	141,174	0.082	1.083 (10.95) ***
	経営耕地に占める借入耕地率(販売農家)（%）	1.068 (7.19) ***	141,174	0.123	0.885 (7.7) ***
	経営耕地田に占める借入耕地田率(販売農家)（%）	1.32 (7.81) ***	130,652	0.114	1.056 (8.06) ***
	経営耕地畑に占める借入耕地畑率(販売農家)（%）	0.003 -0.02	130,016	0.038	0.042 -0.27
	10ha 以上経営体比率(農業経営体)（%）	1.061 (12.79) ***	144,617	0.146	0.996 (15.67) ***
	10ha 以上経営体の経営面積比率(農業経営体)（%）	3.601 (20.32) ***	144,467	0.178	3.41 (25.06) ***
	経営耕地に占める借入耕地率(農業経営体)（%）	2.579 (14.73) ***	144,467	0.188	2.623 (19.08) ***
	経営耕地田に占める借入耕地田率(農業経営体)（%）	3.023 (15.6) ***	133,475	0.182	2.954 (19.4) ***
	経営耕地畑に占める借入耕地畑率(農業経営体)（%）	3.023 (15.6) ***	132,976	0.049	0.476 (2.85) ***

資料：農林業センサス 2000 年、2005 年、2015 年

表 3-2-10　農地・水政策の効果（つづき）

		中山間対象地域除く			参考：全域
		政策の効果	観測数	R-square	政策の効果
経営組織化の効果	総経営体に占める組織経営体比率(%)	0.394 (5.36)***	142,468	0.06	0.467 (8.3)***
	法人組織数	0.051 (11.74)***	148,384	0.032	0.051 (15.26)***
	農事組合法人数	0.026 (13.31)***	148,384	0.047	0.029 (18.22)***
	総組織経営体数	0.038 (8.08)***	148,384	0.022	0.04 (11.21)***
	法人化していない組織経営体数	-0.016 (4.95)***	148,384	0.026	-0.012 (5.00)***
労働力確保の効果	販売農家数	-1.858 (36.42)***	148,384	0.487	-1.743 (45.39)***
	専業農家数	0.155 (7.44)***	148,384	0.043	0.146 (8.83)***
	専業農家率(%)	-0.002 -0.01	141,372	0.168	-0.272 -1.55
	農業就業人口に占める生産年齢人口比率(%)	0.365 (1.69)*	139,608	0.092	0.551 (3.26)***
	65 歳未満農家人口比率(%)	0.753 (4.97)***	141,372	0.224	0.863 (7.19)***
	65 歳未満農業専従者がいる農家率(%)	0.375 (1.92)*	141,372	0.03	0.506 (3.36)***
	後継者確保率(%)	1.524 (5.5)***	141,372	0.082	1.389 (6.35)***
	同居後継者確保率(%)	1.284 (5.14)***	141,372	0.254	1.08 (5.58)***
参考・地域の資源保全・活性化効果	寄合の議題：農道・農業用用排水路（ため池）の保全	0.06 (13.7)***	146,458	0.067	0.057 (16.67)***
	寄合の議題：農業生産関連	0.018 (3.85)***	146,458	0.103	0.029 (8.00)***
	農業用用排水路がある集落のうち、集落で管理する	0.087 (20.21)***	135,366	0.106	0.078 (22.95)***
	寄合の議題：環境美化・自然保全	0.062 (13.38)***	146,458	0.122	0.055 (15.5)***
	販売農家の経営耕地面積	0.325 (2.76)***	145,838	0.049	0.269 (2.58)***
	実行組合がある	0.057 (17.03)***	146,458	0.132	0.053 (19.29)***
	寄合回数	1.76 (19.58)***	146,458	0.135	1.772 (25.36)***
	寄合の議題：共有施設管理	0.029 (5.5)***	146,458	0.269	0.036 (8.62)***
	寄合の議題：集落行事	0.032 (8.01)***	146,458	0.05	0.029 (9.75)***
	寄合の議題：高齢者の福祉	0.034 (6.07)***	146,458	0.139	0.04 (9.27)***
	地域活性化のために各種イベントを行う	0.036 (6.88)***	146,458	0.326	0.039 (9.37)***
	都市住民との交流として地域の伝統・祭りなどを行う	-0.005 -1.36	146,458	0.093	0.001 -0.38

る効果を持っていることが統計的に示された。地域性のあるタイムトレンド等のコントロールにより、記述統計では見えてこなかった政策の効果が示されていると考えられる。

次に、耕地面積（属地）、販売農家の経営耕地畑に占める借入畑率、都市住民との交流として地域の伝統や祭り等を行う、の3つの指標は統計的有意性が確認できず、政策の効果が明瞭に表れたとはいえなかった。一方、販売農家の経営耕地面積、販売農家数の3つの指標については、政策の効果が統計的に有意にマイナスとなっている。政策の間接的な効果としての農業構造の変化によって販売農家の経営耕地面積や農家数が減少したと考えられる。このことは、組織経営体の経営耕地面積、農業経営体の経営耕地面積に対しては政策がこれらを増加させる方向に作用していることからも示唆されることであり、農業経営体全体でみれば農地・水政策によって経営耕地面積を維持する効果が発揮されていると考えられる。

これら以外の指標について、まず地域の資源保全・活性化効果では、販売農家・農業経営体ともに耕作放棄地の抑制の効果がみられるほか、寄合いの開催を促進する効果が確認された。また、農業構造改善効果では、規模拡大や農地流動化、特に田に関する農地流動化を後押しする効果が販売農家・農業経営体の両方で確認された。経営組織化の効果も全てプラスに出ており、農地・水政策による地域の組織的活動が経営組織化に効果をもたらしていると推察される。労働力確保の効果については、65歳未満の農業就業人口もしくは農業専従者の確保については若干統計的有意性が低いが、後継者確保については効果が確認された。

これらのことをまとめると、農地・水政策は、全国における平均的な効果として、地域資源の保全や地域の活性化といった効果だけでなく、農業構造改善効果や労働力確保の効果を発揮していると考えられ、構造政策との車の両輪としての効果が発現されていると考えられる。

5．おわりに

本節では、農村政策として中山間地域等直接支払と農地・水政策を対象に、農林業センサスとそれに関連付けられた業務統計を活用した政策効果を DID 推定を用いて検証した。その結果、政策に参加するグループと不参加のグループの平均的な時間効果は同じであるという DID 推定の仮定が満たされているのであれば、全国の平均的な効果として、農村資源管理政策は、意図する直接的な効果である農村地域資源の維持に加えて、農業生産に限らない集落活動の活性化という地域政策としての効果や、農地流動化・経営規模の拡大、労働力の確保、組織経営体の育成といった産業政策の車の両輪としての後押しの効果をもたらしている可能性があることが示唆された。

この結果については、さらに精緻な推計方法の使用や効果の地域性の分析など、より詳細に検証する課題が残されている。また、政策の効果が発揮されるメカニズムについては、政策の効果の分析では明らかにできないため、新たな分析や実態調査が必要である。しかし、農林業センサスは、農業集落という集団的な資源管理の意思決定の基本的な単位でデータが提供されており、このデータと各種業務統計が地域農業 DB を介してリンケージされたことにより、さらに価値を増したデータベースとなった。この基礎には、調査対象や定義の変更等が加えられながらも、農業センサスが一定のレベルでの統計的連続性を保ちながら継続調査されてきたことがある。これによって、パネルデータとしての利用が可能となり、様々な分析に耐えうるデータソースとなっている。本節では使用しなかったが、農業集落境界地図データとリンクさせた地理的な分析などへの展開も含めて、農業・農村の振興と課題解決に活用されることが期待される。

注

1）集落協定のほかに個別協定もあるが、協定数はごくわずかである。中山間地域等直接支払については、橋口・小田切[2]を参照。

2）農林水産省「中山間地域等直接支払制度の最終評価」平成 26 年 8 月 21 日

3) http://www.maff.go.jp/j/nousin/kanri/kankyo/nouti_mizu/pdf/pam4.pdf
4) http://www.maff.go.jp/j/nousin/kankyo/nouti_mizu/pdf/25_panf.pdf
5) http://www.maff.go.jp/j/nousin/kanri/pdf/28tamen_pamph.pdf
6) 多面的機能支払のうち、基礎的な保全活動に取り組む「農地維持支払」の実績値。中山間地域等直接支払と併用して取組みを行う集落数も含めている。
7) 2000年農林業センサスまでは「農業集落調査」であり、調査対象集落も2000年までと2005年以降では異なる。
8) 2017年9月現在では、2015年農業集落コードとリンクしている。
9) 農林水産省「平成26年度多面的機能支払の取り組み状況」参照。
10) 農村政策実施割合の資料は、第2項でも使用した農林水産省農村振興局公表の実施状況報告書に掲載された都道府県ごとの参加面積(2014年)、両政策の重複面積の資料は地域農業DBの多面的機能支払に関するデータ(データ時点は2014年)、耕地面積の資料は耕地面積統計(2014年)である。
11) 図3-2-15からわかるように、中山間地域等直接支払の効果は2000年4月以降に、農地・水政策の効果は2007年度以降に発現されたと想定される。各政策の実施状況は2015年3月31日現在の調査によるが、これは基本的には2014年度の参加状況に関する調査のため、それ以前の年度から継続して参加する集落はもちろん、2014年度に参加した集落においても多くの場合、2014年4月などの年度開始時点で参加していたと想定される。そのため、2014年12月もしくは2015年2月に調査が行われた2015年農林業センサスにおいて、2014年度の実施状況として把握される政策の効果が反映されていると考えられる。
12) 例えば、傾向スコアマッチング(PSM)手法とDID手法を組み合わせる手法である。
13) 推計にあたっての被説明変数は効果が発揮されたと考えられる各種の指標(耕作放棄地率等)、被説明変数は政策の参加状況(2000年もしくは2005年は0、2015年は政策に参加した集落では1)、全サンプルに入れた全国共通のタイムトレンド(2000年もしくは2005年は0,2015年1)、563個の地域ダミーとタイムトレンドの交差項であり、パネルデータ分析の固定効果モデルで推計した。

参考文献

[1] 橋口卓也(2013)「農業・集落の構造と動向」安藤光義編『日本農業の構造変動－2010年農業センサス分析－』農林統計協会。
[2] 橋口卓也・小田切徳美(2016)『中山間直接支払制度と農山村再生』JC総研ブックレットNo.16 筑波書房。
[3] 橋詰登(2016)「農村地域政策の体系化と政策課題」『農業経済研究』88(1):83-98。

[4] 中嶋晋作・村上智昭（2016）「農地・水・環境保全向上対策の実施規定要因と地域農業への影響評価」高崎経済大学地域科学研究所編『自由貿易下における農業・農村の再生－小さき人々による挑戦』日本経済評論社。
[5] 高山大輔・中谷朋昭（2011）「中山間地域等直接支払制度による耕作放棄地の抑制効果－北海道の水田・畑地地帯を対象として」『農業情報研究』20(1):19-25。
[6] 高山大輔・中谷朋昭（2014）「傾向スコアマッチング法による農地・水・環境保全向上対策のインパクト評価－北海道における共同活動支援を対象として－」『農村計画学会誌』33(3):373-379。

第３節　高知県の人口動態と農村地域経済

１．問題の所在

中山間地域をめぐる問題は年々、深刻さを増している。高度経済成長期には中山間地域から都市部への集団就職が若者を地域から遠ざけ、バブル崩壊後の不景気による雇用難では、若者は自ら地域を去って行った。この間に中山間地域では過疎化と少子高齢化が進み、死亡者数が出生者数を上回る人口の自然減社会へと突入していった。他方、これまで地域を支えてきた昭和一桁生まれの世代はすでに 80 歳代になり、担い手不足による集落機能の低下、耕作放棄地の増加、集落の存続の危機という問題に直面している。

国土交通省（2016）は、2015 年 4 月 30 日現在の 1,028 市町村、条件不利地域の 75,662 集落を分析対象とするアンケート調査を実施（2015 年 11 月～2016 年 3 月）、集落の状況について日本を 10 の地方ブロックに分けて総合的に把握している。それによると、集落機能の維持状況について、約 8 割が「良好に維持されている」と答えているものの、3,015 集落（2.2％）が「維持困難」と答えている。特に、四国圏は 781 集落（9.4％）に達し、最も比率が高い地方ブロックとなっている。

ところで、集落の高齢化と集落の機能低下に着目し、1990 年代の初めに大野晃が高知県の中山間地域のフィールドワークを通じて「限界集落」という概念を提唱し、中山間地域の諸問題について論じてきた。あらためて、大野晃の「限界集落」の定義についてみてみると、「限界集落とは 65 歳以上の高齢者が集落人口の半数を超え、冠婚葬祭をはじめ田役、道役などの社会的協働生活の維持が困難な状態にある集落」のことである（大野晃：2008）。つまり、大野晃は集落の高齢化と、集落の共同体としての機能に着目しており、集落に暮らす人々が道路の管理や冠婚葬祭など共同体としての暮らしを営んでいくことの限界性を、「限界集落」という概念に表現したものと考えらえる。

現在、国土交通省や総務省が実施する集落調査では、「限界集落」という概念そのものは用いられていないが、国土交通省の前述の調査では、「集落人口に占める65歳以上人口が50％以上の集落」を集計しており、今回、全体の20.6％（15,568集落）にのぼったという。そのうち801集落（1.1％）では高齢者割合が100％、つまり集落の住民全員が65歳以上の高齢者であるという。ちなみに、四国圏は「65歳以上人口50％以上の集落」が33.5％（2,548集落）、「100％の集落」が2.3％（173集落）にのぼり、全国平均を大きく上回って最も比率が高い地方ブロックとなっている。このように、四国圏は「集落の高齢化」も「集落の機能低下」も全国的にみて最も顕著であることがわかる。

四国圏の中でも高知県はさらに限界集落化が深化している。高知県は高齢化率が秋田県に次いで第2位の32.3％（2014年総務省人口推計）に達しており、高知市への人口一極集中という地域特性を抱え、郡部（中山間地域）の高齢化率はさらに高くなっている。また、高知県独自の集落調査において、集落代表者は、集落の将来（10年後）は「衰退している」と63.8％が考えており、「消滅していると思う」が5.3％に達した（高知県：2012）。

このような、少子高齢化、人口減少社会、集落機能の低下などへの対策として、政府（まち・ひと・しごと創生本部）では2013年に「小さな拠点」構想を打ち出している。「小さな拠点」とは「小学校区など、複数の集落が集まる基礎的な生活圏の中で、分散している様々な生活サービスや地域活動の場などを「合わせ技」でつなぎ、人やモノ、サービスの循環を図ることで、生活を支える新しい地域運営の仕組みをつくろうとする取組」とされる（国土交通省：2015）。

本論では、全国の中でも先駆けて高齢化と過疎化が深化する高知県を取り上げ、各種統計データ及び2015年農林業センサスによるマクロの視点からの分析によって高知県の地域特性を明らかにする。また、ミクロの視点として、小さな拠点構想に通じる中山間地域対策の切り札と呼ばれる「集落活動センター」について事例をみていくことにより、高知県では集落限界化をどのように乗り越え、克服していこうとしているのか、今後の課題とともにみていく。

2．主成分分析による高知県の地域特性

四国圏の中でも高知県は最も過疎化と高齢化が深化しているが、その地域特性を把握するために、既存の統計資料を用いて分析してみる。用いる統計資料は、総務省統計局「統計でみる都道府県のすがた 2016」(e-stat) と、農林水産省「2015 年農林業センサス」である。

（1）高知県における高齢化の実態

1）データの収集

総務省統計局「統計でみる都道府県のすがた 2016」から変数選択を行った。変数選択にあたっては、主成分分析を通じて都道府県における人口と世帯に関するデータから高齢化の実態を比較検討する変数が重要であると考え 14 変数を選択した。各変数名、計算式、単位は表 3-3-1 のとおりである。

まず、地理的条件によって違いがみられるのではないかという視点から「森林面積割合」を選択した。次に人口構成について「年少人口割合」、「老年人口割合」、「生産年齢人口割合」、「人口増減率」、「自然増減率」、「社会増減率」お

表 3-3-1　変数一覧（全国）

変数名	指標計算式	単位
森林面積割合	森林面積／総面積	%
年少人口割合	年少人口／総人口	%
老年人口割合	老年人口／総人口	%
生産年齢人口割合	生産年齢人口／総人口	%
人口増減率	(総人口-前年総人口)／前年総人口	%
自然増減率	(出生数－死亡数)／総人口	%
社会増減率	(出生数－死亡数)／総人口	%
合計特殊出生率		-
一般世帯の平均人員		人
単独世帯の割合	対一般世帯数	%
夫婦のみ世帯の割合	対一般世帯数	%
単身世帯の割合	対一般世帯数	%
共働き世帯の割合	対一般世帯数	%
財政力指数		-

資料：総務省統計局『統計でみる県のすがた 2016』e-stat

よび「合計特殊出生率」を選択した。世帯構成については「一般世帯の平均人員」、「単独世帯の割合」、「夫婦のみ世帯の割合」、「単身世帯の割合」、「共働き世帯の割合」を選択し、経済的指標として「財政力指数」を加えた。

上記の変数について、統計ソフトIBM SPSS Statistics ver.23によって統計処理をした。変数間の相関関係を統計的に単純化させるために、主成分分析を行い、重要な変数をグループとして取り出し、標準化することによって分析変数を減らす。そのうえで、全国における高知県の位置について検討していく。

2）分析と結果

上記で選択した14変数について多変量解析を行った。因子抽出法は主成分分析を行い、因子抽出の基準は固有値1.0以上、因子軸の回転はバリマックス回転法を用いた。重要変数を選定する基準は負荷値0.7以上とする。このことは全分散の約50％（0.72＝49％）を説明していることを意味する（表3-3-2）。

さて、主成分分析によると、これら14の変数から3つの因子（Factor）が析出された。0.7以上の強い負荷値を持つ重要変数は、Factor1が8つ、Factor2が4つ、Factor3が2つであった。これら3つのFactorはそれぞれオリジナルの14変数によって構成される全分散の48.9％、24.8％、14.3％を説明しており、合わせて87.9％を説明するものである。

Factor1は「生産年齢人口割合」と「人口増減率」が0.9以上のきわめて強い正の負荷値をもって負荷しており、「老年人口割合」が0.9以上の極めて強い負の負荷値をもって負荷しており、さらにその他の変数の負荷値を検討したところ、生産年齢人口すなわち労働力人口が確保され、若い年齢層の世帯が多く、人口の流動が大きく、平野部があり、財政力指数が比較的高めであることが示唆された。そこで、Factor1を『平地労働力確保』因子と呼ぶことにする。

Factor 2は、「一般世帯の平均人員」が0.9以上の極めて強い負荷値をもって負荷しており、「単独世帯の割合」が0.8以上、「共働き世帯割合」が0.8以上の負の負荷値をもち、「高齢単身世帯の割合」が0.6以上であることから、世帯の規模が小さく、高齢者の単身世帯が多いことが示唆された。そこで、Factor2を『高齢世帯規模縮小』因子と呼ぶことにする。

表 3-3-2　回転後の成分行列

	Factor1 平地労働力確保	Factor2 高齢世帯規模縮小	Factor3 年少人口増加傾向
生産年齢人口割合	0.946	0.186	-0.122
老年人口割合	-0.943	-0.121	-0.231
人口増減率	0.917	0.308	0.116
自然増減率	0.875	0.239	0.368
社会増減率	0.830	0.345	-0.166
財政力指数	0.793	0.224	-0.332
高齢夫婦のみの世帯割合	-0.791	0.286	-0.022
森林面積割合	-0.776	-0.135	0.032
一般世帯の平均人員	-0.081	-0.977	0.131
単独世帯の割合	0.286	0.881	-0.149
共働き世帯割合	-0.306	-0.872	0.069
高齢単身世帯の割合	-0.693	0.682	0.091
年少人口割合	0.392	-0.096	0.895
合計特殊出生率	-0.310	-0.184	0.884
分散の％	48.9％	24.8％	14.3％

注：因子抽出法：主成分分析。回転法：Kaiser の正規化を伴うバリマックス法。4 回の反復で回転が収束。

Factor3 は、「年少人口割合」と「合計特殊出生率」が 0.8 以上の強い負荷値をもって負荷していた。よって、年少人口が比較的多く、出生率が比較的高く出ていることを示唆しているので、Factor 3 を『年少人口増加傾向』因子と呼ぶことにする。

3）各因子（Factor）の主成分得点からみた都道府県格差と高知県の位置

都道府県における Factor1 から Factor3 の主成分得点は表 3-3-3 のとおりである。また、全 47 都道府県を各 Factor の主成分得点に基づき降順に並べ、上位 16 位を「上位」、中位 15 位を「中位」、下位 16 位を「下位」と区分し、それぞれ●、◎、○を付した。Factor1『平地労働力確保』の主成分得点に基づき、上位 16 県を「類型 A　都市型労働力確保地域」、中位 15 県を「類型 B　農山村型高齢化進行地域」、下位 16 県を「類型 C　農山村型高齢化深化地域」と名付け類型化した。

表 3-3-3　都道府県別に見た各Factorの主成分得点

		Factor1		Factor2		Factor3	
		区分	平地労働力確保	区分	高齢世帯規模縮小	区分	年少人口増加傾向
類型A都市型労働力確保地域	東京都	●	2.250	●	2.418	○	-1.980
	沖縄県	●	2.002	◎	0.063	●	4.299
	神奈川県	●	1.722	●	0.824	○	-0.796
	愛知県	●	1.714	◎	0.091	●	0.261
	埼玉県	●	1.697	◎	-0.093	○	-0.811
	千葉県	●	1.357	◎	0.266	○	-0.881
	滋賀県	●	1.294	○	-0.763	●	1.122
	宮城県	●	1.230	◎	-0.193	○	-0.806
	栃木県	●	0.924	○	-0.874	◎	-0.230
	福岡県	●	0.903	●	1.141	●	0.409
	茨城県	●	0.885	○	-0.951	◎	-0.438
	大阪府	●	0.791	●	1.595	○	-0.566
	静岡県	●	0.433	○	-0.811	◎	-0.038
	石川県	●	0.306	◎	-0.485	◎	-0.029
	群馬県	●	0.295	○	-0.584	◎	-0.256
	京都府	●	0.224	●	1.113	○	-0.942
類型B農山村型高齢化進行地域	兵庫県	◎	0.155	●	0.769	◎	0.114
	佐賀県	◎	0.088	○	-1.087	●	1.236
	福島県	◎	0.058	○	-0.977	◎	-0.073
	岐阜県	◎	0.043	○	-1.221	◎	-0.057
	三重県	◎	0.023	◎	-0.279	◎	-0.008
	広島県	◎	-0.041	●	0.917	●	0.603
	岡山県	◎	-0.074	◎	0.332	●	0.302
	福井県	◎	-0.101	○	-1.651	●	0.424
	富山県	◎	-0.113	○	-1.396	○	-0.620
	新潟県	◎	-0.166	○	-1.352	○	-0.777
	熊本県	◎	-0.242	◎	0.095	●	1.106
	奈良県	◎	-0.296	◎	-0.163	○	-0.659
	香川県	◎	-0.306	◎	0.260	●	0.377
	山梨県	◎	-0.370	◎	-0.476	◎	-0.299
	長野県	◎	-0.440	○	-0.750	◎	0.218
類型C農山村型高齢化深化地域	山形県	○	-0.446	○	-2.056	○	-0.650
	鳥取県	○	-0.497	○	-0.798	●	0.505
	北海道	○	-0.508	●	1.446	○	-1.203
	岩手県	○	-0.597	○	-0.761	○	-0.657
	青森県	○	-0.732	◎	-0.499	○	-0.828
	長崎県	○	-0.921	●	0.518	●	1.056
	大分県	○	-0.923	●	0.813	●	0.501
	徳島県	○	-0.949	◎	0.193	○	-0.506
	宮崎県	○	-0.964	●	0.791	●	1.578
	愛媛県	○	-1.041	●	0.970	◎	0.067
	鹿児島県	○	-1.220	●	1.721	●	1.287
	島根県	○	-1.254	◎	-0.401	●	0.551
	和歌山県	○	-1.433	●	0.667	◎	0.203
	山口県	○	-1.473	●	1.158	◎	0.104
	秋田県	○	-1.479	○	-0.955	○	-1.792
	高知県	○	-1.810	●	1.414	◎	-0.424
高知県順位		47位		5位		30位	

注：区分の●上位16都道府県、◎中位15都道府県、○下位16都道府県

その結果、高知県は類型Cに属し、Factor1『平地労働力確保』において最下位（第47位）となった。森林面積割合は83.3%（2010年農林業センサス）で全国第1位であり、生産年齢人口割合が46位（2014年10月総務省人口統計）であることからも最下位であることが裏付けられる。Factor2は第5位で、高齢者が多く、その多くが単身生活であることがわかる。一方で、Factor3は中位（第30位）であった。合計特殊出生率が全国第26位（2014年厚生労働省人口動態）であることから、他の都道府県に比べて若干ではあるが子どもが生まれている傾向にあることが示唆された。しかしながら、Fctort1が最下位であることから、高知県は日本で最も地理的条件も労働力確保の面でも厳しい地域特性を持つことがわかった。

また、Factor1『平地労働力確保』の主成分得点を縦軸に、Factor2『高齢世帯

図 3-3-1　『平地労働力確保』と『高齢世帯規模縮小』の都道府県格差

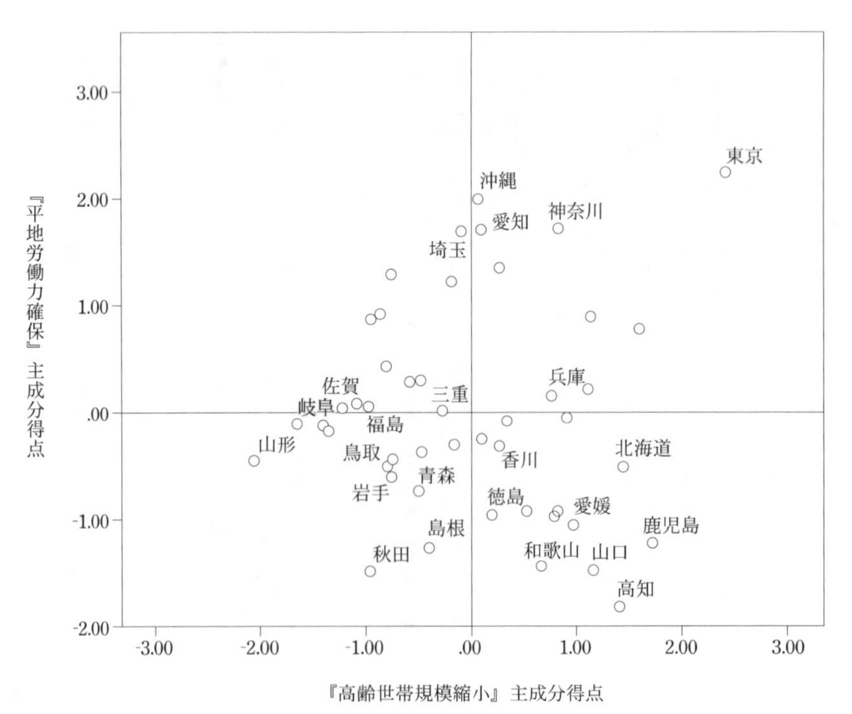

規模縮小』の主成分得点を横軸にとって、得点の正負を区分として四つの象限をつくり、都道府県名をプロットした（図3-3-1）。この図から、四国圏（香川県、愛媛県、徳島県、高知県）はいずれも、地理的条件が不利で労働力が確保されておらず、高齢者のみの世帯が多いことがわかり、その中でも高知県は最もそれらの特徴が顕著である。

（2）2015年農林業センサスにみる高知県の位置

さらに、「2015 年農林業センサス」から農村の地域特性を分析し、全国の中での高知県の位置を明らかにしていく。上記と同様に変数を選択し主成分分析を行った。

1）データ収集

農林水産省「2015年農林業センサス」から変数選択を行った。変数選択にあたっては、農家の規模を示す変数と、農村機能を示す変数を中心に 12 変数選択した。各変数名、計算式、単位は表3-3-4のとおりである。

表 3-3-4　変数一覧（2015年世界農林業センサス）

変数名	指標計算式	%
経営耕地面積が 0.5ha 未満の経営体の割合	経営耕地面積があり 0.5 未満の農業経営体数／農業経営体数	%
販売なし経営体の割合	販売なし農業経営体数／農業経営体数	%
100 万円未満の販売あり経営体の割合	販売はあるが 100 万円未満の農業経営体数／農業経営体数	%
環境保全型の経営体割合	環境保全型農業に取り組んでいる実経営体数／農業経営体数	%
主業農家割合	主業農家数／販売農家数	%
主業農家に 65 歳未満あり	主業農家で 65 歳未満の農業専従者がいる／主業農家	%
専業農家	専業農家数／販売農家数	%
集落機能がない	集落機能がない／農業集落数	%
実行組合がない	実行組合がない／農業集落数	%
寄り合い5回まで／やった	１～5 回寄り合いを開催した農業集落／寄合を開催した農業集落数	%
寄り合いなし	寄り合いを開催しなかった農業集落数／農業集落数	%
役場まで 15 分未満	市区町村役場まで 15 分未満の集落数／農業集落数	%

資料：2015年世界農林業センサス

まず、農業経営体について「経営耕地面積が 0.5ha 未満の経営体数の割合」、次に農産物の販売について「販売なし経営体の割合」、「販売はあるが 100 万円未満の経営体の割合」、「環境保全型の経営体の割合」を出した。また、販売農家を主副業別にみて、「主業農家の割合」(農家所得の 50%以上が農業所得かつ、過去 1 年間に 60 日以上自営農業に従事した 65 歳未満の世帯員がいる農家)、主業農家のうち「65 歳未満の農業専従者がいる割合」、「専業農家の割合」を出した。次いで、「集落機能がない集落数の割合」、「実行組合がない集落数の割合」を出し、寄合については、「寄り合いを開催しなかった集落数の割合」および寄合をやっているが「5 回までの集落数の割合」を出した。最後に、「市町村役場まで 15 分未満の集落の割合」を出し、それぞれを変数とした。

2) 分析と結果

上記で選択した 12 変数について多変量解析を行った。方法は「統計でみる都道府県のすがた 2016」の分析と同様である。

さて、主成分分析によると、これら 12 の変数から 3 つの因子 (Factor) が析出された。0.7 以上の強い負荷値を持つ重要変数は、Factor1 が 4 つ、Factor2 が 4 つ、Factor3 が 2 つであった。これら 3 つの Factor はそれぞれオリジナルの 12 変数によって構成される全分散の 26.6%、25.9%、19.3%を説明しており、合わせて 71.9%を説明するものである (表 3-3-5)。

Factor1 は、「主業農家に 65 歳未満あり」と「主業農家割合」が 0.9 以上の極めて強い負荷値をもって負荷しており、「販売があるが 100 万円未満の農家」が 0.8 以上の強い負の負荷値をもって負荷していた。これらのことから、販売農家の中でも主業農家の割合が高く、65 歳未満の農業専従者がいるが、販売額は 100 万円以上の経営体が比較的多いことが示唆された。このことから、Factor1 を『高主業農家』因子と呼ぶことにする。

Factor2 は、「寄り合いなし」、「集落機能がない」が 0.8 以上の強い負荷値をもって負荷しており、「実行組合がない」、「寄り合いは 5 回まで」も 0.7 以上の負荷値をもって負荷し、集落機能の低下を示唆していた。よって Factor2 を『集落機能低下』因子と呼ぶことにする。

表 3-3-5　回転後の成分行列

	Factor1	Factor2	Factor3
	高主業農家	集落機能低下	規模零細
主業農家に 65 歳未満あり	.939	.094	.135
主業農家割合	.915	.194	-.298
100 万未満／販売有	-.868	-.030	.322
専業割合	.744	.466	.053
寄り合いなし	.097	.891	-.073
集落機能がない	.206	.839	-.341
実行組合がない	.111	.788	-.046
寄り合い 5 回まで／やった	.202	.760	.378
販売無経営体数の割合	-.009	-.023	.837
経営耕地面積が 0.5ha 未満の経営体の割合	-.111	.355	.773
環境保全型の割合	.235	.108	-.629
役場まで 15 分以内	.001	-.107	.380
分散の％	26.6％	25.9％	19.3％

注：因子抽出法：主成分分析。回転法：kaiser の正規化を伴うバリマックス法。5 回の反復で回転が収束。

最後に Factor3 であるが、「販売なし経営体」と「経営耕地面積が 0.5ha 未満の経営体」がそれぞれ 0.8、0.7 の強い負荷値をもって負荷していることから、経営体の規模の零細さ示唆していた。よって、Factor3 を『規模零細』因子と呼ぶことにする。

3）各因子（Factor）の主成分得点からみた都道府県格差と高知県の位置

都道府県における Factor1 から Factor3 の主成分得点は表 3-3-6 のとおりである。また、全 47 都道府県を各 Factor の主成分得点に基づき降順に並べ、上位 16 位を「上位」、中位 16 位を「中位」、下位 15 位を「下位」と区分し、それぞれ●、◎、○を付した。

Factor1『高主業農家』の主成分得点に基づき、上位 16 県を「類型 A　主業農家確保地域」、中位 16 県を「類型 B　主副業中間地域」、下位 15 県を「類型 C　副業集落機能維持地域」と名付け類型化した。

その結果、高知県は類型 A にあり、Factor1『高主業農家』は第 9 位で、さらに Factor2『集落機能低下』においては第 2 位と非常に高い位置にあった。Factor2

表 3-3-6　都道府県別に見た各 Factor の主成分得点

類型	都道府県	Factor1 区分	Factor1 高主業農家	Factor2 区分	Factor2 集落機能低下	Factor3 区分	Factor3 規模零細
類型A主業農家確保地域	北海道	●	3.126	●	0.797	○	-2.085
	宮崎県	●	1.474	○	-0.546	◎	-0.088
	熊本県	●	1.292	○	-0.896	◎	-0.111
	群馬県	●	1.145	○	-0.898	●	0.606
	神奈川県	●	1.077	◎	-0.185	●	1.237
	長崎県	●	1.006	◎	-0.306	●	0.690
	鹿児島県	●	0.955	●	0.878	○	-0.179
	和歌山県	●	0.897	●	0.828	◎	-0.049
	高知県	●	0.860	●	2.013	◎	0.002
	愛知県	●	0.848	○	-0.849	●	1.206
	青森県	●	0.842	●	1.145	○	-1.307
	福岡県	●	0.768	○	-1.205	●	0.551
	佐賀県	●	0.765	○	-1.228	○	-0.935
	千葉県	●	0.715	○	-0.946	◎	0.002
	山梨県	●	0.713	◎	-0.085	●	0.750
	静岡県	●	0.622	○	-0.492	◎	0.014
類型B主副業中間地域	東京都	◎	0.382	●	4.202	◎	0.045
	沖縄県	◎	0.337	●	0.652	○	-1.141
	山形県	◎	0.324	○	-0.814	○	-1.727
	愛媛県	◎	0.282	●	0.220	●	0.522
	埼玉県	◎	0.214	◎	-0.367	●	1.177
	長野県	◎	0.189	○	-0.710	◎	0.026
	栃木県	◎	0.149	○	-0.787	○	-0.197
	茨城県	◎	0.177	◎	-0.121	◎	0.233
	大阪府	◎	-0.026	◎	-0.040	●	2.304
	徳島県	◎	-0.127	●	1.597	●	0.602
	福島県	◎	-0.181	○	-0.891	◎	0.149
	大分県	◎	-0.211	◎	0.001	◎	0.247
	岩手県	◎	-0.301	◎	-0.286	○	-1.175
	奈良県	◎	-0.392	◎	-0.403	●	1.643
	岐阜県	◎	-0.441	◎	-0.395	●	1.733
類型C非専業集落機能維持地域	宮城県	○	-0.457	○	-1.053	○	-0.947
	京都府	○	-0.538	●	0.210	◎	0.460
	秋田県	○	-0.697	◎	0.051	○	-1.396
	鳥取県	○	-0.729	○	-0.660	◎	0.178
	新潟県	○	-0.730	◎	-0.455	○	-2.155
	兵庫県	○	-0.852	○	-0.565	●	0.705
	香川県	○	-0.946	●	0.131	●	1.029
	広島県	○	-1.118	●	0.773	●	0.663
	三重県	○	-1.154	◎	0.120	◎	0.472
	岡山県	○	-1.168	●	0.383	●	0.539
	山口県	○	-1.253	●	1.812	◎	0.447
	石川県	○	-1.318	●	0.222	○	-1.045
	滋賀県	○	-1.336	○	-0.885	○	-0.939
	島根県	○	-1.617	●	0.767	○	-0.344
	福井県	○	-1.649	◎	-0.409	○	-1.276
	富山県	○	-1.819	◎	-0.323	○	-1.136
高知県順位		9位		2位		27位	

注：区分の●上位 16 都道府県、◎中位 15 都道府県、○下位 16 都道府県

の第1位は東京都であったが、東京都は他の道府県と異なる地域特性を持つことが予測できるので、高知県は最も高い数値を示したといえる。一方、Factor3『規模零細』は 27 位であることから、高知県は販売農家のうち主業農家が比較的多くみられ、個々の農家の規模は全国的にみて平均程度であるが、集落機能については最も低下している県であることが明らかになった。

2015年農林業センサスによれば、高知県の「集落機能がない集落数の割合」が5.6％で、東京都、北海道、青森県、山口県の次に高い数値を示した。また、「寄り合いを開催しなかった集落数の割合」が12.7％で、東京都、山口県、北海道についで高い数値を示した。

また、Factor1『高主業農家』の主成分得点を縦軸に、Factor2『集落機能低下』の主成分得点を横軸にとって、得点の正負で区分して四つの象限をつくり、都

図 3-3-2　『高主業農家』と『集落機能低下』の都道府県格差

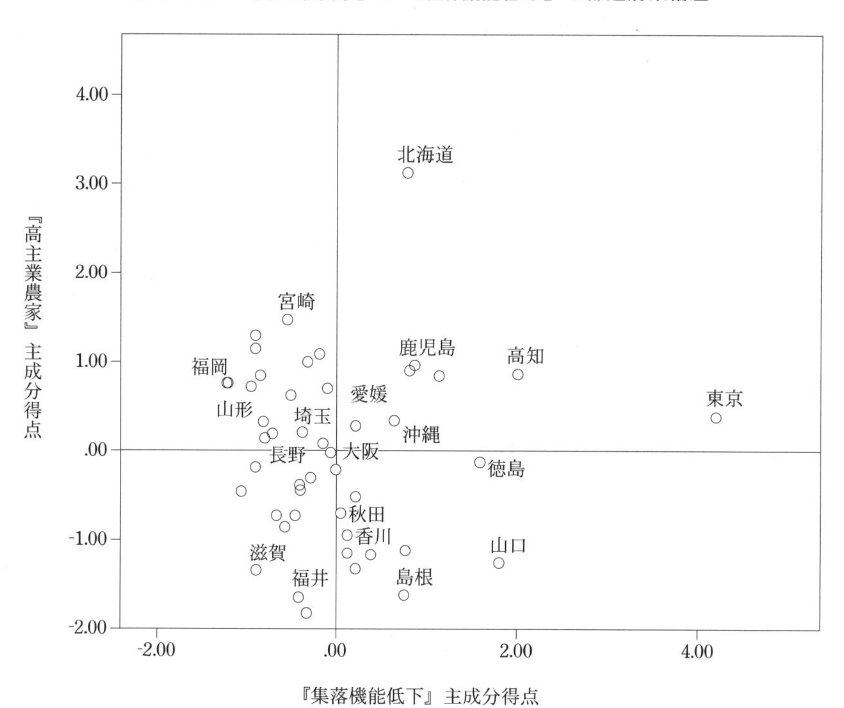

道府県名をプロットした（図3-3-2）。この図から、四国圏（香川県、愛媛県、徳島県、高知県）はいずれも『集落機能低下』の主成分得点が正の数値となっており、集落の厳しい側面が浮き彫りになった。『高主業農家』についてみると、高知県と愛媛県で正の数値となっていることから、販売農家のうち農業所得が50％を超える農家が比較的多いことを示しているが、これは、農業外所得を得るための兼業先の事業所等が少ないことや、高齢化によって主業農家となっていることを示唆している。

（3）高知県の集落の特性―高齢化による後継者不足―

最後に、「統計でみる都道府県のすがた 2016」のデータから析出された『平地労働力確保』の主成分得点を縦軸に、「2015 年農林業センサス」のデータから析出された『高主業農家』の主成分得点を横軸に、それぞれの軸を平均点で区分して四つの象限をつくり都道府県名をプロットした（図3-3-3）。これまでの結果と合わせてみると、高知県は県全体で労働力不足となっており、販売農家では主業農家が多いとはいえ、全体には高齢化による後継者不足で集落機能が低下した農村の姿が浮き彫りになった。

2010 年農林業センサスおよび 2015 年農林業センサスから農業集落の平均総戸数と平均総農家数の変化についてみたところ、高知県の平均総戸数は全国の約半分であり、集落規模が小さい。平均総戸数は都市・平地から山間地に向かって少なくなり、また、平地農業地域以外は平均総戸数が減少した。集落あたりの平均総農家数は農業地域類型別にみても 9 戸から 13 戸と大きな差はみられないが、農家率は山間部が高くなっている（表3-3-7）。

また、農業地域類型別に販売農家の世帯員数（男女合計）および高齢化率をみると、山間地域へ行くほど世帯員数も高齢者も多いが、高齢化率も高くなり、山間農業地域では高齢化率が48.1％に達した（表3-3-8）。

農家戸数別にみると、高知県全体では農家が「5 戸以下」の集落が最も多く（33％、820 集落）、次いで「10～19 戸」の集落が 31％（759 集落）であった（図3-3-4）。「5 戸以下」について農業地域別にみると、平地農業地域が 16％（46 集落）、都市的地域では「5 戸以下」が 33％（87 集落）、中間農業地域では 31％（222

集落)、山間農業地域では 39%（465 集落）となっており、平地農業地域以外では3割を超えていた。

図 3-3-3　『平地労働力確保』と『高主業農家』の都道府県格差

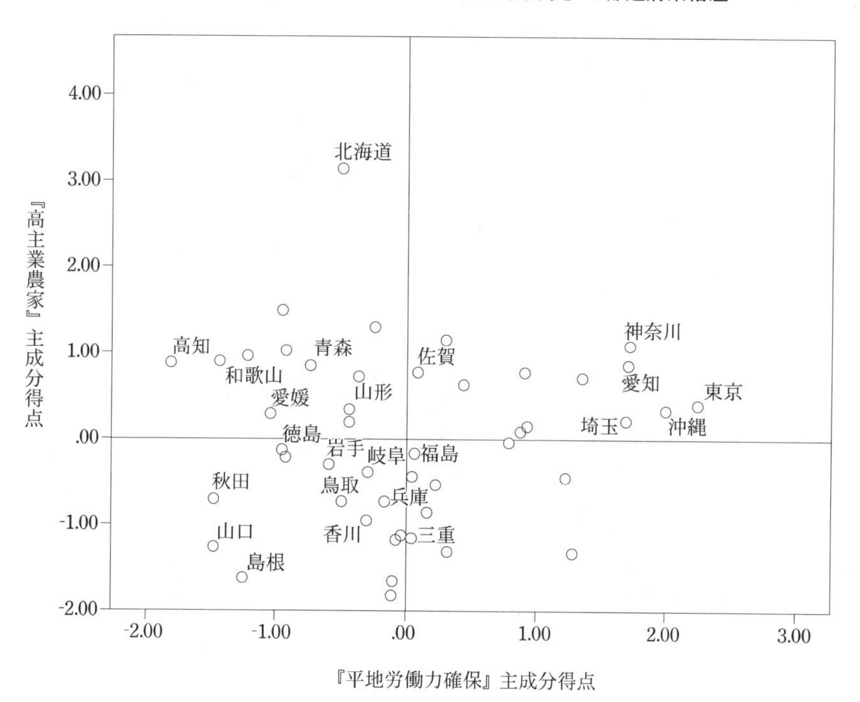

表 3-3-7　農業集落の平均総戸数と平均総農家数（全国、高知県）

（単位：戸、%）

	平均 総戸数	平均 総農家数	平均 非農家数	農家率
2010 年				
全国	198	18	180	8.9
都市的地域	607	19	588	3.0
平地農業地域	105	22	83	20.9
中間農業地域	80	17	63	20.8
山間農業地域	53	13	41	23.8
高知県	99	12	87	12.0
都市的地域	423	12	411	2.8
平地農業地域	95	15	79	16.1
中間農業地域	82	12	69	15.3
山間農業地域	39	11	28	27.6
2015 年				
全国	201	15	186	7.5
都市的地域	624	16	607	2.6
平地農業地域	108	19	89	17.3
中間農業地域	81	14	66	17.6
山間農業地域	51	11	41	20.7
高知県	99	10	88	10.4
都市的地域	430	10	420	2.4
平地農業地域	95	13	82	13.9
中間農業地域	80	11	70	13.2
山間農業地域	37	9	28	24.9

資料：2010 年、2015 年世界農林業センサス
　注：農業地域類型は平成 25 年 3 月改訂のものによる。

表 3-3-8　世帯員数と高齢化率（高知県）

（単位：人）

	男女計	65 歳以上	高齢化率 （%）
計	48,680	21,557	44.3
都市的地域	6,088	2,497	41.0
平地農業地域	8,780	3,657	41.7
中間農業地域	15,432	6,567	42.6
山間農業地域	18,380	8,836	48.1

資料：2015 年農林業センサス

図 3-3-4　農家戸数別にみた集落数の割合

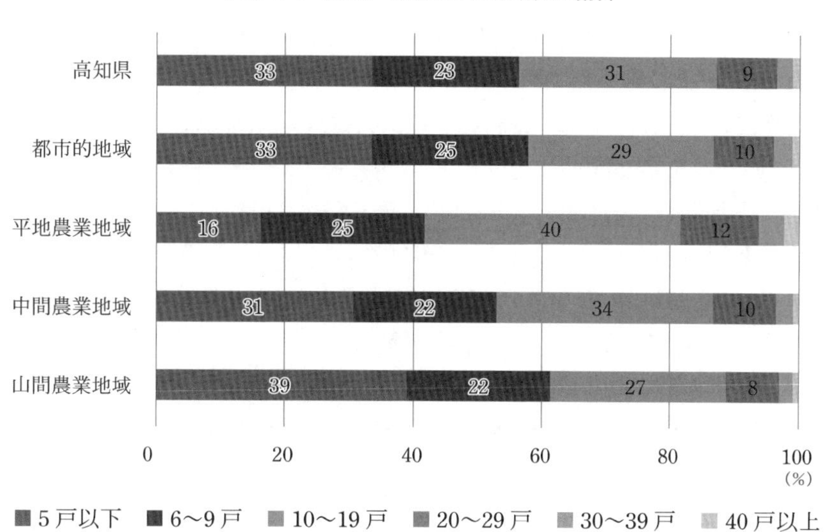

3．高知県の人口動態と農村地域経済―集落限界化の深化―

（1）高知県の人口動態

1）2015 年国勢調査

次に、国勢調査データから高知県の人口動態をみていこう。2015 年国勢調査（人口速報集計）によれば、高知県の人口は 72 万 8,461 人（2015 年 10 月 1 日現在）で、前回（2010 年：76 万 4,456 人）に比べて、3 万 5,995 人（△4.7%）減少した。人口増減率の推移をみると、1940 年～1947 年に第一次ベビーブーム期が到来し 19.6%と高い増加率となったが、それ以降は減少傾向となった。その後、1970 年～1975 年には第二次ベビーブームが訪れ増加に転じ、1975 年～1980 年は微増した。しかし、1985 年以降は減少の一途をたどっている。さらに、高知県下 34 市町村すべてで人口が減少している中で、県全体に占める高知市の人口割合が、2010 年に比べて 1.4 ポイント増加し、46.3%に達している。これは、高知県の人口の約半数が高知市に集中していることを示しており、郡部（中山間地域）

の人口減少を加速化させている。

世帯数についても、2010 年に比べて 2,937 世帯（△0.9%）が減少しており、県全体で 31 万 8,972 世帯である。一世帯当たり人員は 2.28 人で、1970 年の 3.31 人以降、減少を続けている。世帯数は 34 市町村中 31 市町村で減少している（高知市、南国市、香南市が増加）。2010 年から 2015 年の減少率をみると、馬路村（△13.1%）が最も高く、次いで、梼原町（△11.8%）、大豊町（△11.3%）といずれも県境の中山間地域である。高知県下市町村の 2010 年から 2015 年への人口増減率（%）と同世帯増減率（%）の相関関係をみると、人口、世帯ともに最も増減率が低かったのは馬路村であった（図 3-3-5）。

図 3-3-5　高知県下市町村の人口増加率と世帯増減率で見た地域間格差（2015 年国勢調査）

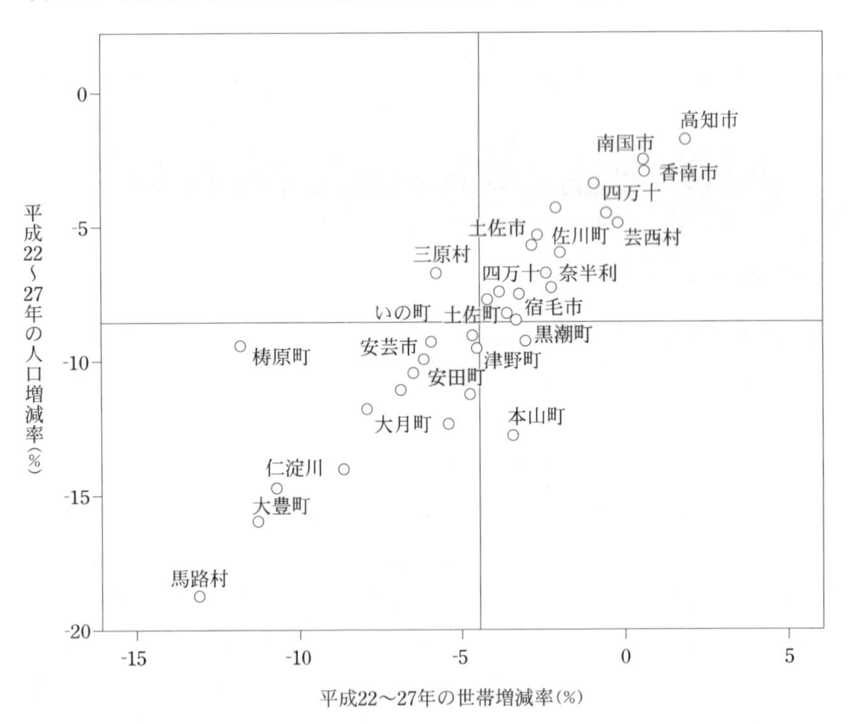

2）2010 年国勢調査データにみる高知県の集落の特徴

次に、2015 年国勢調査データによる詳細な集計結果はまだ報告されていないので、2010 年国勢調査データから、高知県の集落構造についてみていく。

2010 年における世帯数別の集落数（旧高知市を除く）をみると、20～49 世帯の集落が 785 集落（33.2％）で最も高い割合を占めている（表 3-3-9）。

2005 年と比較して、「9 世帯以下」が 191 集落（8.1％）から 246 集落（10.4％）へ、「10～19 世帯」が 36 集落（15.5％）から 405 集落（17.1％）へ増加していることから、集落の小規模化傾向をみることができる（図 3-3-6）。

表 3-3-9　世帯別集落数の推移

	平成 17 年		平成 22 年		平成 17～22 年の増減	
	集落数（集落）	構成比	集落数（集落）	構成比	集落数（集落）	構成比の差（ポイント）
		（％）		（％）		
9 世帯以下	191	8.1	246	10.4	55	2.3
10～19 世帯	366	15.5	405	17.1	39	1.6
20～49 世帯	808	34.2	785	33.2	△23	△1.0
50～99 世帯	545	23.1	487	20.6	△58	△2.5
100～299 世帯	365	15.5	359	15.2	△6	△0.3
300 世帯以上	85	3.6	84	3.6	△1	0.0
合計	2,360	100.0	2,366	100.0	-	-

資料：国勢調査
注：「集落」とは、集落データ調査の際にしょうわ 35 年の農林業センサスの調査区をもとに、各市町村の実情を踏まえて整理した集落である。

図 3-3-6　世帯数別集落の構成比

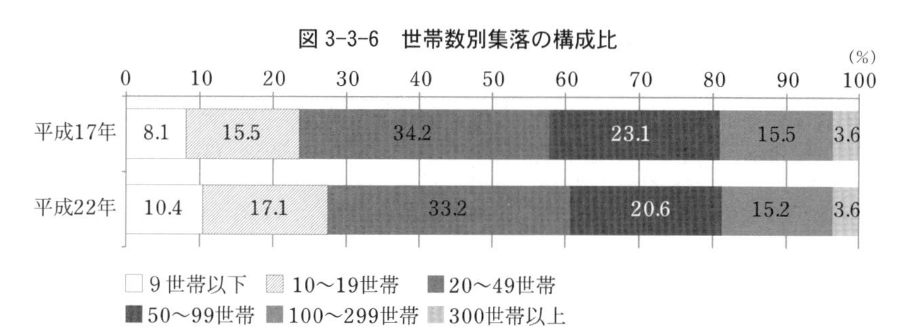

資料：高知県「高知県の集落─平成 22 年国勢調査結果からみた集落の状況─」平成 24 年 3 月

表 3-3-10　人口増減率別集落数と割合（1960～2010）

	集落総数	減少				増加			
		-50％以下	-49～-20％	-19～0％	減少計	0～19％	20～49％	50％以上	増加計
高知県計	2,155	1,177	473	168	1,818	107	72	158	337
構成比（%）	100.0	54.6	21.9	7.8	84.3	5.0	3.3	7.3	15.6
過疎地域	1,382	948	269	69	1,286	36	23	37	96
構成比（%）	100.0	68.6	19.5	5.0	93.1	2.6	1.7	2.7	7.0
過疎地域以外	773	229	204	99	532	71	49	121	241
構成比（%）	100.0	29.6	26.4	12.8	68.8	9.2	6.3	15.7	31.2
参考									
中山間地域	1,727	1,112	360	95	1,567	58	34	68	160
構成比（%）	100.0	64.4	20.8	5.5	90.7	3.4	2.0	3.9	9.3
中山間地域以外	428	65	113	73	251	49	38	90	177
構成比（%）	100.0	15.2	26.4	17.1	58.6	11.4	8.9	21.0	41.4

資料：高知県「高知県の集落―平成 22 年国勢調査結果からみた集落の状況―」平成 24 年 3 月

注：1）四捨五入の関係で、構成比の合計が 100.0 にならない場合がある。旧高知市を除く。なお、昭和 35 年から平成 22 年との増減率を出すにあたっては、昭和 35 年と平成 22 年で比較できる集落のみ計上しているため、前項の集落総数（2,360 集落（旧高知市を含まない））とは一致しない。

2）「中山間地域」とは、山間地及びその周辺の地域等地理的及び経済的に不利な地域として、①過疎地域自立促進特別措置法②山村振興法③離島振興法④半島振興法⑤特定農山村における農林業等の活性化のための基盤整備の促進に関する法律の地域振興に関する５つの法律の規定範囲とした。

表 3-3-11　世帯数増減率別集落数と割合（1960～2010）

	集落総数	減少				増加			
		-50％以下	-49～-20％	-19～0％	減少計	0～19％	20～49％	50％以上	増加計
高知県計	2,155	479	543	312	1,334	269	205	347	821
構成比（%）	100.0	22.2	25.2	14.5	61.9	12.5	9.5	16.1	38.1
過疎地域	1,382	408	417	214	1,039	133	96	114	343
構成比（%）	100.0	29.5	30.2	15.5	75.2	9.6	6.9	8.2	24.7
過疎地域以外	773	71	126	98	295	136	109	233	478
構成比（%）	100.0	9.2	16.3	12.7	38.2	17.6	14.1	30.1	61.8
参考									
中山間地域	1,727	462	497	262	1,221	187	126	193	506
構成比（%）	100.0	26.8	28.8	15.2	70.7	10.8	7.3	11.2	29.3
中山間地域以外	428	17	46	50	113	82	79	154	315
構成比（%）	100.0	4.0	10.7	11.7	26.4	19.2	18.5	36.0	73.6

資料：高知県「高知県の集落―平成 22 年国勢調査結果からみた集落の状況―」平成 24 年 3 月

注：四捨五入の関係で、構成比の合計が 100.0 にならない場合がある。旧高知市を除く。なお、昭和 35 年と平成 22 年で比較できる集落のみ計上しているため、前項の集落総数（2,360 集落（旧高知市を含まない））とは一致しない。

人口増減率別にみた集落の状況については、1960年から2010年までの50年間に人口が増加した集落が337集落（15.6%）あるものの、減少した集落は8割を超えている。50%以上減少した集落は1,177集落（54.6%）に達した。過疎地域を含む中山間地域では50年間で人口が減少した集落が9割を超え、特に50%以上減少した集落が6割以上あった。

世帯数増減別にみた集落の状況については、1960年から2010年までの50年間に世帯数が増加した集落は821集落（38.1%）あったものの、減少した集落は1,334集落（61.9%）となっており、6割以上の集落で世帯数が減少した。過疎地域を含む中山間地域では世帯数が減少した集落が7割を超えた。

（2）2015年農林業センサスにみる高知県の農業集落

次に、2015年農林業センサスから高知県の集落構造をみていく。1農業集落当たりの平均戸数は少なく、総戸数98.5戸で100戸を下回る。全国に比べて四国は集落の世帯規模が小さいが、中でも高知県は総戸数が少なく、農家・非農家の構成比は、農家は10.4%、非農家は89.6%で構成されている（表3-3-12）。

農業地域類型別農業集落数の割合をみると、高知県は山間農業地域に48.25%の農業集落があり、約半数を占めている（図3-3-7）。

山間地の集落に暮らす住民からは「不便である」という声がよく聞かれるが、農業集落の立地条件として、市町村役場までの所要時間別農業集落の割合をみると、「15分未満」が58.67%（全国69.07%）と低く、30分以上かかる農業集落が1割を超えており、全国に比べて市（区）町村役場（支所）までの所要時間のかかる農業集落の割合が多くなっている（表3-3-13）。

表3-3-12　1農業集落あたり平均戸数

	総戸数	農家数	非農家数	構成比	
				農家	非農家
	戸	戸	戸	%	%
全　国	**200.7**	**15.1**	**185.6**	**7.5**	**92.5**
四　国	112.5	12.0	100.6	10.6	89.4
高知県	98.5	10.2	88.3	10.4	89.6

資料：2015年農林業センサス

図 3-3-7　農業地域類型別農業集落数割合

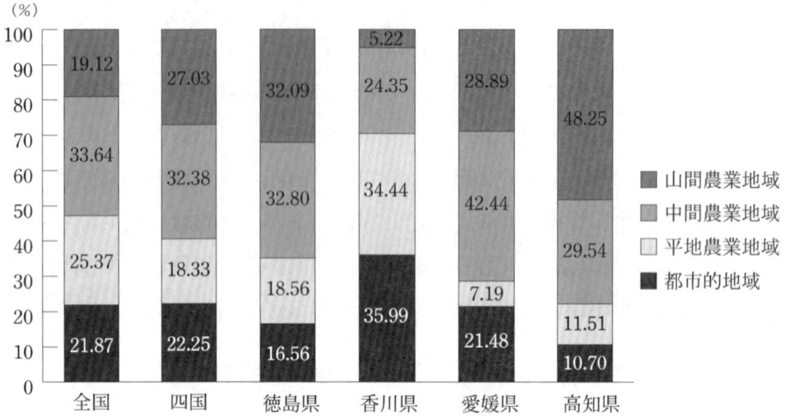

資料：2015 年農林業センサス

表 3-3-13　市町村役場までの所要時間別農業集落数の割合

（単位：%）

	15 分未満	15～30 分	30 分～1 時間	1 時間～1 時間半	1 時間半以上
全　国	69.07	27.33	3.48	0.11	0.01
高知県	58.67	30.31	9.93	1.06	0.04

資料：2015 年農林業センサス

次に、農家の世帯状況についてみてみよう。主副業農家別にみた男女別世帯員の平均年齢が表 3-3-14 である。主業農家では、男性経営者は 59.2 歳で女性経営者 64.0 歳よりも若かった。その他の同居後継者、農業従事者、農業就業人口はいずれも女性より男性の方が若かった。また、副業的農家では比較的年齢が高く、男性の農業就業人口では平均年齢 73.9 歳に達した。

後継者の有無別農家数については、「同居後継者がいる」のは全体の 21.0% で、主副業別にみても、準主業農家では割合が高くなっている（表 3-3-15）。また、他出農業後継者がない農家はいずれの分類も半数を超えていた。

前述したように、高知県は総戸数、農家数、立地条件から見ても集落機能の低下が著しい県であるが、2015 年農林業センサスから集落機能の一つである

表 3-3-14　世帯員の平均年齢

（単位：歳）

	男性				女性			
	経営者	同居後継者	農業従事者	農業就業人口	経営者	同居後継者	農業従事者	農業就業人口
主業農家	59.2	36.4	55.8	56.7	64.0	39.1	59.5	60.8
準主業農家	60.2	35.9	54.4	60.4	64.8	36.3	58.2	65.3
副業的農家	71.0	42.0	66.2	73.9	74.6	48.4	67.3	72.0

資料：2015年農林業センサス

表 3-3-15　後継者の有無別農家数

（単位：戸、％）

		同居後継者がいる		同居後継者がいない			
	合計	計	構成比	他出農業後継者がいる	構成比	他出農業後継者がいない	構成比
高知県	15,387	3,237	21.0	3,325	21.6	8,825	57.4
主業農家	5,161	1,470	28.5	662	12.8	3,029	58.7
65歳未満の農業専従者	4,761	1,374	28.9	586	12.3	2,801	58.8
準主業農家	1,854	592	31.9	314	16.9	948	51.1
65歳未満の農業専従者	961	321	33.4	144	15.0	496	51.6
副業的農家	8,372	1,175	14.0	2,349	28.1	4,848	57.9

資料：2015年農林業センサス

表 3-3-16　農業地域類型別にみた「寄り合い」の開催有無別集落数

	農業集落数	寄り合いを開催した集落		寄り合いの開催が無い集落	
	合計	集落数	(%)	集落数	(%)
高知県	2,458	2,147	87.3	311	12.7
都市的地域	263	220	83.7	43	16.3
平地農業地域	283	256	90.5	27	9.5
中間農業地域	726	678	93.4	48	6.6
山間農業地域	1,186	993	83.7	193	16.3

資料：2015年農林業センサス

「寄り合い」についてみてみよう。

高知県全体では寄り合いを開催した集落は87.3％であった（表3-3-16）。しかし、12.7％（311集落）では寄り合いの開催がなかった。都市的地域と山間農業

表 3-3-17　寄り合いの議題（複数回答）

		合計	農業生産	農道・農業用用排水路	集落共有財産	環境美化	農業集落行事	福祉・厚生	再生可能エネルギー
実数	高知県	2,147	654	1,351	1,221	1,639	1,863	937	48
	都市的地域	220	24	116	80	144	192	95	0
	平地農業地域	256	17	145	85	173	223	101	3
	中間農業地域	678	201	438	423	567	618	346	13
	山間農業地域	993	412	652	633	755	830	395	32
構成比（%）	高知県	100	30.5	62.9	56.9	76.3	86.8	43.6	2.2
	都市的地域	100	10.9	52.7	36.4	65.5	87.3	43.2	0.0
	平地農業地域	100	6.6	56.6	33.2	67.6	87.1	39.5	1.2
	中間農業地域	100	29.6	64.6	62.4	83.6	91.2	51.0	1.9
	山間農業地域	100	41.5	65.7	63.7	76.0	83.6	39.8	3.2

資料：2015 年農林業センサス

地域では 16.3％（43 集落、193 集落）で寄り合いが開催されておらず、集落機能の「停止」が示唆された。

また、寄り合いの議題（複数回答）については、高知県全体で「農業集落行事」86.8％、「環境美化」76.3％、「農道・農業用用排水路」62.9％と続いた（表 3-3-17）。

4．集落限界化を超えて―集落活動センターの取り組み―

以上、2015 年農林業センサスをはじめ各種統計データからみてきたように、高知県の集落限界化が山間農業地域でさらに深化していることが示唆された。集落数の変化は微小であっても、集落人員の高齢化および世帯数の減少は止まらず、集落の内側では集落限界化が進行し続けているのである。

このような集落限界化に対して、小田切徳美は「集落の限界化には『限界化初期』、『限界化中期』、『限界化末期』の三つのステージがある」といい、「中期から末期に集落機能の『臨界点』がみられ、限界集落対策は『臨界点』までに対応することが基本」であると述べている（小田切：2009）。小田切徳美は 2009 年度より高知県中山間地域活性化アドバイザーとして、高知県の中山間地域行政に深くかかわってきた。政府の推進する「小さな拠点構想」に通じる「集落活動センターは」は、高知県が 2012 年度から中山間地域対策の切り札として独自に取り組んできたものであり、「地域住民が主体となって、旧小学校や集会所等を拠点に、地域外の人材等を活用しながら、近隣の集落との連携を図り、生活、福祉、産業、防災などの活動について、それぞれの地域の課題やニーズに応じて総合的に地域ぐるみで取り組む仕組み」と定義される（高知県産業振興推進部：2015）。

（1）集落活動センターについて

取り組みの初年度（2012 年度）は本山町汗見川地区、土佐町石原地区、仁淀川町長者地区の 3 ケ所で集落活動センターが開設された。これらの地区には、すでに住民組織があり、地域活性化の取り組みを経験していたことから、集落活動センター導入の壁は高くはなかったのではないかと思われる。高知県では、「10 年で 130 ケ所」の設置を目標としているが、初年度は 3 ケ所、2013 年が 8 ケ所、2014 年が 4 ケ所、2015 年は 3 ケ所と全体的に「様子見」であった。しかし、5 年目の 2016 年には 4 月の段階で 12 ケ所が開設しており（2015 年度分）、2016 年 10 月現在 30 ケ所が開設され、高知県内でも浸透してきている。

集落活動センターの設置にあたっては、次の二つのケースが考えられる。一つは、市町村のグランドデザインに基づくケースで、市町村が候補地を選択し、地域へ打診する場合である。もう一つは、複数集落の住民が連携を図って協議会等の組織を作り、地域自らが設置を要望する場合である。いずれにしても、高知ふるさと応援隊などの地域外人材を活用しながら、住民座談会やワークショップ等を通じて、地域の課題や将来像の整理・共有を行っていく。そのうえで、集落活動センターとしてどのような活動をするのか企画書を作成し、運営組織や拠点施設等の検討をしていく。高知県の経済支援

図 3-3-8　集落活動センター年度別開所数

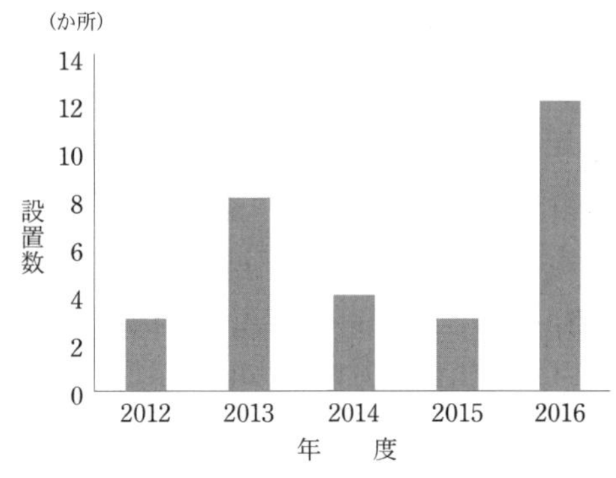

については、次のようになっている。集落活動センター推進事業費補助金として、市町村を対象に補助がある。補助対象事業としては、①集落活動センター整備事業として、「ハード事業」(拠点となる施設の整備や改修、機械設備や車両の購入等)あるいは「ソフト事業」(集落活動センターで実施する事業に必要な経費(維持管理費を除く))に一か所当たり1,000万円を3年間、②高知ふるさと応援隊事業として一人当たり年に100万円、③経済活動拡充支援事業を図る事業計画の作成や事業の実施に必要な経費(ハード・ソフト)として一か所あたり年に500万円が補助される。高知ふるさと応援隊の要件は、①市町村の非常勤職員等としての委嘱を行うこと、②応援隊の活動について住民に対して広く周知すること、③原則として「地域おこし協力隊」又は「集落支援員」制度のいずれかの要件に合致すること、とある。

集落活動センターを推進する高知県中山間地域対策課によれば、集落活動センターには、「生活支援サービス(食料品、ガソリン等の店舗経営、移動販売、宅配サービス、移動支援)」、「安心・安全サポート(高齢者等の見守り活動等)」、「健康づくり」、「防災活動」、「鳥獣被害対策」、「観光交流・定住サポート」、「農林水産物の生産・販売」、「特産品づくり・販売」、「エネルギー資源の活用」などの諸機能が期待されている。特に、高知県では2009年に「高知県産業振興計画」を策定し、「第3期高知県産業振興計画」(2016年)では200件を超える地域アクションプランを設定し、地域の基幹産業である第一次産業や、それを生かした食品加工や観光などのプランを重点的にサポートしていくことになっているが、集落活動センターはその拠点として重要な位置づけにある。ただし、集落活動センターの様々な機能のうち、どの機能を強化していくかは、それを運営する各地域の住民組織等の主体的判断に委ねられている。

集落活動センターの目指すべき方向として、経済的自立というミッションが課せられているが、そのためには、地域課題を「地域資源」として捉えなおし、新たに経済活動を興していくことが求められており、地域住民による地域課題の明確化と、地域おこし協力隊など外部の目による地域資源の客観化によるビジネス化が求められている。しかし、「補助期間の3年で自立するのは難しい」と関係者は心配を隠せないでいる(玉里:2016)。

図 3-3-9　集落活動センターの概要

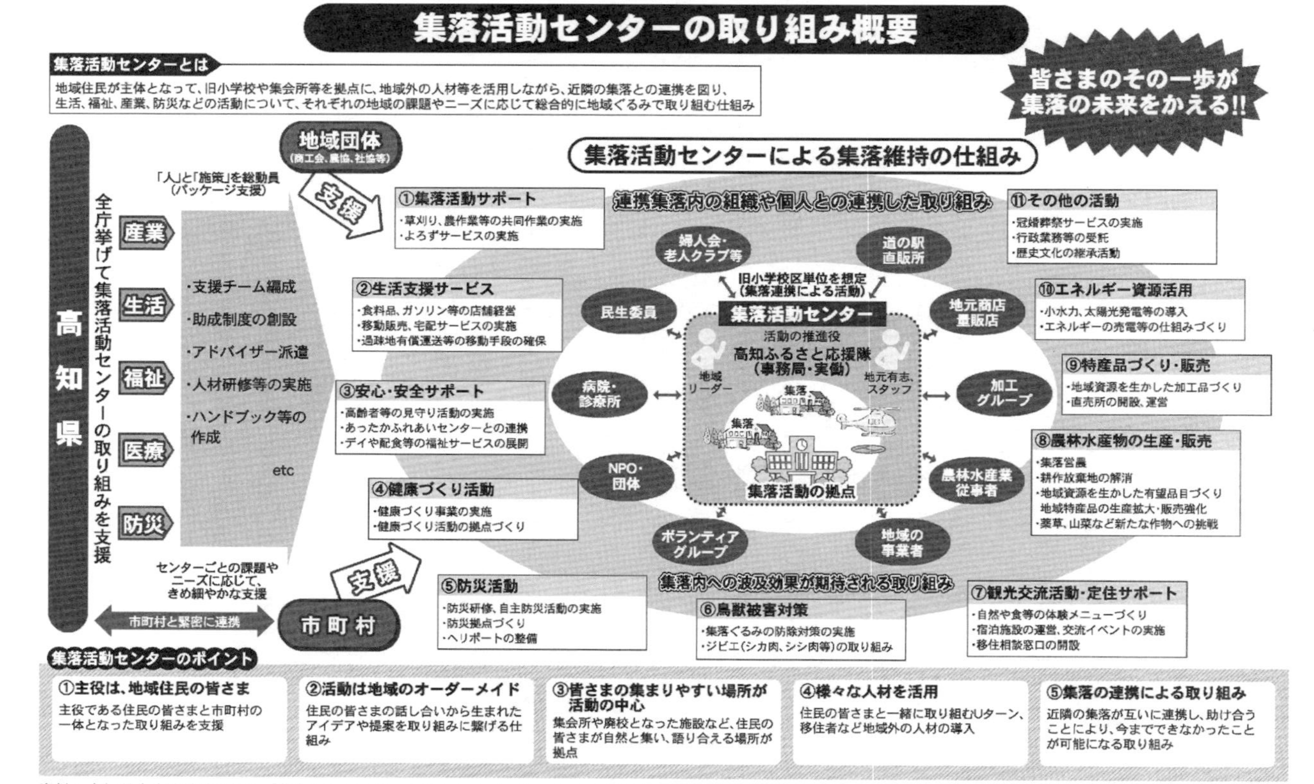

資料：高知県中山間地域対策課「集落活動センター支援ハンドブック」Vol.6（平成 28 年 6 月版）より。

（2）集落活動センター「カバー集落」と「非カバー集落」との比較検討

現在、30ケ所の集落活動センターが開設されている（表3-3-18）。集落活動センターがカバーする集落（以下、カバー集落）と、そうでない集落（以下、非カバー集落）で、農家や集落構造に違いがあるだろうか。

2015年農林業センサスの農業集落データをもとに、高知市を除いたデータを用いてみていく。その理由は、現在、第22号の集落活動センターが高知市七ツ淵にできているが、もともと高知市は設置の対象外であったこと。また、中山間地域の集落限界化の課題解決のために設置されるものであることを考えて、都市的な値をとると思われるためである。そのうえで、高知県下の集落に対し、集落活動センターがカバーする集落を「カバー集落」、集落活動センターがない（カバーしていない）集落を「非カバー集落」として分析した。

総農家数は、「カバー集落」2,217戸、「非カバー集落」23,128戸である。若干、「カバー集落」の方が、販売農家の比率が高かった（表3-3-19）。

次に、主副業別農家数をみたところ、副業的農家について「カバー集落」が61.4％で「非カバー集落」の53.7％よりも高い比率を示した（表3-3-20）。「65歳未満の農業専従者がいる」についても、主業農家、準主業農家とも「カバー集落」よりも「非カバー集落」の方が高い比率を示した。また、専兼別農家数についても、同様の傾向がみてとれた（表3-3-21）。

これらのことから、集落活動センターは必ずしも農業を主とする農家の割合が高い地域に設置されているわけではないことがわかる。

次に、寄り合いの議題や活性化のための取組状況を比較してみよう。寄り合

表3-3-19　農家数（カバー集落・非カバー集落）

（単位：戸、％）

	総農家数	販売農家		自給的農家	
			構成比		構成比
カバー集落	2,217	1,432	64.6	785	35.4
非カバー集落	23,128	13,955	60.3	9,173	39.7

資料：2015年農林業センサス

表 3-3-20　主副別農家数（カバー集落・非カバー集落）

（単位：上段 戸、下段 %）

	計	主業農家	65歳未満の農業専従者がいる	準主業農家	65歳未満の農業専従者がいる	副業的農家
カバー集落	1,432	402	366	151	71	879
非カバー集落	13,955	4,759	4,395	1,703	890	7,493
カバー集落	100	28.1	25.6	10.5	5.0	61.4
非カバー集落	100	34.1	31.5	12.2	6.4	53.7

資料：2015年農林業センサス

表 3-3-21　専兼別農家数（カバー集落・非カバー集落）

（単位：上段 戸、下段 %）

	計	専業農家	男子生産年齢人口がいる	女子生産年齢人口がいる	兼業農家	第1種兼業農家	第2種兼業農家
カバー集落	1,432	733	252	214	699	169	530
非カバー集落	13,955	7,275	3,130	2,638	6,680	1,767	4,913
カバー集落	100	51.2	17.6	14.9	48.8	11.8	37.0
非カバー集落	100	52.1	22.4	18.9	47.9	12.7	35.2

資料：2015年農林業センサス

いの議題については、「農道、農業用用排水路、ため池の管理」以外の項目で「カバー集落」の方が「非カバー集落」よりも話し合われていた（図3-3-10）。特に、農業集落行事（祭り・イベントなど）の計画・推進については81.9%みられた。

また、データは掲載していないが、活性化のための取組状況についてみると、「カバー集落」では「伝統的な祭り・文化・芸術の保存」が74.5%で取り組まれていた。「高齢者などへの福祉活動」、「グリーンツーリズムの取り組み」については、「非カバー集落」の比率が高かった。

表 3-3-18　集落活動センター 構成集落

番号	市町村名	地区名	集落活動センター名	構成集落	集落数
1	本山町	汗見川	集落活動センター汗見川	立野、坂本、屋所、沢ヶ内、瓜生野、七戸	6
2	土佐町	石原	集落活動センターいしはらの里	有間、峯石原、西石原、東石原	4
3	仁淀川町	長者	集落活動センターだんだんの里	大半夏、宮首、中ノ瀬上、中ノ瀬下、古田、石井野、打置、西古城山、東古城山、寺野、竹谷、宮ケ坪、日鉄宮ケ坪、五味谷	14
4	梼原町	松原	集落活動センターまつばら	大向、中平、上久保谷、下久保谷、松原、島中	6
5	梼原町	初瀬	集落活動センターはつせ	上折渡、下折渡、影野地、大野地、佐渡、初瀬、本村、仲久保	7
6	黒瀬町	北郷	集落活動センター北郷	大屋敷、本谷、大井川	3
7	安田町	中山	集落活動センターなかやま	間下、内京坊、正弘、別所、中ノ川、西ノ川、与床、小川、中里、船倉、瀬切、日々入	12
8	香南市	西川	西川地区集落活動センター	口西川、中西川	2
9	四万十市	大宮	大宮集落活動センターみやの里	大宮上、大宮中、大宮下	3
10	佐川町	尾川	尾川地区集落活動センター	高平、下郷、西山耕、中村、山田、堂野々、松ノ木、古畑、峰	9
11	安芸市	東川	東川集落活動センター	入河内、黒瀬、大井、古井、別役	5
12	三原村	全域	三原村集落活動センターやまびこ	下切、亀ノ川、広野、柚ノ木、宮ノ川、来栖野、皆尾	13
13	梼原町	四万川	集落活動センター四万川	東向、富永、下組、中の川、本も谷、茶や谷、井高、坪野田、文丸、神の山、坂本川、六丁	13
14	南国市	稲生	集落活動センターチーム稲生	立石、千田ノ木、間田、土居ノ谷、中谷、林谷、西谷、小久保、芦ケ谷、北地、衣笠、丸山、井川、千屋崎	14
15	いの町	柳野	集落活動センター柳野	川原田、柳野本村、柳野上	3
16	黒潮町	佐賀北部	集落活動センター佐賀北部	鈴、市野瀬、佐賀橘川、拳ノ川、拳ノ川団地、稲荷、川奥、小黒ノ川、中ノ川	9
17	大豊町	西峯	集落活動センター西峯	野々屋、土居、久生野、大畑井、沖、蔭、柚木	7
18	津野町	郷	郷地区集落活動センター奥四万十の郷	旧宮、谷の内、郷内、王在家、枝ヶ谷、口目ヶ市、日曽の川、古味口	8

19	四万十町	中津川	中津川集落活動センターこだま	中津川	1
20	四万十町	仁井田	集落活動センター仁井田のりん家	床鍋、影野上、影野下、奥呉地、魚ノ川、下呉地東、下呉地西、替坂本、山株、六反地町、六反地郷、神有上、神有下、辻ノ川、仁井田、浜ノ川、本田、小向、平串、富岡	20
21	いの町	越裏門・寺川	越裏門・寺川地区集落活動センター氷室の里	越裏門、寺川	2
22	高知市	七ツ淵	北七ツ渕集落活動センターたけのこの里	七ツ淵北	1
23	大川村	全域	大川村集落活動センター結いの里	船戸、小松、朝谷、大北川、高野、川崎、井野川、大平、小麦畝、小北川、大藪、下切、南野山、上小南川、下小南川、中切	16
24	梼原町	越智面	集落活動センターおちめん	横貝、太田戸、下本村、上本村、井の谷、永野、田野々、上後別当	8
25	奈半利町	全域	集落活動センターなはりの里	車瀬、中里、百石、樋ノ口、上長田、下長田、平松、東町、横町、立町、弓場、一区、二区、三区、四区、五区、六区、七区、八区、生木、宮ノ岡、報恩寺、六本松甲、六本松乙、平、花田、池里、米ヶ岡、宇川、須川、久礼岩、大原、西ノ平、加領郷、愛光園、港町	36
26	芸西村	全域	集落活動センターげいせい	西分浜西、西分浜中①、西分浜中②、第二、第一、長谷、松原、郷西①、郷西②、郷西③、郷中、郷東、堀切、和食浜西、波蝕浜中、浜東、浜浦、叶木、正路、下組、下中、中村、西組、北組、城本、津野、笹ケ森、極楽、西、中、井上、土居、芝、岡、西地、東地、道家、国光、久重、洋寿荘、憩ケ丘、中の城	40
27	宿毛市	沖の島	集落活動センター沖の島	母島、古屋野、弘瀬、長浜、久保浦	5
28	宿毛市	鵜来島	集落活動センター鵜来島	鵜来島	1
29	大月町	姫ノ井	姫ノ井集落活動センター姫の里	姫ノ井、口目塚	2
30	黒潮町	蜷川	集落活動センターであいの黒蜷川	蜷川、仲分川、伴太郎、米原	4

資料：高知県中山間地域対策課資料より筆者作成。

（平成28年5月現在）

図 3-3-10　寄り合いの議題（複数回答）

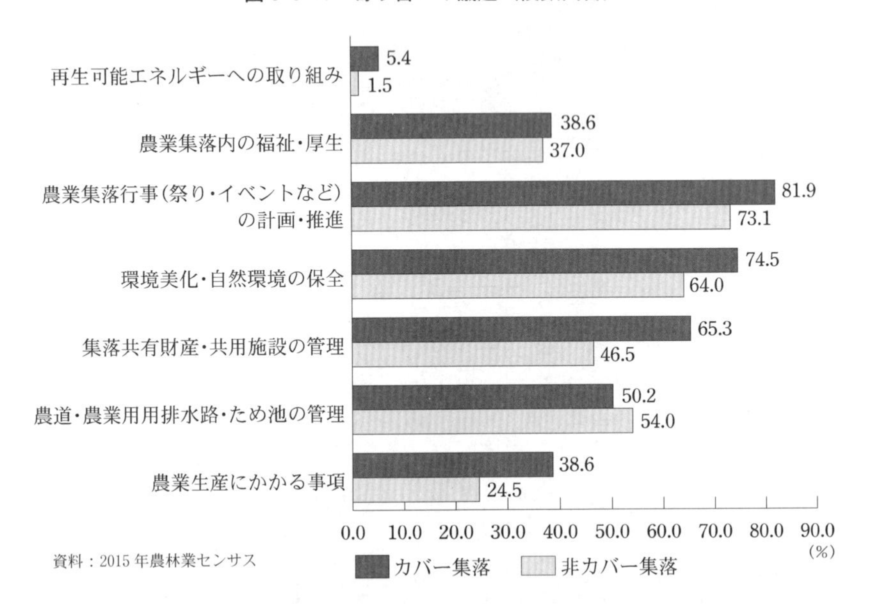

資料：2015 年農林業センサス

（3）集落活動センターの事例紹介

以上のように、集落活動センターがカバーする集落では、地域の課題解決のための話し合いや取組が行われていることが示唆された。次に、具体的な集落活動センターの事例をみていこう。

集落活動センターの設立経緯、運営規模、拠点施設、重点的な活動は様々であるが、住民主体型 3 事例と、行政主導型 1 事例を紹介する（表 3-3-22）。

1）事例 1 ＜本山町汗見川地区：集落活動センター汗見川＞

本山町は四国山地の中央、吉野川流域に位置している。町土の 89.1％は急傾斜の山林で、南や南国市、香美市土佐山田地区に連なり、西は土佐町、東は大豊町に接し、集落・耕地は標高 250 メートルから 740 メートルの間に点在している。集落活動センター「汗見川」は汗見川地区 6 集落をカバーしており、人口 182 人、世帯数 94 世帯、高齢化率 58.2％（2016 年）である。汗見川地区は森林が98％を占め、田畑は18.6haのみである。

集落活動センター汗見川は、集落活動センターの第1号として2012年6月に開設した。汗見川地区では、1940年代から営林署の規模縮小・廃止に続いて、郵便局の規模縮小、小中学校・保育所の廃止などの公的な機関が次々と廃止されていくことによる危機感から、地区住民自らが地域活性化のために立ち上がってきた。町長の下に「まちづくり百人委員会」ができるなど、行政側からも地域住民が自らのできることを考える必要があることが提案されてきた。

このような経緯の中、地域住民が自らできることと、行政のやることのすみ分けをしていくことで、住民の手による地域の活性化を目指し、1999年に汗見川活性化推進委員会を立ち上げていった。2008年度以降は廃校を活用した体験交流施設「汗見川ふれあいの郷清流館」の管理及び運営を行っており、常に現リーダーのリーダーシップに依存するだけではなく、次世代リーダーを育成していきたいという雰囲気があった。清流館を拠点とした活動は、道路や河川岸の清掃活動、田植えや間伐体験等の地域外との交流活動、手打ちソバやシソジュース等の特産品づくりなど多彩である。

集落活動センター汗見川は3つの部会と「清流館運営委員会」で構成され、汗見川活性化推進委員会が引き続き運営を担っている。「森づくり推進部会」では、汗見川の清掃、間伐などの活動について、集落を超えて実施しており、「地域づくり推進部会」ではシソの栽培やシソ原液を活用した商品開発に力を入れるとともに鳥獣が被害対策も行っている。「人づくり・健康づくり部会」では高齢者の生活を支援し、健康づくり、防災活動を充実させ安心して暮らせる地域づくりを目指している。また、地元高校、全国の大学との交流も盛んに行っている。

集落活動センターは汗見川は、集落活動センター開設第1号ということもあり、30ケ所が設置された現在でもモデル的な存在であることに変わりない。従来から地域活動が活発ではあったが、センターの設置により、新たな高齢者メンバーが加わるなど、一定の効果も出ているという。

交流事業の目玉でもある「そば打ち体験」や「ピザ焼き体験」では、高齢者が「インストラクター」と呼ばれ、それぞれ10名ほど養成されている。体験

表 3-3-22　集落活動センターの事例

	本山町	四万十市
センター名	集落活動センター汗見川	大宮集落活動センターみやの里
センター開所日	平成 24 年 6 月 17 日（第 1 号）	平成 25 年 5 月 26 日（第 9 号）
人数、世帯数、高齢化率（平成 28 年 6 月現在）	182 人、94 世帯、58.2％	283 人、133 世帯、50.9％
構成集落	本山町汗見川地区：6 集落	四万十市大宮地区：3 集落
役場からの距離	15km	四万十市役所から 50km、西土佐総合支所から 20km
活動の経緯	地域の活性化を目指し、平成 11 年に汗見川活性化推進委員会を立ち上げ、廃校を活用した宿泊施設「汗見川ふれあいの郷清流館」の管理及び運営、道路や河川岸の清掃活動、田植えや干伐体験等の地域が糸の交流活動、手打ちソバやシソジュース等の特産品づくりなど、様々な活動を実施している。	JA の店舗及び燃料施設の廃止をきっかけに、平成 18 年度に株式会社大宮産業を設立し、JA 施設を引き継いだ。また大宮米の販売や高齢者への宅配など、地域住民サービスを心掛けた経営を展開している。また、インターンシップ生の受け入れ等、地域内外の交流も行っている。
運営主体の組織	汗見川活性化推進委員会（平成 11 年設立）	大宮地域振興協議会（平成 25 年設立）
事業内容	①集落活動サポート、④健康づくり活動、⑤防災活動、⑦観光交流・定住サポート、⑧農林水産物の生産・販売、⑨特産品づくり・販売	①集落活動サポート、②生活支援サービス、③安心・安全サポート、⑥鳥獣被害対策、⑦体験交流・定住サポート、⑧農林水産物の生産・販売、⑨特産品づくり、⑩エネルギー資源活動
組織・部会等	●森づくり推進部会 ●地域づくり推進部会 ●人づくり・健康づくり推進部会	●生活福祉部会 ●農林部会 ●加工販売部会 ●体験交流部会 ●環境部会 ●若者部会
構成員	汗見川地区内及び吉野、寺家地区の中から次の代表者を以て組織する。各推進部会の代表部員、議会議員、各区長、老人クラブ会長、ホタル会会長等推進に必要な代表者。	大宮地区住民、NPO 法人いちいの郷、株式会社大宮産業、農事組合法人大宮新農業クラブ
拠点施設	旧沢ヶ内小学校（平成 16 年休校後、19 年廃校）を宿泊交流施設「清流館」として運営。指定管理は平成 20 年から。	平成 18 年に JA 高知はた大宮出張所を、地域住民の出資による㈱大宮産業が引き継ぎ運営。生活用品や農業資材、ガソリン等燃料の販売等を行っている。

資料：高知県産業振興推進部中山間地域対策課発行（平成 28 年 6 月 30 日）「集落活動センターの取り組み事例」等、筆者修正。

表 3-3-22　集落活動センターの事例（つづき）

仁淀川町	三原村
集落活動センターだんだんの里	三原村集落活動センターやまびこ
平成24年12月1日（第3号）	平成26年3月28日（第12号）
622人、282世帯、38.8%	1,657人、772世帯、44.1%
仁淀川町長者地区：14集落	三原村全域：13集落
14km	1km
地域資源である棚田の荒廃を解消するため、平成15年に地元有志がだんだんくらぶを発足させ、棚田の再生、棚田を活用したイベントの開催、小学生等との農作物の栽培等に取り組んでいる。また、高知大学や東京大学等との連携も行っている。	生鮮食品店の廃業をきっかけに、買い物弱者対策として平成24年度に「三原村拠点ビジネス推進協議会」が主体となって、日用品等の販売店舗「みはらのじまんや」を運営している。平成25年には生活用品の供給体裁の強化や買い物しやすい環境づくりのため、「みはらのじまんや」の機能強化を図っている。
だんだんくらぶ（平成15年設立）	三原村集落活動センター推進協議会（平成25年設立）
①生活支援サービス、②安心・安全サポート、③防災活動、④観光交流活動、⑤特産品づくり・販売、⑥農産物等の生産・販売	①集落活動サポート、②生活支援サービス、⑤防災活動、⑥鳥獣被害対策、⑦観光交流・定住サポート、⑧農作物等の生産・販売、⑨特産品づくり・販売
●農業部門 ●イベント部門 ●レストラン部門 ●福祉部門 ●観光部門	●企画調整部 ●店舗部「みはらんのじまんや」 ●福祉支援部 ●ユズ等特産品販売促進部 ●移住促進部 ●生産部
活動の目的に賛同する者（年会費500円）	三原村村民
拠点施設「だんだんの里」を平成24年度に建設（移築）。運営事務所として活用するとともに、火・木・土・日は農家レストランも経営している。	三原村農業構造改善センター

教室は一人あたり参加費2,000円で、2012年度は500名、2013年度は474名の参加があった。また「清流館」は定員30名で一泊大人素泊まり3,000円、二食付き5,500円であるが、2012年度は1,000名、2013年度は850名の宿泊利用がみられるなど順調に「外貨」を稼ぐことができた。

2）事例2＜四万十市大宮地区：大宮集落活動センターみやの里＞

四万十市は2005年4月に中村市と幡多郡西土佐村が合併して成立した。南は四万十川の沖積平野が土佐湾に面し、北は四国山地、愛媛県の県境まで広がっている。四万十市大宮地区は四万十市の中心街から約50km離れた山間地域にあり、県境を越えて愛媛県宇和島市へ病院や買い物などに行く人も多い。大宮集落活動センターみやの里は2013年5月に第9番目に開設し、大宮地区3集落をカバーし、人口283人、133世帯、高齢化率50.9％（2016年）となっている。

大宮地区は1960年頃までは四国山地の交通の要所として、地区内に旅館を含め15店ほどの商業施設があったが、その後地域経済が衰退し、2004年には地区で唯一日用品やガソリン等を販売していたJAはた大宮出張所の廃止案が浮上した。2005年には住民によるJA存続運動が開始された。しかし、JA廃止が決定する。最寄りの給油所が県境を越えて16kmも離れる場所になることがわかり、「このままでは生活が困る」という住民の声を受けて、農業事業継承委員会を設立。2006年には大宮地区住民の8割にあたる合計108戸が700万円を出資し「株式会社大宮産業」を発足、JAの引き上げと同時に出張所の建物及びガソリン等の購買事業を引き継いだ。株式会社大宮産業では、地域に実情に応じたサービスを展開しており、設立以降、黒字経営を継続している。

2010年1月に大宮地区を活性化する委員会が立ち上がり、大宮小学校廃校後の校舎活用や体験交流のアイディアが出された。2012年からは集落活動センターの発足に向けたワークショップが始まり、100名以上の住民の参加が見られた。その中で、地域の生活課題として10数項目があげられ、それらの課題を整理し、可能性、必要性、緊急性、経費を住民みんなで評価していった。2012年12月には大宮地域振興戦略会議が立ち上がり、「生活福祉部会」、「環境部会」、「農林部会」、「加工販売部会」、「体験交流部会」の5部会が構成された。

さらに、大宮地域振興戦略会議を中心に、各地域団体、役員会を包括する組織として、2013年1月に大宮地域振興協議会を設立し、同5月に大宮集落活動センターみやの里を開設した。各部会は週1回のペースで開催され、部会のメンバーは積極的に参加しており、新たに「若者部会」（主に40歳代まで）も立ち上がっている。それぞれの部会が中心になり、米のブランド化、契約栽培の実施、自然エネルギーの導入、防災活動、婚活、葬祭事業など、農業活動のみならず、生活領域での支え合いの活動にも工夫を重ねている。特に、地域で採れる減農薬栽培米は「大宮米」としてブランド化し、四万十市内の病院や社会福祉施設へ販売するなど、販路拡大につとめている。

大宮地区ではこれまで大宮産業の設立を経て、地域住民の活発な議論やワークショップの土壌ができあがっていた。それを基盤とし、女性や若者も集うことで、地域住民の夢や要望を組み入れる仕組みができあがってきた。それぞれの部会が経済的に自立することは難しいが、集落活動センターを継続していくことで地域経済の発展に挑戦し続けている。

3）事例3＜仁淀川町長者地区：集落活動センターだんだんの里＞

2005年に吾川郡池川町・吾川町、高岡郡仁淀村が合併して仁淀川町が成立した。大野晃が「限界集落」を発想したエリアとして有名である。仁淀川町は、四国山地に位置する町で、約9割が山林である。町域の中央を西から東に仁淀川が流れている。仁淀川町長者地区は高知市から車で1時間30分を要する位置にあり、400年ほど前に開かれ受け継がれてきた石垣棚田が広がる。また、景勝地「星ヶ窪」もあり、地域資源を活用した地域づくりを行ってきた。集落活動センターだんだんの里は、第3番目の開設で、長者地区14集落をカバーしており、人口622人、282世帯、高齢化率38.8％（2016年）となっている。

「だんだん」とは、この地域で使われてきた「ありがとう」、「おやすみ」などの挨拶を表す方言であり、地区のシンボルの棚田（だんだん畑）にひっかけている。2001年に棚田の石垣が老朽化し、2名の有志が整備を行ったことに発端し、2003年には45名の参加を得て「だんだんくらぶ」が発足、棚田の環境整備が始まり、試験的にコスモスを植えるようになった。その後、菖蒲の花を植えることで「菖蒲祭り」を始め、2007年には高知大学の学生が地区に入ることで「七夕祭り」が復活し、棚田を用いたキャンドルナイトを成功させた。その後も、「だんだんくらぶ」が中心となり町民参加型のイベントを年に数回、継続的に開催している。

2012年には集落活動センターだんだんの里を開所し、2013年4月からは拠点施設で農家レストランをオープンし、地域住民はもちろん町外の方々にも棚田で栽培した米や地域で収穫した野菜などを利用したメニューを提供している。レストランには畳やこたつも設置し、平日には小学生も来てうどんやケーキなどのおやつを食べ、金曜日の夜は「居酒屋」となり、子どもや大人のコミュニティの場として機能している。

集落活動センターだんだんの里は「農業部門」、「イベント部門」、「レストラン部門」、「福祉部門」、「観光部門」の5つの部門で構成され、棚田や大銀杏をブランド化し、無農薬野菜の栽培や、銀杏饅頭などの開発、農家レストランの安定経営、キャンドルナイト等交流イベントの実施を中心に運営していく計画である。しかし、運営主体である「だんだんくらぶ」の主な構成員は70歳代になり、設立した10年前は一つ一つ夢をかなえていく勢いがあったが、担い手が高齢化した現在、諦めムードが広がっていくことをリーダーたちは懸念している。

4）事例4＜三原村（全域）：三原村集落活動センターやまびこ＞

三原村は高知県の西部に位置し、周辺を四万十市、宿毛市、土佐清水市に囲まれ、南に主峰今ノ山を現流域とする下ノ加江川、北に貝ケ森山を源流とする四万十川支流中筋川の流域にある森林面積88％の山村である。三原村は13集落から構成されており、人口1,657人、722世帯、高齢化率は44.1％（2016年）である。高齢化率60％を超えている集落もある。三原村集落活動センターやまびこは、三原村全域13集落をカバーしており、2014年に第12番目に開設された。

2010年に村内で唯一の生鮮食品店が廃業することがきっかけとなり、2011年に三原村商工会が住民にニーズ調査を実施した。その結果、買い物弱者対策が必要ということになり、2012年8月に三原村拠点ビジネス推進協議会が主体となり、日用品等の販売店舗「みはらのじまんや」を農業構造改善センター内に設置した。2013年には生活用品の供給体制の強化、買い物しやすい環境づくりの機能強化を図っている。また、同年、三原村集落活動センター推進協議会が設立され、2014年には三原村集落活動センターの事務局体制が整って本格的な活動が可能となった。

三原村集落活動センターには5つの部会がある。「企画調整部」では先進地視察を企画したり、「みはら元気だより」を発行したりしている。「店舗部」では「みはらのじまんや」を運営している。「みはらのじまんや」の1日平均の利用者は年々増えているが、より多くの人が集う地域内の新たなコミュニティ施設として機能させていくことが喫緊の課題となっている。「移住促進部」では、空き家バンク制度を立ち上げるため住民への調査を実施しており、「販売促進部」ではみはら米やどぶろく、トマト、ユズなどの地場産品のPR、漬物やデザートなどの試作品支援および販売促進活動を行っている。「福祉支援部会」では三原村社会福祉協議会と連携し、事業の支援をしていく予定である。

三原村の主幹産業である水稲を中心とした農業は所得金額が少なく、農業後継者の育成が困難な状況にある。三原村では2009年にユズ産地化計画（第1期）を策定し、ユズを主要作物として、水稲、ユズ、露地野菜との複合経営による農業所得の向上を目指してきた。その結果、2008年度に7.6haであったユズ園が2011年度には28.1haに急増し、2012年度のユズ産地化計画（第2期）では更なるユズ産地化へ向けた取り組みを推進し、高齢者でも安心して農業を継続する体制を築きつつある。それゆえ、ユズなどの加工品の開発にも力を入れ、農業後継者や新規就農者、I・Uターンの受け入れ対策の整備が急務であり、集落活動センターはそれらを一手に担う拠点として期待されているところである。

このように三原村集落活動センターは「一村一集活センター」の体制ゆえに、行政主導の面が強く、住民参加という面では、軌道に乗っているとはいえない。しかし、先進地視察研修の後、住民からは「住民参加の拠点整備の必要性」や、「住民の手作り感を大切にすること」、「次世代の若者の参加」といった意見が出てきており、行政と地域住民との協働の芽が集落活動センターを通じて出始めたところであるといえよう。

（4）集落活動センターの課題

以上のように、集落活動センターは地域課題を解決していくための様々な機能を持っており、またその機能は集落活動センター自身が開発していくことができるものでもある。地域特性に合わせて、地域住民が地域の将来像を考えながら、企画、運営していくことが求められている。

現在開設されている集落活動センターへのヒアリング調査から、設置に至る要因としては①JAの統合・出張所の撤退、あるいは商店がなくなることによる「買い物弱者」、②「小学校の休校」、③住民による地域活性化のための組織的な「活動の蓄積」があり、それらが複合的に重なり合っていることもある（西川・坂本・玉里・大崎・飯国：2016）。いずれにせよ、集落限界化が深化することによって、地域の危機感が募り、住民たちが立ち上がり組織化していったところは集落活動センター導入後も、住民参加によるワークショップを開催したり、住民の意見集約による部会の設置も比較的容易になされたりする傾向が強い。しかし、住民組織をまとめてきたリーダーたちは年々高齢化しており、次世代育成が課題となってきている。

また、10年間で130ケ所の開設を目指す高知県としては、行政による「候補地選択」が喫緊の課題となってきた。事例で紹介した三原村の他、大川村、奈半利町、芸西村で全域をカバーした集落活動センターが開設されたが、行政主導の地域活性化拠点づくりが時に問題を抱えていることは、これまで何度も経験してきたことである。行政と地域住民が協働して、住民が主体となり、住民が参加する集落活動センターの運営が期待されている。

全国に先駆けて高齢化と過疎化が深化し、集落限界化が止まらない高知県ではあるが、集落活動センターを軌道に乗せ、地域経済を循環させることで人口減少に歯止めをかけるとともに、選ばれる地域となって転入者を迎える中山間地域になれるかどうか、まさに正念場となっている。

参考文献

大野晃『限界集落と地域再生』、高知新聞社、2008年。

小田切徳美『農山村再生―「限界集落」問題を超えて―』岩波ブックレット（No.768）、2009年、pp.51－58。

高知県「平成23年度　高知県集落調査報告書」（2012年3月）、同・別冊「集落代表者聞き取り調査結果報告書」。

高知県総務部統計課「平成27年国勢調査　高知県の人口速報集計結果」、2016年1月18日。

高知県産業振興部「集落活動センター支援ハンドブックVol.5」、2015年6月。

国土交通省「「小さな拠点」づくりガイドブック」、2015年。

国土交通省「条件不利地域における集落の現況把握調査について」、2016年

玉里恵美子『高齢社会と農村構造―平野部と山間部における集落構造の比較―』、昭和堂、2009年。

玉里恵美子『集落限界化を超えて―集落再生へ　高知から発信―』、ふくろう出版、2009年。

玉里恵美子「超高齢社会の自立と地方再生」、『農業と経済』第82巻第5号、2016年、pp.61－69。

田中きよむ・水谷利亮・玉里恵美子・霜田博史『限界集落の生活と地域づくり』、晃洋書房、2013年。

田中きよむ・水谷利亮・玉里恵美子・霜田博史「集落活動センターを拠点とする高知型地域づくり」、高知大学経済学会『高知論叢』第109号、2014年、pp.19～40。

西川知宏・坂本華緒理・玉里恵美子・大崎優・飯国芳明「高知県における集落活動センター分析のための基礎的資料」、高知大学大学院黒潮圏海洋科学研究科黒潮圏科学編集委員会『黒潮圏科学』第9巻第2号、2016年、pp.202-210。

第4章　東日本大震災の被災地域の農業構造

第1節　岩手県の動向

1．岩手県における東日本大震災津波による被害

（1）岩手県における東日本大震災津波による被害

東日本大震災津波による岩手県への農林水産業の被害は、宮古市、釜石市、大船渡市を含む沿岸地域全てに甚大な被害をもたらした。特に、漁業、水産加工業を含めた水産業の被害金額は、岩手県の被害金額の80％以上を占めていた。これは、津波による被災地域がリアス式海岸による急勾配な沿岸部であったために、農地が内陸部と比較して少ないことが理由として考えられる。実際、沿岸地域での農家戸数は、漁業と兼業する形で維持されていた。この間、岩手県庁をはじめとする行政機関や農協によって、集落営農組織の法人化や「リーディング経営体（岩手県庁）」の育成による企業的な経営体の育成も図られてきた。

本節では、これらを背景とした東日本大震災津波による農業経営体数の減少とそのことによる影響がどこに現れたのかについて分析を行う。そのためにまず、震災前（2010年）のセンタスのデータから岩手県の農業構造の特徴を示す。従来から岩手県の地域区分を花巻市、北上市、一関市などの内陸部と宮古市、釜石市、大船渡市など沿岸地域に分類していたが、本節でもこの分類を援用して、2 地域の分類を行う。次に、東日本大震災による被災市町村を「被災市町村」として分類する。さらに、東日本大震災津波被害による津波被害を受けた

「津波被災市町村」を分類した。最後に、内陸部の被災地域を「その他」として分類し、それぞれの特徴を示す。

具体的には、農業経営体は減少しているものの1経営体当たりの耕地面積が増加している現状を明らかにし、農林業の推進に向けた対応策を検討するための問題提起を行う。これに加えて、分析の視点として、東日本大震災津波による経営の動向を示す。前述のように、被災の大きい沿岸（沿海市区町村）と内陸（内陸市区町村）との比較を行うことによって、地域農業の特徴を明らかにする。特に、農地流動化の特徴もあわせてみることによって、農業経営体の動態や沿岸（沿海市区町村）の特徴を示す。さらに、2010年と2015年の比較を通じて、農地の流動化や担い手の減少のどこに要因があるのかについて検討を行う。

（2）農林業の地域類型の特徴

表4-1-1では、岩手県の震災前(2010年)の農林業経営体の概要を都市的地域、平地農業地域、中間農業地域、山間農業地域に分類して示した。岩手県の農林業経営体は、中間地域、平地農業地域、山間農業地域、都市的地域の順に多い。特に、中間農業地域・山間農業地域の経営体数割合が多いことが特徴である。林業経営体は、中間農業地域、山間農業地域に多い。組織経営体では、平地農

表4-1-1　岩手県の農業地域類型の特徴

（単位：経営体、集落、％）

		経営体数	都市的地域	平地農業地域	中間農業地域	山間農業地域
実数	農林業経営体	59,301	3,924	18,177	25,641	11,559
	農業経営体	57,001	3,774	18,072	24,840	10,315
	組織経営体	1,301	94	543	502	162
	林業経営体	8,795	281	543	4,176	3,795
	組織経営体	769	53	46	296	374
割合	農林業経営体	100	7	31	43	19
	農業経営体	100	7	32	44	18
	組織経営体	100	7	42	39	12
	林業経営体	100	3	6	47	43
	組織経営体	100	7	6	38	49

資料：農林業センサス（2010年）

図 4-1-1　岩手県市町村

資料：地理統計株式会社「地理統計データベース」より作成。

業地域、中間農業地域の数が多く、組織経営体数割合も農業経営体と同じ傾向を示している。農業・林業の両方とも中山間地域に比較的多い傾向があることがわかる。

2．被災地区別の動向

（1）被災区分の設定－内陸・沿岸・被災・津波被災を踏まえた5区分－

1）被災区分の考え方と該当エリアの説明

表 4-1-2 では、被災区分の設定を行った。[1] 内陸とは、農業センサスで「内陸部」に分類されている市町村を分類した。盛岡市、花巻市、北上市など主に水田農業を主とする地域が分類されている。同じく農業センサスで「沿岸地域」として分類されている地域を [2] 沿岸として分類した。この分類には、宮古

表 4-1-2　被災区分の設定

		区分の概要	集計単位	他区分との関連	該当市町村（旧市町村）名
[1]	内陸	農業センサスで内陸部に分類されている市町村	旧市町村	[2]を除く	盛岡市・花巻市・北上市・遠野市・一関市・二戸市・八幡平市・奥州市・雫石町・葛巻町・岩手町・滝沢村（市）・紫波町・矢巾町・西和賀町・金ケ崎町・平泉町・藤沢町（一関市）・住田町・軽米町・九戸村・一戸町
[2]	沿岸	農業センサスで沿岸地域に分類されている市町村	旧市町村	[1]を除く	宮古市・大船渡市・久慈市・陸前高田市・釜石市・大槌町・山田町・岩泉町・田野畑村・普代村・野田村・洋野町
[3]	被災市町村	東日本大震災による被災市町村	旧市町村	[1][2]の内、被災した市町村	宮古市・大船渡市・花巻市・久慈市・遠野市・一関市・陸前高田市・釜石市・奥州市・滝沢村（市）・矢巾町・藤沢町（一関市）・住田町・大槌町・山田町・岩泉町・田野畑村・普代村・野田村・洋野町
[4]	津波被災市町村	東日本大震災による津波被害市町村	旧市町村	[3]の内、津波被災をした地域	宮古市・大船渡市・久慈市・陸前高田市・釜石市・大槌町・山田町・岩泉町・田野畑村・野田村・洋野町
[5]	その他	上記を除く	旧市町村	[4]を除く	花巻市・遠野市・一関市・奥州市・滝沢村（市）・矢巾町・藤沢町（一関市）・住田町・普代村

資料：筆者作成。
注：農林水産省「東日本大震災に伴う被災６県における津波被災市町村及び津波被災農業集落の主要データ」(http://www.maff.go.jp/j/tokei/census/afc/2010/saigai.html) と同様の集計区分を用いている。

市、大船渡市、釜石市、陸前高田市など沿岸地域の市町村が分類されている。被災地域の大半がこの分類に入る市町村である。

本節では、従来の 2 分類に加えて、[3] 被災市町村、[4] 津波被災市町村、[5] その他の 3 分類を加えた。この中で、[3] 被災市町村は、津波で被災した地域に加えて、地震による被災をした市町村である。[4] 津波被災市町村は、[3] 被災市町村のうち宮古市、釜石市、大船渡市などの津波の被害を受けた地域を分類した。[5] その他は、花巻市、遠野市、奥州市など地震で被災した地域を分類した。

2）被災前の農業構造の特徴

次に、表4-1-3を用いて、震災前（2010年）の農家数、農業経営体数等の概要を説明する。

［1］内陸（2010年22市町村、2015年21市町村）

岩手県の総農家戸数は、76,377である。このうち、内陸では65,391戸（県全体の86%）であった。2010年の岩手県の市町村数は34であったが、このうち22が内陸地域に位置する。販売農家割合は、76%であり、県内の平均値72%と比較して高い値を示している。この背景には、主業農家割合が15.3%と岩手県平均と比較して高い割合を示していることが挙げられる。専業農家割合も16.2%と同様に高く、専業男子生産年齢人口のいる割合も6.3%と県平均値と比較して高い。そのため、農業経営体、法人、法人のうち農事組合法人共に経営体数が多いことがわかる。経営耕地面積5ha以上の割合も沿岸と比較して高く、岩手県の特徴を示している。

［2］沿岸（12市町村）

宮古市、釜石市、大船渡市など、沿岸に含まれる市町村の総農家戸数は、10,986戸（県全体の14%）である。市町村数は、12であり、［1］内陸の22と比較して約半数である。販売農家割合は、51%であり、［1］内陸と比較して低い値を示している。沿岸では、急勾配のリアス式海岸近くに位置する中山間地域が多いため、自給的な農業を主体としている場合が多い。これは、水産業が地域産業の主体であるために、漁業と農業の複合経営である場合が多いからである。このことは、主業農家割合が［1］内陸と比較して約半分（8.4%）であることに現れている。これに対して、専業農家割合は、主業農家割合ほどの差は見られない。

［3］被災市町村（2010年20市町村、2015年19市町村）

被災地市町村には、［4］津波被災市町村に加えて、［1］内陸の市町村が含まれるために、総農家戸数48,452戸（県全体の63%）で、販売農家割合71%、主業農家割合12.1%など比較的内陸と似た傾向を示している。

［4］津波被災市町村（11市町村）

津波被災市町村を分類し、津波の被害を受けた地域の特徴を見る。津波の被

表 4-1-3　被災区分別の農家数・農業経営体数の変化

		総農家（戸）	シェア（%）	販売農家割合（%）	主業農家割合（%）	専業農家割合（%）	専業男子生産年齢人口いる割合（%）	農業経営体（経営体）	法人化（経営体）	農事組合法人（経営体）	経営耕地面積 5ha 以上割合（%）
2010 年	[1] 内陸	65,391	86	76	15.3	16.2	6.3	51,131	541	106	6.6
	[2] 沿岸	10,986	14	51	8.4	14.1	5.0	5,870	79	7	4.2
	[3] 被災市町村	48,452	63	71	12.1	15.2	5.3	35,321	377	72	5.2
	[4] 津波被災市町村	10,807	14	52	8.4	14.2	5.0	5,807	77	7	4.2
	[5] その他	37,645	49	76	13.2	15.5	5.4	29,514	300	65	5.4
	岩手県	76,377	100	72	14.3	15.9	6.1	57,001	620	113	6.4
2015 年	[1] 内陸	57,338	87	72	13.5	17.9	6.5	42,607	708	172	8.3
	[2] 沿岸	8,761	13	47	8.1	14.6	4.8	4,386	109	17	5.1
	[3] 被災市町村	41,569	63	67	10.2	16.0	5.1	28,831	488	108	6.7
	[4] 津波被災市町村	8,603	13	47	8.1	14.6	4.8	4,338	106	17	5.0
	[5] その他	32,966	50	73	12.7	16.3	5.2	24,493	382	91	6.8
	岩手県	66,099	100	68	12.7	17.4	6.3	46,993	817	189	8.0
増減率（%）・ポイント差	[1] 内陸	-12.3		-4.3	-1.9	1.6	0.2	-16.7	30.9	62.3	1.7
	[2] 沿岸	-20.3		-4.4	-0.4	0.5	-0.2	-25.3	38.0	142.9	0.9
	[3] 被災市町村	-14.2		-4.1	-1.9	0.8	-0.2	-18.4	29.4	50.0	1.4
	[4] 津波被災市町村	-20.4		-4.3	-0.4	0.5	-0.2	-25.3	37.7	142.9	0.8
	[5] その他	-12.4		-4.6	-2.4	0.8	-0.3	-17.0	27.3	40.0	1.4
	岩手県	-13.5		-4.0	-1.6	1.5	0.1	-17.6	31.8	67.3	1.6

資料：農林業センサス（2010 年、2015 年）
注：割合を示した項目の増減率の欄は、当該項目の実数の増減率を示す。

害を受けた 11 市町村は、ほぼ沿岸の市町村である。農家のうち販売農家の割合は 52%で、法人化している経営体数も 77 経営体であり、[2] 沿岸の特徴とほぼ同じである。この背景には、[2] 沿岸では中山間地域の農地が主であるために、自給用の農産物を生産する場合が多いことが考えられる。

[5] その他 (2010 年 9 市町村、2015 年 8 市町村)

その他に分類した市町村は、普代村のみ沿岸で、その他は、内陸に位置する。市町村数は、他の分類より少ないものの、花巻市、奥州市、一関市など総農家戸数が多い市町村が含まれているために、岩手県内に占める農家数割合は、約 50%である。この地域の特徴は、販売農家割合が 76%と [1] 内陸と同じ傾向である。主業農家割合や農業経営体数、法人数、農事組合法人数が [4] と比較して多いことがわかる。

このように、震災前 (2010 年) の特徴は、津波で被災を受けた地域がほぼセンサスで分類されてきた「沿岸地域」と同じであることがわかる。ただし、被災地域内の「津波被災農業集落」で分類された地域もあるので、分析をする際に、どの分類にしているのかを注意する必要がある。

(2) 被災前後の変化の概況
－農業経営体の法人化と農事組合法人の増加－

表 4-1-3 の被災後 (2015 年) の値と比較して [1] ～ [5] までの分類でどのように影響を受けたのかについて順に見ていく。まず、総農家戸数は、[2] 沿岸、[4] 津波被災市町村がそれぞれ 20%減少している。岩手県平均でも 13.5%減少しており、被災後にどの地域も総農家戸数がかなり減少していることがわかる。これに対して、販売農家割合は、どの分類も 4 ポイント台の減少となっており、地域による差が少ないことがわかる。震災前から販売農家割合が高い [1] 内陸と相対的に割合の低い [2] 沿岸での差は震災後も同じ傾向を示していることがわかる。これに対して、農業経営体の法人の数は 79 から 109 へ、農事組合法人の数は 7 から 17 へ [2] 沿岸で増加した。[4] 津波被災市町村も同様に、農事組合法人の数が 7 から 17 へ増加した。

（3）経営耕地の状況の変化
－大規模経営（5ha 以上層）への農地集積は進んでいる－

表 4-1-4 では、経営耕地面積の特徴をまとめている。まず、震災前（2010 年）の［1］内陸の経営耕地面積をみると、115,972ha（県全体の 92％）であった。［2］沿岸の耕地面積は 10,714ha（県全体の 8％）と［1］内陸と比較してかなり少ないことがわかる。次に経営耕地に占める田の割合をみると、［1］内陸は、68％であった。これに対して、［2］沿岸は、27％であった。このことから、［1］内陸（主に田）と［2］沿岸（主に畑）の耕地利用の形態が大きく異なることが推察される。

田の利用状況をみると田に占める稲作作付け割合は、［1］内陸では 69％、［2］沿岸では、76％であった。特に、田の不作付け割合は、［2］沿岸で 6％であることが特徴である。ただし、畑での不作付け割合は、田と比較して 10％と高い。［1］内陸と［2］沿岸の耕作放棄地面積割合も同様の傾向であった。具体的には、耕作放棄地面積割合は［1］内陸で 4％であるのに対して、［2］沿岸では、11％であった。この傾向は［4］津波被災市町村としてみてもほぼ同じ値を示していることがわかる。

次に、増減率をみると、震災後（2015 年）に、［2］沿岸の経営耕地面積が 18.5％減少した。［1］内陸の減少割合が 2.5％であることと比較すると主に津波の被害により経営耕地面積が大幅に減少した。［3］被災市町村は内陸の市町村の面積が含まれているので、減少割合は少なく見えるが、津波被害として「4」津波被災市町村の減少割合は 18.5％と津波の影響の大きさがわかる。

これに対して、経営耕地面積 5ha 以上割合は、［1］内陸では、2010 年にすでに 45％であったのに対して、［2］沿岸では 57％であった。2015 年には、［1］内陸はさらに 9 ポイント増加（45⇒54％）したのに対して、［2］沿岸では、4 ポイント増加（57％⇒61％）し、農地の集積が明確になっている。このように、平均耕地面積が 2～3ha であり、増加傾向であることに加えて、5ha 以上の経営耕地面積割合が増加しているのが特徴である。

表 4-1-4　被災区分別の経営耕地面積等の変化（農業経営体ベース）

		経営耕地面積(ha)	シェア(%)	田割合(%)	田に占める稲作付割合(%)	田における不作付割合(%)	畑における不作付割合(%)	耕作放棄地面積割合(%)	借入耕地面積割合(%)	平均経営耕地面積(ha)	経営耕地面積 5ha 以上割合」(%)
2010年	[1] 内陸	115,972	92	68	69	8	9	4	31	2.6	45
	[2] 沿岸	10,714	8	27	76	6	10	11	39	2.1	57
	[3] 被災市町村	68,857	54	69	69	9	12	5	32	2.1	42
	[4] 津波被災市町村	10,552	8	27	76	6	10	11	39	2.1	57
	[5] その他	58,304	46	77	69	9	13	4	31	2.2	39
	岩手県	126,686	100	64	69	8	9	5	32	2.5	46
2015年	[1] 内陸	113,129	93	69	74	4	6	5	38	3.1	54
	[2] 沿岸	8,734	7	27	80	7	13	13	39	2.1	61
	[3] 被災市町村	64,532	53	72	75	4	10	7	38	2.4	50
	[4] 津波被災市町村	8,602	7	27	80	7	14	13	38	2.1	61
	[5] その他	55,930	46	78	75	4	8	6	38	2.7	48
	岩手県	121,863	100	66	75	4	8	6	38	2.8	55
増減率(%)・ポイント差	[1] 内陸	-2.5		1.2		-4.4	-2.4	1.2	7.0	18.4	9
	[2] 沿岸	-18.5		0.0		0.5	3.6	1.5	-0.7	0.9	4
	[3] 被災市町村	-6.3		2.6		-4.9	-1.3	1.3	6.2	12.2	8
	[4] 津波被災市町村	-18.5		0.0		0.5	3.8	1.5	-0.8	-0.3	4
	[5] その他	-4.1		1.9		-5.2	-4.2	1.3	7.5	21.4	9
	岩手県	-3.8		1.7		-4.2	-1.4	1.1	6.3	12.2	9

資料：農林業センサス（2010年、2015年）
注：1）割合を示した項目の増減率の欄は、当該項目の実数の増減率を示す。
　　2）耕作放棄地面積割合は耕作放棄地面積÷経営耕地面積で算出。

（4）担い手の確保と後継者の動向　－世帯員数と後継者の大幅な減少－

表 4-1-5 では、販売農家戸数を示した。震災前（2010 年）と震災後（2015 年）の増減率を見ると、[1] 内陸が 17.2％の減少であるのに対し [2] 沿岸、[4] 津波被災市町村とも 27.1％の減少となっており減少が顕著である。次に、経営主男女計の平均年齢を見ると [1] 内陸は 63 歳、[2] 沿岸は 65 歳であり、平均年齢には大きな差は見られなかった。同様に主業農家 65 歳未満のシェアを見ると [1] 内陸では、91％、[2] 沿岸では、9％であった。平均世帯員数は、岩手県平均（4.10 人）より [1] 内陸（4.14 人）の方が若干多いものの、大きな差は見られなかった。

次に、後継者の有無について比較を行う。震災前（2010 年）に「同居後継者いる」とした割合は、[1] 内陸では 48％であったのに対して、[2] 沿岸では 43％であった。「他出後継者がいる」と答えた割合を加えるとどの分類も約 70％で後継者がいると答えていた。

さらに、震災後（2015 年）との比較を行うと、先に述べた販売農家戸数のシェアは、[1] 内陸では、90％⇒91％（49,721 戸⇒41,153 戸）となった。[2] 沿岸では、10％⇒9％（5,626 戸⇒4,101 戸）へ微減した。

65 歳未満の世帯員のいる主業農家がどの分類も約 25％減少した。65 歳を基準にしたため、平均年齢が 65 歳に近いことが減少率の上昇につながっている。これに関連して、平均世帯員数も全ての分類で減少した。

最後に同居後継者の割合であるが、どの分類も約 25％減少した。特に、[2] 沿岸、[4] 津波被災市町村では、「他出農業後継者がいる」とした割合も 10％減少しており、どの分類も 10 ポイントほど農業後継者がいない割合が増加しており、震災の影響によって、農業後継者の確保が難しくなったことが示されている。

表 4-1-5　被災区分別の販売農家戸数・平均世帯員数・後継者の有無の変化

（単位：人、%）

		販売農家戸数	シェア（%）	経営主男女計の平均年齢	主業農家65歳未満（戸）	シェア（%）	平均世帯員数（人）	同居後継者いる	他出農業後継者がいる	他出農業後継者がいない
2010年	[1] 内陸	49,721	90	63	8,177	91	4.14	48	20	32
	[2] 沿岸	5,626	10	65	802	9	3.81	43	26	31
	[3] 被災市町村	34,294	62	64	4,588	51	4.11	48	20	32
	[4] 津波被災市町村	5,566	10	66	790	9	3.81	43	26	31
	[5] その他	28,728	52	63	3,798	42	4.16	49	19	32
	岩手県	55,347	100	64	8,979	100	4.11	48	20	32
2015年	[1] 内陸	41,153	91	65	6,255	91	3.86	37	20	44
	[2] 沿岸	4,101	9	67	603	9	3.53	32	23	45
	[3] 被災市町村	27,708	61	66	3,327	49	3.83	37	20	44
	[4] 津波被災市町村	4,060	9	67	591	9	3.53	32	23	45
	[5] その他	23,648	52	65	2,736	40	3.88	37	19	44
	岩手県	45,254	100	66	6,858	100	3.83	36.2	19.9	44
増減率（%）・ポイント差	[1] 内陸	-17.2		3.4	-23.5		-6.8	-23.6	-1.1	11.6
	[2] 沿岸	-27.1		2.3	-24.8		-7.4	-26.4	-10.1	14.0
	[3] 被災市町村	-19.2		2.8	-27.5		-6.8	-24.5	-1.4	12.5
	[4] 津波被災市町村	-27.1		2.3	-25.2		-7.3	-26.4	-10.2	14.0
	[5] その他	-17.7		3.3	-28.0		-6.9	-24.4	1.2	12.3
	岩手県	-18.2		2.8	-23.6		-6.7	-23.8	-2.4	11.8

資料：農林業センサス（2010年、2015年）

注：1）割合を示した項目の増減率の欄は、当該項目の実数の増減率を示す。

：2）経営主男女計の平均は、[1]～[5]で該当する市町村の平均年齢を単純平均した。

（5）農業用機械所有の動向

－農業用機械所有数減少と所有経営体あたり台数増加－

表 4-1-6 では、農業用機械について示した。まず、トラクター台数を見ると、農業経営体数の多い、[1] 内陸の台数が多いことがわかる。次に、震災前（2010年）のトラクター所有率を見ると、[1] 内陸と [2] 沿岸で約 10 ポイントの差が見られた。ただし、所有経営体あたり台数は、どの分類も 1 台であった。さらに、動力田植機の所有率を見るとトラクターより所有率が低く、約 65％であった。所有経営体あたり台数は、どの分類も 1 台であった。最後にコンバインであるが、他の農業用機械所有台数及び所有率と比較して低い値を示していた。

震災後（2015 年）にトラクター、動力田植機、コンバインのいずれも台数が大幅に減少していた。これは、被災したことに加えて、経営体の大幅な減少によるものであると推察される。この中で、トラクターについては、所有経営体あたりの所有率が震災前の 79.8％から 106.4％へと増加した。この背景には、担い手の減少に伴い、主に内陸の 5ha 以上の農地を集積している経営体が増加したことにより、必要とされるトラクターが増えた可能性がある。また、[4] 津波被災市町村では、基盤整備事業を伴う農地の復旧を実施したことによって、圃場の区画が広がったため、経営体がトラクター導入による作業効率向上を目指した可能性が推察される。

表 4-1-6　被災区分別の農業用機械所有の変化

		トラクター			動力田植機			コンバイン		
		台数（台）	所有率（%）	所有経営体あたり台数（台）	台数（台）	所有率（%）	所有経営体あたり台数（台）	台数（台）	所有率（%）	所有経営体あたり台数（台）
2010年	[1] 内陸	52,711	80.8	1.30	33,835	65.3	1.03	18,253	34.7	1.05
	[2] 沿岸	5,134	72.1	1.21	3,345	56.0	1.02	1,481	24.6	1.03
	[3] 被災市町村	32,936	79.4	1.22	22,879	65.1	1.03	11,942	32.5	1.05
	[4] 津波被災市町村	5,092	72.3	1.21	3,325	56.3	1.02	1,466	24.6	1.03
	[5] その他	27,844	77.3	1.22	19,554	63.9	1.04	10,476	33.8	1.05
	岩手県	57,845	79.8	1.29	37,180	65.2	1.03	19,734	33.6	1.05
2015年	[1] 内陸	45,940	107.9	1.36	27,567	62.3	1.04	16,405	38.6	1.06
	[2] 沿岸	4,043	74.9	1.27	2,358	55.6	1.02	1,243	25.8	1.02
	[3] 被災市町村	28,271	93.3	1.26	18,271	61.3	1.03	10,715	35.8	1.06
	[4] 津波被災市町村	4,015	87.8	1.27	2,345	54.8	1.02	1,233	25.6	1.02
	[5] その他	24,256	94.2	1.26	15,926	62.7	1.04	9,482	37.8	1.06
	岩手県	49,983	106.4	1.35	29,925	63.7	1.04	17,648	37.2	1.06
増減率(%)・ポイント差	[1] 内陸	-12.8	27	5	-18.5	-3	1	-10.1	4	1
	[2] 沿岸	-21.3	3	5	-29.5	0	0	-16.1	1	0
	[3] 被災市町村	-14.2	14	3	-20.1	-4	0	-10.3	3	1
	[4] 津波被災市町村	-21.2	15	5	-29.5	-2	0	-15.9	1	0
	[5] その他	-12.9	17	3	-18.6	-1	0	-9.5	4	1
	岩手県	-13.6	27	5	-19.5	-2	1	-10.6	4	1

資料：農林業センサス（2010年、2015年）
注：割合を示した項目の増減率の欄は、割合のポイント差を示す。ただし、2015年の岩手県合計と市町村のデータは一部一致しない値がある。

（6）津波被災農業集落の震災前後の変化
－稲・野菜類、労働力確保、農業用機械所有の状況－

表 4-1-7 では、実行組合のある農業集落数を示した。震災前後で農業集落数に変化はない。実行組合がない集落は、66（572⇒638）増加した。2010 年の集落数を 100 とした実行組合の割合を地域別に見ると、平地農業地域では 99％であった。これに対して、山間農業地域では 64％となっており、山間農業地域での実行組合ある集落数が相対的に他地域と比較して少ないことがわかる。集落数は、中山間地域が多いため、山間農業地域の実行組合の動向が地域の担い手の維持や集落機能の維持に大きく影響を与えることを示唆する。

より詳しい内容を表 4-1-8 で示した。2015 年と 2010 年の岩手県の比較をすると、寄り合いを開催した農業集落は、減少したものの、全ての議題で集落数が増えていることがわかる。特に、「農業集落内の福祉・厚生」（集落：1,947⇒2,347）と「環境美化・自然環境の保全」（集落：2,728⇒3,045）を議題とした集落数が増加した。

次に、津波被災農業集落の概要を表 4-1-9 でみる。岩手県と津波被災農業集落との比較を 2010 年と 2015 年で行うと、津波被災農業集落もほぼ現状を維持している。これに対して、岩手県の農業経営体比が岩手県は、82％（57,001⇒46,993）であるのに対して、津波被災農業集落では、57％（1,075⇒612）へと大幅に減少した。特に、販売農家の減少幅に特徴が見られる。これに対して、自給的農家戸数比は、岩手県では、ほぼ現状を維持しているのに対して、津波被災農業集落では、69％と大幅な減少となっている。このように津波による被災は、販売農家により多く影響を与えたことがわかる。

そこで、表 4-1-10 では、販売目的で作付け（栽培）した作物の類別作付け経営体数を示した。

この表をみると、稲と野菜類を中心に作付けている経営体が多い。津波被災農業集落の経営体数をみると、稲と野菜類を作付けている経営体数が多い。津波被災農業集落では、麦類（3 経営体）、豆類（84 経営体）を作付けている経営体が、岩手県と比較すると相対的に少ないのが特徴である。2010 年と比較した

表 4-1-7　実行組合のある農業集落数

（単位：集落、％）

	合計	実行組合がある	実行組合がない	合計	実行組合がある	実行組合がない
岩手県(2015)	3,615	2,977	638	100	82	18
岩手県(2010)	3,615	3,043	572	100	84	16
都市的地域	317	262	55	100	83	17
平地農業地域	878	866	12	100	99	1
中間農業地域	1,393	1,259	134	100	90	10
山間農業地域	1,027	656	371	100	64	36
岩手県	100	100	100			
都市的地域	9	9	10			
平地農業地域	24	28	2			
中間農業地域	39	41	23			
山間農業地域	28	22	65			

資料：農林業センサス（2010年、2015年）

表 4-1-8　農業地域類型別の農業集落における寄り合いの開催状況の変化

（単位：集落、％）

農業地域類型	寄り合いを開催した農業集落	寄り合いの議題（複数回答）							寄り合いを開催しなかった
		農業生産に係る事項	農道・農業用用排水路・ため池の管理	集落共有財産・共用施設の管理	環境美化・自然環境の保全	農業集落行事（祭り・イベント等）の計画・推進	農業集落内の福祉・厚生	再生可能エネルギーへの取組	
岩手県（2015年）	3,392	2,628	2,639	2,468	3,045	3,042	2,347	123	223
岩手県（2010年）	3,514	2,606	2,449	2,271	2,728	2,838	1,947	…	101
都市的地域	292	214	162	120	169	185	110	…	25
平地農業地域	874	807	752	657	765	797	595	…	4
中間農業地域	1,364	1,113	1,050	934	1,108	1,109	775	…	29
山間農業地域	984	472	485	560	686	747	467	…	43
岩手県（2015-2010年）									
集落数	-122	22	190	197	317	204	400		122
2015/2010	97	101	108	109	112	107	121		221

資料：農林業センサス（2010年、2015年）

表 4-1-9　被災地の農業集落数、農業経営体数等の概要（岩手県）

		2010年		2015年	
市区町村	単位	岩手県	津波被災農業集落計	岩手県	津波被災農業集落計
農業集落数	(集落)	3,615	273	3,615	264
農業経営体数	(経営体)	57,001	1,075	46,993	612
総農家数	(戸)	76,377	2,881	66,099	1,839
販売農家	(戸)	55,347	1,017	45,254	555
自給的農家	(戸)	21,030	1,864	20,845	1,284
		2015/2010 対比（%）			
農業集落数		100	97		
農業経営体数		82	57		
総農家数		87	64		
販売農家		82	55		
自給的農家		99	69		

資料：農業センサス 2010 年、2015 年より作成。

表 4-1-10　販売目的で作付け（栽培）した作物の類別作付（栽培）経営体数

	2010年		2015年	
類別作付け（栽培）	岩手県	津波被災農業集落計	岩手県	津波被災農業集落計
作付(栽培)経営体数(経営体)	46,632	490	39,972	345
稲	41,876	329	34,628	164
麦類	1,374	3	1,156	2
雑穀	2,007	15	1,376	2
いも類	1,910	80	1,584	55
豆類	4,873	84	3,417	36
工芸農作物	2,305	4	1,452	2
野菜類	11,680	243	10,462	184
花き類・花木	2,470	66	1,981	39
その他の作物	818	18	2,292	18
	2015/2010 対比（%）			
作付(栽培)経営体数	86	70		
稲	83	50		
麦類	84	67		
雑穀	69	13		
いも類	83	69		
豆類	70	43		
工芸農作物	63	50		
野菜類	90	76		
花き類・花木	80	59		
その他の作物	280	100		

資料：農業センサス 2010 年、2015 年より作成。

2015年の特徴は、稲の減少が50％と岩手県の70％と比較して大幅に減少したことをまず、挙げられる。これは、津波の被害が海岸に近い平坦な水田に集中したことが示されている。これに対して、野菜類の値は、岩手県で90％、津波被災農業集落で76％と他の作付けと比較すると高い値を維持していることがわかる。野菜類は、収穫・調整作業に労働力を必要とすることから、労働力を確保できている経営体は、野菜類を選択し、そうでない場合は、稲を選択していると予想される。

そこで、農業経営体の労働力確保状況を表4-1-11で示した。

先に、農業就業人口の減少、特に、販売農家戸数の減少が津波被災農業集落では特徴的であったが、経営者・役員等を見ると、岩手県では87％（70,090⇒61,045）であったのに対して、津波被災農業集落では、68％（1,167⇒792）であった。さらに、雇用者を見ると55％（1,982⇒1,091）に大幅に減少した。ただし、常雇は、震災前の103人から582人に5倍に増加した。この値は、経営者・役員等の792人（2015年）と比較して差が少なくなっている。いわゆるパートによる農繁期中心に労働力を集める方法から、周年栽培を含めた長期的な雇用体系へとシフトしている可能性を示唆する。この経営者、雇用者共に減少した一方、常雇いの人数が増加したことがこの表の特徴である。

表4-1-11　農業経営体の労働力確保の概要（岩手県）

		2010年		2015年	
	単位	岩手県	津波被災農業集落計	岩手県	津波被災農業集落計
経営者・役員等	（人）	70,090	1,167	61,045	792
雇用者（手伝い等を含む）	（人）	76,345	1,982	52,135	1,091
常雇	（人）	3,733	103	5,320	582
農業就業人口（販売農家）	（人）	89,993	1,544	70,357	847
2015/2010対比（％）					
経営者・役員等		87	68		
雇用者（手伝い等を含む）		68	55		
常雇		143	565		
農業就業人口（販売農家）		78	55		

資料：農業センサス2010年、2015年より作成。

稲を作付け選択する場合は、動力田植機やトラクター、コンバインの活用が必要になるため、表 4-1-12 では、農業用機械所有の概要を示した。この表からは、経営体数の大幅な減少によって、津波被災農業集落での保有台数がかなり減少していることがわかる。他方、1 経営体あたりの保有台数をみると、動力田植機の保有台数が増加している。このように、農業経営体数の減少と常雇を増やすことによる経営対応、そして、トラクター、コンバインの 1 農業経営体当たり保有台数増加が津波被災農業集落の特徴である。

表 4-1-12　農業用機械所有の概要（岩手県）

	単位	2010 年		2015 年	
		岩手県	津波被災農業集落計	岩手県	津波被災農業集落計
動力田植機	（台/1 経営体）	1.03	1.02	1.04	1.03
経営体数	（経営体）	36,107	541	28,889	278
台数	（台）	37,180	553	29,925	287
トラクター	（台/1 経営体）	1.29	1.15	1.35	1.21
経営体数	（経営体）	44,792	637	36,982	375
台数	（台）	57,845	735	49,983	455
コンバイン	（台/1 経営体）	1.05	1.00	1.06	1.05
経営体数	（経営体）	18,849	224	16,642	130
台数	（台）	19,734	225	17,648	136
2015/2010 増減率（%）					
動力田植機	（台/1 経営体）	0.6	1.0		
経営体数	（経営体）	-20.0	-48.6		
台数	（台）	-19.5	-48.1		
トラクター	（台/1 経営体）	6.0	5.2		
経営体数	（経営体）	-17.4	-41.1		
台数	（台）	-13.6	-38.1		
コンバイン	（台/1 経営体）	1.3	4.2		
経営体数	（経営体）	-11.7	-42.0		
台数	（台）	-10.6	-39.6		

資料：農業センサス 2010 年、2015 年より作成。

（7）林業経営体の動向　－林業経営体の大幅な減少・販売不振－

表 4-1-13 で被災区分別の林業経営体数及び過去 1 年の作業面積を示した。まず、林業経営体数を増減率で比較すると、どの分類も 40％以上減少している。そのため、震災の影響を含めた構造的な課題がある可能性が示唆される。次に、林産物を販売した割合を見ると、どの分類も増加している。しかしながら、林業作業を行った実経営体数は、震災前（2010 年）と比較して大幅に減少しており、作業面積が大幅に減少している。この背景には、林業経営体数が激減したことにより、人手不足に陥っている可能性が示唆される。そのため、例えば、切捨間伐・主伐を行った面積が大幅に減少している。

3．おわりに

岩手県における東日本大震災津波の被害は、主に津波による沿岸地域の水産業が主であった。これに対して、農業への影響は、担い手の大幅な減少であった。総農家、販売農家、主業農家、専業農家などの減少数を見ると、販売農家の減少が最も大きく、農業経営を維持することが困難である状況を強く示唆した。特に、主業農家 65 歳未満の戸数は、分類分けをした［1］内陸～［5］その他の全てで 23～28％ほど減少した。平均世帯数（人）の減少のみならず、同居跡継ぎの減少割合が約 25％であった。これとは逆に、他出農家跡継ぎがいない割合が約 40％増加していた。これらの傾向は、農業に従事する担い手の急速な減少と後継者不足の拍車が同時進行している状況を示している。

担い手の減少に伴い、農業用機械所有の台数も大幅に減少した。特に、津波被害市町村での減少は、16～30％であった。この値は、内陸と比較して高い値であった。特に、動力田植機の減少が顕著であった。これに対して、所有経営体あたりの所有率は上昇していた。このことは、担い手の大幅な減少が見られる一方、特に内陸での 5ha 以上層が増えることによって農業用機械の所有率が増加し、さらなる農地の集約化が進んでいることを示唆する。

この間、農業経営体数が減少し、他方、法人数と農事組合法人の経営体数が

表 4-1-13　被災区分別の林業経営体数および林業作業面積（過去 1 年）

		林業経営体(経営体)	岩手県におけるシェア(%)	林産物を販売した割合(%)	林業作業を行った実経営体数(経営体)	岩手県におけるシェア(%)	作業面積(ha)				
							植林	下刈りなど	切捨間伐	利用間伐	主伐
2010 年	[1] 内陸	6,428	73	9	3,645	73	503	4,339	4,240	930	615
	[2] 沿岸	2,367	27	15	1,328	27	188	5,863	1,542	375	370
	[3] 被災市町村	5,747	65	11	3,142	63	324	7,021	3,278	858	552
	[4] 津波被災市町村	2,341	27	15	1,312	26	187	5,847	1,529	372	356
	[5] その他	3,406	39	9	1,830	37	137	1,174	1,749	486	196
	岩手県	8,795	100	11	4,973	100	691	10,202	5,782	1,305	984
2015 年	[1] 内陸	3,648	73	12	2,165	73	526	2,967	2,088	1,114	647
	[2] 沿岸	1,331	27	19	815	27	97	1,081	781	328	333
	[3] 被災市町村	3,152	63	15	1,895	64	245	2,092	1,554	951	574
	[4] 津波被災市町村	1,312	26	19	802	27	96	1,067	753	326	331
	[5] その他	1,840	37	12	1,093	37	149	1,025	801	625	263
	岩手県	4,979	100	14	2,980	100	623	4,048	2,869	1,442	980
増減率（%）	[1] 内陸	-43			-41		5	-32	-51	20	5
	[2] 沿岸	-44			-39		-48	-82	-49	-13	-10
	[3] 被災市町村	-45			-40		-24	-70	-53	11	4
	[4] 津波被災市町村	-44			-39		-49	-82	-51	-12	-7
	[5] その他	-46			-40		9	-13	-54	29	34
	岩手県	-43			-40		-10	-60	-50	10	0

資料：農林業センサス（2010 年、2015 年）
注：割合を示した項目の増減率の欄は、当該項目の実数の増減率を示す。

沿岸地域・内陸共に増加していた。この傾向は、農家戸数の減少や労働力の確保が困難になり、さらに、後継者の確保が困難になっている状況に対応するため、組織化が図られたと理解できる。今後は、担い手の減少に伴う貸借・売買による農地の流動化を図れるかが課題となろう。特に、耕作放棄地が増えることが予想される畑地でその傾向が顕著であるため、集落営農組織の役割を稲作中心の役割から畑作へも広げる必要があろう。

最後に、林業の状況であるが、経営体数が農業以上に大幅に減少しており、行政の指導によって主伐を進めて経営状況を向上させる可能性があるが、震災前から続く担い手の減少を止める手立てを政策的に進める必要がある。

第2節　宮城県の動向

2011年（平成23年）3月11日に発生した東日本大震災は、2010年センサス調査（平成22年2月1日現在）から、ほぼ1年後の出来事であった。この大震災によって大きな被害を受けた地域にあっては、2010年センサス調査の結果を大きく塗り替えるものとなっただろう。これら地域の現状を見るのには2010年センサスは利用が難しかったのだが、見方を変えれば、この調査が発災1年前に行われていたことにより、東日本大震災直前の、まさにその状態が写し取ることができていたとも考えられる。とすれば、被災地域の2010年センサスから2015年センサスへの変化は、従来の構造から復興による構造の変化が正確に現れているとみることもできるだろう。本稿は、宮城県の津波被災地の農業についてそのような変化をみることを目的としている。

1．宮城県における東日本大震災の津波被害と復興計画

東日本大震災によって宮城県は、農林業関係で約6,056億円の被害を出し、また、津波では、流出・冠水等により約14,340haもの面積の農地が被害を被った。市町村によっては、当該市町村の耕地面積の7割を超える地域もあり（表4-2-1）、当時の様子からは、津波被災地域の農業の再開は人々に絶望的な印象を与えるものであった。

また、宮城県の沿岸部の農地は、地盤の低い地域が多く、農業にはポンプによる排水が欠かせなかった。しかしながら、津波の来襲は、海岸に沿って設置されていた排水機場への壊滅的な打撃を与えることになった。それは、単に海水が農地に流入する・表土を流出させるといったことだけではなく、農業生産するための環境そのものの喪失を意味していた。

表 4-2-1　宮城県の津波被害状況

（単位：ha、％）

市町村名	耕地面積	田	畑	計	被害面積率
気仙沼市	2,220	583	449	1,032	46.5
南三陸町	1,210	163	99	262	21.7
石巻市	10,200	2,010	97	2,107	20.7
女川町	25	4	6	10	40.0
東松島市	3,060	1,314	181	1,495	48.9
松島町	1,030	89	2	91	8.8
利府町	471	0	0	0	0.0
塩竈市	73	8	19	27	37.0
多賀城市	365	53	0	53	14.5
七ヶ浜町	183	102	69	171	93.4
仙台市	6,580	2,539	142	2,681	40.7
名取市	2,990	1,367	194	1,561	52.2
岩沼市	1,870	1,049	157	1,206	64.5
亘理町	3,450	2,281	430	2,711	78.6
山元町	2,050	1,123	472	1,595	77.8
合計	35,777	12,685	2,317	15,002	41.9

資料：農林水産省「津波により流失や冠水等の被害を受けた農地の推定面積」(2011.3.29)

図 4-2-1　宮城県の津波被災農業集落

資料：農林水産省HP「東日本大震災に伴う被災6県における津波被災市町村及び津波被災農業集落の主要データ」(URL:http://www.maff.go.jp/j/tokei/census/afc/2010/saigai.html)

加えて、宮城県では津波被害等によって、死者・行方不明者併せて1万人以上の犠牲者を出した。それは、農地の喪失と同じく、その土地の担い手をも喪失していることを意味した。復興には、その土地に残る担い手が中心となって計画が立てられ実行がなされていく、というロードマップが容易に描かれるが、被災地によってはその中心となる担い手が失われてしまった地域もあっただろう。人材の喪失は、とくにその土地に依って生産活動を行う農業にとっては何よりも深刻な問題であった。

今日、そうした状況からかなりの程度の復興が成し遂げられた。表4-2-2は、宮城県のそうした農地の復興経過を示したものである。転用見込みを考慮しなければ、2015年農林業センサスの調査時点では、少なくとも88%と9割近くの農地が利用可能なものとして復旧していたことがわかる。

ただし、被害農地が利用可能になったからといって直ちに元の農業経営に戻ることができるわけではない。というのも、津波の被害のあった農地は、以前ほどの生産性を示さないことが多いからである。塩害から完全に逃れられているわけではないし、また、表土がなくなり客土をした農地が元の肥沃さを取り戻すにはそれなりの時間が必要である。まだがれきなどが除去しきれずに残っているため、機械などをいれることができない農地なども存在しているかもしれない。さらには、耕作者側の要因、たとえば、農業用機械などの準備などが

表4-2-2　農地の復旧・整備の推移

（単位：ha）

	23年度	24年度	25年度	26年度	27年度
宮城県	1,220	5,450	4,240	1,120	630
累積比率（対全体）(%)	9	47	76	84	88
累積比率（対小計）(%)	9	49	80	88	92

	28年度	29年度以降	復旧対象農地合計	転用（見込み含む）	計
宮城県	500	550	13,710	630	14,340
累積比率（対全体）(%)	92	96	96	4	100
累積比率（対小計）(%)	96	100	100		

資料：農林水産省東北農政局「農業・農村の復興・再生に向けた取組と動き」(2016.8) を一部改変

できないなどのこともある。農地の復旧後、農業生産が元の状態に回復するにはそれなりに時間を要する場合が多い。

東日本大震災がもたらした甚大な被害により当初は各所で混乱していたが、宮城県の復興への対応は素早く、4月11日には「復興の指針（案）」が示され、約半年後、それをたたき台としてまとめられた復興計画に基づいて「みやぎの農業・農村復興計画」が同年10月31に策定された。それによれば、その復興計画はおおむね10年間で、早期に農業生産の回復を図る復旧期（3年）、土地利用型農業の規模拡大や稲作から施設園芸への転換など高付加価値化を図る再生期（4年）、経営規模の拡大や6次産業化などにより農業経営の強化・発展等をめざす発展期（3年）に計画立てられている。発災後5年を過ぎた現在、再生期の最中にある。

2．宮城県の津波被災地域とその動向

（1）宮城県の農業地域類型区分による特徴と本稿の集計区分

まず、地域分類を考える。表4-2-3は、農業地域類型区分から宮城県農業の地域的特徴をみるために、旧市区町村を農業地域類型区分ごとに分類したときの旧市町村数の構成比をみたものである。宮城県全体では、平地農業地域に該当する旧市町村数が全体の 45.2％ともっとも大きく、次いで中間農業地域が25.8％、都市的地域が 18.6％、山間農業地域に該当する旧市町村数は最も小さい10.4％であり、都市的地域や平地農業地域の割合が比較的大きいという特徴がある（[2]）。まず、これを沿岸部と内陸部に分類する。ここでは、沿岸部は、津波被害のあった市町村として定義した。それ以外の市町村は内陸部としている。

また、沿岸部は更に沿岸北部と沿岸南部に分けた。北部と南部に分けた理由は、それぞれの地理的な特徴にある。北部は、リアス式海岸のように山が海にせるような地形で、平地が少なく、南部はむしろ平地が広がっている。具体的な分類は、沿岸北部は、宮城県の広域気仙沼・本吉圏及び広域石巻圏で津波被

害のあった市町村であり、沿岸南部は、広域仙台都市圏で津波被害のあった市町村とした。東松島市（沿岸北部）と松島町（沿岸南部）を境界としたのは、宮城県での広域行政の地域区分がそこを境界としているからである[1)]。このような分類で、それぞれの農業地域類型区分をみてみると（表4-2-3）、沿岸北部では山間農業地域が21.4％あるのに対し、沿岸南部では2.4％であり大きく異なる。中間農業地域も同様の傾向にある。一方、平地農業地域は、両者はそれぞれ21.4％と26.2％と同程度であるが、都市的地域は、沿岸北部の16.7％に対し、沿岸南部が54.8％と非常に高い割合を示している。なお、内陸部は、平地農業地域が約6割を占めている。

以上のような特徴を踏まえ、津波の被災地の農業の復旧・復興の状況をより明確に把握するために本稿の集計については、表4-2-4のように区分を行った。A地域は、津波で被災した集落を集計した。また、先述したように農業地域類型区分でも南北にそれぞれ特徴があることから、A地域を東松島市（北部A）と松島町（南部A）の間を境界として、北部Aと南部Aに分けて集計を行った。

B地域は、A地域と同じ旧市町村であるが、津波被害のなかった地域である。同じ旧市町村内ということもあって何らかの影響関係があるのではないか、との仮説でこの地域についても集計を行った。また、A地域と同様な基準で分類し、北部B、南部Bとして集計を行った場合もある。

C地域は、全く津波被害を受けていない地域であるが、これは宮城県の通常

表4-2-3　農業地域類型区分による旧市区町村数の構成比

（単位：％）

	都市的地域	平地農業地域	中間農業地域	山間農業地域
宮城県	18.6	45.2	25.8	10.4
沿岸部	35.7	23.8	28.6	11.9
沿岸北部	16.7	21.4	40.5	21.4
沿岸南部	54.8	26.2	16.7	2.4
内陸部	8.0	58.4	24.1	9.5

資料：農林水産省「旧市区町村別農業地域類型一覧表(平成25年3月28日改正)」(http://www.maff.go.jp/j/tokei/chiiki_ruikei/setsumei.html）により算出。

注：1）沿岸部・内陸部の分類は，津波の被害のあった市町村を沿岸部，津波被害のないものを内陸部として分類した。沿岸部とは，表4-2-1にある市町村である。

2）沿岸北部・沿岸南部の分類については，表4-2-4の基準に従って旧市町村を南北に分類した。

表 4-2-4　宮城県の津波被災地集計に関する地域分類

地域分類		定義	集落数
A 地域		津波被災集落。農林水産省「被災3県における農業経営体の被災・経営再開状況（平成26年2月1日現在）」で被災集落として集計対象とされた集落。	575
	北部A	東松島市以北について地域分類Aに該当する集落	392
	南部A	松島町以南について地域分類Aに該当する集落	183
B 地域		津波被災集落の存在する旧村で，津波被害のなかった集落	245
	北部B	東松島市以北についてBに該当する集落	124
	南部B	松島町以南についてBに該当する集落	121
C 地域		地域分類A，B以外の集落。津波被害のあった集落の存在する旧村を除いた集落。	1,972

資料：筆者作成
注：農林水産省「東日本大震災の津波による耕地の流出又は冠水があった津波被災市町村及び津波被災農業集落の主要データ（2010年世界農林業センサスより）」における宮城県の被災集落を2015年農林業センサスの集落と対応させて，被災集落を特定した（地域分類 A 地域）。また，被災集落をもとに旧村内の非被災集落を特定した（地域分類B地域）。

の平均的な動きを示しているものと考えられる。このC地域と比較をすることで、A地域、B地域の動きが明確に把えられる。

なお、以下の本文中では表 4-2-4 の地域については、それぞれ、A 地域、B 地域、C地域、北部A、南部A、北部B、南部Bとして表記する。

（2）震災の前後の農業経営の変化とその特徴

1）農家人口（販売農家）

まず、農家人口の状況をみてみよう（表 4-2-5）。この集計は販売農家に限定されてはいるが、地域の農家の動向として読むことができる。宮城県全体で、2015年調査では152,162人で、2010年調査に比べて29.4％減と、約3割の減少となっており、その大宗を占めるC地域の傾向と一致している。

一方、津波被災集落のA地域は、全体で51.3％の減となっており、ほぼ半減している。北部Aは、南部Aよりも減少傾向がやや強く53.6％減となっている。

また、同じ旧村で被害を免れた集落のB地域は、A地域とは異なり県全体の傾向に近いものの、それよりも減少率のやや少ない23.6％の減少となっている。

年齢別にみると、A地域では、若年層の減少率が大きく、高齢になるに従って小さくなっている。もっとも、宮城県全体や津波被害のないC地域において、

表 4-2-5　農家人口の変化

		合計						男性	
		計	19歳以下	20-34	35-49	50-64	65歳以上	計	19歳以下
人口（2015）	宮城県	152,162	19,001	18,679	21,135	39,612	53,735	75,927	9,670
	構成比	100.0	12.5	12.3	13.9	26.0	35.3	100.0	12.7
人口（2010）	宮城県	215,500	31,063	30,475	30,297	54,692	68,973	106,423	15,923
	構成比	100.0	14.4	14.1	14.1	25.4	32.0	100.0	15.0
2010～2015 変化率（%）	宮城県	-29.4	-38.8	-38.7	-30.2	-27.6	-22.1	-28.7	-39.3
	A	-51.3	-60.0	-55.7	-53.1	-49.5	-46.1	-50.6	-61.3
	北部A	-53.6	-62.1	-57.6	-55.5	-52.0	-48.5	-52.5	-60.7
	南部A	-49.5	-58.2	-54.5	-51.2	-47.7	-44.1	-49.2	-61.9
	B	-23.6	-31.5	-30.5	-26.0	-23.8	-16.0	-22.8	-31.0
	C	-26.2	-35.8	-36.7	-26.4	-24.3	-18.5	-25.5	-36.4

資料：農林業センサス（2010），農林業センサス（2015）
注：地域分類A，B，Cの定義は，表4-2-4を参照。

20－34 歳層の減少率が最も大きいが、年齢が高くなるにつれて減少率は小さくなる。これらは就業による労働移動の流動性の高さによるものと考えられ、A 地域においても同じ原因によるところも大きいと考えられる。しかしながら、A 地域では、19 歳以下の減少率が最も大きく、60.0％減となっている。もっとも若い層の流出率の高さは、男女ともにみられる。この傾向の背景には、子育てを行っている世代の流出が考えられる。筆者が津波の被災地でのヒアリング調査で、子供が被災地をみるとおびえるという話をしばしば耳にしたが、そのようなことが最も若い年齢層の津波被災地からの流出を促した理由の 1 つなのかもしれない。

一方、子育てが終わった年齢層では、年齢がたてばたつほど労働移動が徐々に難しくなることや土地への愛着の深さもあって、その地を離れなくなる、すなわち居住し続ける判断する傾向が強くなる。なお、A 地域の中でも、北部 A は南部 A よりも、いずれの年齢層でも農家人口の減少幅が大きい。加えて、男性よりも女性の減少率がおおむね大きいが 50－64 歳層では男性のほうが減少率が大きい。ただし、農家人口の構成比は、やや高齢者に比重が高まっているものの、宮城県全体の傾向とさほど変わらない。

表 4-2-5　農家人口の変化（つづき）

（単位：人、%）

男性				女性					
20-34	35-49	50-64	65 歳以上	計	19 歳以下	20-34	35-49	50-64	65 歳以上
10,166	11,252	20,128	24,711	76,235	9,331	8,513	9,883	19,484	29,024
13.4	14.8	26.5	32.5	100.0	12.2	11.2	13.0	25.6	38.1
16,324	15,504	28,814	29,858	109,077	15,140	14,151	14,793	25,878	39,115
15.3	14.6	27.1	28.1	100.0	13.9	13.0	13.6	23.7	35.9
-37.7	-27.4	-30.1	-17.2	-30.1	-38.4	-39.8	-33.2	-24.7	-25.8
-53.8	-51.2	-51.1	-42.9	-51.9	-58.7	-57.7	-55.0	-47.8	-48.6
-55.2	-54.1	-52.6	-46.2	-54.7	-63.6	-60.4	-56.9	-51.4	-50.4
-52.9	-48.8	-49.9	-40.2	-49.9	-54.6	-56.1	-53.5	-45.2	-47.1
-30.9	-24.0	-26.7	-10.1	-24.4	-32.0	-30.0	-28.0	-20.7	-20.5
-35.8	-23.4	-27.1	-13.4	-26.8	-35.1	-37.7	-29.6	-21.3	-22.4

また、B 地域では、宮城県全体や C 地域と比べてどの年齢層においても減少率が小さい。このことは、B 地域が、A 地域からの人々の移動先であることも一因として考えられる。

2）経営形態別等の変化

次に、農業経営体の経営形態別の特徴をみてみよう（表 4-2-6）。2015 年調査では、農業経営体は 38,872 経営体が存在しており、家族経営体は 37,613、組織経営体は 1,259、そのうち法人化している経営体は 532 となっており、全体の 96.8％は家族経営体が占めている。

一方、2010 年から 2015 年への変化をみてみると、宮城県全体でも法人化の傾向がみられ、53.3％の増加であり、家族経営の 24.1％減少とは対照的である。

津波被災集落である A 地域では、法人化した農家が 55.1％増と県平均よりもやや高い。詳しくみると、北部 A 地域では、法人経営体は、21 経営体から 35 経営体と、66.7％の増加であり、一方、同地域の家族経営は 49.0％減とほぼ半数に減少している。また、南部 A 地域でも、法人化は、28 経営体から 41 経営体へと、46.4％増加しているが、家族経営は 44.2％の減少となっている。

また、B 地域の法人経営体は、8 から 23 と大きく増加しているが（187.5％増）、津波被害集落の A 地域における農業経営体の減少を補うために法人化が加速されたものと考えられる。また、このように家族経営体の大幅な減少と法人経営体の増加は、この地域においては、むしろ相対的に法人組織経営体の役割が高くなっていることを示している。

表 4-2-6　経営形態別農業経営体数の変化

（単位：経営体）

		農業経営体	法人経営体	組織経営体	家族経営
2015	宮城県	38,872	532	1,259	37,613
	A	4,275	76	164	4,111
	北部 A	1,850	35	104	1,746
	南部 A	2,425	41	60	2,365
	B	2,916	23	355	2,561
	北部 B	1,572	15	336	1,236
	南部 B	1,344	8	19	1,325
	C	31,681	412	740	30,941
2010	宮城県	50,741	347	1,172	49,569
	A	7,799	49	135	7,664
	北部 A	3,494	21	72	3,422
	南部 A	4,305	28	63	4,242
	B	3,597	8	54	3,543
	北部 B	1,978	5	31	1,947
	南部 B	1,619	3	23	1,596
	C	39,345	282	983	38,362
2010～2015 年変化率（%）	宮城県	-23.4	53.3	7.4	-24.1
	A	-45.2	55.1	21.5	-46.4
	北部 A	-47.1	66.7	44.4	-49.0
	南部 A	-43.7	46.4	-4.8	-44.2
	B	-18.9	187.5	557.4	-27.7
	北部 B	-20.5	200.0	983.9	-36.5
	南部 B	-17.0	166.7	-17.4	-17.0
	C	-19.5	46.1	-24.7	-19.3

資料：農林業センサス（2010），農林業センサス（2015）
注：1）地域分類 A，B，C の定義は，表 4-2-4 を参照。
2）法人化の経営体数は集落ごとの積上げのため宮城県合計の値とは一致しない。
3)家族経営の法人経営体は、「組織経営体」及び「法人経営体」に含め「家族経営」に含めない。

3）規模の拡大

経営規模の拡大の傾向をみてみると（表 4-2-7）、宮城県では、3ha 未満の規模が、全体の約 8 割を占めている。また、3ha 未満層では、2010 年と比べて全体として 26.5％の減少となっており、10.0ha 以上では逆に増加している。小規模層の農家が離農しても、農地が大規模層の経営体に集積されているためと考えられる。

津波被災地をみてみると、A 地域では、1.0ha 未満層で 54.3％の減と、経営体の半数がなくなっている。特に北部 A をみると、58.0％の減となっている。南部 A は北部 A ほど著しい傾向ではないが、同様の傾向にある。規模が大きくなるに従って、その減少幅は小さくなるが、10ha 以上層からは著しい増加に転じ

表 4-2-7　経営耕地面積規模別経営体数の変化

（単位：件、%）

			合計	1.0ha 未満	1.0～3.0ha	3.0～10.0ha	10.0～30.0ha	30.0ha 以上
経営体数		宮城県	38,872	14,595	16,555	6,125	1,218	379
2015	規模別構成比（%）	宮城県	100.0	37.5	42.6	15.8	3.1	1.0
		A	100.0	36.8	41.7	16.9	3.7	0.9
		北部 A	100.0	45.5	35.6	14.2	3.8	0.8
		南部 A	100.0	30.3	46.2	18.8	3.7	1.0
		B	100.0	43.8	40.9	13.0	1.8	0.5
		C	100.0	36.7	43.1	16.0	3.2	1.0
経営体数		宮城県	50,741	20,441	21,964	7,018	1,029	289
2010	規模別構成比（%）	宮城県	100.0	40.3	43.3	13.8	2.0	0.6
		A	100.0	43.3	41.8	12.9	1.7	0.3
		北部 A	100.0	55.9	32.5	9.6	1.6	0.4
		南部 A	100.0	33.3	49.3	15.5	1.7	0.3
		B	100.0	45.8	41.8	10.7	1.5	0.1
		C	100.0	39.0	43.9	14.4	2.1	0.6
2010～2015 変化率（%）		宮城県	-23.4	-28.6	-24.6	-12.7	18.4	31.1
		A	-46.2	-54.3	-46.3	-29.5	21.3	46.2
		北部 A	-48.5	-58.0	-43.4	-23.9	21.8	0.0
		南部 A	-44.3	-49.3	-47.8	-32.3	20.8	100.0
		B	-19.1	-22.7	-20.8	-2.1	0.0	160.0
		C	-19.8	-24.4	-21.2	-10.9	18.2	25.3

資料：農林業センサス（2010），農林業センサス（2015）
注：地域分類A，B，Cの定義は，表 4-2-4 を参照。

る。宮城県全体の傾向も同じ傾向といえるが、A 地域ではその振幅が大きい。こうした経営体数の変化は、構成比の比較からもうかがえ、とりわけ、1ha 未満層は、北部 A では、55.9%から 45.5%へと 10.4 ポイントも低下している。

4）借入面積

2015 年の一経営当たりの農地の借入面積は、宮城県全体で、田では 463.8a、畑で 125.7a であり、2010 年に比べて、それぞれ 36.4%増、11.1%増といずれも増加している。（表 4-2-8）。とくに、A 地域では、田の借入は、74.2%の増加、畑は 34.9%の増加であり、他地域よりも借入が顕著に増加している。特に南部

表 4-2-8　借入面積の変化

（単位：a、％）

	2010		2015		経営体当たり借入面積の増減 2010～2015		経営体当たり借入面積の増減率 2010～2015	
	経営体当たり借入面積		経営体当たり借入面積					
	田	畑	田	畑	田	畑	田	畑
宮城県	340.0	113.2	463.8	125.7	123.8	12.6	36.4	11.1
A	271.8	48.9	473.5	66.0	201.7	17.1	74.2	34.9
北部 A	307.3	71.7	458.1	97.5	150.8	25.8	49.1	36.0
南部 A	248.1	33.0	483.7	47.9	235.6	14.9	95.0	45.3
B	208.0	77.0	273.4	103.3	65.4	26.3	31.4	34.2
北部 B	261.5	99.0	306.3	144.8	44.8	45.7	17.1	46.2
南部 B	159.6	42.2	239.6	48.5	80.0	6.4	50.1	15.1
C	361.0	129.9	470.7	139.1	109.7	9.3	30.4	7.1

資料：農林業センサス（2010）、農林業センサス（2015）
注：地域分類 A、B、C の定義は、表 4-2-4 を参照。

A の田は 95.0％の増加率と非常に大きな値となっている。また、B 地域は、C 地域と比べると、田は同程度の増加率であるが、畑については大きな増加率をみせている。

5）耕作放棄地

農業経営体の耕作放棄地をみると、2015 年では 4,918.9ha が耕作放棄地となっている。そのうちの約 6 割が田であり、約 4 割が畑である。増減率では、宮城県全体で 9.7％増と、約 1 割の耕作放棄地が増加している。特に田の耕作放棄地の増加率が 17.7％増と大きい（表 4-2-9）。

また、津波被災地域 A では、経営体当たりの耕作放棄地面積は、田、畑ともに増加している。

表4-2-9　耕作放棄地面積の変化

（単位：ha、%）

		総面積	田	畑(樹園地含む)	1経営体当たりの耕作放棄地面積		
					総面積	田	畑
面積	2015	4918.9	2992.3	1812.0	0.4	0.3	0.3
	2010	4482.5	2542.4	1827.2	0.3	0.3	0.3
2010〜2015年増減率（%）	宮城県	9.7	17.7	1.3	8.6	6.2	1.4
	A	-29.4	-28.4	-30.8	13.9	14.9	12.7
	北部A	-48.0	-45.2	-50.5	2.5	12.8	-3.9
	南部A	-5.5	-3.8	-7.3	19.6	10.0	21.9
	B	8.8	9.9	10.4	4.0	2.6	1.9
	C	15.1	23.6	5.8	7.6	4.5	-0.7

資料：農林業センサス（2010）、農林業センサス（2015）
注：地域分類A、B、Cの定義は、表4-2-4を参照。

6）田畑の面積

宮城県の経営耕地面積は、108,025.0haで、一経営体あたりの平均耕地面積は、2.8haである（表4-2-10）。そのうち、田は96,481.0haで、全体の89.3%を占める。一方、畑は、10,946.4haで、全体の10.1%を占めている。2010年と比べて、宮城県全体として6.1%の経営耕地面積の減少になっている。増減率としては、田が4.2%減、畑が19.8%減と約2割の減少を示しているが、実面積の減少では田が大きい。

津波被災地をみてみると、A地域では、経営耕地面積は、22.8%減少している。特に田の減少が20.4%と、被災のないBやC地域と比べても大きな減少である。経営耕地面積の減少率では、北部Aと南部Aではほぼ同じであるが、北部Aでは田の「稲以外」と「不作付け」耕地の減少率が南部Aと比べて大きい。畑については、北部Aの方が経営耕地面積の減少率が大きい。

一方で、BとC地域では経営耕地面積に比べ田の不作付け面積が大幅に減少している。

表 4-2-10　経営耕地面積の変化

（単位：ha、％）

		経営耕地面積	平均経営耕地面積	田	稲以外	不作付け	畑	不作付け
面積	2015	108,025.0	2.8	96,481.0	17,555.3	4,361.3	10,946.4	1,517.1
	2010	115,078.9	2.3	100,688.6	20,568.4	8,925.6	13,646.6	1,887.7
2010～2015年増減率（％）	宮城県	-6.1	22.8	-4.2	-14.6	-51.1	-19.8	-19.6
	A	-22.8	43.2	-20.4	-27.4	-14.5	-38.6	-17.8
	北部A	-24.9	46.1	-22.1	-39.4	-39.3	-42.5	-43.8
	南部A	-21.5	40.6	-19.4	-15.6	-7.4	-35.9	-8.3
	B	-6.7	15.4	-4.9	-4.2	-49.9	-18.3	-24.6
	C	-4.2	19.7	-2.3	-13.7	-61.0	-17.5	-20.2

資料：農林業センサス（2010）、農林業センサス（2015）
注：地域分類A、B、Cの定義は、表4-2-4を参照。

7）作目の変化

農産物販売金額1位部門別の経営体数をみると（表4-2-11）、2015年で稲作が80.2％と約8割を占めている。次いで露地野菜（4.3％）、施設野菜（3.8％）、果樹類（1.2％）、花き（1.0％）と、稲作以下はすべて5％未満で圧倒的に稲作が多い。構成比の差分をとって、2010年から2015年の変化をみると、宮城県全体及びB地域、C地域では大きな変化はみられない。一方、津波被災集落のAをみる

表 4-2-11　農産物販売金額一位部門別経営体数の構成比の変化

（単位：％）

		稲作	露地野菜	施設野菜	果樹類	花き・花木
構成比（宮城県）	2015	80.2	4.3	3.8	1.2	1.0
	2010	81.3	3.9	3.9	1.1	0.9
2010～2015年構成比の増減（％）注	宮城県	-1.1	0.4	-0.1	0.1	0.1
	A	-5.6	3.1	1.8	0.3	0.5
	北部A	-3.1	1.6	2.8	-0.1	0.1
	南部A	-7.4	4.2	1.1	0.5	0.9
	B	-0.2	0.3	0.5	0.0	0.0
	C	-1.0	0.2	0.2	0.1	0.0

資料：農林業センサス（2010）、農林業センサス（2015）
注：1）構成比の増減は、構成比（％）の差分をとってもとめた。
　　2）地域分類A、B、Cの定義は、表4-2-4を参照。

と、稲作で 5.6％の減である一方、露地野菜（3.1％）や施設野菜（1.8％）で増加がみられる。詳しくみると、北部 A・南部 A ともに稲作の構成比を大きく下げている一方で、北部 A では施設野菜が、南部 A では露地野菜の構成比が大きく伸びていることがわかる。

これらの畑作物は、稲作に比べて栽培期間が短いため、直ちに収入になるという換金性が高く、付加価値が付けやすく、さらには、稲作からの転換という復興にかかる宮城県の復興方針もあって、営農再開に際して作目選択がなされたものと考えられる。

8）機械の所有

所有している農業用機械の台数の変化をみると（表 4-2-12）、宮城県全体で、動力田植機で 25.1％減、トラクターで 20.1％減、コンバインで 18.5％減となっている。これらは経営体数の減少に伴って減少していると考えられる。

地域的にみると、A 地域の農業機械の減少が非常に大きい。動力田植機で 54.6％減、トラクターで 47.1％減、コンバインで 50.6％減となっている。また、北部 A よりも南部 A の方が農業用機械保有数が減少している。これは、これらの地域で約半数の経営体が辞めていることにより、農業用機械の所有台数も減

表 4-2-12　農業用機械の所有台数

単位：台，％

		機械所有台数（全体）			1 経営体当たり所有台数		
		動力田植機	トラクター	コンバイン	動力田植機	トラクター	コンバイン
所有台数	2015	25,545	39,750	17,871	1.0	1.3	1.1
	2010	34,110	49,729	21,931	1.0	1.2	1.0
2010～2015 年増減率	宮城県	-25.1	-20.1	-18.5	2.0	6.8	2.3
	A	-54.6	-47.1	-50.6	2.0	7.4	2.3
	北部 A	-51.6	-42.7	-40.8	1.5	10.0	0.4
	南部 A	-56.6	-49.9	-55.9	2.3	5.9	3.5
	B	-23.4	-18.9	-14.5	0.1	3.5	0.4
	C	-20.3	-15.8	-13.3	2.0	6.6	2.1

資料：農林業センサス（2010）、農林業センサス（2015）

注：1）地域分類 A、B、C の定義は、表 4-2-4 を参照。

2）「1 経営体当たり所有台数」は、各農業機械を所有する経営体に対する台数。

少していることが大きいと考えられる。ただし、因果関係は、おそらく津波被害によって沿岸部の農家等の所有する農業機械が流されたり、塩害によって使用できなくなったりして、その結果、農業を辞めることになったことが考えられる。

一方、経営体当たりの農業用機械は、宮城県全体で、動力田植機、トラクター、コンバインともほぼ1台であり、大きく変化していない。経営体当たりの所有台数の増減は、宮城県全体で、トラクターが 6.8％増とやや高い。津波被災地域Aでも同様にやや高くなっており（7.4％増）、宮城県全体と同じ傾向にあるとみえるが、これらの経営体の多くも、津波により農業機械を喪失していたはずであり、それが現在、遜色ないまでに回復しているということは、震災後、営農の継続を志向した経営体が、東日本大震災農業生産対策交付金の活用などにより農業機械の導入を図るなど努力を行った結果であろう。そして、また、これらの地域では、辞めていった経営体の農地を残された経営体が引き継ぐことになるだろうから、被災以前と比べて、農業用機械の効率的な利用がより図られていくことがうかがえる。

3．おわりに

東日本大震災は、東北をはじめとする東日本の太平洋岸一帯に未曾有の津波被害をもたらした。それからほぼ 5 年後の宮城県の農業の復旧の状況を 2015 年センサスから読み取った。その結果、以下のことがうかがえた。

津波の被災集落では、農家人口の変化は、若年者層を中心に減少率が高い。また、家族経営農家は減少し、法人経営体が増加した。小規模農家層は減少し、大規模経営体が増加している。また、津波被害を受けなかった地域よりも農地の借入が進んでいる。作目も園芸作への志向が高まっている。経営耕地面積全体では、2010 年の約 4 分の 3 に減少した。大部分は津波被害によるものと考えられる。機械については、多くの農業用機械が失われ、それにともなって多くの経営体が離農したものと考えられる。経営当たりでは所有台数に大きな変化は見られないが、そのような経営体でも津波により農業用機械が失われた可能性もあり、現在の所有規模になるための努力が図られたものと考えられる。これらの経営体は離農した経営体の農地を引き継ぐことを考えると、農業用機械がより効率的に利用されるものと考えられる。

以上のことを総合すると、すこぶる甚大な被害をもたらした津波被害であったが、それからの復興に尽力することにより、そうした土地には新たな農業経営が芽吹いてきていることが示唆されている。今後、「震災後」という枠組みから脱却し、これらの経営体が新たな展開を見せることが大いに期待される。

注

1）沿岸部の北と南に区分することについては、地域区分を試みている論文[2]においても、旧鳴瀬町（現東松島市）と松島町との間に区分線が引かれている。

引用文献

[1] 農林水産省東北農政局「農業・農村の復興・再生に向けた取組と動き」各年版

[2] 長谷部 正、伊藤 房雄、齋藤 和佐「宮城県における中山間地の類型化と地域区分」『農業経済研究報告』第31号、1999、pp.37-67。

[3] 宮城県「東日本大震災からの復興状況（農業関係）」2016.9.11
(http://www.pref.miyagi.jp/uploaded/life/59485_79714_misc.pdf)

[4] 宮城県「みやぎの農業・農村復興計画」2011.10
(http://www.pref.miyagi.jp/uploaded/library/hukkokeikaku.pdf)

[5] 宮城県「宮城県震災復興基本方針（素案）〜宮城・東北・日本の絆・再生からさらなる発展へ〜」2011.4（http://www.pref.miyagi.jp/uploaded/attachment/33526.pdf)

[6] 宮城県「宮城県震災復興計画〜宮城・東北・日本の絆再生からさらなる発展へ〜」2011.10
(http://www.pref.miyagi.jp/uploaded/attachment/36636.pdf)

第3節　福島県の動向

福島県は、東日本大震災・原子力災害前の 2010 年時点で、全国で 3 番目に農家戸数が多く、米・野菜・畜産・果実を生産する我が国の主要な食料供給基地の一つであった。林業においても、森林面積全国 4 位、林業経営体数全国 5 位と、我が国のトップ 5 に入る林業県であった。このような福島県の農林業は、原子力災害により一変している[1)]。

2011 年 3 月、東京電力の福島第一原子力発電所から放出された放射性物質は、農山漁村の生活環境、農地、山林、海洋を汚染した。福島県浜通り地方は、一部に津波被災地を抱えている点では岩手県・宮城県と共通しているが[2)]、福島第一原発との距離、放射線量の違いによりエリアごとに居住・営農制限が指示され、多様な条件下におかれている。さらに、作付・出荷制限指示の多くは中通り地方にも及んでおり、放射性物質の影響は内陸部にも広がっている。それに加え、「福島県産」農産物の購入を避ける消費者は 2015 年時点でも一定数存在しており[3)]、風評被害を含めると、会津地方を含む全県が原子力災害の影響を受けているといえる。

「2015 年農林業センサス結果の概要（確定値）」(2015 年 2 月 1 日現在）では、被災 3 県の概要がまとめられている。ここでは、沿岸市町村/内陸市町村の 2 区分による集計が行われているが、この区分からは原子力災害の影響を確認することができない。

そこで、本稿では独自に被災区分（6 区分）を設定し、地域別の動向を確認していく。区分にあたっては、『2015 年センサス調査時点で、居住・農地復旧・営農条件が類似しているエリア』を括る。被害の概要と復旧過程を踏まえて、被災区分を設定する手順の説明に一定の紙面を割くこととする。分析対象としては、農業構造の変化の全体像を把握することを目的に、幅広い指標を選定する（農業経営体数、農業従事者数、経営耕地面積、農業用機械、林業経営体・作業面積、農業集落の寄り合い状況等）。全ての指標について、2010年と2015年の2時点を比較し、被災前後の変化を把握していく。

加えて、部門別の分析を行う。農業生産における放射性物質による影響は、品目ごとに大きく異なる。その違いは、作物特性による放射性物質の移行係数の違い、栽培環境・集荷方法などによる生産管理上の特質、行政による出荷制限と集出荷団体等による自主規制などが複雑に絡み合って生じている。ここでは、品目ごとの出荷制限指示の経過を事前にまとめた上で、販売金額1位部門別の分析を行う。部門別の組み換え集計の対象は、①販売金額規模別の経営体数、②農産物出荷先別の経営体数とする。原子力災害に関する分析を行う上では、風評被害による農産物価格の低下と流通構造の変化の把握が求められるが、農林業センサスのデータでその点を分析できる指標は少ない。本節では、農産物出荷先の変化（②）に限定し、風評被害の影響を考察することとする。

1．津波および原子力災害による被害の概要と被災区分

（1）被災区分の概要

農林業センサスの分析に先立ち、表4-3-1に被災区分の概要を示した。なお、区分ごとの該当市町村名・旧市町村名はこの表にまとめており、本文中には記載していない。区分ごとの位置は図4-3-1に図示した。原子力災害による居住・営農制限は、重層的にエリアが指定され複雑に絡み合っているが、ここでは一定の指針のもと、福島県を重複なしの6つのエリアに区分している。

原子力災害の影響を踏まえた地域区分を検討する上では、居住・営農制限に加え、農地除染のあり方（実施有無・手法・進捗）も重要な視点となる。しかし、本節の被災区分では、農地除染に関する差は組み込んでいないことを断っておく。なお、センサス調査時点で、農地除染未了を理由に営農を休止しているエリアは、ごく一部に限られている[4)]。

続く（2）から（5）では、福島県における被害概要と復旧経過をまとめた上

で、どのように被災区分を設定したのかを説明していく。あわせて（6）では部門別の分析の前提として、出荷制限指示の経過を整理しておく。

表 4-3-1　被災区分の設定

	区分の概要	集計単位	他区分との関連	該当市町村（旧市町村）名
[1] 津波被害	津波被害を受けた集落 1)	集落	[2] 避難を除く	いわき市・相馬市・南相馬市・広野町・新地町の一部
[2] 避難	2015 年 2 月時点で帰還困難区域・居住制限区域・避難指示解除準備区域に指定されているエリア	旧市町村		南相馬市（小高町・福浦村・金房村）、川俣町（山木屋村）、楢葉町、富岡町、大熊町、双葉町、浪江町、葛尾村、飯舘村
[3] 帰還	2011 年 9 月 30 日に緊急時避難準備区域が解除された地域。2015 年 2 月時点で避難指示解除準備区域の指定が解除されたエリア	集落	[1] 津波被害を除く	田村市（都路村・山根村 2-1）、広野町の一部、川内村
[4] 稲作付休止	2014 年産まで作付制限等が指示され、2015 年産においては地域的な稲作付自粛方針を公表したエリア	集落	[1] 津波被害を除く	南相馬市（原町・高平村・太田村・大甕村・石神村・鹿島町・八沢村・真野村・上真野村）の一部
[5] 稲作付再開	2012 年産に限り稲作付制限が指示され（大字単位等 2)）作付けを休止したエリアを含む旧市町村	旧市町村		福島市（福島市・小国村 2-2・立子山村）、相馬市（玉野村）、二本松市（渋川村）、伊達市（堰本村、保原町、柱沢村、富成村、掛田町、小国村 2-2、月舘町）
[6] その他	上記を除く	集落	[1]～[5] を除く	上記を除く

資料：筆者作成。
注：1)農林水産省「東日本大震災に伴う被災 6 県における津波被災市町村及び津波被災農業集落の主要データ」(http://www.maff.go.jp/j/tokei/census/afc/2010/saigai.html) と同様の集計区分を用いている。
2)農林水産省「24 年産稲の作付制限及び事前出荷制限の指示対象区域(平成 24 年 4 月 5 日)」(http://www.maff.go.jp/j/press/seisan/kokumotu/pdf/120405-04.pdf) 参照。

図 4-3-1　被災区分別の位置

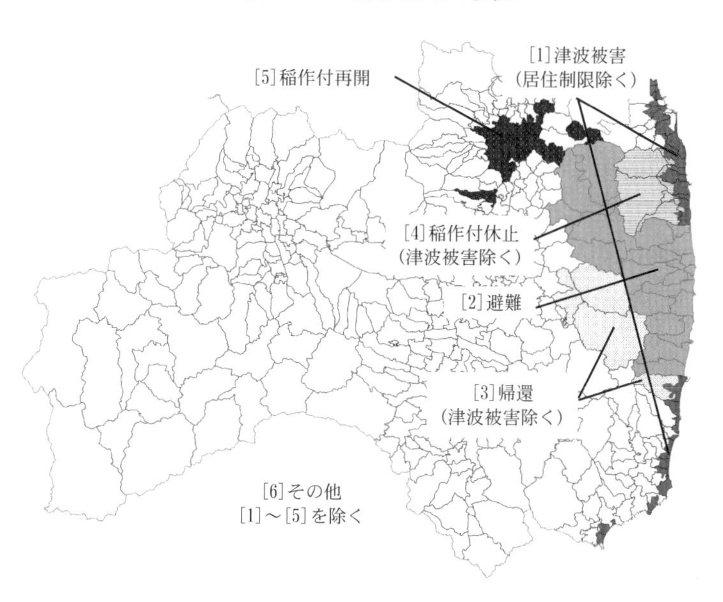

（2）地震と津波による人的被害と農業用施設等の被害

福島県における人的被害は、津波・地震による死者 1,828 名・行方不明者 3 名、震災関連死 1,834 名となっている（2015 年 1 月時点）。震災関連死とは、津波などの直接的な被害によるものではなく、その後の避難生活での体調悪化や過労などの間接的な原因で死亡することをいう。

地震と津波による県内の農林水産業関係公共施設等の被害額は2,753億6,000万円であった。内陸の中通り地方においても、ため池が 725 ヶ所（3,730 ヶ所のうち約 20%）、農業集落排水施設 3,075 ヶ所、あわせて 1,367 億 5,000 万円の被害が確認されている。林業においては、津波により木材産業協同組合事業所の施設が被災するなど、102 カ所で 15 億 7,000 万円の被害を受けた。また、中通り地方を中心に、林道施設の 248 路線 633 カ所で法面崩壊や路肩崩落などが発生し、7 億 9,000 万円の被害を受けた。福島県資料により、2014 年 9 月 30 日時点の農業用施設の復旧工事の進捗状況を確認すると、工事完了 66%、工事中 11%

となっている[5)]。未着手は主に避難指示エリアであり、それを除けば施設の復旧工事は概ね完了している。

このように、地震と津波による農業用施設の被害は甚大であり、本来であれば被災区分に施設被害地域を加えるべきところである。しかし、多様な被害が含まれること、被災エリアが点在していることから、一括りに集計してもデータの解釈が困難であるため区分設定を断念した。そのため、[6] その他地域の中には、地震により農業用施設の被害を受けたエリアを含んでいることを先に断っておく。

（３）沿岸地域における津波被害（被災区分[1]）

福島県において津波により流出・冠水等の被害を受けた農地面積は 5,460ha（2010 年経営耕地面積 14 万 9,900ha の 4%）であった。農林水産省「農業・農村の復興マスタープラン」により、2014 年 6 月時点の農地復旧状況を確認すると、①農地復旧 1,630ha（年次別：2011 年 60ha、2012 年 400ha、2013 年 890ha、2014 年 280ha）、②ほ場整備 1,130ha、③農地転用等 580ha、④避難指示 2,120ha となっている。④避難指示エリアを除いた①②③合計 3,340ha に占める割合は、①農地復旧 50%、②ほ場整備 34%、③農地転用等 17%となっている。

被災区分においては［1］津波被害地域を設定した。農林水産省は、津波被災エリアを含む農業集落を特定している。ここでは、その一覧表を入手して集落単位で集計を行った[6)]。集計した集落内には、津波の影響を受けていない農地も含まれているため正確な割合は把握できないが、この区分では、ほ場整備施工中につき営農を休止している農地（②）、すでに転用された農地（③）が存在していることを前提に、農地利用に関する数値をみる必要がある。なお、後述する[3][4]と[1]との重複エリアは[1]に含め、[2]避難地域のみ[1]からは除外している。

（４）原子力災害による避難指示とその一部解除（被災区分[2][3]）

福島県における 2015 年 3 月時点の避難者数は、116,284 名（県内 69,351 名、県外 46,902 名）で、災害から 5 年が経過してもなお、多くの県民が避難生活をおくっている。原子力災害による避難指示は、大きく二つの画期に分かれる[7]。第一は、2011年4月21日に設定された、①警戒区域（福島第一原発から20km圏内）、②計画的避難区域（20km 圏外で放射線量が高い区域）、③緊急時避難準備区域（福島第一原発から20～30km 圏内）の指示である。③緊急時避難準備区域については、原子力災害から半年が経過した2011年9月30日に、一括解除されている。

第二は、2012年4月1日から2013年8月8日までの避難指示区域の再編により区分された、⑤帰還困難区域、⑥居住制限区域、⑦避難指示解除準備区域の指定である。この再編により、①②区域はすべて⑤⑥⑦に組み込まれている。このうち⑦避難指示解除準備区域については、2014年4月1日から解除がはじまっている。

避難指示解除後の営農再開にあたっては、福島県営農再開支援事業が用意されている[8]。この事業では「除染後農地等の保全管理」というメニューを設け、作物栽培再開の準備が整わない不作付地を対象として、3 年間を原則に保全管理費用を補助している（35,000円/10a上限）。不作付地の中には、この制度を活用して耕耘作業を行い、いつでも営農再開できるよう管理されている農地が含まれている。

被災区分においては、農林業センサスの調査が実施された2015 年 2 月時点で、⑤⑥⑦の避難指示が続いている地域を[2]避難地域とした。なお、このエリアでは営農が行われていないため、2015年農林業センサス上は全てのデータが欠損となっている。

あわせて2015年2月までに③⑦の避難指示が解除された地域を[3]帰還地域とした（前述のとおり、[1] 津波被害地域は除く）。この区分の多くは、③緊急時避難準備区域に該当しており、原子力災害の半年後から住民の帰還が開始された。この区分からは、農家人口の帰還と営農再開状況が確認できる。

（5）放射性物質の影響による稲作への制限とその解除（被災区分[4][5]）

原子力災害による放射性物質の飛散と沈着を理由に、政府（原子力災害対策本部）が作物の栽培自体を制限した品目は稲のみである[9]。被災区分においては、この稲作付制限を重視して［4］稲作付再開地域を設定した。このエリアは、2011年度：玄米に含まれる放射性セシウムが暫定規制値を超え出荷制限および米隔離・廃棄対策実施、2012 年度：稲作付制限により水稲作休止、2013 年度：制限解除という経過をたどった地域である。この区分からは、1 年間、水稲作が制限された地域とその他地域とを比較し、農業構造の変化に違いが生じているかが確認できる。

なお、南相馬市鹿島区・原町区に限定し、［3］稲作付休止地域という別の区分を設定した（［1］津波被災エリアを除く）。南相馬市地域水田農業再生協議会は、2015 年度まで毎年市内全域の水稲作付を自粛する指針を表明している[10]。2015年農林業センサス調査時（2014 年産）に、基幹作物である水稲作を地域的に自粛していることから、他の地域と区分して把握することとする。なお、原町区は③緊急時避難準備区域にも該当しているが、水稲作を休止中であることを重視し、［2］ではなく［3］に区分している。

（6）放射性物質による農産物の出荷制限の部門別概要

本節では、販売金額 1 位部門別の分析を行うことから、部門別に放射性物質による出荷制限の経過をまとめておく[11]。ここでは、①稲作、②果樹類、③露地野菜、④工芸農作物、⑤肉用牛、⑥酪農について記述する。なお、施設園芸と花き・花木では、出荷制限は指示されていない。麦類作、雑穀・いも類・豆類については、出荷制限の対象となった品目が存在しているが、販売金額 1 位部門別にみると福島県内では該当する経営体数が少ないことから、記述を省略する。

①稲作においては、前述した稲作付制限に加え、2011 年産玄米のモニタリング検査結果に基づいた旧市町村単位での出荷制限が行われた。福島県は、2012年度から玄米の全量全袋検査を開始しており、それに伴い地域単位ではなく経営体単位で出荷を規制できる体制が整えられている[12]。

②果樹類では、福島県で栽培している主要品目のモモ・リンゴ・ブドウ・オウトウを対象とした出荷制限は指示されていない。ただし、販売目的の作付経

営体数が少ないウメ・ユズ・クリ・キウイフルーツの4品目では、出荷制限が指示されている。出荷制限エリアは時間の経過とともに縮小しているものの、一部の市町村では2015年2月時点まで出荷制限が続いている。また、カキの加工品である「あんぽ柿」の加工自粛が行われている[13]。

③露地野菜では、原子力災害直後（2011年3月～6月）に、放射性物質が葉面等に直接付着したことから高濃度の放射性セシウムが検出され、次々に出荷制限が指示された。この影響は一時的なもので、露地野菜の出荷制限は2011年産の段階で全て解除された。

④工芸農作物には、葉たばこ作経営が含まれる。葉たばこは、行政による出荷制限は指示されていないものの、JT（日本たばこ産業）による作付自粛指示が出されている。この作付自粛指示は、主産地の一部を対象に2015年産まで5年間続いている。葉たばこ作においては、原子力災害後の2012年度に、JTが廃作奨励金制度を活用した廃作募集を行ったこともあり、作付戸数は大幅に減少している[14]。

⑤肉用牛、⑥酪農においては、2011年3月の原子力災害直後に限り、牛肉および原乳から暫定規制値を超える放射性セシウムが検出され、出荷制限が指示された。これは、地震等により水道が使えない中で、やむなく家畜に放射性セシウムを含む川の水を与えたことや、放射性物質が直接付着した餌を給仕せざるを得なかったことによる。これらの制限は、4月には解除されている。なお畜産においては、生産者・業界団体・行政が一体となって、放射性セシウムを含むリスクのある自給飼料の給餌を停止する指針を定め、自主規制を遵守している。また、肉用牛においては、放射性物質の全頭検査体制を整備している[15]。

2．被災区分別の動向

（1）被災区分別の被災前の農業構造の特徴

被災区分別に地形と地目の差があることを踏まえて、農業構造を整理していく。被災区分別の農業地域類型を表4-3-2に示した。あわせて、農林業センサ

表 4-3-2　被災区分別の農業地域類型の特徴

（単位：集落、％）

			集計集落数	都市的地域	平地農業地域	中間農業地域	山間農業地域	水田集落	田畑集落	畑地集落
実数	[1]	津波被害	122	40	69	13	0	112	10	0
	[2]	避難	240	7	43	170	20	128	112	0
	[3]	帰還	49	0	0	14	35	7	42	0
	[4]	稲作付休止	82	18	32	32	0	82	0	0
	[5]	稲作付再開	180	62	22	96	0	17	160	3
	[6]	その他	3,479	506	999	1,424	550	1,698	1,677	104
		福島県	4,152	633	1,165	1,749	605	2,044	2,001	107
割合	[1]	津波被害	100	33	57	11	0	92	8	0
	[2]	避難	100	3	18	71	8	53	47	0
	[3]	帰還	100	0	0	29	71	14	86	0
	[4]	稲作付休止	100	22	39	39	0	100	0	0
	[5]	稲作付再開	100	34	12	53	0	9	89	2
	[6]	その他	100	15	29	41	16	49	48	3
		福島県	100	15	28	42	15	49	48	3

資料：農林業センサス（2010 年）
注：割合が 50％超える値を網掛けしている。

スの 2010 年と 2015 年のデータについて、表 4-3-3 に農家数・経営体数関連、表 4-3-4 に経営耕地面積関連、表 4-3-5 に農業労働力関連の数値をまとめた。ただし紙面が限られているため、2015 年時点での農家人口・農業経営体・農業労働力の把握を優先し、将来の経営継承に関わる農業後継者等の集計を省略したことを先に断っておく。

本文では、被災前（2010 年）の農業構造の特徴を把握するため、表から特筆すべき値を抜き出して整理していく。1）から 5）の（　）内は、福島県における当該地域のシェアを記している。なお、2010 年から 2015 年の変化に関する数値は、(2) 以降の図を補足する資料（前掲表）として用いることとし、構造変化に関する分析は後述する。6）では、被災区分別に過去（2005 年から 2010 年）の農業構造変化のトレンドを確認しておく。

表 4-3-3　被災区分別の農家数・農業経営体数の変化

		総農家（戸）	シェア（%）	販売農家割合（%）	主業農家割合（%）	専業農家割合（%）	専業男子生産年齢人口いる割合（%）	農業経営体（経営体）	法人化（経営体）	組織経営体（経営体）	経営耕地面積5ha以上割合（%）
2010年											
[1]	津波被害	3,724	4	70	13	14	5	2,626	19	32	6
[2]	避難	6,324	7	76	15	15	6	4,974	68	136	6
[3]	帰還	1,419	1	80	14	18	5	1,153	16	19	3
[4]	稲作付休止	1,879	2	74	15	16	8	1,416	16	20	7
[5]	稲作付再開	3,851	4	62	23	28	12	2,454	6	18	2
[6]	その他	79,401	82	73	18	19	8	59,031	460	663	4
	福島県	96,598	100	73	18	18	8	71,654	585	888	4
2015年											
[1]	津波被害	2,406	3	66	8	18	5	1,621	16	22	8
[3]	帰還	697	1	72	16	22	8	511	6	6	5
[4]	稲作付休止	1,687	2	73	6	20	7	1,248	13	17	8
[5]	稲作付再開	3,129	4	58	21	33	12	1,847	28	29	2
[6]	その他	67,419	89	70	18	23	9	47,930	592	685	6
	福島県	75,338	100	69	17	23	9	53,157	658	759	6
増減率（%）											
[1]	津波被害	-35		-38	-61	-22	-41	-38	-16	-31	-27
[3]	帰還	-51		-55	-49	-45	-35	-56	-63	-68	-23
[4]	稲作付休止	-10		-12	-65	10	-23	-12	-19	-15	5
[5]	稲作付再開	-19		-25	-30	-10	-20	-25	367	61	11
[6]	その他	-15		-19	-22	0	-10	-19	29	3	15
	福島県	-22		-26	-29	-7	-17	-26	12	-15	2

資料：農林業センサス（2010年、2015年）

注：1）割合を示した項目の増減率の欄は、当該項目の実数の増減率を示す。

2）2010年の割合が福島県と5ポイント以上異なる値を網掛けした。そのうち5ポイント以上低い値に下線を引いた。

3）法人化（経営体)の区分別集計値は、旧市町村別、集落別の値の一部が秘匿処理されているデータを用いているため、県計値とは一致しない。

表 4-3-4　被災区分別の経営耕地面積等の変化（農業経営体ベース）

		経営耕地面積(ha)	シェア(%)	田割合(%)	田に占める稲作付割合(%)	田における不作付割合(%)	畑における不作付割合(%)	耕作放棄地面積(ha)	借入耕地面積割合(%)	平均経営耕地面積(ha)	経営耕地面積 5ha 以上割合(%)
2010 年											
[1]	津波被害	5,228	4	87	82	9	31	318	31	2.0	34
[2]	避難	10,343	9	71	75	9	17	655	25	2.1	33
[3]	帰還	1,668	1	66	77	10	13	160	25	1.4	19
[4]	稲作付休止	3,286	3	84	77	9	26	120	29	2.3	35
[5]	稲作付再開	2,864	2	41	85	6	14	434	24	1.2	20
[6]	その他	97,970	81	75	88	5	19	9,445	22	1.7	24
	福島県	121,488	100	75	86	5	19	11,150	23	1.7	25
2015 年											
[1]	津波被害	3,630	4	88	53	39	44	275	38	2.2	43
[3]	帰還	875	1	68	77	14	31	116	31	1.7	27
[4]	稲作付休止	3,081	3	85	6	83	65	129	30	2.5	39
[5]	稲作付再開	2,232	2	47	84	6	22	396	24	1.2	19
[6]	その他	90,292	90	77	77	3	17	9,939	28	1.9	32
	福島県	100,279	100	77	86	8	19	10,878	29	1.9	33
増減率(%)											
[1]	津波被害	-31		-30	-55	206	-11	-14	-17	12	-13
[3]	帰還	-48		-46	-46	-20	21	-28	-35	18	-24
[4]	稲作付休止	-6		-5	-93	785	126	7	-3	6	5
[5]	稲作付再開	-22		-10	-11	-3	-9	-9	-22	4	-28
[6]	その他	-8		-5	-2	-38	-26	5	17	14	26
	福島県	-17		-15	-15	18	-28	-2	2	11	7

資料：農林業センサス（2010 年、2015 年）

注：1）割合を示した項目の増減率の欄は、当該項目の実数の増減率を示す。

2）2010 年の割合が福島県と 5 ポイント以上異なる値を網掛けした。そのうち 5 ポイント以上低い値に下線を引いた。

3）経営耕地面積、耕作放棄地面積の区分別集計値は、旧市町村別、集落別の値の一部が秘匿処理されているデータを用いているため、県計値とは一致しない。

表 4-3-5　被災区分別の農家人口・農業従事者数の変化

		農家人口(人)	シェア(%)	基幹的農業従事者(人)	シェア(%)	農業従事者(人)	農業就業人口(人)	平均農家人口(人)	平均基幹的農業従事者数(人)	農家人口65歳以上割合(%)	基幹的農業従事者65歳以上割合(%)
2010年											
[1]	津波被害	11,402	4	2,448	3	7,842	3,530	4.4	0.9	32	65
[2]	避難	20,921	7	4,645	6	14,793	6,884	4.3	1.0	31	62
[3]	帰還	4,654	1	1,167	1	3,408	1,632	4.1	1.0	32	64
[4]	稲作付休止	6,260	2	1,372	2	4,356	2,020	4.5	1.0	31	60
[5]	稲作付再開	9,664	3	3,146	4	6,506	3,999	4.0	1.3	35	61
[6]	その他	257,322	83	68,912	84	176,907	90,862	4.4	1.2	32	63
	福島県	310,611	100	81,778	100	214,070	109,048	4.4	1.2	32	63
2015年											
[1]	津波被害	6,140	3	1,393	2	3,574	1,781	3.8	0.9	38	74
[3]	帰還	1,909	1	580	1	1,306	663	3.8	1.1	36	64
[4]	稲作付休止	4,850	2	795	1	2,303	1,278	3.9	0.6	38	68
[5]	稲作付再開	6,624	3	2,468	4	4,353	2,883	3.7	1.4	40	66
[6]	その他	192,496	91	59,742	92	129,783	70,974	4.1	1.3	35	68
	福島県	212,372	100	65,076	100	141,534	77,703	4.1	1.2	36	68
増減率(%)											
[1]	津波被害	-46		-43		-54	-50	-13	-8	-36	-35
[3]	帰還	-59		-50		-62	-59	-8	12	-55	-50
[4]	稲作付休止	-23		-42		-47	-37	-12	-34	-6	-34
[5]	稲作付再開	-31		-22		-33	-28	-9	5	-21	-15
[6]	その他	-25		-13		-27	-22	-8	7	-17	-6
	福島県	-32		-20		-34	-29	-8	7	-24	-14

資料：農林業センサス（2010年、2015年）

注：1）割合を示した項目の増減率の欄は、当該項目の実数の増減率を示す。

2）2010年の割合が福島県と5ポイント以上異なる値を網掛けした。そのうち5ポイント以上低い値に下線を引いた。

3）農家人口、基幹的農業従事者、農業従事者、農業就業人口の区分別集計値は、旧市町村別、集落別の値の一部が秘匿処理されているデータを用いているため、県計値とは、一致しない。

1）津波被害地域

2010年における概要を確認すると、総農家数3,724戸（4%）、農業経営体数2,626経営体、経営耕地面積5,228ha（4%）、基幹的農業従事者2,448人（3%）であった。農業地域類型別の農業集落数をみると、平地農業地域が57%、水田集落が92%となっており、平坦な水田地帯が広がっている。

農業構造の特徴をみると、田割合87%のうち稲作付割合は82%となっており、水稲単作的な土地利用が行われていたことがわかる。経営耕地面積をみると、5ha以上の面積割合が34%で県平均に対し9ポイント高く、借入耕地面積割合が31%となっており、福島県の中では借地による規模拡大が進んでいた地域といえる。一方で、主業農家割合が13%と最も低く、基幹的農業従事者に占める高齢者（65歳以上）割合が65%と最も高く高齢化が進んでいる地域であった。

2）避難地域

2010年における概要を確認すると、総農家数6,324戸（7%）、農業経営体数4,974経営体、経営耕地面積1万343ha（9%）、基幹的農業従事者4,645人（6%）であった。農業地域類型別の農業集落数をみると、中間農業地域が71%、水田・田畑集落が半々となっており、中間地域を主とする田畑作地帯が広がっている。農業構造の特徴をみると、経営耕地面積5ha以上割合が33%と県平均より高いこと、農家人口および基幹的農業従事者の高齢者割合が県平均より低いことが注目される。中山間地域ではあるが、農業構造の弱体化傾向は表れていなかった地域といえる。

3）帰還地域

2010年における概要を確認すると、総農家数1,419戸（1%）、農業経営体数1,153経営体、経営耕地面積1,668ha（1%）、基幹的農業従事者1,167人（1%）であった。農業地域類型別の農業集落数をみると、山間農業地域が71%、田畑集落が86%となっている。この地域は、基幹的農業従事者の高齢者割合が64%と県平均を上回っており、農業労働力の高齢化が進んでいた地域であった。また、平均農家人口が 4.1 人と県平均より少なく、農家人口の減少も深刻な地域だったといえる。経営耕地面積 5ha 以上の面積割合は 19％と低く、山間地域を主とし、小規模な高齢農家による営農が行われていた。

4）稲作付休止地域

2010 年における概要を確認すると、総農家数 1,879 戸（2％）、農業経営体数 1,416 経営体、経営耕地面積 3,286ha（3％）、基幹的農業従事者 1,372 人（2％）であった。農業地域類型別の農業集落数をみると、平地農業地域が 39％および中間農業地域が 39％、水田集落が 100％となっている。農業構造の特徴をみると、経営耕地面積 5ha 以上の経営体割合が 7％、面積割合が 35％と最も高く、相対的には大規模層のシェアが大きい地域であった。また、基幹的農業従事者の高齢者割合が 60％と最も低く、65 歳未満の農業労働力を確保していた地域であった。

5）稲作付再開地域

2010 年における概要を確認すると、総農家数 3,851 戸（4％）、農業経営体数 2,454 経営体、経営耕地面積 2,864ha（2％）、基幹的農業従事者 3,146 人（4％）であった。農業地域類型別の農業集落数をみると、都市的地域 34％、平地農業地域 12％、中間農業地域 53％と多様な農業地域を含み、田畑集落が 89％となっている。表出はしていないが、樹園地を耕作する経営体割合 43％、面積割合が 19％となっており、果樹地帯を含む地域である。農業構造の特徴をみると、主業農家割合が 23％、専業農家割合が 28％、世帯あたりの基幹的農業従事者数が 1.3 人と最も高かった。これは、果樹専業経営を含むことによると考えられる。一方、販売農家割合が 62％と低く、最も自給的農家のシェアが大きい地域であった。

6）2005 年から 2010 年にかけての変化

過去の農業構造変化のトレンドを確認するため、表 4-3-6 に 2005 年から 2010 年にかけての増減率を併記した。2005/2010 増減率は、被災区分によらず県平

表 4-3-6　被災区分別の増減率の比較

（単位：%）

		経営耕地面積		農業経営体		農家人口		基幹的農業従事者	
		2010/2005	2015/2010	2010/2005	2015/2010	2010/2005	2015/2010	2010/2005	2015/2010
[1]	津波被害	-3	-31	-18	-38	-23	-46	-5	-43
[2]	避難	1		-15		-21		-11	
[3]	帰還	-4	-48	-11	-56	-16	-59	-10	-50
[4]	稲作付休止	-2	-6	-16	-12	-20	-23	-8	-42
[5]	稲作付再開	-5	-22	-13	-25	-20	-31	-14	-22
[6]	その他	-1	-8	-12	-19	-17	-25	-8	-13
	福島県	-1	-17	-12	-26	-18	-32	-9	-20

資料：農林業センサス（2005 年、2010 年、2015 年）
注：2010/2005 において、福島県の値より 5 ポイント以上異なる値を網掛けしている。

均に近い値を示している。平均に対して 5 ポイント以上異なる値についてのみ、下記に記述する。[1] 津波被害地域では農業経営体数が-18%、農家人口が-23% と減少率が相対的に高かった、[3] 帰還地域で農家人口が-41% と大幅に減少していた、[5] 稲作付再開地域で、基幹的農業従事者が-14% と減少率が高かった。

（2）被災前後の変化の概況　－4 つの基本指標－

ここから、本題である被災後の動向に関する分析に入る。まずは、被災区分による差を大きくとらえるため 2 つの図を作成した。図 4-3-2 は経営耕地面積と農業営体数の増減率を、図 4-3-3 は農家人口と基幹的農業従事者の増減率を示す。図には、比較対象として岩手県・宮城県の津波被災地域の値もプロットしている（数値は表 1-9 参照）。

福島県においては、経営耕地面積、農業経営体数、農家人口、基幹的農業従事者が比例的に減少している。被災前後の農業構造の変化を端的に表現すると、地域差を伴いながら農地資源・人的資源が等倍で縮小しているといえる。最も減少率が高いのは、[3]帰還地域で、各指標が半減している。[1]津波被災地域では、それに次ぐレベルで各指標が 3～4 割減となっている。[5]稲作付再開では 2～3 割減となっており、[6]その他地域の 1～2 割減よりもすべての指標で減少幅が大きい。[4]稲作付休止地域については、特殊な動きをしているため、下記で詳細を確認する。

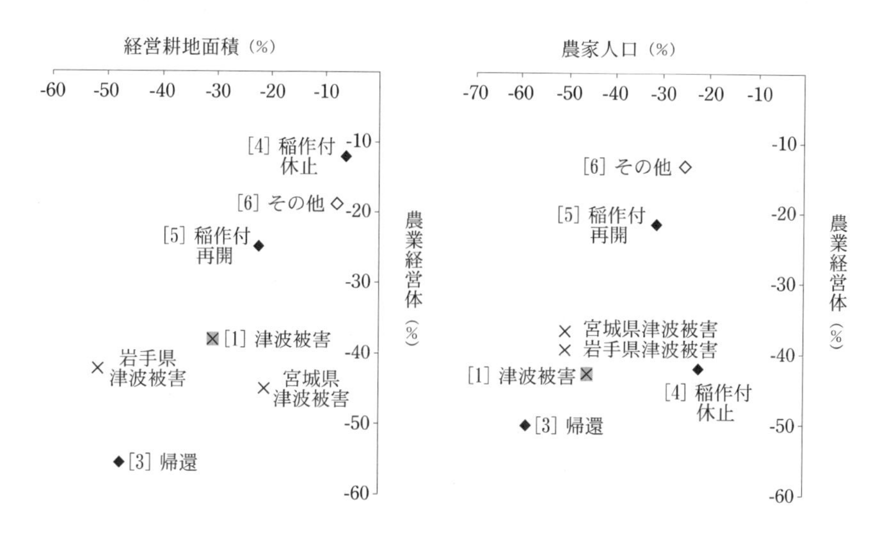

図 4-3-2　経営耕地面積と農業経営体数の増減率（2015/2010）

図 4-3-3　農家人口と基幹的農業従事者数の増減率（2015/2010）

1）津波被害地域

福島県においては、経営耕地面積が-31％、農業経営体数が-38％と比例的に減少している。宮城県においては、経営耕地面積が-21％、農業経営体が-45％となっており、面積よりも農業経営体の減少が大きいことから、特定の経営体に農地集積が進んでいるようにみえる。一方、岩手県では、経営耕地面積が-51％、農業経営体が-42％となっており、農地集積を思わせる値とはなっていない。このように、被災３県ではいずれも大幅な経営耕地面積の減少がみられるが、農業経営体数との関係から推察される農地集積の動向は大きく異なっていることが注目される。

福島県の農家人口は-46％、基幹的農業従事者数は-43％となっており、人口・労働力が比例して減少していることがわかる。宮城県は、農家人口-51％、基幹的農業従事者数-37％、岩手県は、農家人口-51％、基幹的農業従事者数-39％となっており、増減率は福島県と概ね近い値を示している。津波被災地における農家人口・労働力の減少は、被災３県で共通しているといえる。

2）避難地域

2015年は避難指示により地域内での営農が行えない状況であるため、農業センサス上の値は全てブランクとなっている。本節における避難地域の記述は、2010年の特徴に関する項目に限られる。

3）帰還地域

最も変化が大きいのは［3］帰還地域で、経営耕地面積が-48%、農業経営体数が-56%と半減している。農家人口は-68%、基幹的農業従事者数は-50%となっており、人口減少が著しいことが注目される。この地域は、被災前から農家人口の減少がみられ、農家人口の減少が深刻な地域であったが、被災後は、さらに農家人口の減少に拍車がかかっている。

4）稲作付休止地域

この地域においては、経営耕地面積が-6%、農業経営体数が-12%と変化が少ない。この地域をみる上で留意すべき点は、経営耕地面積としてカウントされているものの、田の大半は不作付地となっている点である（(3) 後述)。農業経営体をみても、その数の変化は少ないが、この中には水稲作の再開意思のはっきりしない経営体も含まれていると考えられる[16)]。農家人口は-23%、基幹的農業従事者数は-42%となっており、水稲作の休止により農家人口の減少以上に農業労働力が減少している。

5）稲作付再開地域

この地域では、経営耕地面積-22%、農業経営体数-25%、農家人口-30%、基幹的農業従事者数-22%と、いずれも20～30%程度減少している。図をみると、すべての指標で［6］その他地域よりも減少ポイントが大きくなっていることがわかる。[6] その他地域でも、過去のトレンド以上に数値が減少しているが、前掲表4-3-6の2010/2005年と2015/2010年の増減率のポイント差は5～8であり、[5]稲作付再開地域の 8～18 の方が大きいといえる。稲作付制限の指示が出されたのは2012年度の1年間であったが、水稲作の休止を強制された影響は大きく、農業構造の縮小が進んだといえる。

（3）経営耕地の状況の変化
－稲・普通作物・牧草専用地のいずれもが減少－

地目別の経営耕地面積を図4-3-4に示した。グラフには、2010年を100とした指数を記載している。なお、田割合、田に占める稲割合等の数値は前掲表4-3-4にまとめている。

1）田

田合計と、稲および稲以外の作物は、すべての区分で面積が減少していることがわかる。稲以外の作物は、2010年時点でいずれの区分においても8～14と値が小さいため、面積の変化は大きくない。不作付地については、区分ごとに傾向が異なる。

被災区分別にみると、[1] 津波被害地域では、稲が82→37と45ポイント大幅に減少している。この地域では、不作付地が9→27と18ポイント増加している。この中には、復旧工事・ほ場整備施工中の水田が存在しており、工事完了後に作付再開を見込んでいる農地が含まれている。2015年以降に、水田の大区画化に対応した新たな担い手経営の育成に着手する地域が存在していることに留意が必要である。

[3] 帰還地域では、稲が77→41と36ポイント大幅に減少している。不作付地はむしろ減少しており、田の半分は経営耕地カウントから外れている。この地域にも、[1]と同様、ほ場整備施工中の水田が含まれる。また、復興に向けた土地利用計画の下で農地転用が行われていることから、農地利用の実態を把握するためには、市町村ごとに詳細な調査を行う必要がある[17]。

[4] 稲作付休止地域においては、不作付地が9→79と70ポイント大幅に増加している。不作付地の一部には、支援事業を活用して農地保全管理作業を行い、作物栽培が再開できるよう管理されている農地が含まれる。

[5] 稲作付再開地域では、稲が85→76となっており減少幅は9ポイントとなっている。ただし、[6] その他地域88→86の2ポイントと比較すると相対

的に減少幅は大きい。

2）畑

畑合計と普通作物は全ての区分で減少している。ほとんどの区分では（[4]以外）、不作付地は大きく変化しておらず、普通作物の面積減少に伴い畑面積が減少していることがわかる。飼料作物は、2010年時点でいずれの区分でも1〜10と値が小さいため、面積の変化は大きくない。牧草専用地は、被災地域でのみ大幅に減少している。中山間地域を含む［3］［5］では、畑の3〜4割が牧草専用地であったが、その一部は経営耕地面積にカウントされなくなっている。草地においては、放射性物質の移行を低減させるため、広範に農地除染（草地更新等）が実施されている。しかし、除染完了後の農地も含め自給飼料の利用と放牧利用の自粛が続いており、牧草専用地が著しく減少している。

被災区分別にみると、［1］津波被害地域では、普通作物が64→34と30ポイント減少し、それに伴い畑面積が100→63に減少している。［3］帰還地域では、普通作物が45→12と33ポイント大幅に減少している。この地域は山間農業地域であり、高齢者による自給的な野菜作が行われていたが、稲だけでなく普通作物の作付面積も大幅に減少していることがわかる。また、牧草専用地も39→21と半減している。［4］稲作付休止地域では、普通作物が52→20と32ポイント減少し、不作付地が26→59と増加している。水稲作の休止に伴い、制限を受けていない普通作物の作付も合わせて休止している農業経営体が多いと思われる。

［5］稲作付再開地域では、普通作物が48→37と11ポイント減少、牧草専用地が36→8と18ポイント減少している。それに対し、［6］その他地域は、普通作物が58→49の9ポイント減少、牧草専用地は16→16となっている。［5］稲作付再開地域は、その他地域よりも畑利用の停滞が深刻化していることがわかる。

3）樹園地

図には記載していない樹園地の動向を付記する。被災区分［1］［3］［4］で

図 4-3-4　地目別の経営耕地の状況変化（2010 年を 100 とした指数）

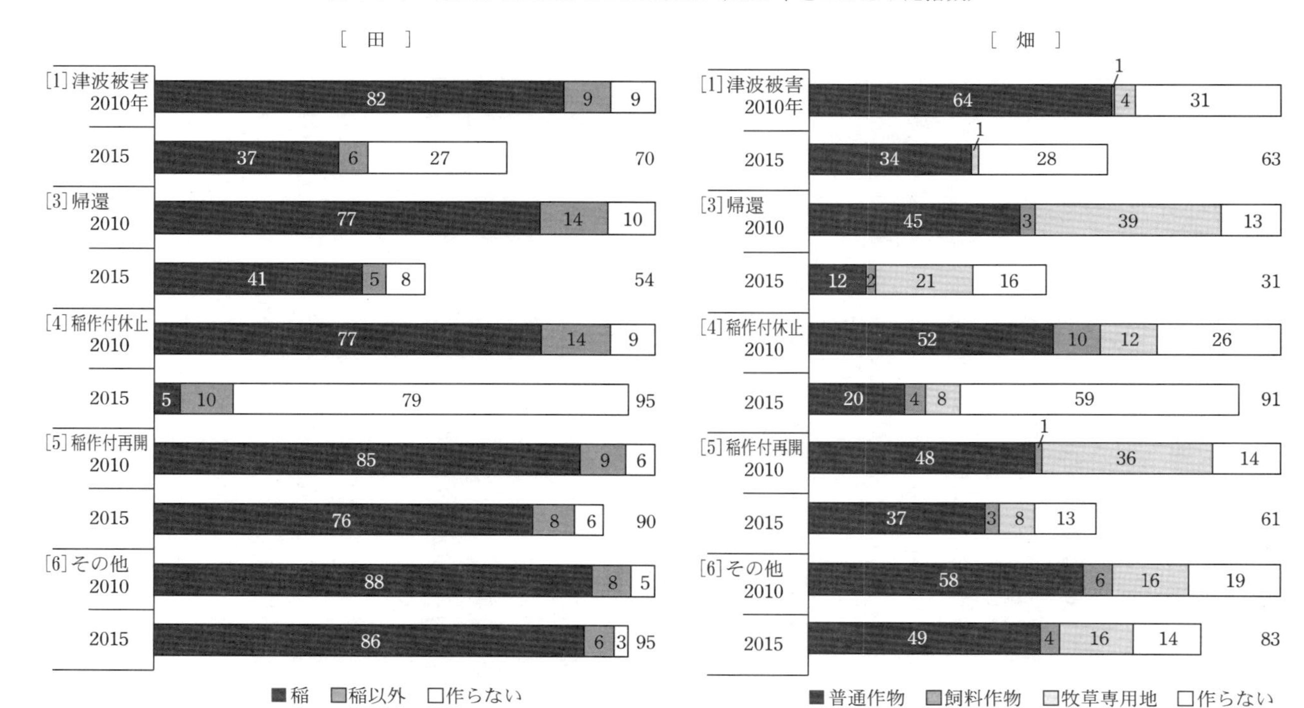

資料：農林業センサス（2010 年、2015 年）
注：グラフエリア上の数値は 2015 年の指数合計値を示す。

は、経営耕地面積に占める樹園地は 1%となっており、その割合は少ない。一方、[5] 稲作付再開地域では 19%、[6] その他地域では 5%を占めており、一定面積の樹園地を含んでいる。被災前後の変化をみると、[5] [6] ともに 100→89 と変化しており、11 ポイント樹園地が減少している。

(4) 経営耕地面積規模別の動向
−大規模経営への農地集積は進んでいない−

経営耕地面積規模別の農業経営体数と面積を図 4-3-5 に示した。グラフには、2010 年を 100 とした指数を記載している。なお、5ha 以上の農業経営体数割合と増減率は前掲表 4-3-3 に、面積割合と増減率は前掲表 4-3-4 にまとめている。

1) 農業経営体数

経営耕地面積規模別の農業経営体数をみると、0〜1ha 層、1〜3ha 層、3〜5ha 層では、すべての区分で経営体数が減少している。5ha 以上層では、[4] 稲作付休止地域、[5] 稲作付再開地域、[6] その他地域でわずかに経営体数が増加しているが、そのウエイトは低位なままである。福島県においては、被災地域、その他地域ともに大規模経営の割合は増加していない。

2) 経営耕地面積

経営耕地面積規模別の経営耕地面積をみると、0〜1ha 層、1〜3ha 層、3〜5ha 層ではすべての区分で面積が減少している。5〜10ha 層では、[1] 津波被害地域で 15→9 と 6 ポイント減少したことを除いては、大きな変化はない。10ha 以上層においては、[6] その他地域では 10→15 と 5 ポイント増加しているものの、[3] 帰還地域で 11→8、[5] 稲作付再開地域で 14→7 と減少している。被災地域においては、大規模層のウエイトが低い中山間地域において、むしろ大規模層の集積面積が被災前よりも減少していることがわかる。

3) 経営体数・規模拡大に関するその他の指標

前掲表 4-3-3 により法人経営体数をみると、県全体では 585 経営体から 658

経営体に 12％増加している。ただし、被災地域で増加しているのは[5]稲作付再開地域のみである。ここでは、法人が 6 経営体から 28 経営体に増加しているが、その割合はまだ低位である。その他の被災地域ではむしろ減少しており、離農・移転をした法人経営体が存在している。

組織経営体数は、県全体で 888→759 経営体となっており-15％と減少している。この減少は被災地域に集中しており、[6]その他地域では 663→685 経営体まで 3％とわずかだが増加している。被災区分別には、法人経営体と同様の傾向を示し、[5]稲作付再開地域でのみ 18→29 経営体と増加しているが、[1][3][4]では減少している。被災地域では、組織経営体においても離農・移転がみられる。

前掲表 4-3-4 により借入耕地面積の増減率と、経営耕地面積に占める借入耕地面積割合（以下、借地率と表記）をみる。増減率は、県全体では 2％とわずかに増加している。[6] その他地域では 17％と一定の増加が確認でき、借地率も 22→28％まで進展している。一方で、被災地域では、いずれの地域でも増減率はマイナスとなっている。ただし、経営耕地面積自体が大きく減少してるため、借地率でみると、いずれの地域もやや増加している。最も借地率が高まっているのは［1］津波被災地域で、31→38％まで 7 ポイント増加していることがわかる。

最後に、図 4-3-5 では 10ha 以上層の経営体数の指数を示したが、大規模層に限りその経営体数を付記しておく。[6] その他地域では、10ha 以上層は指数でみるとほとんど変化していないようにみえるが、経営体数では 576→831 経営体（+255 経営体）と増加している。2015 年の大規模層の内訳をみると、10〜20ha 層 634 経営体（+177 経営体）、20〜30ha 層 119 経営体（+48 経営体）、30ha 以上層 78 経営体（+30 経営体）となっており、いずれの階層でも増加している。一方、被災地域では、10ha 以上層は減少している。30ha 以上層に限り数値をみていくと、［1］津波被災地域 7→9 経営体、［3］帰還地域 0→1 経営体、［4］稲作付再開地域 2→2 経営体、［5］稲作付休止地域 1→1 経営体となっており、いずれの地域もごくわずかな数しか存在しておらず大規模層の形成は確認できない。

図 4-3-5　経営耕地面積規模別の農業経営体数・経営耕地面積の変化（2010 年を 100 とした指数）

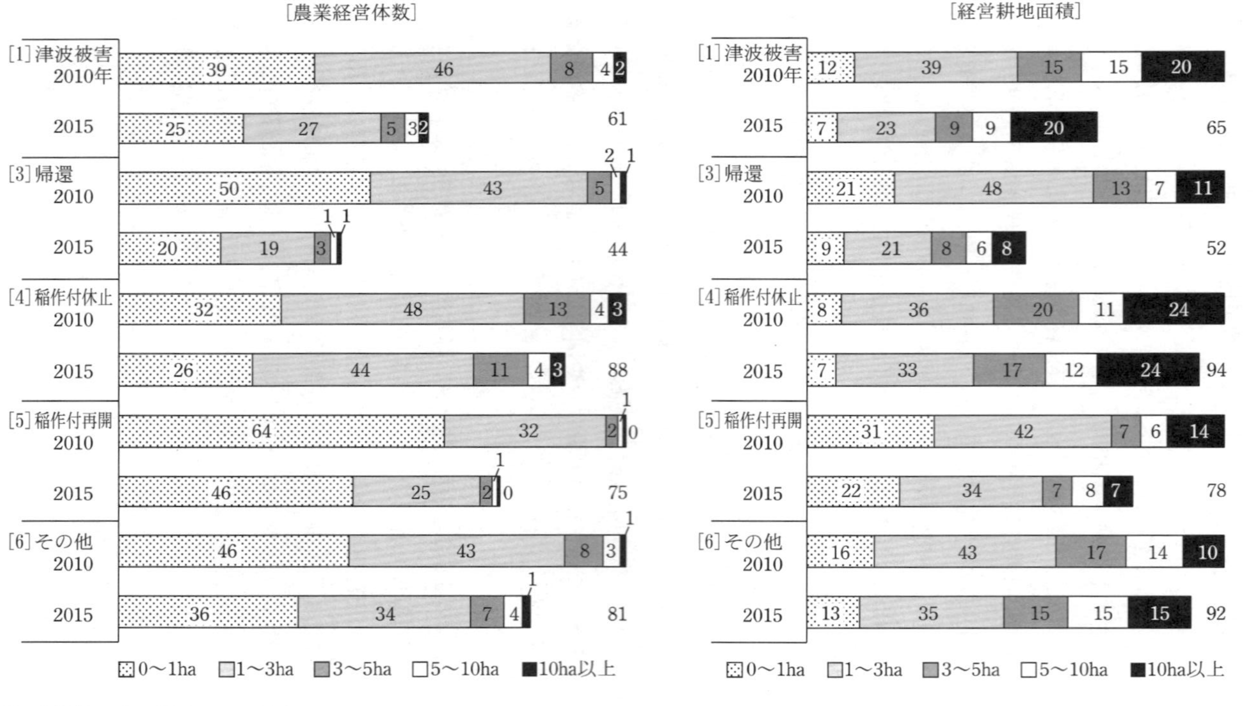

資料：農林業センサス（2010 年、2015 年）
注：グラフエリア上の数値は 2015 年の指数合計値を示す。

（5）年齢別の動向　－若年層も減少－

図 4-3-6 に、農家世帯員の変化を示した。グラフ上の点線は、コーホート変化率法による 2015 年の推計値を示している [18)]。被災区分別にみると、[1] 津波被災地域、[3] 帰還地域では、2015 年推計値に対し 2015 年実数がいずれの年齢階層でも低い値を示していることがわかる。農家人口が大幅に減少した地域においては、若年層も含め全年齢的に人口が減少していることがわかる。一方、それ以外の地域では、概ね推計値と同様の値を示している。最も農家人口が減少している [3] 帰還地域について、前掲（表 4-3-5）から数値を転記すると、平均農家人口は 2.1 人、高齢者割合は 65％にのぼっており、2015 年時点の農家人口は高齢夫婦世帯が大層を占めていると考えられる。

あわせて、図 4-3-7 に農業経営者数の変化を示した。これによると、[1] [3] では農業経営者数においても、全年齢的にその数が減少していることが確認できる。特に、[3] 帰還地域においては、最も多い年齢層であった 60～64 歳層の減少が著しいことがわかる。それ以外の地域では、[5] 稲作付再開地域において、65～69 歳層でのみ推計値を下回っている。この地域では、水稲の作付に制限を受けたことを背景に、65～69 歳層において離農を前倒しした高齢者が存在していることが特徴的である。

なお、[4] 稲作付休止地域の農家世帯員・農業経営者数をみると、図のように推計値との大きな差はみられないが、農業従事者数を指標としてみると、全年齢的に減少していることを確認している。農家世帯・農業経営体は存続しているものの、特に若年層で農作業従事を行う人数が減少していることを指摘しておく。

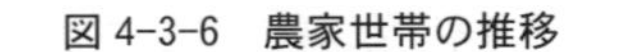

図 4-3-6　農家世帯の推移

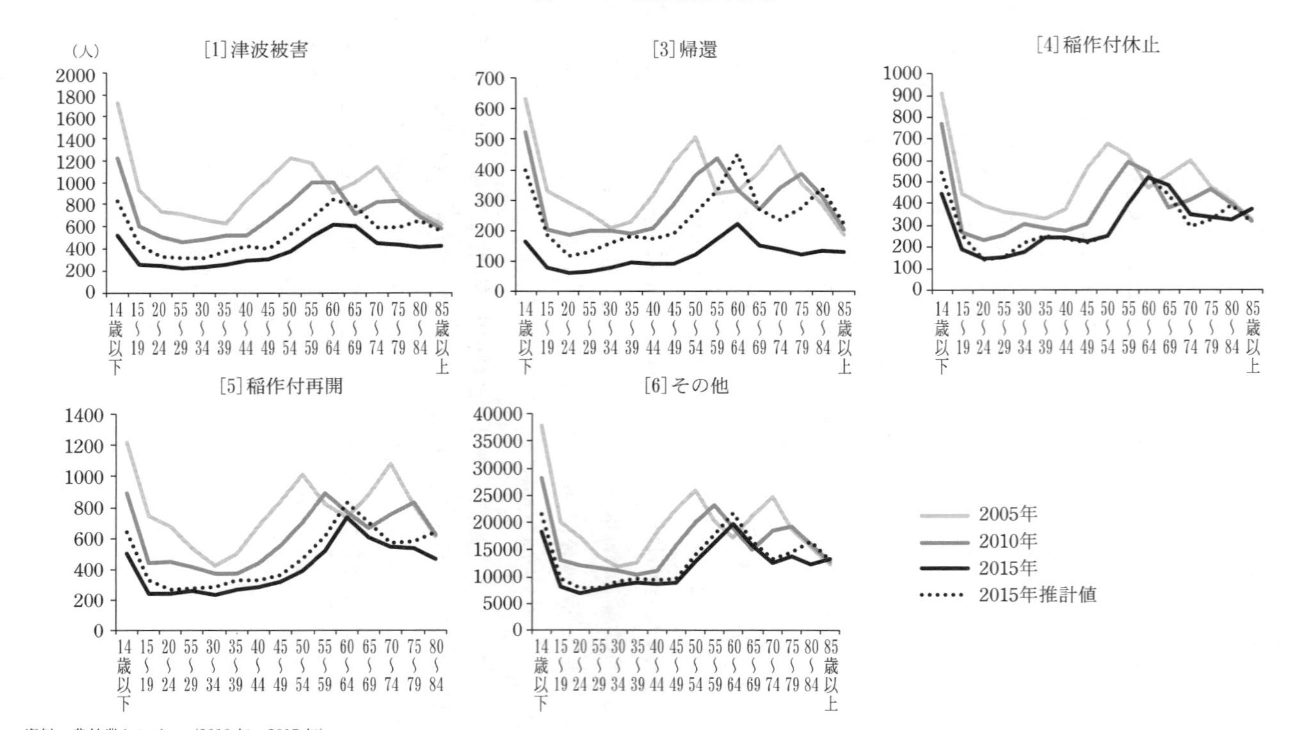

資料：農林業センサス（2010 年、2015 年）

注：1）2005 年の 75 歳以上の区分別人数は 2010 年の 75 歳以上に占める区分別の割合を乗じて算出した推計値である。

2）2015 年推計値はコーホート変化率法による推計値を示す。

図 4-3-7　農業経営者の推移

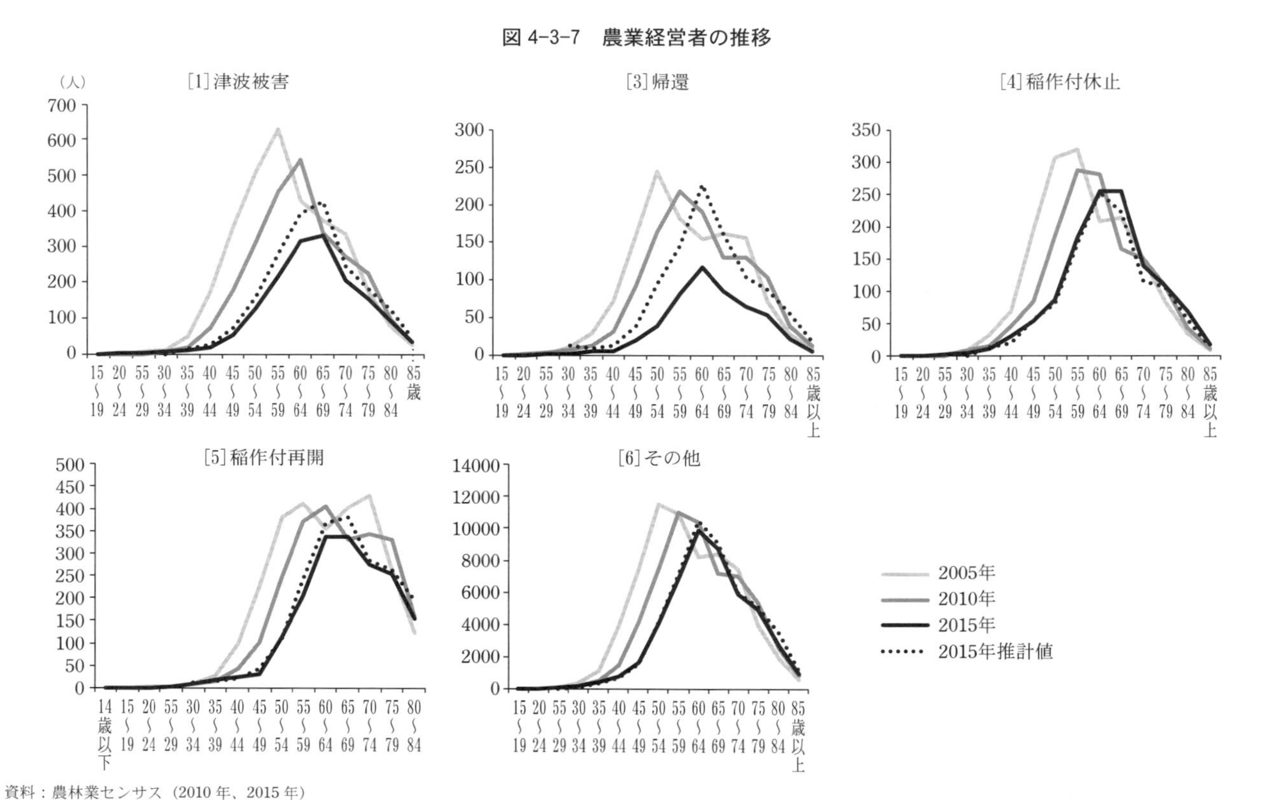

資料：農林業センサス（2010年、2015年）

注：1）2005年の75歳以上の区分別人数は2010年の75歳以上に占める区分別の割合を乗じて算出した推計値である。

2）2015年推計値はコーホート変化率法による推計値を示す。

（6）農業用機械所有の動向　－所有率低下と所有台数増加－

被災区分別の農業用機械所有の変化を表 4-3-7 に示した。先に、被災前である 2010 年の状況を整理する。福島県における農業用機械の所有率をみると、トラクター82％（都府県 78％）、動力田植機 67％（都府県 60％）、コンバイン 35％（都府県 46％）であった。被災区分別にみると、[5]稲作付再開地域で、3 つの

表 4-3-7　被災区分別の農業用機械所有の変化

	トラクター			動力田植機			コンバイン		
	台数(台)	所有率(％)	所有経営体あたり台数(台)	台数(台)	所有率(％)	所有経営体あたり台数(台)	台数(台)	所有率(％)	所有経営体あたり台数(台)
2010 年									
[1] 津波被害	2,575	85	1.15	1,833	68	1.02	1,061	39	1.03
[2] 避難	5,432	86	1.27	3,253	64	1.02	1,594	31	1.05
[3] 帰還	1,174	87	1.17	857	73	1.02	341	28	1.04
[4] 稲作付休止	1,535	86	1.26	866	60	1.01	594	41	1.02
[5] 稲作付再開	1,979	73	1.11	1,339	53	1.04	412	16	1.04
[6] その他	55,160	81	1.15	40,858	68	1.02	22,069	36	1.03
福島県	67,941	82	1.16	49,073	67	1.02	26,119	35	1.03
2015 年									
[1] 津波被害	1,453	76	1.18	867	52	1.02	570	34	1.04
[3] 帰還	568	84	1.33	367	68	1.05	190	34	1.10
[4] 稲作付休止	1,309	79	1.34	646	51	1.02	436	35	1.01
[5] 稲作付再開	1,533	73	1.14	885	46	1.04	338	17	1.07
[6] その他	45,866	80	1.20	31,475	64	1.02	18,512	37	1.04
福島県	50,815	80	1.20	34,298	63	1.02	20,075	36	1.04
増減率(％)・ポイント差									
[1] 津波被害	-44	-9	2	-53	-16	0	-46	-5	1
[3] 帰還	-52	-4	14	-57	-4	3	-44	5	6
[4] 稲作付休止	-15	-7	6	-25	-9	0	-27	-6	-1
[5] 稲作付再開	-23	0	3	-34	-7	1	-18	1	3
[6] その他	-17	-1	4	-23	-3	0	-16	1	0
福島県	-25	-2	3	-30	-4	0	-23	1	0

資料：農林業センサス（2010 年、2015 年）
注：1）割合を示した項目の増減率の欄は、割合のポイント差を示す。
　　2）2010 年の割合が福島県と 5 ポイント以上異なる値を網掛けした。そのうち 5 ポイント以上低い値に下線を引いた。
　　3）台数(台)の区分別集計値は、旧市町村別、集落別の値の一部が秘匿処理されているデータを用いているため、県計値とは一致しない。
　　4）ポイント差については、四捨五入の関係により表中の実数を用いた差引と一致しない場合がある。（以下、表中のポイント差について同じ。）

機械ともに所有率が最も低い値を示す。これは、果樹地帯を含んでいることが背景にあると考えられる。所有経営体あたりの台数をみると、[2]避難地域で、トラクター1.27 台（県平均 1.16 台）、コンバイン 1.05 台（県平均 1.03 台）と値が大きいことが特徴的である。この地域は、中間農業地域を主としているが、労働力だけでなく機械所有も相対的に充実している地域であったことがわかる。

被災後の変化について特徴をみていく。農業用機械台数は、どの地域においても減少している。特に、[1]津波被害地域と[3]帰還地域においては、3 つの機械とも 4〜6 割程度減少しており、その変化が著しい。所有率をみると、全ての機械で所有率が低下しているのは[1]津波被害地域と[3]稲作付休止地域である。[1]津波被害地域では、特に田植機の所有率が 68%→52%と 16 ポイント低下している。[4]稲作付休止地域では、農業経営体数の変化は小さかったが、機械所有率は低下しており、機械を購入しなければ水稲作を再開できない農業者が一定数含まれていることが注目される。コンバインは、[3]帰還地域において所有率が 28%→34%と 5 ポイント高まっている。ただし、県平均の 36%を超える水準とはなっていない。

最後に、所有経営体あたりの台数の増減率をみると、ほとんどがやや増加している。農業用機械の減少以上に所有経営体数が減少していることから、経営体あたりの台数を指標としてみると、機械所有状況は大きく変化していないことがわかる。唯一大きな変化を示したのが、[3]帰還地域におけるトラクター台数で、1.17 台から 1.33 台と 14%増加している。経営体あたりのトラクター台数の増加の背景として、帰還した農業経営体が、支援事業を活用して農地保全作業（耕耘作業）に従事していることが考えられる。

(7) 林業経営体の動向　－林産物の販売停止・販売不振－

被災区分別の林業経営体数および林業作業面積（過去 1 年）を表 4-3-8 に示した。福島県における林業経営体は、4,929 経営体→2,721 経営体と-45%減少している。増減率をみると、県内全域で経営体数の減少がみられるが、特に[1]津波被害地域で-75%、[3]帰還地域で-68%と大幅に減少している。林業経営体における被災地域のシェアは、2010 年 20%から 8%に低下している。

表 4-3-8　被災区分別の林業経営体数および林業作業面積（過去 1 年）

		林業経営体 (経営体)	福島県におけるシェア (%)	林産物を販売した割合 (%)	林業作業を行った実経営体数 (経営体)	福島県におけるシェア (%)	作業面積(ha)				
							植林	下刈りなど	切捨間伐	利用間伐	主伐
2010 年											
[1]	津波被害	102	2	0	24	1	14	39	3	0	0
[2]	避難	436	9	12	296	9	50	232	128	22	64
[3]	帰還	161	3	17	110	3	33	129	104	2	22
[4]	稲作付休止	129	3	5	76	2	11	30	41	17	4
[5]	稲作付再開	136	3	13	65	2	11	1,033	813	151	29
[6]	その他	3,965	80	10	2,709	78	2,095	1,814	1,667	764	96
	福島県	4,929	100	10	3,455	100	2,273	3,480	2,840	983	293
2015 年											
[1]	津波被害	25	1	8	17	1	28	21	5	7	2
[3]	帰還	51	2	8	36	2	11	79	17	0	0
[4]	稲作付休止	72	3	0	46	3	5	29	10	0	2
[5]	稲作付再開	72	3	15	41	2	13	478	80	344	2
[6]	その他	2,501	92	14	1,613	92	166	1,371	988	643	238
	福島県	2,721	100	13	1,753	100	223	1,979	1,099	994	244
増減率(%)											
[1]	津波被害	-75			-29		97	-47	70	3,275	
[3]	帰還	-68		-85	-67		-65	-38	-84	-94	-99
[4]	稲作付休止	-44		-100	-39		-57	-3	-76	-99	-51
[5]	稲作付再開	-47		-35	-37		13	-54	-90	128	-92
[6]	その他	-37		-7	-40		-92	-24	-41	-16	149
	福島県	-45		-28	-49		-90	-43	-61	1	-17

資料：農林業センサス（2010 年、2015 年）

注：1)割合を示した項目の増減率の欄は、当該項目の実数の増減率を示す。

2) 林業作業を行った実経営体数、作業面積の区分別集計値は、旧市町村別、集落別の値の一部が秘匿処理されているデータを用いているため、県計値とは、一致しない。

林産物を販売した割合は、福島県全体では10%→13%となっており、1割程度と低い水準にある。2010年時点で販売割合が最も高かった[3]帰還地域では、17%→8%と9ポイント低下しており、林産物販売が停滞していることがわかる。

林業作業を行った作業面積をみると、面積減少は全県的にみられる傾向であるといえる。被災区分別にみると、被災地域で主伐が減少していること、山間農業地域が主である[3]帰還地域で、全ての作業が停滞していることが注目される。

（8）農業集落における寄り合いの開催状況
－被災区分別に異なる傾向－

農業集落における寄り合いの開催状況の変化を表4-3-9に示した。被災前(2010年)の状況を被災区分別にみると、地域ごとに異なる傾向を示していた。集落活動が活発だった地域は、[2]避難地域と[4]稲作付休止地域で、平均寄り合い回数がそれぞれ19.6回、19.9回と県平均の13.2回を6回以上も上回っていた。[2]避難地域は、議題別実施割合もすべての項目で県平均を上回っており、集落活動が活発な地域であったといえる。

被災前後の差においても、地域ごとに異なる傾向を示している。[1]津波被害地域では、平均寄り合い回数に変化はないが、議題別の実施割合には変化がみられる。「農業生産にかかわる事項」が71%→68%に減少している主な理由は、営農を休止している集落が含まれることによると考えられる。ただし、「農道・農業用排水路・ため池の管理」は76%→80%に増加しており、営農休止中の集落も含め、資源管理についての話し合いは停滞していないことがわかる。

[3]帰還地域では、平均寄り合い回数が14.8回→12.3回に減少しているが、一部の議題では実施割合が増加している。「農道・農業用排水路・ため池の管理」は88%→93%に増加している。この地域の一部では、ため池の除染事業が実施されていることから、除染・放射性物質対策が議題に上っていることが考えらえる。「集落共有財産・共有施設の管理」は、82%→89%に増加している。いくつかの集落で、東京電力に対して共有地に関する損害賠償請求を行っている

表 4-3-9　被災区分別の農業集落における寄り合いの開催状況の変化

		集計集落数（集落）	寄り合い議題別実施割合(%)						集落あたりの寄り合い回数（回）
			農業生産にかかわる事項	農道・農業用排水路・ため池の管理	集落共有財産・共用施設の管理	環境美化・自然環境の保全	農業集落行事の計画・推進	農業集落内の福祉・厚生	
2010 年									
[1]	津波被害	122	71	76	69	75	74	53	14.1
[2]	避難	240	76	85	74	87	90	76	19.6
[3]	帰還	49	88	88	82	94	71	76	14.8
[4]	稲作付休止	82	67	71	70	91	80	67	19.9
[5]	稲作付再開	180	57	64	61	68	87	34	10.1
[6]	その他	3,479	71	83	68	80	80	46	12.7
	福島県	4,152	71	82	68	80	81	48	13.2
2015 年									
[1]	津波被害	114	68	80	68	74	72	56	14.0
[3]	帰還	45	84	93	89	89	80	53	12.3
[4]	稲作付休止	75	72	61	63	77	73	53	14.6
[5]	稲作付再開	179	60	71	60	77	89	38	9.4
[6]	その他	3,477	75	88	73	88	86	53	12.9
	福島県	3,890	74	87	72	87	86	53	12.8
増減率(%)・ポイント差									
[1]	津波被害	-8	-4	4	-1	-2	-2	3	0
[3]	帰還	-4	-3	6	7	-5	9	-22	-3
[4]	稲作付休止	-7	5	-9	-7	-14	-7	-14	-5
[5]	稲作付再開	-1	3	7	-1	9	3	4	-1
[6]	その他	-2	3	5	5	8	6	7	0
	福島県	-262	3	5	4	6	5	5	0

資料：農林業センサス（2010 年、2015 年）

ことが、背景の一つにあげられる。「農業集落行事の計画・推進」は 71％→80％に増加している。農家人口が大幅に減少していていることを鑑みると、行事に関する話し合いは、実施を断念するなどの消極的な内容も含まれると推察される。一方、「農業集落内の福祉・厚生」は 76％→53％まで大幅に減少している。このように、帰還地域では、集落活動に関して被災前とは異なる検討課題が浮上しているものと思われる。

［4］稲作付休止地域では、平均寄り合い回数が 19.9 回→14.6 回まで大幅に

減少している。ただし、2015 年時点でも県平均 12.8 回よりは多い値を示す。回数の減少と合わせて、議題別実施割合もほとんどの項目で減少している。水稲作休止にともない、集落活動が停滞したものと思われる。

［5］稲作付再開地域は、平均寄り合い回数はやや減少しているが、「環境美化・自然環境の保全」が 68％→77％と 9 ポイント増加、「農道・農業用排水路・ため池の管理」が 64％→71％と 7 ポイント増加している。この地域では、稲作付制限の解除後も田・畑利用が停滞していたが、それに対し、地域資源の保全・管理に関する話し合いを行う集落が増加していることがわかる。

［6］その他地域では、平均寄り合い回数がわずかながら増加しており、議題別にみても実施割合は全ての項目で高まっている。被災地域を除く福島県内では、農業生産・地域資源管理・集落行事などについて幅広く話し合いを行っている集落の割合は、減少していないことがわかる。

3．福島県における部門別の動向

（1）農産物販売金額1位部門別の販売金額規模の動向
－部門別にみる放射性物質の影響－

耕種における販売金額規模別の農業経営体数を図 4-3-8 に示した。グラフは、2010 年を 100 とした指数を示している。なお、原子力災害の被災地域では、販売金額が減少した場合、東京電力に対して損害賠償請求を行い、災害の影響が認められれば賠償金が支払われている。販売金額と農外収入も含めた農業経営体の収入とは、パラレルな関係にないことを前提に数値をみる必要がある[19)]。

部門別の農業経営体数の変化が最も大きいのは工芸農作物で、1,233 経営体から 342 経営体となっており、指数で 100→28 まで大幅に低下している。これは、前述した葉たばこ経営の減少を示す。稲作は、46,782 経営体から 33,353 経営体に減少し、指数は 71 になっている。他部門の指数をみると、果樹類 82、露地野菜 76、施設野菜 88、花き・花木 85 となっており、稲作と比較し、相対的に変化が少ない。特に、施設で覆うため放射性物質の付着を防げる施設野菜

図 4-3-8　耕種における販売金額 1 位部門別の販売金額規模の変化（2010 年を 100 とした指数）

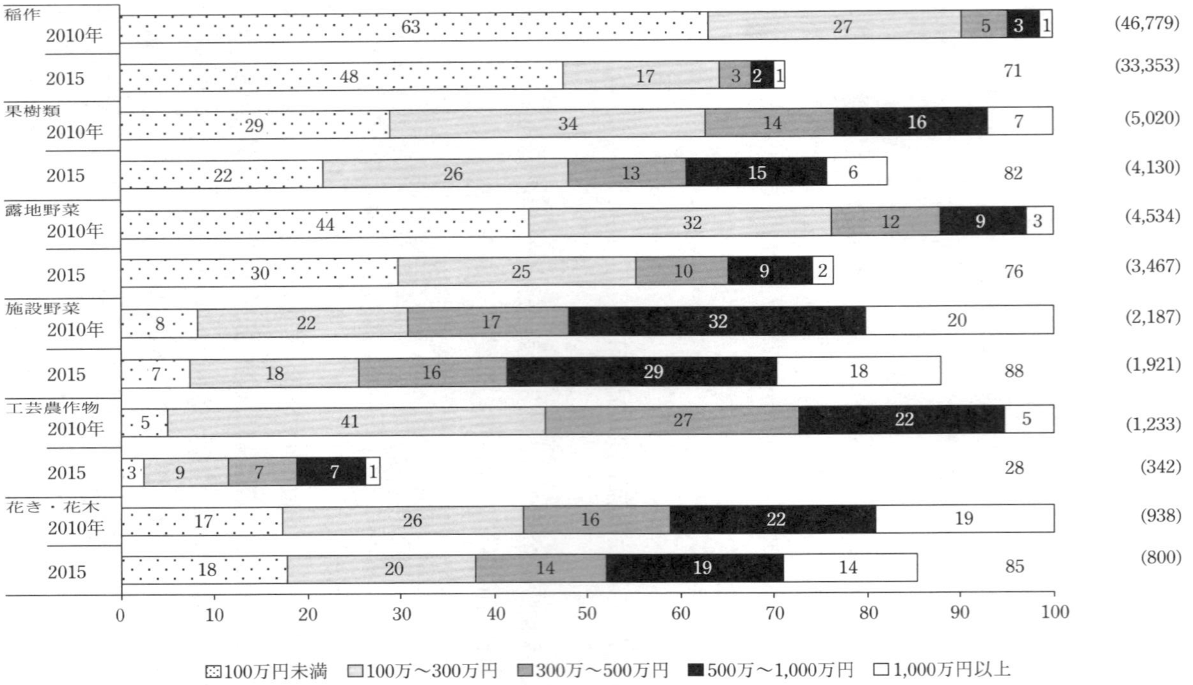

部門	年	100万円未満	100万～300万円	300万～500万円	500万～1,000万円	1,000万円以上	合計	(農業経営体数)
稲作	2010年	63	27	5	3	1		(46,779)
	2015	48	17	3	2	1	71	(33,353)
果樹類	2010年	29	34	14	16	7		(5,020)
	2015	22	26	13	15	6	82	(4,130)
露地野菜	2010年	44	32	12	9	3		(4,534)
	2015	30	25	10	9	2	76	(3,467)
施設野菜	2010年	8	22	17	32	20		(2,187)
	2015	7	18	16	29	18	88	(1,921)
工芸農作物	2010年	5	41	27	22	5		(1,233)
	2015	3	9	7	7	1	28	(342)
花き・花木	2010年	17	26	16	22	19		(938)
	2015	18	20	14	19	14	85	(800)

0　10　20　30　40　50　60　70　80　90　100

⊡100万円未満　□100万～300万円　■300万～500万円　■500万～1,000万円　□1,000万円以上

資料：農林業センサス（2010 年、2015 年）
注：1）グラフエリア上の数値は 2015 年の指数合計値を示す。
　　2）グラフエリア外の数値は（農業経営体数）を示す。

図4-3-9　畜産における販売金額1位部門別の販売金額規模の変化（2010年を100とした指数）

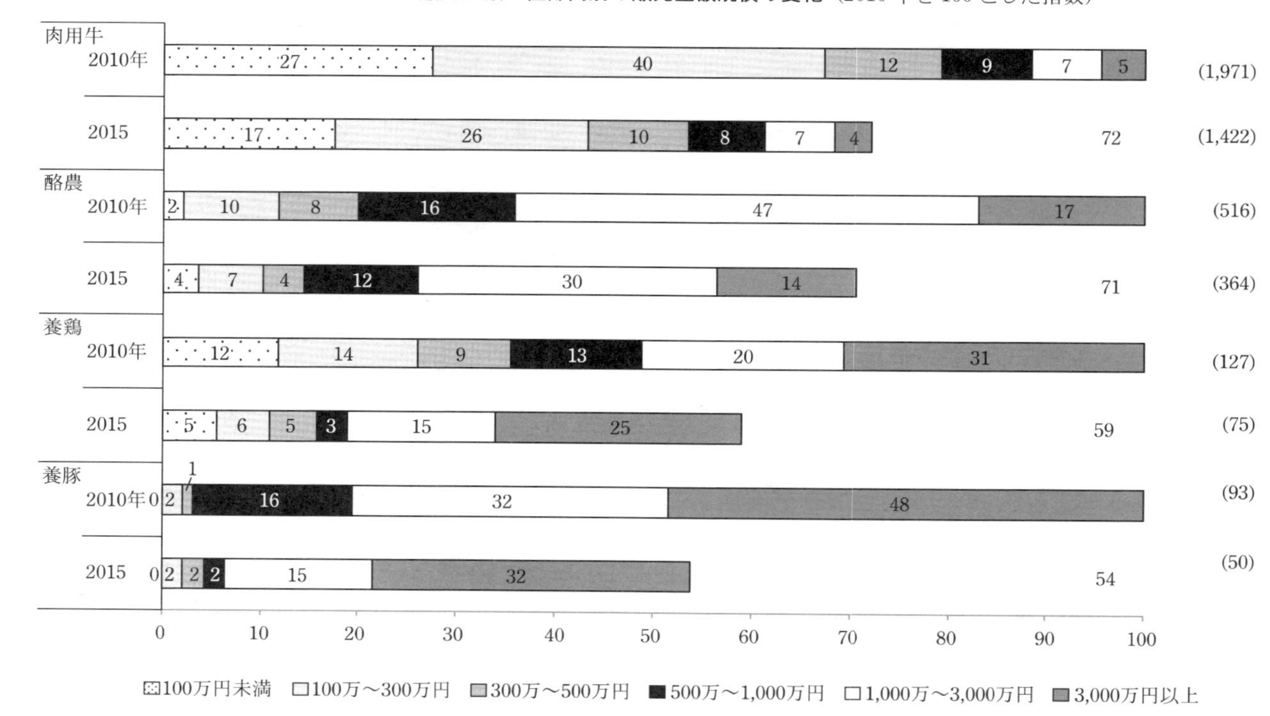

資料：農林業センサス（2010年、2015年）

注：1）グラフエリア上の数値は2015年の指数合計値を示す。

2）グラフエリア外の数値は（農業経営体数）を示す。

と、非食用であるため放射性セシウムの移行を懸念した風評被害の影響を受けにくいといわれる花き･花木で､経営体数の減少が緩やかなことが注目される。

販売金額規模別にみると､全ての部門で全階層的に経営体数が減少している。1,000 万円以上層をみると､施設野菜 20→18､花き･花木 19→14 となっており、これらの部門であっても 1,000 万円以上層の数は増加していないことがわかる。福島県においては、販売金額規模の大きい経営体数は増加しておらず、ビジネスサイズの拡大は進んでいないといえる。

図 4-3-9 に畜産における販売金額規模別の農業経営体数を示した。指数をみると、肉用牛 72、酪農 71、養鶏 59、養豚 54 となっている。販売金額規模別にみると、肉用牛では 300 万円未満層で大幅に減少しているのに対し、300 万円以上の階層では変化が少ない。肉用牛経営の離農は、販売金額が少ない層に集中していることがわかる。酪農、養鶏、養豚では全階層的に経営体数が減少している。

（2）農産物出荷先の変化　－消費者への直接販売の減退－

表 4-3-10 に農産物出荷先（複数回答）の割合を示した。2010 年の状況をみると、全ての部門で「農協」が 70％を超えており、農協を出荷先の一つとする経営体が大層を占めていたことがわかる。その他の出荷先は、部門別に傾向が異なる。2 番目に比率が高い出荷先は、稲作「農協以外の集出荷団体」23％、果樹類「消費者に直接販売」41％、露地野菜「消費者に直接販売」17％、施設野菜「卸売市場」23％、花き・花木「卸売市場」37％となっていた。

2015 年における出荷先割合をみると、わずかなポイント数であるが変化が生じている。稲作では、「農協」が 71％から 75％と 4 ポイント増加する一方で、「消費者に直接販売」が 18％から 10％と 8 ポイント減少している。稲作においては、2012 および 2013 年度に、福島県内の一部で、玄米に含まれる放射性セシウムの値が基準値 100 Bq/kg を超過したことから、作付制限・出荷制限が指示されている。このような動向を背景に、農協系統集荷率が上昇し、風評被害の影響を受ける消費者への直接販売が停滞していると考えらえる[20]。果樹類では、「消費者に直接販売」が 41％から 36％と 5 ポイント減少している。最も

表4-3-10　販売金額1位部門別の農産物出荷先割合の変化

	販売のあった実経営体数(経営体)	農産物の出荷先別割合[複数回答](%)						
		農協	農協以外の集出荷団体	卸売市場	小売業者	食品製造業・外食産業	消費者に直接販売	その他
2010年								
稲作	46,782	71	23	3	7	1	18	2
果樹類	5,020	80	15	14	6	1	41	3
露地野菜	4,536	78	16	16	6	1	17	3
施設野菜	2,187	85	15	23	6	3	20	3
花き・花木	938	70	13	37	10	1	20	6
2015年								
稲作	33,353	75	24	3	9	1	10	6
果樹類	4,130	81	14	14	6	1	36	13
露地野菜	3,467	78	14	14	8	2	21	7
施設野菜	1,921	85	12	18	8	4	25	5
花き・花木	800	68	12	35	11	1	26	8
増減率(%)割合の差								
稲作	-29	4	1	0	1	1	-8	4
果樹類	-18	1	-1	0	1	0	-5	10
露地野菜	-24	-1	-1	-2	2	1	4	4
施設野菜	-12	0	-2	-5	2	2	6	3
花き・花木	-15	-2	-1	-2	1	0	6	2

資料：農林業センサス（2010年、2015年）

割合が高かった果樹類においても、風評被害問題を契機に直接販売が停滞していることがわかる[21]。

一方、露地野菜、施設野菜、花き・花木はおおむね同様の傾向を示している。「農協以外の集出荷団体」と「卸売市場」の割合が1から5ポイント減少し、「消費者に直接販売」が4から6ポイント増加している。必ずしも全ての部門で消費者への直接販売が停滞しているわけではないことが注目される。

4．おわりに

福島県における、東日本大震災および原子力災害による被災前後の農業構造の変化をみるため、被災区分別と販売金額1位部門別の分析を行った。福島県においては、経営耕地面積、農業経営体数、農家人口、基幹的農業従事者が比例的に減少していた。被災前後の農業構造の変化を端的に表現すると、地域差を伴いながら農地資源・人的資源が等倍で縮小しているといえる。部門別の分析においては、農業経営体数の減少幅には序列があったものの、いずれの部門においても販売金額規模 1,000 万円以上層は増加しておらず、ビジネスサイズの大きな経営体の出現は確認できなかった。

被災区分別にみると、[1] 津波被害地域では、各指標が約 2/3 に減少していた。2015 年センサス調査時点では、復旧工事・ほ場整備事業の途上にあり、工事完了後に作付再開を見込んでいる農地が含まれていることから、地域農業の姿を読み取るのは時期尚早であるが、福島県では大規模経営への農地集積の進展は確認できなかった。平坦な水田地帯が広がっている点では、宮城県と福島県の沿岸部は共通しているが、復旧・復興の実情は大きく異なっているといえる。

[3] 帰還地域は、最も減少率が高く農地資源・人的資源が約 1/2 にまで減少していた。山間農業地域を多く含むこの地域で、帰還し営農を行っているのは小規模な高齢夫婦世帯が主であった。地域農業の縮小傾向が著しい中で、生業としての農業をどのようにして支えていくか、地域農業の実情に合わせた支援策の提示が求められる。

[4] 稲作付休止地域は、農地・農業経営体の変化は少なかった。ただし、2015 年時点は営農再開判断の「据え置き期間」にあると考えられ、今後、営農休止中の経営体からどの程度離農が発生するのかについて注視していく必要がある。

[5] 稲作付再開地域では、水稲栽培が制限を受けたのは 2012 年度の 1 年間のみであったが、[6] その他地域以上に農業構造の弱体化が進行していた。稲作付制限を契機とした営農減退については既存研究で指摘されているが[22)]、その点が統計分析でも確認されたといえる。

地域農業が縮小傾向にあることをまとめたが、加えて担い手経営の動向に関する分析結果をまとめる。福島県の被災地域においては、①経営耕地面積 10ha 以上層は経営体・面積シェアともに増加しておらず、むしろ減少している地域もある、②法人経営体・組織経営体の数は一部を除き減少している、③農業経営者の若年層からも離農が発生しており、担い手経営の育成が難航していることが示された[23)]。

このように、福島県を被災区分別に切り分けて、農林業センサスの数値を2時点比較したことで、津波被害と原子力災害により多様な条件下におかれている地域農業の動向を、エリアごとに描き出すことができた。この統計分析により、被災地域の農業の厳しい実情が浮き彫りとなったといえる。統計分析結果を踏まえて今後の展望を見出すためには、さらに市町村・集落・経営体ごとの実態調査を行い、被災地域内外との比較を行いながら復興・再生の道筋を考察していくことが求められている。

注

1）原子力災害が与えた福島県農業への影響と復興への取り組みは、小山・小松〔8〕参照。林業の動向は、早尻〔10〕参照。福島県農業の5年間の動向は、農林中金総合研究所〔17〕参照、作物別の放射性物質の影響については、根本編〔13〕参照。

2）被災3県の津波被害と経営再開状況については、農林水産省〔15〕〔16〕参照。

3）風評被害に関する消費者意識調査の結果は、消費者庁〔9〕参照。

4）環境省が放射線量の低下を目的に実施している除染事業の状況を整理しておく。農地においては、田・畑・牧草地・樹園地の地目ごとに除染手法が設定され、事業が行われている。農地除染の詳細は、福島県農林水産部〔12〕97～106頁参照。環境省〔1〕33～34頁により2015年2月末時点の除染事業の進捗を確認しておくと、計画分はほぼ発注済みとなっており、そのうち約8割は事業が完了している（[2] 居住制限地域を除く）。

5）農業用施設の復旧状況は、福島県農林水産部農村振興課調べ。地震および津波による農林水産業関係被害については、福島県農林水産部〔12〕24～28頁参照。

6）津波被災集落一覧を用いた2010年農業センサスの集計結果は、農林水産省が「東日本大震災に伴う被災6県における津波被災市町村及び津波被災農業集落の主要データ」としてウェブ上で公開している。本節では、集落の一部に浸水域を含んでいるものの「被害なし」と確認された12集落を、津波被災集落から除外している。そのため、農林水産省公表データとは、わずかに集計対象が異なっている。

7）避難指示については、福島県〔11〕123～126頁を資料に筆者がまとめた。なお、避難指示区域外で局所的に放射線量が高い、いわゆる「ホットスポット」においては、

2011年6月30日から11月25日にかけて「特定避難勧奨地点」が指定された（計282世帯)。この世帯単位の指定は、2012年12月14日から2014年12月28日に全て解除されている。

8）福島県営農再開支援事業については、農林水産省〔14〕参照。

9）稲作付制限と米出荷制限については、福島県〔11〕263～268頁、小松〔3〕参照。

10）南相馬市における水稲作付制限・自粛の経過は、小松〔6〕参照。

11）福島県内における出荷制限指示については、福島県〔11〕132～135頁参照。時系列の細かな動向は、福島県農林水産部〔12〕44～89頁にすべて記載されている。

12）米全量全袋検査については、小松ほか〔7〕参照。

13）カキの加工品「あんぽ柿」では、行政による制限は受けていないものの、県・市町村・農協等により構成される地域協議会を主体とした加工自粛要請がなされている。2011年産から2012年産までは、原料カキの加工を自粛し、全量を産地廃棄していた。2013年産からは、全量非破壊検査体制を構築し、モデル地区を指定した上で段階的に加工・販売を再開している。

14）葉たばこ作の動向については、吉仲ほか〔19〕参照。

15）畜産の動向については、福島県〔11〕269～275頁参照。

16）農林業センサスにおいて営農実績として回答される2014年度は、稲作付制限に伴う東京電力における損害賠償支払が行われていた年度である。支払金額は、被災前の水稲作付面積を基準に算定されていた。そのため、農業経営体の中には、損害賠償請求を前提に、離農手続きおよび耕作放棄地としての申告を先送りしていた経営体も含まれると考えられる。

17）田村市都路地区の帰還後の農地利用については〔18〕参照。

18）コーホート変化率法による推計については、「第2章2節　農業労働力・農業就業構造の変化と経営継承　4. 販売農家における家族労働力、農家数の将来予測（1）予測方法」と同様の算定式を用いた。

19) 東京電力による損害賠償支払いについては、福島県農林水産部〔12〕124-132頁参照。

20）米流通の動向については、小池ほか〔2〕参照。

21）果樹経営における直接販売の動向については、小松〔4〕参照。

22）小松〔3〕、小松・棚橋〔5〕参照。

23）小松〔6〕参照。

引用文献

〔1〕環境省『平成27年版環境・循環型社会・生物多様性白書』、2015年。

〔2〕小池(相原)晴伴・伊藤亮司・小松知未・小山良太「東日本大震災の前後における米流通の変化－福島県産米を中心として－」『農業市場研究』第24巻第2号、日本農業市場学会、2015年9月、44-50頁。
〔3〕小松知未「原子力災害の被災地域における放射性物質対策の実態と支援方策－福島県・伊達地域を事例に－」『農村経済研究』第32巻第1号、東北農業経済学会、2014年3月、25-35頁。
〔4〕小松知未「原子力災害後の果樹経営における販売実態と直接販売の動向－福島市を事例として－」『農業経営研究』第52巻第3号、日本農業経営学会、2014年10月、47-52頁。
〔5〕小松知未・棚橋知春「原子力災害後の担い手経営の展開と水田営農への支援方策－中山間地域・伊達市小国地区を事例として－」『農業経営研究』第53巻第2号、日本農業経営学会、2015年7月、25-30頁。
〔6〕小松知未「原子力災害被災地域における営農再開に向けた農業者意識と支援方策－福島県・南相馬市を事例に－」『農業経済研究』第88巻第3号、日本農業経済学会、2016年12月、317-322頁。
〔7〕小松知未・小山良太・小池(相原)晴伴・伊藤亮司「米全量全袋検査の運用実態と課題－放射性物質検査に関する制度的問題に着目して－」『農村経済研究』第33巻第1号、東北農業経済学会、2015年11月、116-124頁。
〔8〕小山良太・小松知未『農の再生と食の安全－原発事故と福島の2年－』、新日本出版社、2013年。
〔9〕消費者庁『風評被害に関する消費者意識の実態調査（第8回）について』、2016年。
〔10〕早尻正弘「森林汚染からの林業復興」濱田武士・小山良太・早尻正宏『福島に農林漁業をとり戻す』、みすず書房、2015年、127-214頁。
〔11〕福島県『東日本大震災の記録と復興への歩み』、2013年。
〔12〕福島県農林水産部『農林水産分野における東日本大震災の記録』、2013年。
〔13〕根本圭介編『原発事故と福島の農業』、東京大学出版会、2017年。
〔14〕農林水産省『福島県営農再開支援事業実施要綱』、2013年。
〔15〕農林水産省『被災3県における農業経営体の被災・経営再開状況（平成26年2月1日現在)』、2014年。
〔16〕農林水産省『東日本大震災による津波被害地域における農業・漁業経営体の経営状況について（平成27年結果)』、2016年。
〔17〕農林中金総合研究所『東日本大震災農業復興はどこまで進んだか－被災地とJAが歩んだ5年間－』家の光協会、2016年。
〔18〕横田竜司・守友裕一「原子力災害被災地における営農再開の諸条件－福島県田村

市都路町を事例として－」『福島大学地域創造』第 28 巻第 1 号、福島大学地域創造支援センター、2016 年 9 月、17-33 頁。

〔19〕吉仲怜・小松知未・棚橋知春「原子力災害後の葉たばこ生産農家における経営対応に関する調査研究」『農村経済研究』第 34 巻第 1 号、東北農業経済学会、2016 年 7 月、87-94 頁。

2015年農林業センサス総合分析報告書

2018年 3 月 23 日　印刷
2018年 3 月 30 日　発行

定価は表紙カバーに表示してあります.

編　集　農林水産省

発行者　磯部義治

発　行　一般財団法人　農林統計協会

〒153-0064　東京都目黒区下目黒3-9-13　目黒・炭やビル
http://www.aafs.or.jp/
電話　普及部　03-3492-2987
　　　編集部　03-3492-2950
振替　00190-5-70255

Analysis Report of Agricultural and Forestry Census
PRINTED IN JAPAN 2018

落丁・乱丁本はお取り替え致します.　　印刷　前田印刷株式会社
ISBN978-4-541-04186-9　C3061